21世纪高等学校计算机类课程创新规划教材·微课版

U0269195

网页设计与Web前端开发案例教程
——HTML5、CSS3、JavaScript

◎ 莫小梅 主编　毛卫英 副主编

清华大学出版社

北京

内 容 简 介

本书分为理论篇和应用篇两个部分。其中，理论篇在内容上详细剖析了最新 Web 标准的三大部分——HTML5、CSS3、JavaScript，及其在网页设计与 Web 前端开发中的应用；应用篇则从实用的角度补充了综合实训指导及课业拓展知识等。本书知识结构体系较新，较全面地覆盖了目前企业前端工程师所需的相关理论和应用技能，同时案例形式丰富，既有针对单一知识点的小实例及贯穿特定案例网站的开发实录，也有针对 Web 前端技术重点和难点的案例实践，更有阶段性的综合案例实战。在案例设计方面，既突出新知识点的应用技巧，又以不同的方式巩固学过的技能，使读者能够一步一个脚印、循序渐进地扎实掌握网页设计与 Web 前端开发的各项技能。

本书提供了配备的课程资源包，内容包括教学大纲、制作精良的教学课件（PPT）、电子教案、重点及难点综合案例的教学视频、本书所有的实例和综合案例的程序源码、课后题库的参考答案等。其中，程序源码全部经过精心测试，能够在 Windows 系统及以 Chrome 为代表的主流浏览器下编译和运行。

本书可作为普通高校计算机及相关专业教材、高职高专教材，适用于课堂教学、实验实训及综合课程设计等相关的教学活动，并可供从事网页设计与制作、Web 前端开发、网页编程等行业人员参考。

图书在版编目（CIP）数据

网页设计与 Web 前端开发案例教程：HTML5、CSS3、JavaScript/莫小梅主编.—北京：清华大学出版社，2019（2023.1 重印）
（21 世纪高等学校计算机类课程创新规划教材·微课版）
ISBN 978-7-302-53453-2

Ⅰ.①网… Ⅱ.①莫… Ⅲ.①超文本标记语言—程序设计—高等学校—教材 ②网页制作工具—高等学校—教材③JAVA 语言—程序设计 高等学校—教材 Ⅳ.①TP312.8②TP393.092

中国版本图书馆 CIP 数据核字（2019）第 162825 号

策划编辑：魏江江
责任编辑：王冰飞
封面设计：刘 键
责任校对：梁 毅
责任印制：宋 林

出版发行：清华大学出版社
　　　　网　　　址：http://www.tup.com.cn，http://www.wqbook.com
　　　　地　　　址：北京清华大学学研大厦 A 座　　　　　　邮　　编：100084
　　　　社 总 机：010-83470000　　　　　　　　　　　　　邮　　购：010-62786544
　　　　投稿与读者服务：010-62776969，c-service@tup.tsinghua.edu.cn
　　　　质量反馈：010-62772015，zhiliang@tup.tsinghua.edu.cn
　　　　课件下载：http://www.tup.com.cn，010-83470236
印 装 者：北京嘉实印刷有限公司
经　销：全国新华书店
开　本：185mm×260mm　　　　印　张：30.5　　　　字　数：743 千字
版　次：2019 年 9 月第 1 版　　　　　　　　　　　印　次：2023 年 1 月第 8 次印刷
印　数：13001～15000
定　价：79.80 元

产品编号：081636-01

前　　言

本书是在编者的 2012 年版《网页编程基础——XHTML、CSS、JavaScript》教材多年使用的基础上，参考了现有大量同类书刊、资料，吸收众家之长后结合多年网页编程基础教学的经验以及学习网页设计与 Web 前端开发的最新技术进展优化、增改而成的。

随着互联网技术和企业需求的发展日新月异，Web 标准的定位和发展方向也发生了根本的变化，XHTML 规范不再更新，而 HTML5 则成为了当今 Web 时代的前沿技术。在本书成稿之际，时间已是 2019 年的 5 月，距离上一版教材的完稿时间已过去了 7 年多。在这过去的 7 年里，我们见证了以 HTML5、CSS3、JavaScript 为三大基石的 H5 技术的快速发展和强大功能，H5 技术增强了包括传统 PC 端 Web 页面制作在内的，兼容手机、iPad 等各种设备和平台的响应式和自适应布局等 Web 前端技术，强化了包括新增的音频、视频标签等多媒体播放技术，以及 Canvas 图形绘制和动画制作等表现能力，追加了 localStorage 等本地存储数据功能，同时 JavaScript 的语法也从 ES5 升级到 ES6 这一更简洁、实用的语法。H5 的应用不仅覆盖到网页的前端制作，还包括游戏开发、轻应用、Web APP、微站、小程序等方方面面，游戏化、场景化、跨屏互动等全新特性使得 H5 未来会在更多的领域展示其独特的魅力和应用前景。因此，本书的改版是顺应时代的潮流，为读者梳理和分享与 HTML5、CSS3、JavaScript 等 H5 前端开发相关的前沿技术和案例应用，为迎接时代的变革和分享技术的红利打好扎实的基础。

主要内容

本书主要围绕 Web 最新标准的三大关键技术（HTML5、CSS3 和 JavaScript）来介绍网页设计与 Web 前端开发的必备知识及相关应用。其中，HTML5 负责网页结构；CSS3 负责网页样式及表现；JavaScript 负责网页行为和功能。

全书共 9 章，分为理论篇和应用篇两大部分。其中，第 1～7 章为理论篇，从技术的角度重点介绍 Web 前端开发的基础概念及相关技术；第 8～9 章为应用篇，从实用的角度补充介绍了综合实践指导及课业拓展知识。

在第一部分"理论篇"的编写上，编者全面、系统地介绍了当前最新的 Web 前端知识体系，以一个综合案例网站的实际开发为主线，采用知识点结合典型实例、重难点结合案例实践、阶段性复习结合综合案例实战的多层次、全方位的配套实践案例体系，使读者既能够真正从网站建设的全局上把握 Web 标准各个部分的语法、联系和应用，又能结合不同阶段、不同层次的案例实践学以致用，扎实掌握相关的理论和实践应用技能。

第 1、2 章为基础知识和 HTML 入门，为后续知识的学习打下初步的基础。其中，第 1 章介绍了网页设计与 Web 前端基础中相关的概念、网站开发的工作流程和开发工具，在网站开发的工作流程部分列举了网站架构与内容、素材收集实用技能、案例网站的首页设计草图和实体模型等实用的案例和技能，使得读者对网站开发的流程有一个初步、清晰、具体的印象；第 2 章介绍了 HTML 的语言基础、常用标签和相关的典型实例。

第 3、4 章主要涉及 PC 端的主流前端布局技术。其中,第 3 章详细介绍了 CSS3 样式表的基本概念、使用方法和常用的 CSS3 属性,以及相关的实例;第 4 章重点介绍了 HTML＋CSS 的相关布局技术及各种应用。这一部分是全书的重点和 Web 前端技术的基础。

第 5 章重点介绍了 HTML5＋CSS3 的移动网站布局技术,这一章体现了较多的 HTML5 和 CSS3 的新技术和新应用,同时也有一些难点。

第 6 章详细介绍了 JavaScript 包括 ES5 和 ES6 的两种主流语法和基于对象的编程技术,重点介绍了 JavaScript 在操作 HTML 页面、响应用户操作及验证数据等方面的应用。

第 7 章重点介绍了 HTML5 新增的 Canvas 元素及其在绘制 Web 页面中的图形、图像和动画方面的应用。由于 Canvas 元素需要通过 JavaScript 语句实现具体的绘制功能,所以安排在理论篇的最后。

第 3~7 章共同的特点是除了通过列举大量的典型实例来介绍基本的概念和语法以外,还结合了案例网站的首页及相关页面的实例,配以大量的案例实践,以及每章一个综合案例实战加以巩固。

理论部分的各章把 Web 标准三大部分的分工及合作一步一步地展现在读者面前,使读者在学习了这一部分内容以后,能够对 Web 标准及其内涵有更具体和深入的了解,并能在实际的网站开发中加以运用。

在第二部分“应用篇”的编写思路上,主要是考虑到从综合实践的角度为读者提供实用性的指导。其中,第 8 章结合两个商业网站案例项目书的目录结构及课程网站的开发全程,全面介绍了网站设计综合实训的完整流程,并提供了相关课程设计的要求及指导;第 9 章则从读者后续的自我提高角度出发,指出一些课业拓展的方向和参考,并为使用本书进行授课的教师提供一些建立学生实践环境的建议。

以上的编写方法不仅符合理论和实践相结合的学习规律,而且还为读者后续学习动态数据库网站的制作打下了坚实的基础。

本书特点

(1) 时新性、系统性和实用性相结合: 本书结合当前新兴的企业前端工程师的必备知识体系和技能要求,以企业前端开发工程师的能力需求为导向,系统、全面地覆盖时下网页设计与 Web 前端开发的知识体系和实践技巧。本书在原有的基础知识体系的基础上引入了 HTML5、CSS3,以及 JavaScript 中 ES6 的新特性和应用案例,囊括了传统 HTML＋CSS 布局、新兴的 HTML5＋CSS3 移动端布局、JavaScript 基于对象的编程和交互应用,以及 HTML5 的 Canvas 图形图像和动画绘制技能。

(2) 以项目带动全局: 本书延续了上一版本教材中以项目带动全局的综合性案例教学特点,即从第 1 章开始就以一个案例网站首页的设计草图和实体模型为例,引导初学者在学习具体的技术之前先对网站开发的工作流程有一个简单而又明确的了解,并在后面的 Web 标准三大技术学习的过程中贯穿整个案例网站的建设和完善过程,以帮助读者理顺这三大技术的分工与合作,同时在课后的实践练习中也始终贯穿这种以项目带动全局的思路。

(3) 基础实例与综合案例相结合,典型案例实践与综合案例实战相结合: 本书在保留已有教材中基础实例与项目案例相结合的基础上,进一步对主要章节的重点和难点配备了典型的案例实践,以帮助读者加强理解和运用能力。此外,在第 4~7 章中通过规模性和复杂度更强的综合案例实战提供阶段性的综合实训案例和方法,使读者能够循序渐进地在不同的层面上扎实掌握相关理论和综合实践技能。

（4）与时俱进的实用知识和配套资源：本书在第二部分"应用篇"的第 8 章综合实训部分全面介绍了当前主流的网页布局方案，综合实训中的案例首页布局也升级为综合运用理论篇所介绍的 HTML5 结构标签、弹性布局、怪异盒模型等最新的实用布局技术；第 9 章课业拓展部分也删除了部分过时的内容，并引入了大量实用、前沿的拓展知识和技能。

教学资源

为了帮助读者和任课教师更好地使用本书，编者特意准备了一些辅助教学材料，具体如下：

（1）教学大纲。

（2）教学课件（PPT）。

（3）电子教案。

（4）习题解答手册。

注：扫描封底的书圈二维码，可以下载以上配套资源。

（5）各章实例（含基础实例、案例网站、案例实践和实战）程序源码。扫描目录上方的二维码，可以下载程序源码。

（6）主要综合案例的配套教学视频，共计 1000 分钟。扫描书中的二维码，可以在线观看、学习。本书的附录部分列出了书中视频对应的二维码的汇总表，方便读者查阅。

（7）应用篇中提到的本课程学习网站，课程网址为"http://real.zjicm.edu.cn/mxm"。

本书编者

本书的编者都是工作在教学和科研第一线的骨干教师，具有丰富的教学实践经验。全书由莫小梅负责规划。

本书编写的具体分工如下：第 1 章的个别节、第 2～3 章、第 5～6 章以及第 8 章的大部分（除 8.8 节外）由莫小梅编写，第 1 章的大部分、第 4 章由毛卫英和应可珍共同编写，第 7 章由隋慧芸编写，第 8.8 节以及第 9 章由张浩斌编写。

配套案例教学视频录制的分工如下：毛卫英负责第 4 章案例的视频录制，王华琼负责第 3、5、6 章案例的视频录制。

本书初稿由各位编者共同进行编排和审定，由莫小梅进行统稿。

由于编者水平有限，书中难免出现不足之处，请广大读者批评指正。

编　者

2019 年 5 月

目　　录

源码下载

第一部分　理　论　篇

X

第一部分
理 论 篇

第1章 网页设计与 Web 前端基础

学习目标
- 了解 Web 的基本概念
- 了解 Web 的体系结构
- 理解 Web 的相关概念,掌握统一资源定位器(URL)的使用
- 了解网页编程的 3 类标准
- 理解网站开发的工作流程
- 了解常用的网页制作软件

学习网页编程的知识是为了更好地建设网站。在搭建自己的网站之前,有必要先了解一些与 Web、网站和网页相关的概念,知道自己需要学习哪些软件和技术。

1.1 Web 概述

Web 本意是蜘蛛网,现常指 Internet 的 Web 技术。如今,Web 技术已经成为 Internet 上最受欢迎的应用之一,提供了一种方便的信息发布和交流方式。正是由于它的出现,进一步推动了 Internet 的普及和推广。

Web 是 World Wide Web 的简称,又称为万维网或 WWW,是一个全球性的信息系统,它使得计算机能够在 Internet 上传送基于超媒体的数据信息。Web 也可以用来建立 Intranet(企业内部网)的信息系统。

1.1.1 Web 的历史

Web 技术诞生于欧洲原子能研究中心(CERN)。1989 年 3 月,CERN 的物理学家 Tim Berners-Lee 提出了一个新的 Internet 应用,命名为 Web,其目的是让全世界的科学家能利用 Internet 交换文档。同年,他编写了第一个浏览器与服务器软件。1991 年,CERN 正式发布了 Web 技术。

1993 年 3 月,网景(Netscape)公司创始人马克·安德森与好友埃里克·比纳合作开发了支持图像的浏览器 Mosaic,并在网上迅速扩散。1994 年 4 月,安德森与 SGI 公司的创始人吉姆·克拉克共同创办了网景公司,安德森等人又重写了 Mosaic,于 1994 年 10 月推出了 Navigator 浏览器,后来改为 Netscape 浏览器。1995 年,网景公司的 Brendan Eich 在 Netscape 浏览器里使用了 JavaScript,为浏览器提供了脚本功能和动态网页功能。1995 年,微软公司从伊利诺大学购买了 Mosaic,并在此基础上开发出 IE(Internet Explorer)浏览器,从此 Web 应用步入快车道。

在 Web 技术发展的过程中,对其发展影响较大的组织机构主要有以下 3 个。

（1）W3C：1994 年，CERN 和 MIT（Massachusetts Institute of Technology）共同建立了 Web 联盟（World Wide Web Consortium，W3C），该组织致力于开发与 Web 相关的技术和协议的标准化等工作。

（2）WHATWG：WHATWG（Web Hypertext Application Technology Working Group，Web 超文本应用技术工作组）是浏览器生产厂商和一些相关团体形成的一个松散的、非正式的协作组织，由 Apple、Mozilla、Opera、Google 等公司发起成立。WHATWG 为 HTML5 标准的制定做出了巨大的贡献。

（3）ECMA：ECMA（European Computer Manufacturers Association，欧洲计算机制造商协会）由主流计算机厂商组成，主要任务是研究信息和通信技术方面的标准并发布有关技术报告。其中，ECMA 发布了 ECMA-262 规范化脚本（Script）语言标准。目前在 Web 上广泛应用的 JavaScript 脚本语言就是 ECMA-262 标准的实现和扩展。

1.1.2　Web 体系结构

Web 的体系结构采用了客户/服务器（Client/Server）模式，它的工作原理如图 1-1 所示。信息资源以网页（HTML 文件）的形式存储在 Web 服务器中，用户通过客户端程序（浏览器）向 Web 服务器发出请求；Web 服务器根据客户端请求的内容，将保存在 WWW 服务器中的某个页面发送给客户端；客户端程序在接收到该页面后对其进行解释，最终以图文声并茂的画面呈现给用户。

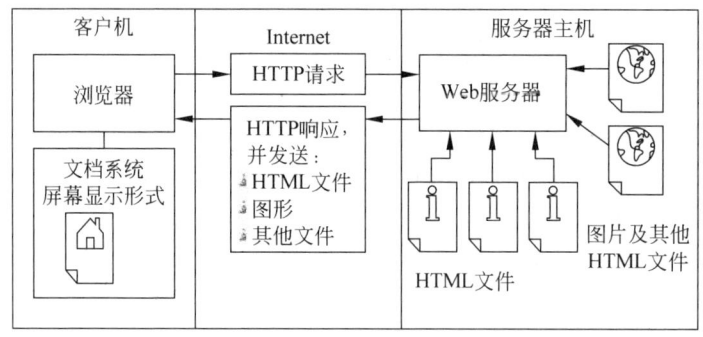

图 1-1　Web 体系结构

Web 体系结构主要由以下 3 个部分构成。

1. Web 服务器

Web 服务器是可以向发出请求的客户端提供文档响应的程序。当 Web 服务器接收到一个 HTTP 请求（Request）时会返回一个 HTTP 响应（Response）。

Web 服务器处理客户端请求有两种方式：

（1）一是静态请求，客户端所需的页面不需要进行任何处理，直接作为 HTTP 响应返回。

（2）二是动态请求，客户端所需的页面需要在服务器端委托给一些服务器程序进行处理，然后将处理结果形成的页面作为 HTTP 响应返回。

搭建一个 Web 服务器需要有一台安装网络操作系统的计算机，在系统上安装 Web 服务器软件，并将网站的内容存储在服务器上。目前在 UNIX 和 Linux 平台下使用最广泛的 Web 服务器软件是 Apache 服务器，而 Windows 平台使用 Microsoft IIS 服务器。

2. 客户端

Web 客户端在 Internet 上被称为浏览器，它是一种用来浏览 Web 页面的软件。通过浏览器向 Web 服务器发送各种请求,并对从服务器返回的网页和各种多媒体数据进行解释、显示和播放。

浏览器的主要功能是解析网页文件内容并正确显示。然而,随着 Web 标准的制定和不断升级,要求浏览器对 Web 标准规范提供支持并能完美地呈现网页。通常,人们将那些对 Web 标准提供完全支持的浏览器称为标准浏览器。目前,最新版的 Safari、Chrome、Firefox 以及 Opera 支持大部分 HTML5(Web 标准的一部分)特性,从 IE9 开始支持某些 HTML5 特性。

在 Internet 上的一些计算机上运行着 Web 服务器程序,它们是信息的提供者;在用户的计算机上(即客户端)运行着 Web 客户端程序,即浏览器,用来帮助用户完成信息的浏览或查询。当然,在同一台计算机上允许二者同时运行。

3. 通信协议

客户端和服务器之间采用 HTTP 协议进行通信,HTTP(HyperText Transfer Protocol,超文本传输协议)是客户端和 Web 服务器通信的基础。

1.1.3 基本 Web 技术

1. URL

在 Internet 中有如此众多的 Web 服务器,而每台服务器中又包含很多的信息,我们如何来找到想要的信息呢? 这时就需要使用统一资源定位器(Uniform Resource Locator,URL)。

标准的 URL 由三部分组成,即通信协议类型、主机名、路径和文件名。

URL 的第一部分指出访问指定的信息文件要使用的通信协议类型,常用的协议类型如下。

- http:超文本传输协议;
- https:用安全套接字层传送的超文本传输协议;
- ftp:文件传输协议;
- mailto:电子邮件地址;
- file:当地计算机上分享的文件;
- news:Usenet 新闻组;
- gopher:Gopher 协议;
- telnet:Telnet 协议。

URL 的第二部分指出要访问的信息文件所在的主机名。

URL 的第三部分指出在主机上存放信息文件的网站目录以及文件名。

用户通过 URL 地址可以指定要访问什么服务、哪台主机、主机中的哪个文件。如果用户希望访问某台 Web 服务器中的某个页面,只要在浏览器中输入该页面的 URL。例如 "http://www.zufedfc.edu.cn/index.html"就是一个典型的 URL 地址,其中,"http:"指出要使用 HTTP 协议;"www.zufedfc.edu.cn"指出要访问浙江财经大学东方学院的 Web 服务器;"index.html"指出要访问资源的路径和文件名。

2. MIME

MIME(Multipurpose Internet Mail Extension,多用途 Internet 邮件扩展)是一个开放的多语言、多媒体电子邮件标准,为了满足用户在不同的软件平台和硬件平台的信息交换而制定,它规定了不同数据类型的名称。

在 Web 服务器和客户端之间,Web 服务器是信息的提供者,需要将各种不同类型的 Web

文档发送给客户端。客户端浏览器负责正确地显示各种信息。Web 文档的类型不仅仅局限于文本,还有图像、视频和声音等数据类型,而所有数据类型的存储和传送都是以二进制数据形式进行的。在 Web 服务器程序看来,不同数据类型的文档没有什么区别,可是客户端浏览器却需要对不同类型的 Web 文档进行正确的识别和显示。要实现这一点,需要 Web 服务器根据文件的扩展名给浏览器发送相应文档类型的宏观描述。Web 借用了 MIME 标准,即服务器根据数据文件的扩展名,生成相应的 MIME 类型返回给浏览器,浏览器根据 MIME 类型处理不同类型的数据。Web 仅用了 MIME 的一个子集。

MIME 的头格式为 type/subtype,其中,type 表示数据类型,主要有 text、image、audio、video、application、multipart 和 message;subtype 则指定所用格式的特定信息。表 1-1 列出了常用 MIME 类型。

表 1-1 常用 MIME 类型

属　　性	属性含义
application/pdf	pdf
application/msword	doc
application/x-javascript	js
application/zip	zip
application/x-shockwave-flash	swf
audio/mpeg	mp3
image/gif	gif
image/jpeg	jpg、jpeg、jpe
text/css	css
text/html	htm、html、stm
text/plain	bas、c、h、txt
video/mpeg	mp2、mpa、mpe、mpeg、mpg、mpv2
video/x-sgi-movie	movie

1.1.4　相关概念

1. 网站、网页、主页

Web 是成千上万个网站连接而成的网络信息系统。网站(Web Site)是一组位于 Web 服务器上的网页。网页(Web Page)是浏览器中显示的页面,也称为超文本文档。主页(Home Page)就是浏览者进入一个网站时第一眼看到的网页,也称为首页。

网页是按照网页文档规范编写的一个或多个文件。如图 1-2 所示为某新闻网页。

主页就是网站默认的首页。主页默认的文件名通常为 index.html 或 default.html。如图 1-3 所示为清华大学的首页,其文件名为 index.html。

网站是一系列网页的组合,这些网页拥有相同或相似的属性并通过各种链接相关联。根据存放位置的不同,网站可分为本地站点和远程站点。通常在设计网站的时候总是从本地硬盘的某个专用的站点根目录开始搭建网站的结构和内容,等完成本地构建及测试以后再上传到实际的 Web 服务器或局域网服务器,真正实现基于互联网或局域网的站点访问。网站也是互联网信息服务类企业的代名词,例如新浪网站、搜狐网站等。

2. 静态网页和动态网页

网页分为静态网页和动态网页。初学者往往不能正确地区分静态网页和动态网页的真正

图 1-2　某新闻网页

图 1-3　清华大学首页

含义。所谓的静态网页并不单纯指网页上没有动画效果,而动态网页也并不是在网页上放置几幅 Flash 或者 GIF 动画那么简单。

　　静态网页是指不包含程序代码而直接或间接制作成 HTML 的网页,这种网页的内容是固定的,修改和更新都必须要通过专用的网页制作工具,例如 Dreamweaver、FrontPage 等,或利用 HTML/CSS 知识对网页代码进行修改,而且只要修改了网页中的一个字符或一个图片,都要重新上传一次覆盖原来的页面。静态网页通常由纯粹的 HTML/CSS 语言编写,其扩展名一般是.html 或.htm。

静态网页和动态网页最大的区别就是网页是固定内容还是可在线更新内容。

静态网页一般来说是最简单的 HTML 网页,服务器端和客户端是一样的,而且没有脚本和小程序,所以它不能动。

动态网页包括服务器端动态网页和客户端动态网页。

(1) 客户端动态技术:不需要与服务器交互,实现动态功能的代码往往采用脚本语言形式直接嵌入到网页中。常见的客户端动态技术包括 JavaScript、VBScript 等。

(2) 服务器端动态技术:需要与客户端共同参与,客户通过浏览器发出页面请求后,服务器根据 URL 携带的参数运行服务器端程序,产生的结果页面再返回客户端。典型的服务器端动态技术有 ASP、PHP、JSP 等。

动态网页应该具有以下几个特色。

(1) 交互性:即网页会根据用户的要求和选择而动态改变和响应。例如访问者在网页填写表单信息并提交,服务器经过处理将信息自动存储到后台数据库中,并打开相应提示页面。

(2) 自动更新:即无须手动操作,便会自动生成新的页面,可以大大节省工作量。例如在论坛中发布信息,后台服务器将自动生成新的网页。

(3) 随机性:即当不同的时间、不同的人访问同一网址时会产生不同的页面效果。例如,登录界面自动循环功能。

1.2 网页标准简介

Web 是 Internet 中最主要的信息服务,而网页是存放在 Web 服务器上供客户端用户浏览的页面。网页主要由三部分组成,即结构(Structure)、表现(Presentation)和行为(Behavior)。对应的标准也分为三方面,其中,结构标准语言主要包括 XML 和 HTML;表现标准语言主要是 CSS;行为标准语言主要包括对象模型(例如 W3C DOM)、ECMAScript 等。这些标准大部分由 W3C(World Wide Web Consortium,万维网联盟)组织起草和发布,也有一些是其他标准组织制定的,例如 ECMA(European Computer Manufacturers Association,欧洲计算机制造商协会)制定的 ECMAScript 标准。

1.2.1 结构标准语言

1. XML

XML(Extensible Markup Language,可扩展标记语言)是一种使用者可以用来创建和使用自己的标记的标记语言。XML 最初的设计目的是弥补 HTML 的不足,以强大的扩展性满足网络信息发布的需要,后来逐渐用于网络数据的转换和描述。

XML 是为 Web 设计的,实际上是 Web 上表示结构化信息的一种标准文本格式,它没有复杂的语法和包罗万象的数据定义。XML 和 HTML 一样,都源于 SGML(Standard Generalized Marked Language,标准通用标记语言)。SGML 是一种在 Web 发明之前就早已存在的用标记来描述文档资料的通用语言,它允许使用者根据数据结构与形态的需求定义出自己的 DTD(Document Type Definition,文档类型定义)。SGML 有高稳定性与完整性的优点,但它的内容十分庞大且难于学习和使用。鉴于此,人们提出了 HTML 语言。但近年来,随着 Web 应用的不断深入,HTML 在需求广泛的应用中已显得"捉襟见肘",有人建议直接使用 SGML 作为 Web 语言,但 SGML 太庞大了,学用两难尚且不说,就是全面实现 SGML 的浏览器也十分困难。W3C 建议使用一种精简的 SGML 版本——XML。

XML 和 SGML 一样,是一个用来定义其他语言的元语言。XML 继承了 SGML 的许多特性,例如可扩展性、灵活性和自描述性。除此以外,XML 还具有简明性。XML 规范不到 SGML 规范的 1/10,复杂性是 SGML 的 1/5,却具有 4/5 的 SGML 功能。XML 简单易懂,是一门既无标记集也无语法的新一代标记语言。另外,XML 还吸收了人们多年来在 Web 上使用 HTML 的经验。XML 支持世界上几乎所有的主要语言,并且不同语言的文本可以在同一文档中混合使用,应用 XML 的软件能处理这些语言的任何组合。所有这一切将使 XML 成为数据表示的一个开放标准,这种数据表示独立于机器平台、供应商以及编程语言。它将为网络计算注入新的活力,并为信息计算带来新的机遇。许多大公司和开放人员都已经开始使用 XML,包括 B2B 在内的许多优秀应用已经证实了 XML 将会改变今后创建应用程序的方式。

2. HTML

HTML(HyperText Markup Language,超文本标记语言)是目前最流行的网页制作语言。HTML 即超文本标记语言,它是用于描述网页文档的一种标记语言。网页的本质就是 HTML,通过结合使用其他的 Web 技术(例如脚本语言、公共网关接口、组件等)可以创造出功能强大的网页。

HTML 的最新标准是 HTML5。2014 年 10 月 29 日,W3C 宣布 HTML5 的制定已经完成。HTML5 是近十年来 Web 开发标准最巨大的飞跃。和以前的版本不同,HTML5 并非仅仅用来表示 Web 内容,它的使命是将 Web 带入一个成熟的应用平台,在 HTML5 平台上,视频、音频、图像、动画、Canvas/SVG 地图技术以及同计算机的交互都被标准化。

1.2.2 表现标准语言

在讨论 Web 标准时,总要提及结构和表现分离的重要性。结构是文档中的主体部分,由语义化、结构化的标记组成。表现是赋予内容的一种样式,在大多数情况下,表现就是文档看起来的样子。尽可能地把结构和表现相分离,这样当表现变化时就不用去更改结构。

CSS(Cascading Style Sheets,层叠样式表)目前较成熟的是 W3C 于 1998 年 5 月 12 日推荐的 CSS2(http://www.w3.org/TR/CSS2/),以及从 2001 年开始着手准备,至今仍在开发中的 CSS3。W3C 创建 CSS 标准的目的是以 CSS 取代 HTML 表格式布局、框架和其他表现的语言。纯 CSS 布局与结构式 HTML5 相结合能帮助设计师分离表现与结构,使站点的访问及维护更加容易。

1.2.3 行为标准语言

1. DOM

根据 W3C DOM 规范(http://www.w3.org/DOM/),DOM(Document Object Model,文档对象模型)是一种独立于浏览器、平台、语言的接口,它允许程序和脚本动态地访问和更新文档的内容、结构和样式。

DOM 定义了访问 XML 和 HTML 文档的标准。W3C DOM 被分为 3 个不同的部分,即核心 DOM、XML DOM 和 HTML DOM。

2. ECMAScript

ECMAScript 是 ECMA 制定的浏览器脚本语言标准,被正式命令为 ECMA 262 和 ISO/

IEC 16262，它是宿主环境中脚本语言的国际 Web 标准。常见的宿主环境有浏览器、Flash Player 等。ECMAScript 规范定义了一种脚本语言应该包含的内容，但是，因为它是可扩充的，所以其实现所提供的功能与这个最小集相比可能变化很大。

ECMAScript 是一种开放的、国际上广为人们接受的脚本语言规范。它本身并不是一种脚本语言，其他的语言（例如 JavaScript、ActionScript 和 ScriptEase 等）可以实现以 ECMAScript 作为其功能的核心。如今，主流浏览器都努力提供了 ECMA 262 的第三版的 JavaScript 实现。

需要注意的是，ECMAScript 并不是 JavaScript 的唯一，也不是唯一被标准化的部分。一个完整的 JavaScript 实现由三部分组成，即核心 ECMAScript、文档对象模型（DOM）和浏览器对象模型（BOM）。

1.3　网站开发工作流程

要构建一个好的网站，通常会有 6 个步骤，即拟定网站主题、规划网站架构与内容、收集相关资料、页面设计和布局规划、网页制作和测试与上传，以及网站推广与更新维护，如图 1-4 所示。

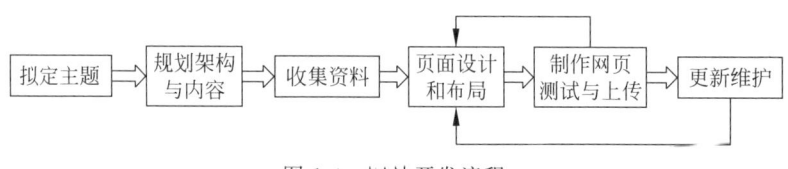

图 1-4　网站开发流程

1.3.1　拟定网站主题

万丈高楼平地起，制作网站的第一步是确定网站的定位与需求，明确地定出网站的主题，以免浪费时间和成本。用户可以按照网站的定位方式将网站简单地分为"个人网站""商业网站""教学网站"与"门户网站"4 种类型。

1. 个人网站

个人网站通常是用户根据自己的兴趣爱好，将相关信息提供在网站上供他人浏览，并不以盈利为目的。此类型的网站多半是利用文字加上静态和动态图片来提供信息，最常见的是以特定主题为主的网站，包括介绍文学、诗词、旅游记事等网站。例如古诗文网站，网址为"http://www.gushiwen.org"。

2. 商业网站

商业网站是指以盈利为目的的网站。在 2000 年左右，随着 Internet 的崛起，网站开始蓬勃发展成另一种商业模式。这类网站提供的服务包括商品展示、规格比较、报价、比价、下单、交易、付款、售后服务等。目前比较常见的商业网站包括交友类、购物拍卖类、股市理财类以及影音娱乐类网站。例如淘宝购物网站，网址为"http://www.taobao.com"。

3. 教学网站

教学网站就是提供教学的网站，包括在线学习以及远程教学等网站。例如 101 远程教育网，网址为"http://www.chinaedu.com"。

4. 门户网站

门户网站是指整合了许多服务与资源的网站。用户通过该类网站来浏览网络上的信息，创建门户网站的目的是为了吸引网络用户的重复访问。常见的门户网站包括政府机关的门户网站和企业的门户网站。例如"浙江省人民政府"网站就属于政府机关的门户网站,它将政府提供的许多服务整合在一起,以方便用户的查找,网址为"http://www.zj.gov.cn"。

企业提供的门户网站有搜狐(http://www.sohu.com)、新浪(http://www.sina.com)等。这类门户网站提供的服务很多,例如搜索服务、新闻、体育、娱乐、商业、旅游、聊天室、广告、在线交易等。

在动手制作网站之前,建议先确定网站定位,再拟定网站主题,这样才不至于制作方向偏离,而造成网站杂乱无章。

1.3.2 规划网站架构与内容

要创建一个好的网站,事前的规划必不可少,最好能充分利用树状结构,让用户在浏览网页时循序渐进地找到想要的数据,而不至于迷路。

所谓树状结构,就是从首页开始往下一层层画出树形图。如图1-5所示为某企业网站的树形结构图,用户通过它可以很清楚地了解这个网站的架构与内容。

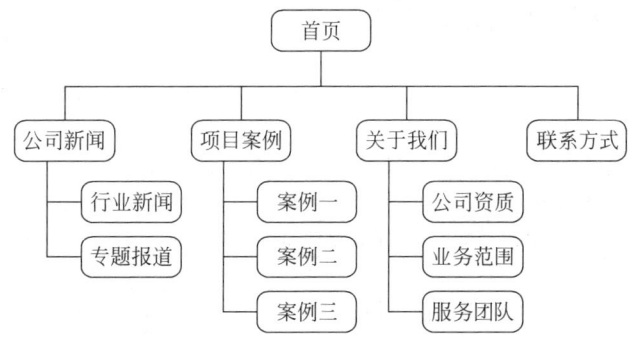

图1-5　某企业网站的树形结构图

建议规划网站时从下面3个方面入手。

1. 网站主要的内容

按照网站主题先规划出网站的内容,例如想要制作一个介绍某企业的网站,确定网页内容介绍以企业概况、企业新闻、企业案例和联系方式为主。

2. 确定浏览的对象

确定浏览网站的主要目标用户,以决定未来网页呈现的内容与方式。例如网页浏览的对象是企业潜在客户,在介绍案例时需要更加详细和专业。

3. 网页包含的元素

一般而言,网页包含的元素有以下几种。

- 文字:网页最基本的元素就是文字,文字可以表达网页想要传达的内容。
- 图片:图片有时比文字更容易让浏览者了解所要表达的内容,适合的图片会让浏览者有赏心悦目的感受。常用的图片格式有JPG、GIF和PNG。GIF格式通常用于动态图片文件。
- 声音:在网页上加入背景音乐,可以让浏览者进入网页就能够感受到立体的声音特效。
- 多媒体:多媒体是指文字、图片、声音、动画和视频的组合。在网页中除了可以放置图片和声音之外,用户还能够添加其他的多媒体对象,例如Flash动画或者自己拍摄的影片等。

- 超链接：超链接是网页中相当重要的元素，可以让浏览者任意链接到其他网页。

这几种元素经过适当、巧妙的安排组合，能够实现较丰富、生动的网页。虽然规划网站内容应该尽量丰富，但内容还是要专业精致，切勿贪多，否则会造成网站内容华而不实。

1.3.3 收集相关资料

在网站制作前资料的收集和整理是非常重要的，这样做不仅可以节省制作时间，避免遗漏重要数据，还可以丰富网站的内容。一个内容乏善可陈的网页，想必无法让访问者驻足浏览。

收集资料的方式很多，只要是与网站主题相关的素材都是收集的对象，可以分为 4 个方面，分别是"文字""图片""多媒体"和"超链接"，将收集好的资料分别放在 4 个文件夹中，如表1-2 所示，这样开始制作网页时就不会手忙脚乱了。

表 1-2　网页相关素材

素材	收集方式	文件格式
文字	网页上将要用到的文字可以通过网络、书籍或杂志进行收集，建议先将文字输入成文本文件，在制作网页时只要将其复制到网页就可以了	TXT、DOC
图片	用户可以通过自己绘图、拍照、扫描或从网络上收集等方式将图片存储成文件	JPG、GIF、PNG
多媒体	影片、动画或音乐，可以通过录音设备、数码相机、网络、多媒体工具等方式收集	MID、WAV、MOV、RM、SWF、MP3
超链接	从网络收集相关的网站，再利用超链接来连接该网站	

用户在收集数据时必须注意以下几点：

（1）需要注意资料的来源与出处，不要触犯到知识产权。

（2）任何文章不论原作者尚在人世或已去世 50 年内，均享有著作权的保护，不可以任意修改其内容，也不可以自称是该作品的创作人。

（3）著作财产权禁止将任何文件数字化，如果要数字化，必须经过著作权人的同意才能够重新制作。

（4）网站中除免费软件和共享软件之外，不可以提供他人制作的软件下载。

1.3.4 页面设计和布局规划

在开始建立 Web 页面之前进行页面设计和布局规划，将有助于在开发过程中节省大量的时间。网站整体页面设计和布局保持风格一致非常重要，因此需要为网站页面设计相似的外观、颜色方案、导航等。这种一贯的风格有助于用户熟悉网站，因而可以提供更好的用户体验。

1. 页面设计

可以先用纸笔记录下初步构思，然后使用 Photoshop 或 Fireworks 来创建网页的实体模型。网页实体模型通常显示设计布局、技术组件、主题和颜色、图形/图像以及其他媒体元素。

例如，可以在草稿纸上先画出如图 1-6 所示的设计草图，然后在 Photoshop 中建立实体模型，如图 1-7 所示。

2. 页面布局规划

页面布局是 Web 设计中最重要的方面之一。页面布局决定页面在浏览器中的外观，例如显示菜单、图像和 Flash 内容的放置位置。

图 1-6　网页设计草图

图 1-7　用 Photoshop 完成的实体模型

1.3.5　网页制作、测试与上传

在所有的前期准备工作都完成之后,就可以进入施工期开始制作网页了。

1. 合理安排网站的目录结构

网站的目录是指建立网站时创建的目录。合理的站点结构能够加快网站制作人员对站点的设计,提高工作效率,节省时间。如果将所有网页都存储在一个目录下,当网站规模越来越大时,管理起来就会变得很不容易,因此,应该利用文件夹来管理文档。

(1) 用文件夹来保存文档:一般来说,应该用文件夹合理地构建网站结构。

首先为网站创建一个根文件夹,然后在其中创建多个子文件夹,再将素材分门别类地存储到相应的文件夹下,必要时可以创建多级子文件夹。设计合理的网站结构能够提高工作效率,方便对网站的管理。

(2) 使用合理的文件名:使用合理的文件名非常重要,特别是在网站的规模变得很大时。文件名应该容易理解,让人看了就知道网页表述的内容。尽管中文文件名对于中国人来说更清晰、易懂,但是应该避免使用中文文件名,因为很多 Web 服务器使用的是英文操作系统,不能对中文文件名提供很好的支持；而且浏览网站的用户也可能使用英文操作系统，中文文件名同样可能导致浏览错误或访问失败。如果网站制作人员实在对英文不熟悉，可以用汉语拼音作为文件名的拼写。

另外，很多 Web 服务器采用不同的操作系统，有可能区分文件名的大小写，所以在构建站点时全部要使用小写的文件名。

2. 选择一个合适的工具软件

所谓"工欲善其事，必先利其器"，在制作网页之前必须先确定使用的工具软件。目前有些网页制作软件可以快速生成常用 HTML 代码，并提供"所见即所得"的功能，可以轻松地将许多类型的内容添加到 Web 页中，例如 Dreamweaver、FrontPage 等。

3. 网站测试

在网站制作完成，将其上传到 Web 服务器之前，最好先在本地对其进行测试。实际上，在网站建设过程中最好经常进行测试并解决出现的问题，这样可以尽早发现问题并避免重犯错误。

测试的目标是确保在各种不同的主流浏览器中页面能够正常显示和正常使用，所有链接都正常，页面下载也不会占用太长时间，尽可能为网站的访问者创造最佳的体验。

4. 上传

在网页制作完成之后，首要的工作是帮网页找个"家"，也就是俗称的"网页空间"。选择合适的网页空间后，利用 FTP 软件将完成的网页文件发送到网页空间，就能够让用户欣赏到我们精心设计的网站了。

网页空间的获取方式有以下 3 种。

（1）自行架构 Web 服务器：对一般用户来说，想要自己架设 Web 服务器并不容易，必须要有软/硬件设备和固定 IP，还要具有网络管理的专业知识，其优/缺点如下。

- 优点：容量大，功能没有限制，容易更新文件。
- 缺点：必须自行安装与维护硬件和软件，必须加强防火墙等安全设置，防止黑客入侵。

（2）租用虚拟主机：所谓"虚拟主机"，是 ISP（Internet Service Provider，互联网服务提供商）将一台服务器模拟分割成很多台"虚拟"主机，让多个客户共同使用，平均分摊成本。Web 服务器的管理和维护由 ISP 负责。ISP 给每个客户设置一个网址、账户和密码，用户把相应网页文件上传到虚拟主机上，这样世界各地的用户只要连接该网址就可以浏览网页。

租用虚拟主机的优/缺点如下。

- 优点：可以节省 Web 服务器配置与维护的成本，且不必担心网络安全问题。
- 缺点：有些会有网络流量和带宽的限制，随着 Web 服务器系统的不同，能够支持的功能也不尽相同。

（3）申请免费网页空间：申请免费网页空间是既省钱又省力的方式。免费网页空间与虚拟主机其实大同小异，差别在于免费网页空间是 ISP 为了吸引用户访问网站以提高人气的免费服务，所以限制比较多，通常必须先成为该网站的会员才能申请免费网页空间。

免费网页空间的优/缺点如下。

- 优点：可以节省主机配置与维护成本，且不必担心网络安全问题。
- 缺点：网站不能用于商业用途，有上传文件大小和容量的限制，有些网站不支持特殊程序语言（例如 ASP、PHP、CGI），网页浏览者必须忍受烦人的广告。

目前国内免费网页空间比较少，建议用户申请 ISP 提供的免费网页空间，每一家 ISP 都提供网页免费空间，有网络使用账号就可以向 ISP 提出申请。

如果没有 ISP 可供申请,可以考虑境外的免费网页空间。如表 1-3 所示为两个较为知名的境外提供免费网页空间的网站。

表 1-3　境外提供免费网页空间的网站

官方网站	空间容量	网　　址
Bytehost	1GB	http://www.bytehost.com
Free-web-host	1.5GB	http://www.000webhost.com

1.3.6　网站的推广与更新维护

在搭建好网站后,接下来的问题就是如何推广、宣传网站。首要的步骤是到各大知名搜索引擎进行"网站登记"。

在登记网站时必须准备网站名称、网址、网站说明、网站目录、登记人姓名以及 E-mail 等数据,并且网站必须至少有一页以上的网页才行。登记的方式很简单,只要到搜索引擎在线申请即可。经过一到两个星期的审核之后,全世界的用户就可以通过这个门户网站或搜索引擎找到该网站。

因为各大搜索引擎是相互独立的,所以要分别登记。一般来说,网站登记是免费的,如果需要让网站排名优先或者加快审核时间,可以使用付费的网站登记。如表 1-4 所示为目前国内知名的搜索引擎。

表 1-4　国内知名的搜索引擎

搜索引擎	网　　址	搜索引擎	网　　址
百度	http://www.baidu.com	360 搜索	http://www.so.com
搜狐	http://www.sohu.com	搜狗	http://www.sogou.com
新浪	http://www.sina.com	搜搜	http://www.soso.com

1.4　Web 开发工具

虽然网页源代码文件均为纯文本内容,使用计算机操作系统中自带的写字板或记事本软件就可以打开和编辑源代码的内容,但是用户如果想高效地进行网页制作与网站维护,选择一些合适的开发与管理工具还是必需的。一个好的工具可以提高开发效率,同时降低开发难度。

1.4.1　Adobe Dreamweaver

Adobe Dreamweaver 是一款所见即所得的网页编辑器,中文名称为"梦想编织者"或"织梦"。该软件最初的 1.0 版是 1997 年由美国 Macromedia 公司发布的,该公司于 2005 年被 Adobe 公司收购。Dreamweaver 是当时第一套针对专业 Web 前端工程师设计的可视化网页开发工具,整合了网页开发和网站管理的功能。

Dreamweaver 支持 HTML5/CSS3 源代码的编辑和预览功能,最大优点是可视化性能带来的直观效果,开发界面可以分屏为代码部分和预览视图(如图 1-8 所示),开发者修改代码部分时预览视图会随着修改内容实时变化。

Dreamweaver 也有它的弱点,由于不同浏览器存在兼容性问题,Dreamweaver 的预览视图难以达到与所有浏览器完全一致的效果。如需考虑浏览器兼容性问题,预览画面仅能作为辅助参考。

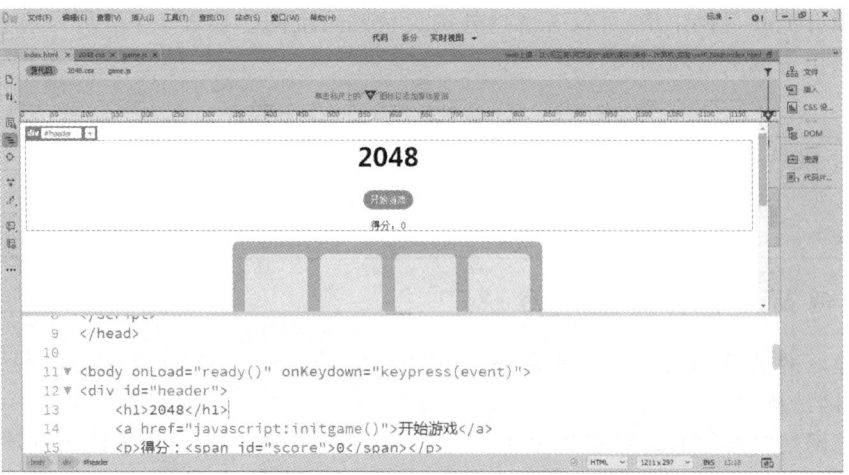

图 1-8　Dreamweaver 可视化开发界面

1.4.2　Sublime Text

Sublime Text 是由程序员 Jon Skinner 于 2008 年 1 月开发出来的,其开发界面如图 1-9 所示。它的界面布局非常有特色,并支持文件夹导航图和代码缩略图效果。该软件支持多种编程语言的语法高亮显示,也具有代码自动完成提示功能。该软件还具有自动恢复功能,如果在编程过程中意外退出,在下次启动该软件时文件会自动恢复为关闭之前的编辑状态。

```html
<!DOCTYPE html>
<html>
<head>
    <title></title>
    <meta charset="utf-8">
    <style type="text/css">
        div{
            width: 200px;
            height: 200px;
            background-color: red;
            margin: 200px auto;
            transform: rotate(45deg);
            filter: drop-shadow(0px 0px 30px
                red);
            opacity: 0.7;
            animation: jump 1s linear
```

图 1-9　Sublime Text 开发界面

1.4.3　Notepad＋＋

Notepad＋＋的名称来源于 Windows 系列操作系统自带的记事本 Notepad,在此基础上多加了两个加号,立刻有了质的飞跃。这是一款免费、开源的纯文本编辑器(如图 1-10 所示),具有完整中文化接口并支持 UTF-8 技术。由于它具有语法高亮显示、代码折叠等功能,所以也非常适合作为其他计算机程序语言的编辑器。

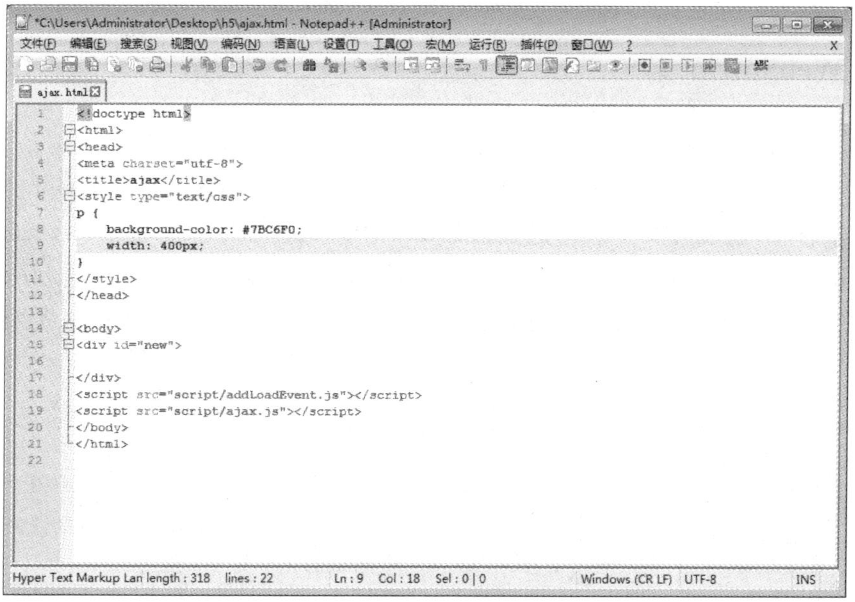

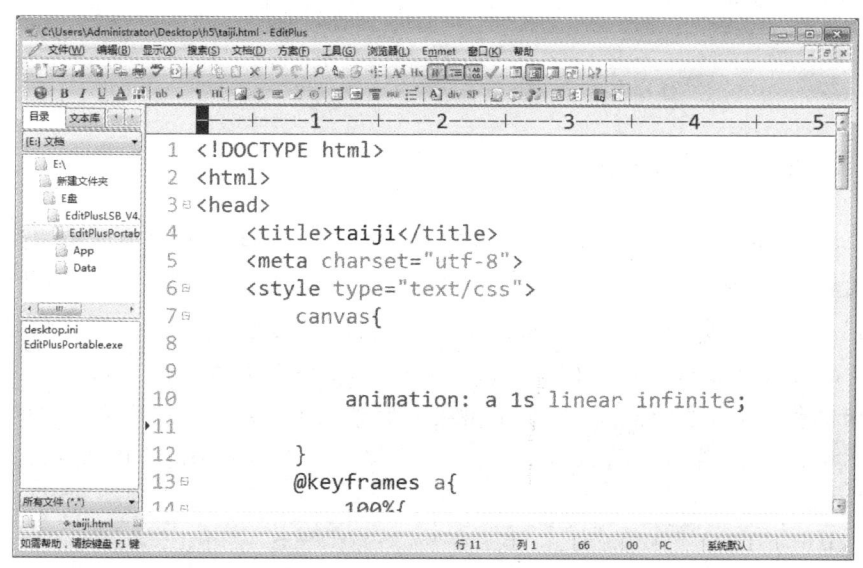

图 1-10　Notepad＋＋开发界面

1.4.4　EditPlus

EditPlus 是由韩国 Sangil Kim（ES-Computing）公司发布的一款文字编辑器,支持 HTML、CSS、JavaScript、PHP、Java 等多种计算机程序的语法高亮显示与代码折叠功能。其中最具特色的是 EditPlus 具有自动完成功能,例如在 CSS 源文件中输入字母 b 加上空格,就会自动生成 border:1px solid red 语句。开发者可以自行编辑快捷键所代表的代码块,然后在开发过程中使用快捷方式让 EditPlus 自动完成指定的代码内容。EditPlus 的开发界面如图 1-11 所示。

图 1-11　EditPlus 开发界面

网页设计与 Web 前端基础

1.4.5　WebStorm

　　WebStorm 是 JetBrains 推出的一款商业 JavaScript 开发工具,其最新版本是 WebStorm 2018。WebStorm 也是一款专业的 HTML 编辑工具,在 HTML5 和 JavaScript 方面都很出色,可以说是"Web 前端开发神器""最强大的 HTML5 编辑器""最智能的 JavaScript IDE"。2018 版对 JavaScript、TypeScript 和 CSS 的支持更好,改进了 Vue.js 的体验,并为 Jest 集成增加了新功能,可以帮助开发人员更好地提高工作效率。WebStorm 的开发界面如图 1-12 所示。

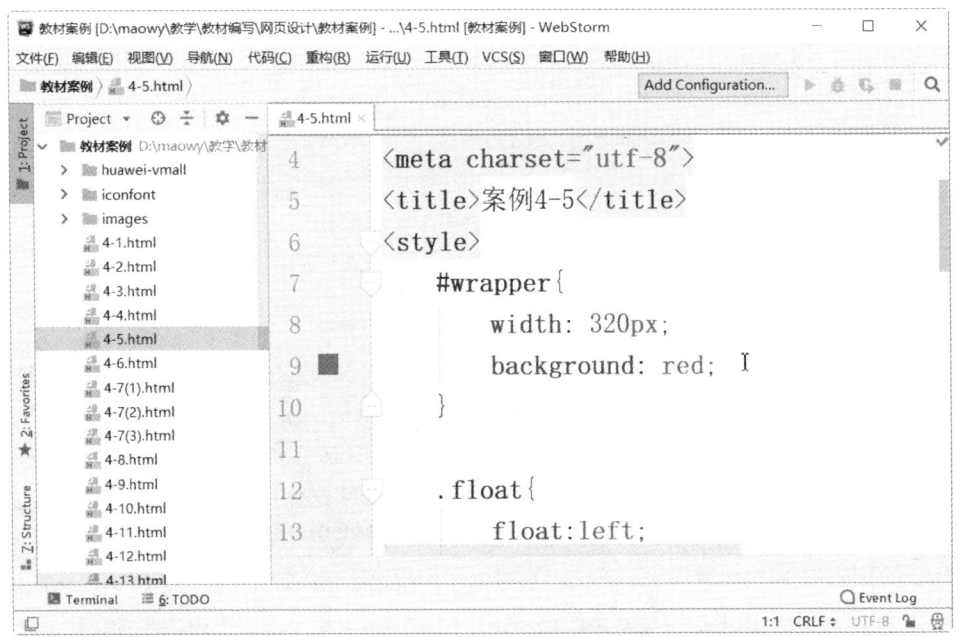

图 1-12　WebStorm 开发界面

1.4.6　Visual Studio Code

　　Visual Studio Code 简称 VS Code 或 VSC,它是一款由微软公司开发的免费开源的现代化轻量级代码编辑器,支持语法高亮、智能代码补全、自定义热键、括号匹配、代码片段、代码对比 Diff、GIT 等特性,并针对网页开发和云端应用开发做了优化。VS Code 跨平台,支持 Win、Mac 以及 Linux,运行流畅。微软称 Visual Studio Code 并非完整版的 Visual Studio,它只是一款轻量级的代码编辑器,而不是一个重量级的完整 IDE(集成开发环境),它的竞争对手将会是 Sublime Text、Atom、VIM、Notepad++等产品。Visual Studio Code 的开发界面如图 1-13 所示。

图 1-13　Visual Studio Code 开发界面

1.5　习　　题

一、填空题

1. Web 是一个全球性的信息系统,其体系结构采用了_____模式。信息资源以网页(HTML 文件)的形式存储在_____中。

2. 标准的 URL 由三部分组成,即_____、_____和_____。

3. _____就是人们进入一个网站时第一眼看到的网页,也称为_____。

4. 网页主要由三部分组成,即_____、_____和_____。对应的标准也分为三方面。

5. 常用的 Web 开发工具软件有_____、_____和_____等。

二、选择题

1. WWW 上的任何信息(包括文档、图像、图片、视频或音频等)都被看作是资源,为了方便地引用资源,应给它们分配一个唯一的标志来描述该资源存放于何处以及如何对它进行存取,当前使用的命名机制叫(　　)。

　A. URL　　　　　　　　B. WWW　　　　　C. DNS　　　　　　　D. FTP

2. 下列不属于网页设计步骤的是(　　)。

　A. 拟定网站主题　　　　　　　　　　B. 规划网站架构与内容

　C. 收集相关资料　　　　　　　　　　D. 选择网站的开发工具

3. 下列关于站点目录结构组织的描述正确的是(　　)。

　A. 可以使用中文目录　　　　　　　　B. 将所有文件都存放在根目录下

　C. 按栏目内容分别建立子目录　　　　D. 只在根目录下建立 images 目录

网页设计与 Web 前端基础

4. 运行在互联网上用于 WWW 服务的协议是( )。

    A. HTTP   B. FTP   C. SMTP   D. POP3

5. DOM 指的是( )。

    A. 文本标记语言   B. 客户端脚本程序语言

    C. 层叠样式表   D. 文档对象模型

三、判断题

1. Web 客户端在 Internet 上被称为浏览器,它是一种用来浏览 Web 页面的软件。( )

2. 主页(Home Page)就是网站默认的首页。主页默认的文件名通常为 index. html 或 default. html。( )

3. 所谓的静态网页并不单纯指网页上没有动画效果,但是在网页上放置了 Flash 或者 GIF 动画的网页肯定是动态网页。( )

4. Web 标准都是由 W3C(World Wide Web Consortium,万维网联盟)组织起草和发布的。( )

四、简答题

1. 什么是 HTML? 简述其主要特点。

2. 简述网站开发的主要过程。

3. 什么是 Web 标准? 相关的标准有哪些?

4. 试述在网站设计中规划站点目录结构时应遵循的原则。

五、实践题

1. 根据个人具体情况规划一个个人网站,要求包括以下内容。

- 个人基本信息:姓名、性别、籍贯、所在城市等。
- 我的求学经历。
- 我的荣誉。
- 我的兴趣爱好。
- 我的未来:自己的理想和今后打算。

(1) 画出站点结构图。

(2) 根据实际需要收集该网站所需的各种素材,包括文字、图片、声音、多媒体和超链接等。

(3) 最终按照站点目录结构的要求建立相关目录,并将相应素材保存到相应位置。

(4) 具体的内容也可以根据实际需要进行相应增加和修改,但最终的栏目数量不能少于 5 个。

2. 申请网页空间。

根据个人喜好选择一个提供网页空间服务的站点(可以自由选择,也可以参考表 1-3 提供的站点),要求完成以下工作:

(1) 申请网页空间,为个人网站提前准备一个"家"。

(2) 自学该站点如何实现网站的上传。

(3) 在后续的章节中,根据要求完成个人网站的制作,并完成相应站点的更新。

第 2 章　HTML 常用标签

第 2 章

学习目标

- 了解 HTML 与 HTML5 的发展历程及关系
- 掌握网页中常用标签及属性的用法
- 通过案例网站的首页及相关页面的实例深入了解并掌握 HTML 常用标签在网站实际页面内容建设中的应用

每一个网页本质上都是一个 HTML 文件。HTML5 是下一代的 HTML。虽然现在 HTML5 仍处于完善之中,然而大部分现代浏览器已经具备了某些 HTML5 支持。同时,随着移动化的进程,HTML5 终将成为主流。

本章主要介绍如何使用 HTML5 来定义网页的结构,以及各种常见网页元素的定义和使用。为了使读者及时应用所学的知识,在本章中还设计了一些精简的实例代码来强化对相关知识点的理解和应用。

2.1　HTML5 网页结构

2.1.1　HTML 的发展历程

HTML(HyperText Markup Language,超文本标记语言)是在 1989 年由 Tim Berners-Lee 制定的,并在 1990 年被应用到 Web 上,成为制作网页文件的基本工具。HTML 通过标签描述将在网页上显示的信息(例如文字、图片、声音、动画等各种资源),通过浏览器解释 HTML 代码,将信息展示给浏览者。随着 HTML 的广泛应用,要求 HTML 标准化。HTML 标准经历的版本及发布日期如表 2-1 所示。

目前主流的 HTML5 草案是 W3C(World Wide Web Consortium,万维网联盟)与 WHATWG(Web Hypertext Application Technology Working Group)合作的结果。WHATWG 致力于 Web 表单和应用程序,而 W3C 专注于 XHTML 2.0。在 2006 年,双方决定进行合作,来创建一个新版本的 HTML,并为 HTML5 建立一些规则:

(1)新特性应该基于 HTML、CSS、DOM 以及 JavaScript。

(2)减少对外部插件的需求(例如 Flash)。

(3)更优秀的错误处理。

(4)更多取代脚本的标签。

(5)HTML5 应该独立于设备。

(6)开发进程应对公众透明。

表 2-1　HTML 标准版本的发展历程

版　　本	发　布　日　期	说　　　明
超文本标记语言(第一版)	1993 年 6 月	作为互联网工作小组(IETF)工作草案发布(并非标准)
HTML 2.0	1995 年 11 月	作为 RFC 1866 发布,在 RFC 2854 于 2000 年 6 月发布之后被宣布已经过时
HTML 3.2	1996 年 1 月 14 日	W3C 推荐标准
HTML 4.0	1997 年 12 月 18 日	W3C 推荐标准
HTML 4.01	1999 年 12 月 24 日	微小改进,W3C 推荐标准
ISO HTML	2000 年 5 月 15 日	基于严格的 HTML 4.01 语法,是国际标准化组织和国际电工委员会的标准
XHTML 1.0	2000 年 1 月 26 日	W3C 推荐标准(修订后于 2002 年 8 月 1 日重新发布)
XHTML 1.1	2001 年 5 月 31 日	较 1.0 版有微小改进
XHTML 2.0 草案	没有发布	2009 年,W3C 停止了 XHTML 2.0 工作组的工作
HTML5 草案	2008 年 1 月	目前 HTML5 规范都是以草案发布,都不是最终版本,标准的全部实现也许要等很久

HTML5 新增了一些有趣的特性,例如:

(1) 用于绘画的 Canvas 元素;

(2) 用于媒介回放的 video 和 audio 元素;

(3) 对本地离线存储的更好的支持;

(4) 新的特殊内容元素,例如 article、footer、header、nav、section;

(5) 新的表单控件,例如 calendar、date、time、email、url、search。

在浏览器的支持方面,最新版本的 Safari、Chrome、Firefox 以及 Opera 支持某些 HTML5 特性。

2.1.2　初识 HTML 标签

HTML 是网页编程最基本的核心技术。下面以一个简单的例子来说明 HTML 的语法结构,以使读者对 HTML 网页的编辑及显示有一个感性的了解。

【例 2-1】　用 HTML 代码显示网页上的超链接。

用记事本编辑下列代码,并另存为 myfirstpage.html 或 myfirstpage.htm,注意修改文件的类型为所有文件,且编码为 UTF-8,如图 2-1 所示。

```
<h3>
    <a href="http://www.baidu.com">百度</a>
</h3>
```

通过"我的电脑"或"资源管理器"找到该文件,并双击打开,这时将在默认的浏览器中显示该 HTML 页面的效果:超链接形式的文本"百度"在浏览器窗口的左上角,如图 2-2 所示。

从上面的例子可以看出,如果使用 HTML 语言来直接编写网页文件,在保存时要注意扩展名是 .html 或 .htm。

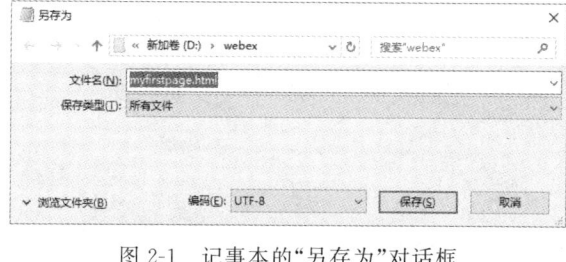

图 2-1 记事本的"另存为"对话框

图 2-2 网页上的超链接文本

HTML 文档除了包括网页上显示的文本内容外,还包括一些控制页面内容显示效果的标签,如例 2-1 中< h3 >及</h3 >表示其包含的内容是标题 3 格式的文本,< a href = "http://www.baidu.com">及</a>表示其包含的内容是一个目标路径为"http://www.baidu.com"的超链接。这些控制标签及其属性在浏览器中都是不会直接显示出来的。

若不满意网页在浏览器中的显示效果,用户可重新在"记事本"中打开该. html 源文件修改。在"记事本"中修改后,选择"文件"菜单中的"保存"命令。如本例中可将< h3 >和</h3 >修改为< h4 >和</h4 >。如果浏览器没有关闭,想在浏览器中看到修改后的显示,不必重新打开该文件,直接单击浏览器工具栏上的"刷新"按钮即可,如图 2-3 所示。

由此可见,HTML 文档是由字符数据与控制标签组成的,是一个文本文件,它由浏览器来解释 HTML 文档中控制标签的意义,按照控制标签的功能把文本数据显示在浏览器中。

由例 2-1 可知,学习 HTML 语言主要就是学习控制标签的使用。

HTML 文档的标签及其属性的主要规则如下。

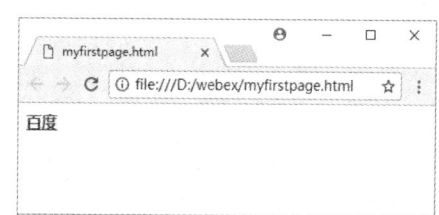

图 2-3 通过单击"刷新"按钮显示
修改后的网页

(1) 以"<标签名>"表示标签的开始,以"</标签名>"表示标签的结束。例如:

```
< h3 >标题 3 文本</h3 >
```

(2) 成对标签又称为容器,在一对标签中还可以嵌套其他的标签。例如,标题 3 文本标签< h3 >中嵌套超链接标签< a >表示为:

```
< h3 >< a href = "http://www.baidu.com">百度</a></h3 >
```

(3) 单独标签不需要与之配对的结束标签,又称之为空标签。例如< br >或< br/>。

(4) 属性设置的一般格式为"属性名=属性值",属性值部分可以用英文的双引号(")或单引号(')引起来,也可以不使用任何引号。例如:

```
< a href = "http://www.baidu.com" id = 'menu' class = c1>百度</a>
```

(5) 标签名及属性名不区分大小写。

2.1.3 HTML5 文档的基本结构

例 2-1 中的 HTML 文档并不是一个完整的 HTML 文档,只是因为 HTML 的语法要求比较松散,所以也能在浏览器中显示出来。

一个最基本的 HTML5 网页的基本结构如下:

```
<!DOCTYPE html>
<html>
 <head>
    <meta charset="utf-8">
    <title>网页标题</title>
 </head>


 <body>
   网页内容
 </body>
</html>
```

从上面的代码可以看出，一个基本的 HTML5 网页由以下几部分组成。

（1）<!DOCTYPE html>：文档头信息声明。该声明必须位于 HTML 文档的第 1 行，用于告诉浏览器文档所用的 HTML 规范。由于 HTML5 版本还没有得到浏览器的完全认可，在后面介绍时还采用以前的通用标准。

（2）<html></html>：根标签，说明本页面是用 HTML 语言编写的，使浏览器软件能够准确无误地解释和显示。

（3）<head></head>：头部标签，头部信息不显示在网页中，在此标签内可以包含其他一些标签，用于说明文件标题和整个文件的一些公用属性。

（4）<meta charset="utf-8">：字符编码，最常用的编码格式为 utf-8（万国码）。

（5）<title></title>：网页标题标签，title 是 head 中的重要部分，它包含的内容显示在浏览器的窗口标题栏中。如果没有 title，浏览器标题栏将显示本页的文件名。

（6）<body></body>：网页主体标签，body 包含 HTML 页面的实际内容，显示在浏览器窗口的客户区中。例如，网页中的文字、图片、动画、超链接以及其他的 HTML 相关内容都是定义在<body>标签中的。

2.1.4 HTML 文档主体标签

HTML 文档主体标签的基本格式为：

```
<body>
    网页的内容
</body>
```

主体位于头部之后，以<body>为开始标签，以</body>为结束标签。文件主体是 HTML 文件的主要部分与核心内容，它包括文件所有的实际内容与绝大多数的标签符号。

<body>标签还可以设置一些属性，用于对网页进行一些整体的设置，如表 2-2 所示。

表 2-2 <body>标签中的属性

属　　性	用　　途	示　　例
<body bgcolor="#RRGGBB">	设置背景颜色	<body bgcolor="blue">：蓝色背景
<body background="URL">	设置背景图片	<body background="images/bg.jpg">：背景图片为 images 文件夹下的 bg.jpg
<body text="#RRGGBB">	设置文本颜色	<body text="#FF0000">：红色文本
<body link="#RRGGBB">	设置超链接颜色	<body link="green">：超链接为绿色

属　　性	用　　途	示　　例
< body vlink= "#RRGGBB">	设置已使用的超链接的颜色	< body vlink= "red">：已使用的超链接为红色
< body alink= "#RRGGBB">	设置正在被单击的超链接的颜色	< body alink= "yellow">：被单击的超链接为黄色
< body leftmargin= "像素值">	设置页面左边的空白	< body leftmargin= "50">：页面左边的空白为 50 个像素
< body topmargin= "像素值">	设置页面上方的空白	< body topmargin= "30">：页面上方的空白为 30 个像素

提醒：作为未来的网页开发人员，需要做好准备，以便能够了解并处理各种类型的编码。人们编写网页已经有超过 10 年的历史，在现在的网页中有些是用"过时"的 HTML 编写的，也有些是用新的 HTML 代码写成的。有些属性(例如 bgcolor 和 text 属性)已经被使用了多年但不推荐使用——它们不再出现在 HTML5 标准里面。一些过渡型和主流的浏览器仍然支持这些不被推荐的 HTML 元素或属性，但是将来也许不会再支持它们。本书除了介绍和帮助读者理解这些旧的技术以外，还将介绍 HTML5 和最新的层叠样式表(CSS3)等较前沿的技术。第 3 章中将介绍如何用 CSS 来设置网页上的颜色和文本。

2.2　网　页　文　本

从这一节开始，主要以"环保小站"网站的一些页面为例，学习 HTML 文档主体中常用的网页元素标签及属性的使用。由于网页元素标签及属性数量繁多，"环保小站"中的网页只包含了部分标签及其属性。为了便于读者熟悉并掌握各种网页标签，本书还配备了一些基本的专门针对各种标签的网页。这样读者既可以很快地熟悉并掌握各种网页元素及其属性，也可以在网页设计中灵活地使用各种标签，制作出美观的网页。

2.2.1　注释标签

浏览器会忽略注释标签中的文字而不显示，使用注释标签的目的是为网页中的不同部分加以说明，以方便以后的阅读和修改。注释标签的格式为：

```
<!-- 注释内容 -->
```

结束标签与开始标签可以不在一行上，长度不受限制。

2.2.2　段落和换行标签

段落标签放在一个段落的头和尾，用于定义一个段落。段落标签除了具有标识段落的作用以外，还能使本段的前后多一个空行，以区别不同段落。段落标签的基本格式为：

```
<p>文字</p>
```

< p >标签有一个 align 属性，用来设置段落文字在网页上的对齐方式，例如 left(左对齐)、center(居中)或 right(右对齐)，默认为 left。

浏览器会忽略 HTML 文档中由 Enter 键所产生的换行符，若要强制换行，可在该位置使用< br/>标签。强制换行标签的格式为：

文字< br/>

使用< br/>分隔的内容之间是换行不换段。也就是说,如果< br/>处在< p >< /p >标签对的中间,则其分隔的内容还是处于同一段,相应的两行内容之间不会产生空行,这样从外观上也可以看得出来二者是处于同一段落的,同时会以一个段落整体的形式进行对齐,具体的对齐方式可通过所在的< p >标签中的 align 属性进行设定。

【例 2-2】 对"环保小站"网站中的首页 index. html 中< body >的文本部分代码进行简单的编辑,在浏览器中的效果如图 2-4 所示。

< p align = "center">我们是大自然的宠儿,是被宠坏的孩子。< br/>
　我们获得了方便的交通,精美的食物,华丽的服装,舒适的房屋,如昼的夜晚……< /p >
<! -- 第一段中分行后的两行文字同时居中 -->
< p >而我们给自然留下了什么?< br/>
　对能源物资的索取无度,对森林湿地的无情践踏,对海洋湖泊的大肆污染!!< br/>
　大自然在痛苦的呻吟,反击着我们!< /p >
<! -- 代码中直接的换行不会显示在浏览器中 -->

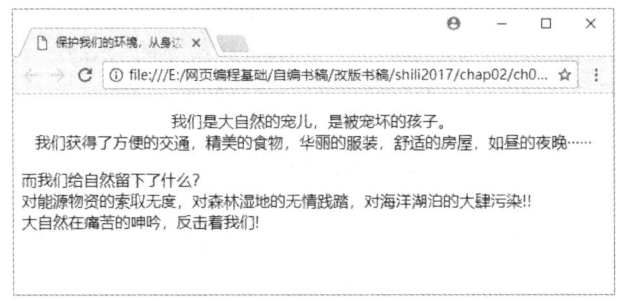

图 2-4　段落和换行标签

操作提示:在 Dreamweaver 的设计视图中直接输入文字后按 Enter 键换行,相当于产生前后两个不同的段落,后面输入的文字属于一个新的段落内容;如果在输入文字后同时按 Shift＋Enter 键换行,相当于产生一个换行符< br/>,前后两行都属于同一个段落的内容。

2.2.3　标题标签

文章一般都有标题、副标题、章和节等结构,而网页中的信息可以分为主要点和次要点,可以通过设置不同大小的标题为文章增加条理。标题文字标签的基本格式为:

< h♯ >标题文字< /h♯>

♯用来指定标题文字的大小,♯取 1～6 的整数值,取 1 时文字最大,取 6 时文字最小。

用户可以通过 align 属性来设置标题在页面中的对齐方式,例如 left(左对齐)、center(居中)或 right(右对齐),默认为 left。

< h♯>…< h♯>标签默认为宋体,在一个标题行中无法使用不同大小的字体。除字体大小自动设定以外,各标题文字都显示为加粗的效果。

注意:根据搜索引擎优化(SEO)的需求,在一个网页中 h1 标签最多只能出现一次。

【例 2-3】 利用标题标签对"环保小站"网站中首页 index. html 的代码进行修改,在浏览器中的显示效果如图 2-5 所示。

```
<h3>我们不要陶醉于我们对自然界的胜利,对于每一次这样的胜利,自然界都报复了我们。——恩格
斯</h3>
```

图 2-5　标题标签

【例 2-4】　综合利用前面所学的标签来编辑本书的部分书目。在浏览器中的显示效果如
图 2-6 所示。

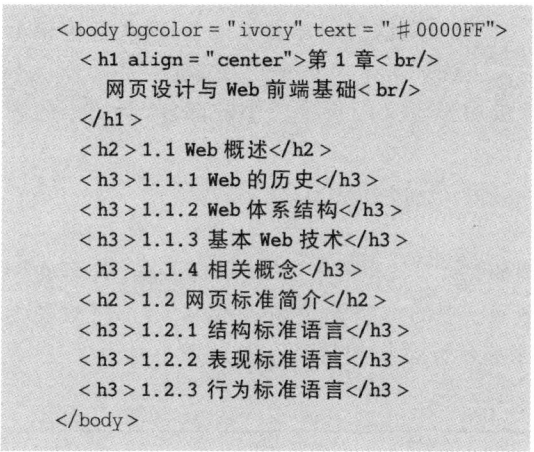

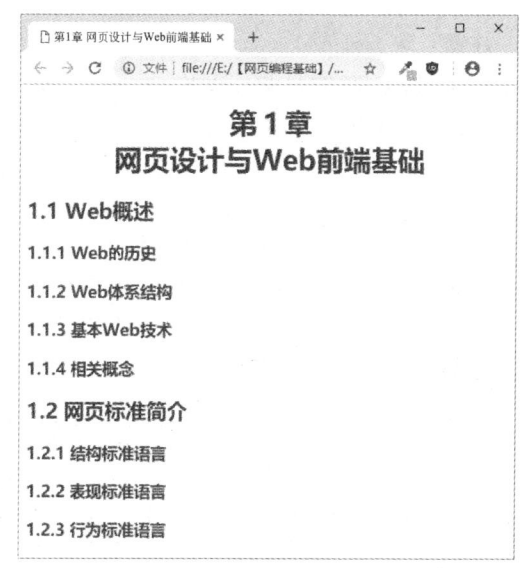

图 2-6　标题标签

提醒:很多网页使用 align 属性居中区块
级元素,例如段落和标题。但要注意的是,只
有 XHTML 1.0 过渡型才支持 align 属性,它
已经不被推荐使用。第 3 章和第 4 章将介绍
如何使用 CSS 来设置网页文本的对齐方式。

操作提示:可以通过 Dreamweaver CC"属性"面板中的"格式"下拉列表将所选定的各种
文本进行常用格式的转换,例如将无格式文字(无特定标签对定义)转换为段落(用<p></p>
定义)或各种标题格式(用<h♯></h♯>定义)。

2.2.4　特定文字样式标签

在显示文字时,有时会对某些短语显示一些特定的字形来产生一定的突出、区别、强调等
效果。例如<em>…</em>(emphasis)被用来强调文本,显示为斜体字;<strong>…
</strong>(strong emphasis)是进一步强调,显示为粗体字;[…]作为上标样式
显示;_…作为下标样式显示。常见的特定文字样式标签如表 2-3 所示。

表 2-3 中的最后两个标签<strong>和<em>也被称为逻辑样式标签,其他样式标签则属
于物理样式标签。<strong>逻辑样式标签通常与<b>物理样式标签有相同的效果,而
<em>逻辑样式标签通常与<i>物理样式标签的效果相同。为了使 HTML 代码能够描述文
本的逻辑样式,而不仅仅是为浏览器提供字体命令,需要使用<strong>标签而不是<b>标签,使
用<em>标签而不是<i>标签。随着学习的深入,后面将学习 CSS 和它在格式化文本中的应用。

表 2-3　常见的特定文字样式标签

标　　记	用　　法
\<b>\</b>	将文本显示为粗体
\<i>\</i>	将文本显示为斜体
\<u>\</u>	为文本添加下画线,但尽量避免使用,因为下画线容易与链接混淆(不推荐)
\<s>\</s>	为文本添加删除线(不推荐)
\<big>\</big>	将文本显示为比正常字体大
\<small>\</small>	将文本显示为比正常字体小
\[\]	用于将文字缩小后显示于上方
_\	用于将文字缩小后显示于下方
\<strong>\</strong>	使文本强调或突出于周围文本,通常以加粗显示
\<em>\</em>	使文本以强调方式显示,通常以斜体显示

注意:除了外观上\<strong>默认为加粗显示、\<em>默认为斜体显示以外,两者在逻辑上表示强调时\<em>的强调程度比\<strong>更大。

补充:\<i>标签除了定义斜体文字以外,还常被用于定义网页中较小的部分,例如小的图标、logo 等。

2.2.5　网页特殊字符

在 HTML 文档中,有些符号有特殊含义。例如,"\<"与"\>"是用来识别标签的,若要在网页中显示"\<"或"\>",就要将其作为特殊字符。HTML 中的空格无论输入多少个,都将被视为一个。另外还有一些其他特殊字符,都要用代码来表示。常用的特殊字符见表 2-4。

表 2-4　特殊字符

特 殊 字 符	字 符 代 码	说　明	特 殊 字 符	字 符 代 码	说　明
\<	&lt;	小于号	"	&quot;	双引号
\>	&gt;	大于号	©	&copy;	版权符
		空格	®	&reg;	注册符
&	&amp;	&			

【例 2-5】 对例 2-4 进行修改,在每个\<h3>级别的标题文本前增加两个空格符号,以便增加不同级别标题之间的层次感。在浏览器中的显示效果如图 2-7 所示。

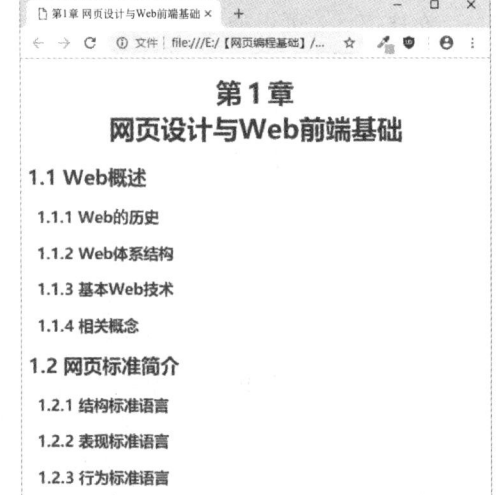

```
< body bgcolor = "ivory" text = "#0000FF">
    < h1 align = "center">第 1 章< br/>
    网页设计与 Web 前端基础< br/>
    </h1 >
    < h2 > 1.1　Web 概述</h2 >
    < h3 >   1.1.1　Web 的历史</h3 >
    < h3 >   1.1.2　Web 体系结构</h3 >
    < h3 >   1.1.3　基本 Web 技术</h3 >
    < h3 >   1.1.4　相关概念</h3 >
    < h2 > 1.2　网页标准简介</h2 >
    < h3 >   1.2.1　结构标准语言</h3 >
    < h3 >   1.2.2　表现标准语言</h3 >
    < h3 >   1.2.3　行为标准语言</h3 >
    </body>
```

图 2-7　增加空格符号

操作提示：可以利用 Dreamweaver CC 插入栏的 HTML 类别中最后的 按钮对应的下拉列表来选定和插入各种特殊字符。

2.3 图片标签及属性

2.3.1 常见图片格式

图片是美化网页最常用的多媒体元素之一。计算机上有许多图片格式，但在网页中使用的图片格式一般为 JPEG、GIF 和 PNG 3 种。

（1）JPEG 格式：JPEG(Joint Photographic Experts Group，联合图像专家组)又称 JPG，文件扩展名为.jpg 或.jpeg，它是最常用的图像文件格式。JPEG 格式支持数百万种色彩，主要用于显示照片等颜色丰富的精美图像。JPEG 是一种有损压缩格式，这意味着在压缩时会丢失一些数据，因此降低了最终文件的质量，然而由于数据丢失很少，所以在质量上不会差很多。

（2）GIF 格式：GIF(Graphics Interchange Format，图形互换格式)是网页图像中很流行的格式。GIF 格式最多使用 256 种色彩，最适合显示色调不连续或具有大面积单一颜色的图像。此外，GIF 还可以包含透明区域和多帧动画，所以 GIF 常用于卡通、导航条、logo、带有透明区域的图形和动画等。

（3）PNG 格式：PNG(Portable Network Graphics，可移植网络图形)是一种无损压缩的格式。PNG 格式既融合了 GIF 格式透明显示的颜色，又具有 JPEG 处理精美图像的优势，是逐渐流行的网络图片格式，但目前浏览器对它的支持并不一致。

2.3.2 网页图片的四要素

HTML 使用<img>标签在网页中插入图片，其基本格式为：

<img src="路径/图片名" alt="描述" width="宽度" height="高度"/>

img 元素用于向网页中嵌入一幅图片，其中属性 src 是 source(源)英文的缩写。

注意，从技术上讲，<img>标签并不会在网页中插入图片，而是从网页上链接图片。<img>标签创建的是被引用图片的占位空间。

<img>标签的常用属性如表 2-5 所示。

表 2-5 <img>标签的常用属性

属　　性	值	描　　述
src	URL	必需的属性，设置图片来源
alt	text	必需的属性，规定图片的替代文本
align	top	不推荐使用。规定如何根据周围的文本来排列图片
	bottom	
	middle	
	left	
	right	
border	pixels	不推荐使用。定义图片周围的边框
height	pixels	建议使用。定义图片的高度
	%	
title	text	定义图片的标题，通常显示为鼠标悬停时的提示文字(有利于用户体验)

属　　性	值	描　　述
vspace	pixels	不推荐使用。定义图片顶部和底部的空白
width	pixels %	建议使用。设置图片的宽度

如果把鼠标指针移动到图片上，大多数浏览器会显示 alt 属性中指定的文本。注意，仅支持文本的浏览器无法显示图片，只能够显示在图片的 alt 属性中指定的文本。如果图片的 src 属性有误，而无法链接到目标图片，也会显示 alt 属性中指定的替代文本。

使用图片的 width 和 height 属性能够使浏览器更高效地显示页面。如果省略了这两个属性，浏览器通常必须在图片完全下载后才能重新调整和变换页面中的其他元素，这会使页面的载入速度变慢。如果使用 width 和 height 属性指定图片的确切或大概尺寸，浏览器则会事先为图片预留适当的显示空间。通常将 width 和 height 属性设为图片的真实大小，以免失真，若需要改变图片的大小最好使用专用的图片编辑工具。注意，这里使用宽、高属性的目的是让搜索引擎抓取，且不需要写单位。

小结：根据实际应用的需求，一般认为网页图片的四要素为 src、alt、width 和 height。其中，src 用于定义图片的路径；alt 用于当图片无法加载的时候定义一个替换文本，此外，alt 还可被搜索引擎抓取使用，有利于 SEO（搜索引擎优化）；而 width 和 height 建议设置为图片原本的宽度和高度。如果只定义 width，则 height 会等比例缩放，反之亦然。

补充：关于 SEO（Search Engine Optimization，搜索引擎优化）的几点建议。

（1）页面标签语义化；

（2）使用对 SEO 有利的标签，例如 h1、h2、h3、strong、em 等；

（3）提高页面关键词密度。

【例 2-6】 以"环保小站"首页 index.html 为例，查看图片标签在网页中的使用。由于 index 网页中存在大量图片，无法一一展示，这里仅以横幅图片的代码为例，请注意代码中的加粗部分。首页中横幅图片的效果如图 2-8 所示。

```html
< body topmargin = "0">
  <! -- banner -->
  < table class = "table1" align = "center" cellpadding = "0" cellspacing = "0">
    < tr >
        < td height = "140" colspan = "5" valign = "top">< img src = "images/banner.gif" width = "
950" height = "140" alt = "banner"/></td >
    </tr >
  </table >
  <! -- 此处省略其他代码 -->
</body>
```

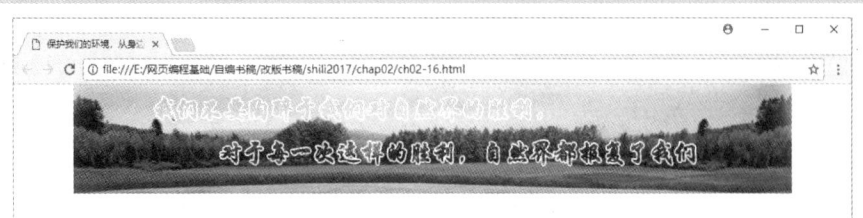

图 2-8　横幅图片效果

【例 2-7】　编辑一个综合实例，以全面地观察图片标签及属性（代码的加粗部分）。各图片标签及属性设置在 Google Chrome 浏览器中的效果如图 2-9 所示。注意，使用到的图片需要放置在与网页文件同级的 images 文件夹中。

```
<p>请注意,如果您把鼠标指针移动到图片上,大多数浏览器会显示 "alt" 文本。</p>
<img src = "images/gq_ch.gif" width = "161" height = "110" alt = "中华人民共和国国旗"/>
<p>如果无法显示图片,将显示 "alt" 属性中的文本:</p>
<img src = "gq_ch.gif" width = "161" height = "110" alt = "中华人民共和国国旗"/>
<p>
    来自 W3School.com.cn 的图片:
    <img src = "http://www.w3school.com.cn/i/w3school_logo_white.gif" alt = "W3School 的图
标"/></p>
<p>本图片有 2px 的边框,图片<img src = "images/flower.gif" width = "204" height = "104" alt = "这是
图片的替代文本" align = "top" border = "2px"/>在文本中,与文本 top 对齐</p>
<p>
    <img src = "images/gq_swiss.gif" align = "left">
    带有图片的一个段落。图片的 align 属性设置为 "left"。图片将浮动到文本的左侧。</p>
<p> </p>
<p> </p>
<p>
    <img src = "images/gq_au.gif" align = "right">
    带有图片的一个段落。图片的 align 属性设置为 "right"。</p>
```

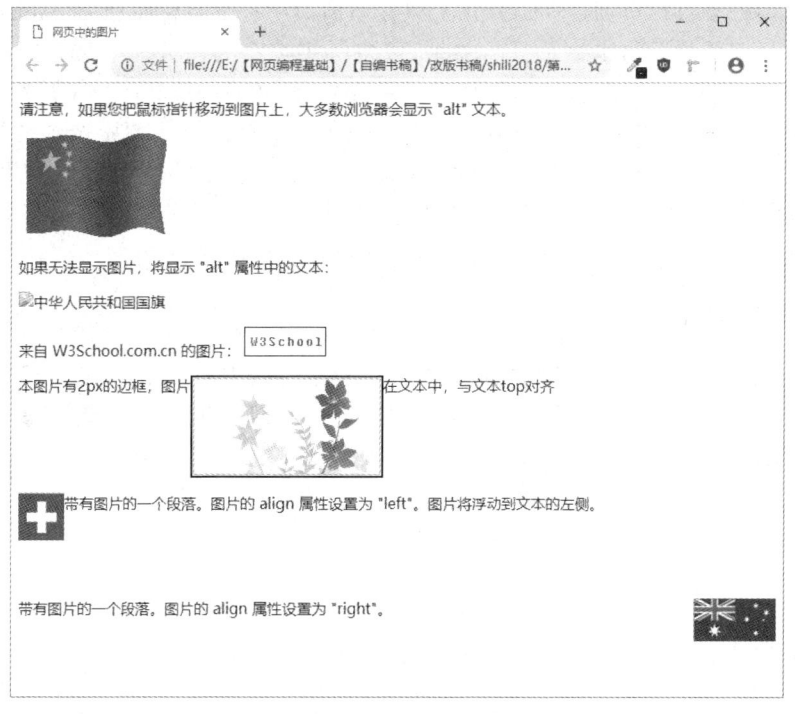

图 2-9　图片的标签及属性设置实例

2.4　超链接标签

链接（Link）又称超链接（Hyperlink），是网络资源间的一个连接，它是超文本（或超媒体）结构的基本构成成分。一个超文本系统由节点和链接组成，节点可以是文本、图片、音频、视

频、程序等内容。通过链接把节点连接起来,激活链接就从当前网页的位置跳转到其他位置,显示节点的内容。链接的作用就是获取另一个资源(目标资源),目标资源可以是另一个网页、当前网页中的某个位置、Internet 以及本地硬盘或局域网上的其他文件,可以是声音、图片等多媒体文件。正是由于超链接才产生了超文本、超媒体系统,使得浏览者可以用浏览器通过超链接在互联网上漫游,通过超链接访问其他网页,还可以访问 FTP、E-mail 等 Internet 资源。所以,超链接是超文本的一个重要特征,是驱使互联网成功的主要力量之一。

2.4.1 超链接的基本格式

基本的超链接包括链接源和链接目标两个部分。所谓链接源,是指在浏览器中能够直接看到的有链接功能的文本或图片等对象,通常当鼠标停留在这些对象上时指针会变为手形;而链接目标,就是在单击链接源的时候网页链接所打开的另外一个资源,例如打开一个特定的页面。HTML 使用< a >(锚)标签来创建超链接,其最基本的格式为:

```
< a href = "链接目标">链接源</a>
```

例如:

```
< a href = " http://www.163.com">网易</a>
```

< a >标签还具有 target 属性,用来设置单击超链接后在浏览器中打开链接目标的方式,例如在当前窗口中打开目标页面(_self,默认),或在新窗口中打开目标页面(_blank)等。

根据链接目标的位置与本地站点的关系,可将链接类型大体分为 URL 链接和本地链接两种,另外还有一些特定功能的链接,例如书签链接、下载文件链接和邮件链接。

操作提示:可以利用 Dreamweaver CC 快速创建一个超链接。首先选中链接源(文本或图片等),然后在"属性"面板的"链接"文本框中输入链接目标的 URL 路径。如果链接目标是本地的站内文档,也可以通过"链接"文本框后面的"指向文件"图标 🎯 或"浏览文件"图标 📁 完成本地链接。

2.4.2 URL 链接

URL 链接一般指本地站点以外文档的链接。在创建 URL 链接时,需要给出 URL 链接完整的网址,例如下面的代码就是在网页中添加一个"HTML 教程"的超链接。

```
< a href = "http://www.w3school.com.cn/html/index.asp">HTML 教程 </a>
```

URL 链接通常使用绝对路径(absolute path),这里的绝对路径是指在网页制作中带域名的文件的完整路径。例如,假设本地站点已发布在域名空间"http://moxmei.3vhost.net/",在该域名空间的根目录下存放 index.html 文件,用绝对路径表示指向该文件的链接可以是:

```
< a href = http://moxmei.3vhost.net/index.html>首页</a>
```

如果在根目录下建立目录 zhuce,并在该目录下存放 denglu.html 文件,其绝对路径就是:

```
http://moxmei.3vhost.net/zhuce/denglu.html
```

提醒:尽量不要在网页中出现用本地路径表示的绝对 URL 链接。类似于:

```
< a href = "C:/ bbs/login.asp ">登录</a>
```

或

```
< a href = "file:///C|/ bbs/login.asp ">登录</a>
```

因为服务器中的本地路径一般并不等同于网络中其他计算机的本地路径,在通过其他客户机来浏览这些网页的时候就会产生无法打开相应链接的错误。

2.4.3 本地链接

在一台机器上对不同文件进行链接叫本地链接。为了便于网站的发布及维护,用户要养成将所有本地的链接目标都放置在站点指定目录下的习惯,同时对中小型站点应尽可能地使用表示目标位置与当前位置关系的相对路径来定义链接目标。

根据目标文件与当前文件的目录关系,本地链接的相对路径有 4 种写法。如图 2-10 所示为"环保小站"网站中当前的目录结构,下面结合该例子来说明各种相对路径及其链接的写法。

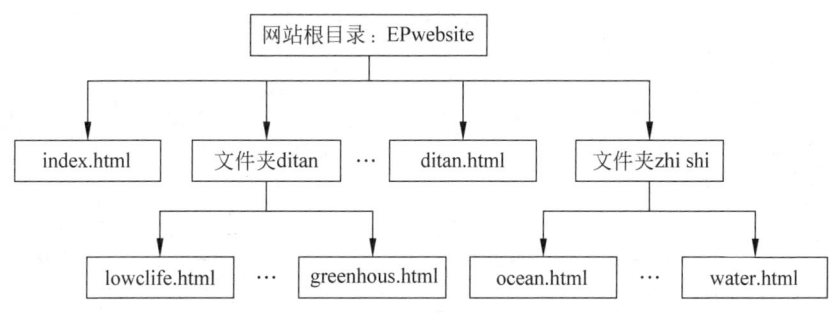

图 2-10 "环保小站"网站当前的目录结构

1. 链接到同一目录下的文件

目标文件名是链接所指向的文件。链接到同一目录下的文件的格式为:

< a href = "目标文件名.html">链接源</a>

例如"环保小站"网站中的 index. html 与 ditan. html 为同一目录下的网页文件,如果在 index. html 页面中设置导航文本"低碳生活"作为链接源,以 ditan. html 为链接目标,可用下面的语句形式来实现。

```
< a href = " ditan.html">低碳生活</a>
```

2. 链接到下一级目录中的文件

链接到下一级目录中的文件的格式为:

< a href = "子目录名/目标文件名.html">链接源</a>

例如"环保小站"网站中 ditan. html 的下一级目录 ditan 中的网页文件可以有 lowclife. html、greenhous. html 等网页。以 ditan. html 链接到 lowclife. html 为例,可用下面的语句形式来实现。

```
< a href = "ditan/ lowclife.html ">低碳生活</a>
```

3. 链接到上一级目录中的文件

链接到上一级目录中的文件的格式为:

< a href = "../目标文件名.html">链接源</a>

其中,../表示退到上一级目录中。

例如在"环保小站"网站中,对于 lowclife. html、greenhous. html 这些网页来说,都有上一级目录中的网页文件 index. html。以 lowclife. html 链接到 index. html 为例,可用下面的语句形式来实现。

```
< a href = "../index.html">返回首页</a>
```

4. 链接到同级目录中的文件

链接到同级目录中的文件的格式为:

```
< a href = "../子目录名/目标文件名.html">链接源</a>
```

例如在"环保小站"网站中,lowclife. html、greenhous. html 这些网页都与 water. html 处于同一级目录。以 lowclife. html 链接到 water. html 为例,可用下面的语句形式来实现。

```
< a href = "../zhishi/water.html">水</a>
```

【例 2-8】 建立并编辑"环保小站"网站中的 lowclife. html。其中,加粗部分为本地链接。页面部分省略的内容用注释说明。

```
<!DOCTYPE html >
< html >
    < head >
        < meta charset = "utf - 8">
        <title>环保小站——低碳生活</title>
        < link rel = "stylesheet" href = "../css/common.css" type = "text/css"/>
        < link rel = "stylesheet" href = "../css/main.css" type = "text/css"/>
    </head>
    < body >
        < header ></header >
        < nav >
            < ul >
                < li >< a href = "../index.html">首页</a></li>
                < li >< a href = "../huanjing.html">环境保护</a></li>
                < li >< a href = "../shengtai.html">生态保护</a></li>
                < li >< a href = "../dongwu.html">动物保护</a></li>
                < li >< a href = "../ditan.html">低碳生活</a></li>
                < li >< a href = "../zhishi.html">环保知识</a></li>
            </ul>
        </nav >
        < section >
            < aside >
                < div class = "title"></div>
                < ul class = "nav">
                    < li >< a href = "../ditan.html">基本概念</a></li>
                    < li >< a href = "now.html">现状</a></li>
                    < li >< a href = "co2.html">二氧化碳</a></li>
                    < li >< a href = "greenhous.html">温室效应</a></li>
                    < li >< a href = "lowclife.html">如何低碳生活</a></li>
                </ul>
            </aside >
            < article >
                < div class = "top_content">
                    < h3 >养成低碳生活习惯</h3>
                </div >
                < div class = "main_content">
                    < div class = "content_left">
```

```
                    < p > 1.每天的淘米水可以用来洗手、洗脸、洗去含油污的餐具、擦家
具、浇花等。干净卫生,天然滋润; </p>
                    < p > 2.将废旧报纸铺垫在衣橱的最底层,不仅可以吸潮,还能吸收衣
柜中的异味;还可以擦洗玻璃,减少使用污染环境的玻璃清洁剂; </p>
                    < p > 3.用过的面膜纸也不要扔掉,用它来擦首饰、擦家具的表面或者
擦皮带,不仅擦得亮还能留下面膜纸的香气; </p>
                        <! -- 此处省略其他文本内容代码 -->
                    </div >
                    < div class = "content_right">
                        < img src = "../images/ditan.jpg">
                    </div >
                </div >
            </article >
        </section >
        < footer >
            Copyright © 2018 环保小站制作小组 All rights reserved
        </footer >
    </body >
</html >
```

这里出现了一些新的 HTML 标签,其中< div >为网页布局常用的块元素,可用来作为放置任意网页元素的容器;< ul >、< li >为无序列表标签,常用来定义多个并列的项目,例如导航栏等。关于盒模型和列表的具体概念和用法将在第 3 章做详细的介绍。另外一些是 HTML5 新增的结构标签,例如< header >、< nav >、< section >、< aside >、< article >、< footer >等,它们相当于增强了语义的 div 块,作用是使网页结构更清晰、易读,这些标签的具体含义和用法将在第 5 章做详细的介绍。

为了突出重点及节约篇幅,在上面的代码中省略了部分页面文本内容,如图 2-11 所示为原始的页面效果。

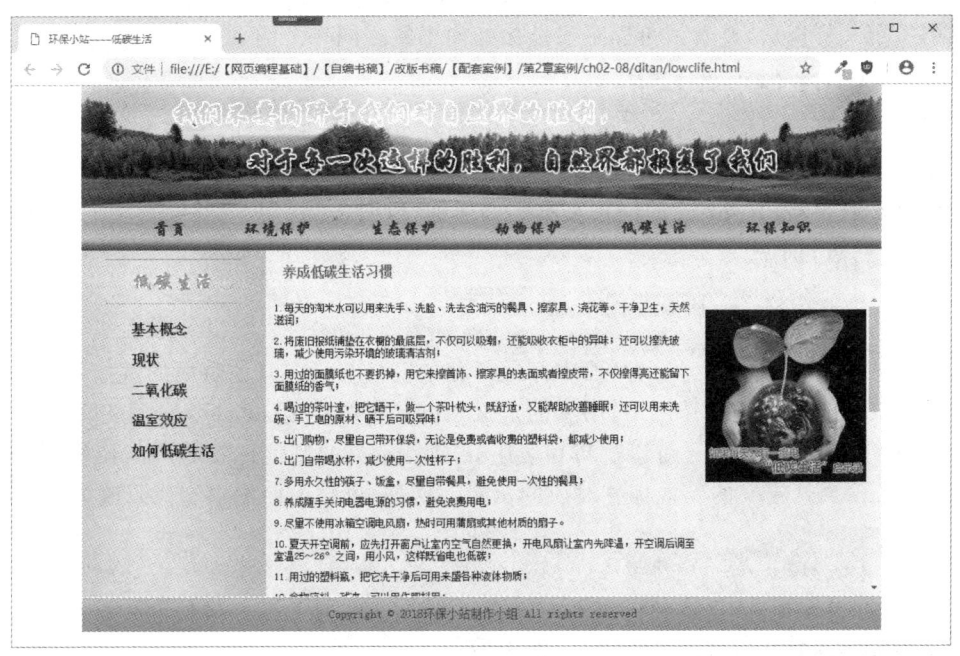

图 2-11　本地链接示例

HTML 常用标签

值得注意的是,图 2-11 中显示的各种超链接外观都不是 HTML 中默认的样式。例如,它们都没有下画线,而链接文本的字体、颜色等也没有通过 HTML 的标签进行定义。这主要是由<head>部分的两个<link>标签链接的外部 CSS 样式表所定义的。关于 CSS 样式表的概念及在本案例中相关超链接样式和页面布局的应用,将在第 3、4 两章做详细的介绍。

2.4.4　书签链接

在内容较多的网页内建立内部链接时,它的链接目标不是其他文档,而是网页内的其他位置,也叫书签。在使用页内链接之前,首先要在网页内确定书签的位置,书签就是用<a>标签对该位置做一个记号。如果有多个链接,在不同目标位置要设置不同的记号。

定义书签的格式为:

<a id="书签名称">书签内容</a>

或

<a name="书签名称">书签内容</a>

在这两种格式中 id 属性与 name 属性有所区别,id 属性用于支持较新的 HTML 浏览器;name 属性用于兼容旧版浏览器,例如 Netscape 4。为了能够兼容更多的浏览器,一般建议在书签的定义中同时使用 name 和 id 属性,并且设为相同的属性值,即同一个书签名称。这里"书签名称"是代表"书签内容"的字符串,用户可以使用简短、有意义的字符串代替网页文本。另外,"书签内容"也可以是空的。

例 2-8 中 lowclife.html 网页的内容较多,设置一个浏览至网页底部时返回网页顶部的链接,在顶部第一段文本"1. 每天的淘米水……"前定义书签"top",可在该段的<p>标签前加如下代码:

<a name="top" id="top"></a>

在书签定义好以后,接着就可以定义链接指向书签。同一个网页中书签链接的格式为:

<a href="♯书签名称">链接源</a>

为了使浏览器容易区分书签名称与文档内容,在 href 属性对应的书签名称前需要添加符号♯。单击链接源,将跳转到"书签名称"开始的位置。

在例 2-8 中 lowclife.html 的网页文本底部增加"返回顶部"文本,并设置指向书签的超链接,可用下面的语句形式来实现。

<p><a href="♯top">返回顶部</a></p>

由上面的例子可以看出,指向页面中其他部分的链接与指向其他页面的链接不同,前者要在页面中定义书签。在通常情况下,书签的定义和链接都要使用<a>标签。

补充说明:书签的链接还可以跳转到使用 id 属性定义的其他标签对应的位置,但不能跳转到使用 name 属性定义的其他标签对应的位置。例如,可将前面的书签代码改为:

<span id="top"></span>

网页底部"返回顶部"文本的代码不需要改变,也可以实现书签超链接的效果。

如果链接指向其他文件的某一部分,格式为:

<a href="目标文件路径/文件名♯书签名称">链接源</a>

这里的目标文件的地址可以是相对的,也可以是绝对的。例如:

绝对路径:http://www.zjicm.edu.cn/mxm/index.html♯part1
相对路径:../index.html♯part1

根据目标文件存放的目录与当前文件目录的关系,可以设置不同的目标文件路径。对于中小型网站,使用相对路径比较方便;对于大型网站,通常使用 URL 绝对路径。

另外还有一种特殊的空链接,其格式为:

< a href = "♯">链接源</a>

可以看到,空链接的 href 属性值比普通的书签链接少写了一个书签名称,在默认情况下,它将跳转到页面的顶部。

空链接一般用于网站建设初期,当链接所指向的目标页面还没有命名或建立时,可暂时定义为空链接,以便于对链接的样式外观进行观察和定义;另一种情况是需要为某个链接添加JavaScript 等脚本代码,实现动态的功能,可以将此链接先定义为空链接;此外,如果导航栏中的某个链接目标刚好是当前的页面,也可以定义为空链接,这样既能保持导航栏的外观一致,又不必从服务器重新下载当前的页面。例如,在例 2-8 所编辑的 lowclife.html 网页中,最后一个超链接代码为:

< a href = "lowclife.html">如何低碳生活</a>

由于链接的目标就是当前网页,因此可将代码改为:

< a href = "♯">如何低碳生活</a>

2.4.5 下载文件链接

如果链接到的文件不是 HTML 文件,而是作为下载的文件,其格式为:

< a href = "目标文件路径/下载文件名">链接源</a>

一般来说,如果浏览器不能直接识别或打开链接的文件,就会弹出"文件下载"对话框,也可能启动当前默认的下载工具(例如迅雷)来下载。

【例 2-9】 编辑一个下载文件链接实例(注意代码的加粗部分),在浏览器中的效果如图 2-12 所示。

< h3 > 2.4.5 下载文件链接</h3 >
< p >一般来说,如果浏览器不能直接识别或打开链接的文件,就会弹出"文件下载"对话框。</p>
< p >如:</p>
< p >"震荡波(Worm. Sasser)"病毒专杀工具:< b > RavSasser. exe </b>,单击这里< a href = "rsc/
RavSasser.exe">本地下载</a></p>

在图 2-12 所示的网页中单击下载链接,将打开"文件下载"对话框,把该文件下载到指定位置即可。

2.4.6 邮件链接

指向电子邮件链接的格式为:

< a href = "mailto:E - mail 地址">链接源</a>

用户也可以增加设置邮件主题的 subject 属性,其格式为:

图 2-12　下载文件链接和"文件下载"对话框

`< a href = "mailto:E - mail 地址?subject = 邮件主题">超链接显示文本</a>`

例如，E-mail 地址是 moxmi@163.com，邮件主题是"新年好"，则建立如下链接：

`< a href = "mailto: moxmi@163.com?subject = 新年好"> moxmi@163.com </a>`

当访问者单击一个电子邮件链接时，就会启动默认的邮件客户端软件（例如 Outlook Express），并弹出一个新邮件的对话框。在对话框中的"收件人"一栏将出现邮件地址，如果设置了 subject 属性，也会出现在"主题"一栏。

【例 2-10】　编辑一个邮件链接实例，在浏览器中的效果如图 2-13 所示。

```
< h3 > 2.4.6 邮件链接</h3 >
< p >访问者单击一个电子邮件链接时，就会启动默认的邮件客户端软件(如 Outlook Express)，并弹出一
个新邮件的对话框，同时"收件人"一栏将出现该邮件地址，如果设置了 subject 属性，也会出现在"主
题"一栏。</p>
< p >如：</p>
< p >< a href = "mailto:123456@qq.com?subject = 我有问题">联系我们</a></p>
```

图 2-13　邮件链接和新邮件对话框

在图 2-13 所示的网页中单击邮件链接,将启动默认的邮件客户端程序,并打开创建新邮件的对话框。新邮件对话框中将根据邮件链接的属性设置,在"收件人"和"主题"中自动填写相应的内容。

2.5 插入多媒体

在网页中除了文字内容以外,往往还会根据需要插入图片、声音、视频、动画等多媒体元素,以丰富网站效果,体现设计者的个性,吸引用户的注意,突出重点。需要注意的是,HTML页面是纯文本的页面,因此除文本以外的多媒体元素往往需要通过特定的标签及属性与相关的素材文件相关联,从而通过浏览器的解释显示出来。如果在指定关联的位置没有对应的文件,则可能无法实现相应的效果。在实际的网站建设中,将各种网站内部的素材文件使用专门的站内目录存放是一个较好的解决方案。

2.5.1 在外部窗口中播放多媒体

在网页中除了常用的文字元素以外,还可以插入图片、音乐、影视及动画等多媒体元素。用浏览器可播放的较为普遍的音乐文件格式有 MP3、MID 和 WAV 等几种,可播放的较为普遍的影视文件格式有 MOV、AVI、ASF、MPEG 和 FLV 等,可播放的动画文件格式有 SWF、GIF 等。在网页中加入多媒体最简单的方法就是利用< a >标签的 href 属性直接进行链接,当浏览者单击超链接时,浏览器会将这个多媒体文件先下载到浏览者计算机的硬盘上,再调用相应的播放程序播放音乐、视频或者动画。其格式为:

< a href = "多媒体文件地址">链接源</a>

【例 2-11】 下面的代码创建了 3 个链接,可以分别链接到音频、视频和动画。在浏览器中的效果如图 2-14 所示。

```
<p><a href = "rsc/1 - same.mid">同一首歌</a></p>
<p><a href = "rsc/ybsp.wmv">WindowsMovieMaker 样本视频</a></p>
<p><a href = "rsc/nmj.swf">鸟鸣涧</a></p>
```

需要注意的是,在打开动画链接的时候,不同的浏览器可能会要求安装相应的播放插件才能够正常播放动画文件。此外,考虑到网速的问题,多媒体文件一般不能太大。

使用链接的方式在播放音/视频及动画文件时有一个缺点,就是在播放这些多媒体文件的时候要先将该多媒体文件下载到个人计算机的临时文件夹中,等完全下载后才能进行播放。

图 2-14　利用超链接在外部窗口中播放多媒体

2.5.2 在当前文档中播放音频

在 HTML 中播放音频并不容易,需要确保音频文件在所有浏览器中(Internet Explorer、Chrome、Firefox、Safari、Opera)和所有硬件上(PC、Mac、iPad、iPhone)都能够播放。

1. 使用< embed >标签播放音频

使用< embed >标签将音/视频文件嵌入到网页之中,只需把计算机下载的文件缓存,就可

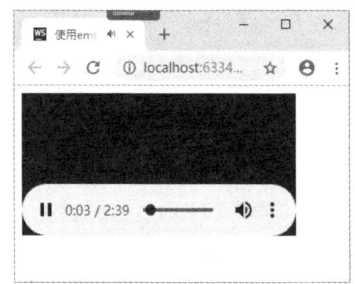

图 2-15　用< embed >标签播放音频

以一边下载一边播放了。使用< embed >标签嵌入音频文件的基本格式为：

< embed src = "音频文件地址"/>

例如：

< embed src = "rsc/adls.mp3"/>

在 Chrome 浏览器中的播放效果如图 2-15 所示。

< embed >标签中的常见属性如表 2-6 所示。

表 2-6　< embed >标签的属性及其用途

属　　性	用　　途
src	设置多媒体文件来源
width	设置控制面板的宽度，单位为像素或百分比
height	设置控制面板的高度，单位为像素或百分比
autostart	设置是否要自动播放多媒体文件，true 为自动播放，false 需要单击"播放"按钮才播放。默认为自动播放
loop	设置播放的重复次数，n 表示重复 n 次（例如 3 次），true 表示无限次播放，false 表示播放一次即停止。默认播放一次
hidden	设置是否隐藏控制面板，true 为隐藏，no 为否
type	指定多媒体的播放类型，例如 type = "application/x-shockwave-flash" 表示播放的类型为 Flash 文件

适当设置< embed >标签的属性就可以实现网页背景音乐的效果，例如：

< embed src = "rsc/adls.mp3" hidden = "true" autostart = "true" loop = "true"/>

用< embed >标签设置的背景音乐，只要不关闭相应的页面窗口，就可以一直播放，不会随着窗口的最小化而停止。

使用< embed >标签播放音频可能遇到的问题如下：

（1）< embed >标签在 HTML4 中是无效的，页面无法通过 HTML4 验证。

（2）不同的浏览器对音频格式的支持不同。

（3）如果浏览器不支持该文件格式，若没有插件将无法播放该音频。

（4）如果用户的计算机未安装插件，无法播放音频。

（5）如果把该文件转换为其他格式，仍然无法在所有浏览器中播放。

注释：可使用<! DOCTYPE html >（HTML5）解决验证问题。

2. 使用< object >标签播放音频

< object >标签用来定义一个嵌入的对象，可用于包含对象，例如图片、音频、视频、Java Applets、ActiveX、PDF 以及 Flash。object 的初衷是取代 img 和 applet 元素。不过由于漏洞以及缺乏浏览器支持，这一点并未实现。

浏览器的对象支持有赖于对象类型。不幸的是，主流浏览器都使用不同的代码来加载相同的对象类型。幸运的是，object 对象提供了解决方案。如果未显示 object 元素，就会执行位于< object >和</object >之间的代码。通过这种方式，用户能够嵌套多个 object 元素（每个对应一个浏览器）。

<object>标签也可以定义外部(非 HTML)内容的容器。使用<object>标签嵌入音频文件的基本格式为：

<object data = "音频文件地址"></object>

例如：

<object data = "rsc/adls.mp3"></object>

在 Chrome 浏览器中的播放效果与使用<embed>的效果相同,即如图 2-15 所示。

使用<object>标签播放音频可能遇到的问题如下：

(1) 不同的浏览器对音频格式的支持不同。

(2) 如果浏览器不支持该文件格式,若没有插件则将无法播放该音频。

(3) 如果用户的计算机未安装插件,无法播放音频。

(4) 如果把该文件转换为其他格式,仍然无法在所有浏览器中播放。

3. 使用 HTML5<audio>标签播放音频

audio 元素是一个 HTML5 元素,在 HTML4 中是非法的,但在所有浏览器中都有效。<audio>标签主要用于设置播放声音文件或者音频流的标准。它支持 3 种音频格式,分别为 Ogg、MP3 和 WAV。

表 2-7 列出了主流浏览器对<audio>标签的支持情况。

表 2-7　主流浏览器对<audio>标签的支持情况

音频格式	Firefox 3.5 及更高版本	IE 9.0 及更高版本	Opera 10.5 及更高版本	Chrome 3.0 及更高版本	Safari 3.0 及更高版本
Ogg	支持		支持	支持	
MP3		支持		支持	支持
WAV	支持		支持		支持

使用<audio>标签在 HTML5 网页中播放音频的基本格式为：

<audio src = "音频文件地址" controls = "controls">
    对不支持 audio 元素的浏览器提示
</audio>

例如：

<audio src = "rsc/adls.mp3" controls = "controls">
    您的浏览器不支持 audio 标签。
</audio>

其中,src 属性规定要播放的音频的地址。另外,在<audio>和</audio>之间插入的内容是供不支持 audio 元素的浏览器显示的。

<audio>标签的常见属性和含义如表 2-8 所示。

表 2-8　<audio>标签的属性

属　　性	值	描　　　述
autoplay	autoplay	如果出现该属性,则音频在就绪后马上播放
controls	controls	如果出现该属性,则向用户显示控件,例如播放按钮
loop	loop	如果出现该属性,则每当音频结束时重新开始播放

属　　　性	值	描　　　述
muted	muted	规定视频输出应该被静音
preload	preload	如果出现该属性,则音频在页面加载时进行加载,并预备播放。如果使用 autoplay,则忽略该属性
src	url	要播放的音频的 URL

另外,<audio>标签可以通过<source>子标签添加多个音频文件,<source>子标签可以链接不同的音频文件。浏览器将使用第 1 个可识别的格式。<audio>标签及<source>子标签结合使用的格式如下:

```
<audio controls>
  <source src = "Ogg 音频文件地址" type = "audio/ogg">
  <source src = "Mp3 音频文件地址" type = "audio/mpeg">
  <source src = "WAV 音频文件地址" type = "audio/wav">
  对不支持 audio 元素的浏览器提示
</audio>
```

以上同时提供了 3 种格式的音频文件,用户也可以根据实际需要提供其中 1～3 种格式的音频文件。

【例 2-12】 下面的代码通过<audio>标签的<source>子标签添加两个不同格式的音频文件。浏览器将播放第 1 个可识别的音频格式文件。

```
<audio controls = "controls">
  <source src = " rsc/song.mp3" type = "audio/mp3"/>
  <source src = "rsc/song.ogg" type = "audio/ogg"/>
  您的浏览器不支持 audio 标签。
</audio>
```

例 2-12 使用了一个 MP3 文件,这样它在 Internet Explorer、Chrome 以及 Safari 中将是有效的。

为了使这段音频在 Firefox 和 Opera 中同样有效,添加了一个 Ogg 类型的文件。如果失败,会显示错误消息。

使用<audio>标签播放音频可能遇到的问题如下:

(1) <audio>标签在 HTML4 中是无效的,页面无法通过 HTML4 验证。

(2) 必须把音频文件转换为不同的格式。

(3) <audio>元素在一些低版本浏览器中不起作用。

注释:使用<! DOCTYPE html>(HTML5)解决验证问题。

2.5.3　在当前文档中播放视频

在 HTML 中播放视频并不容易,需要确保视频文件在所有浏览器中(Internet Explorer、Chrome、Firefox、Safari、Opera)和所有硬件上(PC、Mac、iPad、iPhone)都能够播放。另外,部分免费的网站空间并不支持现有的几种视频播放方法,需要先将本地视频上传到专门的视频网站,并利用视频网站提供的通用代码嵌入到自己的网页中,但这同时可能会在正常的视频播放前被插入相关的广告。

1. 使用<embed>标签播放视频

大多数视频是通过插件(例如 Flash)来显示的。然而,并非所有浏览器都拥有同样的插件。

<embed>标签的作用是在 HTML 页面中嵌入包括 Flash 视频在内的多媒体元素。使用<embed>标签嵌入视频文件的基本格式为：

```
< embed width = "视频宽度" height = "视频高度" src = "视频文件地址"/>
```

例如下面的代码使用<embed>标签显示嵌入网页的 Flash 动画：

```
< embed width = "320" height = "240" src = "rsc/nmj.swf"/>
```

使用<embed>标签播放 Flash 动画可能遇到的问题如下：

(1) HTML4 无法识别<embed>标签，页面无法通过验证。

(2) 如果浏览器不支持 Flash，那么视频将无法播放。

(3) iPad 和 iPhone 不能显示 Flash 视频。

(4) 如果将视频转换为其他格式，那么它仍然不能在所有浏览器中播放。

2. 使用<object>标签播放视频

<object>标签的作用是在 HTML 页面中嵌入包括 Flash 视频在内的多媒体元素。使用<object>标签嵌入视频文件的基本格式为：

```
< object width = "视频宽度" height = "视频高度" data = "视频文件地址"></object >
```

例如下面的代码使用<object>标签显示嵌入网页的一段 Flash 视频：

```
< object width = "320" height = "240" data = "rsc/nmj.swf"></object >
```

使用<object>标签播放 Flash 动画可能遇到的问题如下：

(1) 如果浏览器不支持 Flash，则无法播放视频。

(2) iPad 和 iPhone 不能显示 Flash 视频。

(3) 如果将视频转换为其他格式，那么它仍然不能在所有浏览器中播放。

3. 使用 HTML5<video>标签播放视频

video 元素是一个 HTML5 元素，在 HTML4 中是非法的，但在所有浏览器中都有效。<video>标签主要是用来定义播放视频文件或者视频流的标准。它支持 3 种视频格式，分别为 Ogg、MPEG4 和 WebM。

表 2-9 列出了主流浏览器对<video>标签的支持情况。

表 2-9　主流浏览器对<video>标签的支持

视频格式	Firefox 3.5 及更高版本	IE 9.0 及更高版本	Opera 10.5 及更高版本	Chrome 3.0 及更高版本	Safari 3.0 及更高版本
Ogg	支持		支持	支持	
MPEG4		支持		支持	支持
WebM	支持		支持	支持	

使用<video>标签在 HTML5 网页中播放视频的基本格式为：

```
< video src = "视频文件地址" controls = "controls" >
    对不支持 video 元素的浏览器提示
</video >
```

例如：

```
< video src = "rsc/movie.ogg" controls = "controls">
      您的浏览器不支持 video 标签。
</video>
```

其中，src 属性规定要播放的视频的地址。另外，在< video >和</video >之间插入的内容是供不支持 video 元素的浏览器显示的。

< video >标签的常见属性和含义如表 2-10 所示。

表 2-10 < video >标签的属性

属　　性	值	描　　述
autoplay	autoplay	如果出现该属性，则视频在就绪后马上播放
controls	controls	如果出现该属性，则向用户显示控件，例如播放按钮
height	pixels	设置视频播放器的高度
loop	loop	如果出现该属性，则当媒介文件完成播放后再次开始播放
muted	muted	规定视频的音频输出应该被静音
poster	URL	规定视频下载时显示的图片，或者在用户单击播放按钮前显示的图片
preload	preload	如果出现该属性，则视频在页面加载时进行加载，并预备播放。如果使用 autoplay，则忽略该属性
src	url	要播放的视频的 URL
width	pixels	设置视频播放器的宽度

另外，< video >标签可以通过< source >子标签添加多个视频文件，< source >子标签可以链接不同的视频文件。浏览器将使用第 1 个可识别的格式。< video >标签及< source >子标签结合使用的格式如下：

```
< video controls >
   < source src = "Ogg 视频文件地址" type = "video/ogg">
   < source src = " MPEG4 视频文件地址" type = "video/mp4">
   < source src = " WebM 视频文件地址" type = "video/webm">
   对不支持 video 元素的浏览器提示
</video >
```

以上同时提供了 3 种格式的视频文件，用户也可以根据实际需要提供其中 1～3 种格式的视频文件。

【例 2-13】 下面的代码通过< video >标签的< source >子标签添加两个不同格式的视频文件。浏览器将播放第 1 个可识别的视频格式文件。在 Chrome 浏览器中的显示效果如图 2-16 所示。

```
< video width = "320" height = "240" controls = "controls">
      < source src = "rsc/movie.mp4" type = "video/mp4"/>
      < source src = "rsc/movie.ogg" type = "video/ogg"/>
      < source src = "rsc/movie.webm" type = "video/webm"/>
      您的浏览器不支持 video 标签。
</video >
```

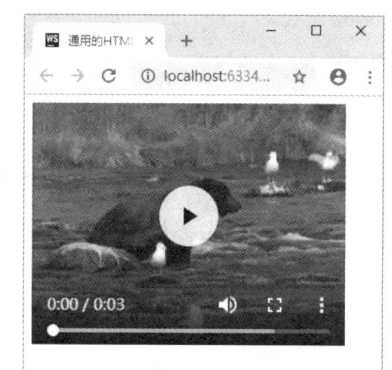

使用< video >标签播放视频可能遇到的问题如下：

(1) 必须把视频转换为很多不同的格式。

(2) < video >元素在一些低版本浏览器中无效。

(3) < video >元素无法通过 HTML4 和 XHTML 验证。

图 2-16 视频播放效果

4. 视频网站辅助解决方案

在 HTML 中显示视频的较简单的方法是使用优酷等视频网站。

如果希望在网页中播放视频,并且不受所在网站的域名、空间等限制,那么可以把视频上传到优酷等视频网站,然后在网页中插入 HTML 代码播放视频。

【例 2-14】 下面的代码实现了在本地页面中播放 Web 已有视频网站资源的功能。在 Chrome 浏览器中的播放效果如图 2-17 所示。

```
< embed src = "http://player. youku. com/player. php/sid/XMzI2NTc4NTMy/v. swf" width = "480" height = "400" type = "application/x - shockwave - flash"/>
```

图 2-17　视频网站辅助解决方案

采用视频网站提供的通用代码可以使较大的视频文件不必占用本地网站服务器的空间,并且不受所在域名空间的技术限制,但这同时可能会在正常的视频播放前被插入相关视频网站所植入的广告。此外,一旦该资源在第三方视频网站中的保存位置被修改或删除,则会导致浏览器因找不到资源而加载失败。

2.6　习　　题

一、填空题

1. 如果使用 HTML 语言来直接编写网页文件,在保存时要注意扩展名是_____或_____。

2. HTML 中用于定义文档标题(该标题显示在浏览器的标题栏中)的标签对为_____和_____。

3. 设定标题 3 的标签对为_____和_____。

4. HTML 注释标签的开头和结尾是_____和_____。

5. 网页图片四要素对应的属性名为_____、_____、_____和_____。

6. 设置单击超链接后在浏览器中打开链接目标的方式属性为_____。

二、选择题

1. HTML5 的正确 doctype 是(　　　)。
   A. <! DOCTYPE HTML5 >
   B. <! DOCTYPE html >
   C. <! DOCTYPE HTML PUBLIC "-//W3C//DTD HTML 5.0//EN" "http://www.w3.org/TR/html5/strict.dtd">

2. 下列 HTML 标签中表示折行的是(　　　)。
   A. < br/>　　　　　　B. < break/>　　　　C. < lb/>　　　　　D. < b/>

3. 下列产生粗体字的 HTML 标签为(　　　)。
   A. < bold >　　　　　B. < bb >　　　　　C. < b >　　　　　D. < bld >

4. "&"在网页中用编码表示应为(　　　)。
   A. <　　　　　　B. &　　　　　C. 　　　　D. &copy

5. 格式"< a href=".. /目标文件名.html">超链接显示文本</a>"表示(　　　)。
   A. 链接到同一目录中的网页文件
   B. 链接到下一级目录中的网页文件
   C. 链接到上一级目录中的网页文件
   D. 链接到同级目录中的网页文件

6. 在 HTML 中定义一个书签应该使用(　　　)。
   A. < a name="bookmark"> text </a>
   B. < a href="#bookmark"> text </a>
   C. < a link="#bookmark"> text </a>
   D. < a target="#bookmark"> text </a>

7. 下列制作电子邮件链接的格式正确的是(　　　)。
   A. < a href="xxx@yyy">　　　　　　B. < mail href="xxx@yyy">
   C. < a href="mailto:xxx@yyy">　　　　D. < mail > xxx@yyy </mail >

8. (　　　)不是网页中一般使用的图片格式。
   A. gif　　　　　　　B. jpeg　　　　　　C. png　　　　　D. bmp

9. 用于播放 HTML5 视频文件的正确标签是(　　　)。
   A. < movie >　　　　B. < media >　　　　C. < video >　　　D. < audio >

10. < audio >标签支持的音频格式有(　　　)。
    A. 只有 MP3　　　　　　　　　　　B. 只有 MP3 与 WAV 格式
    C. 只有 MP3、WAV 与 Ogg 格式　　　D. 任何格式都可以

三、判断题

1. HTML 的标签名及属性名不区分大小写。(　　)
2. HTML 对属性名称的排列顺序没有特别的要求。(　　)
3. 在 HTML 中所有的标签都必须要有一个相应的结束标签。(　　)
4. 在标签内可以包含一些属性,属性名称出现在标签的后面,并且以分号进行分隔。(　　)
5. 在网页上,只有文字可以与某个页面或其他网站进行内部链接。(　　)
6. 使用书签链接可以跳转到本网页内的其他位置,但不能跳转到其他网页中的位置。(　　)
7. 浏览器会忽略注释标签中的文字,不做显示。(　　)
8. 在 HTML 代码中空格应写为" "。(　　)

9. HTML 源代码中的连续空格无论多少都视为一个。（　　）

10. < video >标签是 HTML5 新增的标签,而< audio >标签不是新增的标签。（　　）

四、简答题

1. 简述 HTML 文件的总体结构。

2. 怎样在网页中加入注释?

3. 简述以下这段 HTML 代码中各对标签的作用。

```
<!DOCTYPE html >
< html >
< head >
    < meta charset = "utf - 8">
    < title >网页设计</title>
</head >
< body >
    < h1 >我的个人主页</h1>
</body >
</html >
```

4. 怎样在网页中加入 E-mail 链接并显示预定的主题?

五、实践题

利用本章所学知识,初步制作第 1 章习题中所制作个人站点的首页及其他页面的内容,并实现该站点中各页面间的链接,要求尽量使用本章 2.2～2.5 节介绍的各页面元素。

第 3 章　使用 CSS3 样式表

学习目标
- 了解 CSS 样式表的概念及功能
- 掌握 CSS 样式的声明方法
- 掌握 CSS 样式的应用方法
- 理解和掌握 CSS 的高级语法
- 熟练使用 CSS3 的常用属性
- 通过相关的范例及综合案例深入了解并掌握 CSS3 在网页样式定义及站点外观统一方面的应用

CSS 是 Cascading Style Sheets(层叠样式表)的缩写,一般简称为"样式表",它是由 W3C 组织制定的一种非常实用的网页元素定义规则。在标准网页设计中,CSS 负责网页内容(HTML)的表现。样式就是格式,例如网页中文字的大小、颜色,图片的大小、插入位置等;层叠是指多个样式可以同时应用到同一个页面或网页中的同一个元素,如果这些样式发生了冲突,则依据层次的先后来处理网页中内容的形式。

1997 年,W3C 在公布 HTML 4.0 的同时公布了有关样式表的第一个标准——CSS 1.0,CSS1.0 较为全面地规定了文档的显示样式,其大致可分为选择器、样式属性、伪类/对象几个部分。1998 年 W3C 发布了 CSS 的第二个版本,它包含了 CSS 1.0 的所有功能,并扩充和改进了很多更加强大的属性。

早在 2001 年 5 月,W3C 就着手开始准备开发 CSS 第三版规范。CSS3 语言的开发是朝着模块化发展的,把 CSS 分解为一些小的模块,更多新的模块也被加入进来。现在,W3C 的 CSS3 规范仍在开发,它的新技术将简化网站的开发流程,也会带来更好的用户体验。

CSS 的目的就是把结构和样式相分离,网页的结构用 HTML 的标签定义,网页的外观样式用 CSS 定义。CSS 功能强大,样式设定功能比 HTML 多,几乎可以定义所有的网页元素。在将样式的定义全部交给 CSS 后,通过简单地更改 CSS 文件就可以轻松改变一个或多个网页的整体表现形式,从而减少网页设计人员的工作量。

CSS 是一种表现语言,是对网页结构语言 HTML 的有效补充。网页编辑的一般步骤是:首先利用 HTML 定义网页结构和各页面元素的使用,其次使用 CSS 定义网页的外观并应用到具体的某些页面或某些元素中。

在本章的学习中首先熟悉 CSS 的定义和使用方法,其次了解一些常用的 CSS 属性,以及部分最新的 CSS3 相关属性,同时应用所学的知识对案例网站中的相关页面进行 CSS 样式的设置。

3.1 初识 CSS 样式表

本节首先通过一个简单的案例实践来快速了解 CSS 样式表的定义和使用,然后介绍 CSS 的基本语法和几种创建方法,最后介绍除标签选择器以外的几种常见的 CSS 选择器,包括组合选择器、后代选择器、类选择器和 id 选择器。

3.1.1 第一个 CSS 案例

下面通过一个简单的案例实践来快速了解 CSS 样式表的定义和使用。

【例 3-1】 编写一个简单的用 CSS 控制网页内容外观的例子,其中加粗的部分为 CSS 代码。在浏览器中的效果如图 3-1 所示。

```
<!DOCTYPE html >
< html >
< head >
    < meta charset = "utf - 8">
    <title>海洋环境问题</title>
    < style >
        body {
            color:blue;                    /*定义网页文字颜色*/
            background - color: #EEE;       /*定义网页背景颜色*/
        }
        p {
            text - indent:2em;             /*文本向右缩进两个字符*/
            font - size:14px;              /*定义段落文字大小*/
        }
    </style >
</head >

< body >
    <p>海洋污染即污染物进入海洋,超过海洋的自净能力。</p>
    <p>海洋污染物绝大部分于陆地上的生产过程。海岸活动,例如倾倒废物和港口工程建设等,也向
沿岸海域排入污染物。污染物进入海洋,污染海洋环境,危害海洋生物,甚至危及人类的健康。</p>
</body >
</html >
```

视频讲解

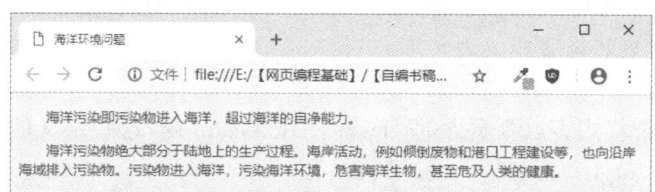

图 3-1　第一个 CSS 控制网页外观的例子

在本书的 2.1.4 节曾经提过,< body >标签中的 bgcolor 属性和 text 属性属于被使用了多年但不被推荐使用的属性,这里使用 CSS 样式定义实现了同样的功能。另外,在段落样式的定义中,除了文本缩进以外,还增加了对文字大小的定义。

由图 3-1 可以看到,在< head >部分添加简单的 CSS 样式后,页面中所有由<p>定义的段落文本首行全部向右缩进了两个字符的空格。如果使用 HTML 的方法,则只能在每个段落的前面增加两个空格字符。如果下次希望每个段落缩进一个字符,只需对此样式表进行修改

就可以了。

如果希望段落以外的其他元素(例如标题 3)设置首行缩进,只需要复制上面的 CSS 定义,并把 p 改为 h3 即可。

3.1.2 CSS 基本语法

由上一节的案例可以看到,CSS 的样式定义都是由一些最基本的语句构成的。它的基本语句的结构格式为:

选择器{属性:属性值;}

选择器(selector)通常是需要定义的 HTML 元素或标签;属性(property)是希望改变的元素属性,并且每个属性都有一个值。属性和值被用冒号分开,并由大括号包围,这样就组成了一个完整的样式声明(declaration)。例如:

```
p {text - indent: 2em;}
```

上面这行代码的作用是将 p 元素内的文字缩进两个字符。在上述例子中,p 是选择器,而包括在花括号内的部分是声明。声明依次由属性和值两个部分构成,这里 text-indent 为属性,2em 为属性值。属性值的数值和单位之间不能有空格。

CSS 样式的定义还需要符合以下几点语法要求。

(1) 如果值为若干单词,则要给值加引号。例如:

```
p {font - family: "sans serif";}
```

(2) 如果要定义不止一个声明,则要用分号将每个声明分开。其格式为:

选择器{属性:属性值; 属性:属性值;… }

例如上一节中< body >选择器的定义,简写的形式如下:

```
body {color: ♯000000; background - color: ♯FFFFFF;}
```

3.1.3 CSS 的创建

要想在浏览器中显示出所定义的 CSS 样式效果,需要让浏览器识别并调用。当浏览器读取样式表时,要依照文本格式来读。将 CSS 样式应用到 HTML 页面中可以有 3 种方法,即内部样式表、外部样式表和内联样式表。

1. 内部样式表

内部样式表是把样式表放到页面的< head >…</head >内,这些定义的样式就应用到页面中了。样式表是用< style >标签插入的,其格式为:

```
< head >
  …
  < style type = "text/css">
  <! --
    选择器 1{属性:属性值; 属性:属性值;… }          / \* 注释内容 \* /
    选择器 2{属性:属性值; 属性:属性值;… }
      …
    选择器 n{属性:属性值; 属性:属性值;… }
  -- >
  </style >
```

```
    …
</head>
```

其中，<style>…</style>用来说明所要定义的样式；type 属性指定样式表属于 CSS 文本类型。

注意：有些低版本的浏览器不识别<style>标签，这意味着低版本的浏览器会忽略<style>标签里的内容，并把<style>标签里的内容以文本直接显示到页面上。为了避免这样的情况发生，可以用添加 HTML 注释的方式(<!--注释-->)隐藏内容，不让它显示。

对当前的大部分浏览器来说，当<style>标签中的 type 属性省略时，即默认为 CSS 文本类型，因此也可以省略 type 属性。

<style>…</style>中为依据 CSS 样式声明的语法定义一个以上的选择器样式。

/*…*/为 CSS 的注释符号，主要用于注释 CSS 的设置值。注释内容不会显示或被引用在网页上。

例如在 3.1.1 节中案例页面的<head>部分所添加的就是内部样式表。

内部样式表可用于一个文档具有独一无二的样式的时候。如果多个文档使用同一个样式表，那么外部样式表会更适用。

2. 链入外部样式表

链入外部样式表是把样式表保存为一个样式表文件(.css)，然后在页面中用<link>标签链接到这个样式表文件，这个<link>标签必须放到页面的<head>…</head>内。其格式为：

```
<head>
    …
    <link rel="stylesheet" href="样式表文件名.css" type="text/css"/>
    …
</head>
```

<link>标签表示浏览器从"样式表文件名.css"文件中读出定义的样式表。rel="stylesheet"是指在页面中使用外部样式表。type="text/css"是指文件的类型是样式表文本(该属性可以省略)。href 属性用于定义.css 文件的 URL。

样式表文件可以用任何文本编辑器(例如记事本)打开并编辑，一般样式表文件的扩展名为.css。内容是定义的样式表，不包含 HTML 标签。样式表文件的格式为：

```
@charset 'utf-8';
选择器1{属性:属性值; 属性:属性值; … }          /*注释内容*/
选择器2{属性:属性值; 属性:属性值; … }
    …
选择器n{属性:属性值; 属性:属性值; … }
```

其中，第 1 行通常用@charset 'utf-8'来声明此 CSS 文件使用 utf-8 编码。

【例 3-2】 将例 3-1 改为链入 CSS 外部样式表控制网页内容的外观，其中包括一个 HTML 文件 ch03-02.html 及一个放在 HTML 案例所在文件夹下 CSS 文件夹中的 CSS 文件 ch03-02.css。在浏览器中的效果不变。

视频讲解

(1) ch03-02.html 文件，只需修改 ch03-01 加粗部分的代码如下：

```
<link rel="stylesheet" href="css/ch03-02.css"/>
```

(2) CSS 文件夹中的 ch03-02.css 文件。

```
@charset 'utf-8';
body {
    color:blue;                    /*定义网页文字颜色*/
```

使用 *CSS3 样式表*

```
        background - color:#EEE;                    /*定义网页背景颜色*/
    }
    p {
        text - indent:2em;                          /*文本向右缩进两个字符*/
        font - size:14px;                           /*定义段落文字大小*/
    }
```

一个外部样式表文件可以应用于多个页面。当这个样式表文件被改变时，所有相关的页面样式都会随之改变。这在制作大量相同样式页面的网站时非常有用，不仅减少了重复的工作量，而且有利于以后的修改、编辑，在浏览时也减少了重复下载代码。另外，浏览器显示时会保存外部样式表文件到缓冲区中，从而加快了显示网页的速度。

3. 导入外部样式表

导入外部样式表是指在内部样式表的< style >…</ style >里导入一个外部样式表，在导入时使用@import。其格式为：

```
< head >
    …
    < style >
    <! --
        @import url("外部样式表文件名 1.css");
        @import url("外部样式表文件名 2.css");
        其他样式表的声明
    -->
    </ style >
</ head >
```

"外部样式表文件名"指出要导入的样式表文件，其扩展名为.css，注意使用正确的格式及外部样式表路径。导入外部样式表和链入外部样式表在功能上基本没有区别，但由于它是在网页加载完以后再加载样式，可能会因此导致不能及时显示网页的样式。一般较小的 CSS 文件用导入的方法，而较大的 CSS 文件用链入的方法。

视频讲解

【例 3-3】 将例 3-1 改为导入 CSS 外部样式表控制网页内容的外观，其中包括一个 HTML 文件 ch03-03.html 及一个放在 HTML 案例所在文件夹下 CSS 文件夹中的 CSS 文件 ch03-03.css。在浏览器中的效果不变。

（1）ch03-03.html 文件中的 CSS 样式（其中加粗部分为导入外部 CSS 文件的代码）。

```
    < style >
        @import url("css/ch03 - 03.css");
        p {
            text - indent:2em;                       /*文本向右缩进两个字符*/
            font - size:14px;                        /*定义段落文字大小*/
        }
    </ style >
</ head >
```

（2）CSS 文件夹中的 ch03-03.css 文件。

```
@charset 'utf - 8';
body {
    color:blue;                                      /*定义网页文字颜色*/
    background - color:#EEE;                         /*定义网页背景颜色*/
}
```

这里 ch03-03.css 中的样式仅定义了 body 元素的样式。

注意其他的 CSS 规则应该仍然包括在 style 元素中,但所有的@import 声明必须放在样式表的开始部分。导入样式表的优先级低于后面定义的其他样式表的声明。

4. 内联样式表

内联样式表(或行内样式表)是混合在 HTML 标签里使用的,用这种方法可以很简单地对某个元素单独定义样式。内联样式表的使用是直接在 HTML 标签里加入 style 参数,而 style 参数的内容就是 CSS 的属性和值。其格式为:

```
<标签 style = "属性:属性值; 属性:属性值 … ">
```

style 参数后面的引号里的内容相当于样式表大括号里的内容。

例如,可以将某页面< body >标签中的 HTML 代码:

```
< body bgcolor = "＃FFFFFF" text = "＃000000">
```

用内联样式表的方法改为:

```
< body style = " background - color:＃FFFFFF;color: ＃000000; ">
```

可以看到,除了要按照特有的格式定义内联样式表以外,为同一标签(例如< body >)定义同一功能的 CSS 属性名和 HTML 属性名并不总是相同,而且用 CSS 样式可以定义更多的样式属性。

如果用内联样式表的方法来定义例 3-1 中 head 部分的 CSS 样式,就会比较麻烦,需要在所有用< p >定义的段落(如"海洋污染即污染物进入海洋,超过海洋的自净能力。")进行重定义。例如:

```
< p style = "text - indent: 2em; font - size:14px; ">海洋污染即污染物进入海洋,超过海洋的自净能
力。</p>
< p style = "text - indent: 2em; font - size:14px;">海洋污染物绝大部分于陆地上的生产过程。海岸
活动,例如倾倒废物和港口工程建设等,也向沿岸海域排入污染物。污染物进入海洋,污染海洋环境,危
害海洋生物,甚至危及人类的健康。</p>
…
```

因为和需要展示的内容混合在一起,内联样式表会失去一些其他样式表的优点,所以这种方法应该尽量少用,一般仅用在对页面内某个标签的具体微调上。

3.1.4 组合选择器

可以把相同属性和值的选择器组合起来书写,用逗号将选择器分开,这样可以减少样式的重复定义。其格式为:

选择器 1, 选择器 2, …, 选择器 n{属性: 属性值; 属性: 属性值;… }

例如,下面 CSS 声明中所有段落和列表项的首行文本都向右缩进两个字符,并且大小都是 14px。

```
p,li { text - indent:2em; font - size:14px;}
```

3.1.5 后代选择器

后代选择器(descendant selector)可以选择作为某元素后代的元素,它允许根据文档的上

下文关系来确定某个标签的样式。通过合理地使用后代选择器,可以使 HTML 代码变得更加整洁。后代选择器的样式定义格式为:

选择器 1 选择器 2 … 选择器 n{属性:属性值;属性:属性值;… }

这里大括号中所定义的样式只能应用于各选择器从左到右依次向后包含的情况,因此后代选择器有时又被称为包含选择器。

例如表格内链接的文字大小为 12px,而表格外链接的文字仍为默认大小,可以这样定义一个后代选择器:

```
table a
{
font - size: 12px
}
```

3.1.6 类选择器的创建和引用

在用 CSS 进行网站设计时,大家可能会遇到一种情况:相同的标签可能需要在不同的地方设置成不同的显示效果。一种解决办法是采用 3.1.3 节所介绍的内联样式表,逐一进行属性设置,但如果此类标签在页面中应用得比较多,在设置时就会显得比较烦琐,修改时也不够方便,较好的解决办法就是采用类选择器。

类选择器,顾名思义是样式的分类选择器,它可以根据不同的风格需要对某一类型的标签设置几种不同的 CSS 属性,也可以将整个风格分成几个类,而不是只针对某一种类型的标签。

1. 类选择器的创建

类选择器可在内部样式表和外部样式表中创建,但不能在内联样式表中创建。用类选择器能够把相同的元素分类定义为不同的样式,在定义类选择器时,在自定类的名称前面加一个点号。类选择器的创建方法有两种,一种是可以定义针对某种 HTML 元素的类选择器样式,其格式为:

元素名.类选择器名{属性:属性值;属性:属性值 … }

在这种方式中,可以对某一类型的 HTML 标签创建类选择器,例如:

```
p{font - family:'宋体'; font - size:10pt; color:red}
p.left{text - align:left}
p.right{text - align:right}
p.center{text - align:center}
```

在上面的例子中,所有段落标签的字体都为宋体,大小为 10pt,颜色为红色,由于排版的需要又分成了 3 个类选择器,分别具有不同的排版属性。层叠样式表之所以为层叠,其意义也在于此。

类选择器还有一种用法,即在选择器中省略 HTML 标签名,这样可以把几个不同的元素定义成相同的样式。其格式为:

.类选择器名{属性:属性值;属性:属性值 … }

或

*.类选择器名{属性:属性值;属性:属性值 … }

例如下面规定了 3 个类选择器,几乎所有的 HTML 标签都可以引用它们。

```
.isleft{font-family:'宋体'; font-size:10pt; color: red; text-align:left}
.isright{ font-family:'宋体'; font-size:10pt; color: red; text-align:right}
.iscenter{ font-family:'宋体'; font-size:10pt; color: red; text-align:center}
```

2. 类选择器的引用

类选择器的引用很简单,只需在标签后面设置 class 属性值为类选择器名即可,引用格式
如下:

<标签 class = "类选择器名">

例如在一个段落标签中引用之前第一种方式创建的类选择器:

```
<p class = "left">应用了类选择器设置左对齐的段落</p>
<p class = "right">应用了类选择器设置右对齐的段落</p>
```

需要注意的是,用第一种方式设置的类选择器只能用于类选择器所属的类型的标签中,而
第二种没有限制。例如,对上面分别用两种方法定义的类选择器,left、right、center 这 3 个类
只能应用于<p>标签,而 isleft、isright、iscenter 几乎可以应用于所有的标签。

除了引用一个类以外,HTML 标签还可以引用多个类,以便于同时应用多个类的样式。
在应用多个类时,class 属性值为使用空格分隔的多个类名,其中类名的先后顺序不限。例如,
下面规定了 3 个类选择器:

```
.red{color:red;}
.isleft{text-align:left;}
.isright{text-align:right;}
```

下面两个段落根据需要各引用了 3 个类中的两个:

```
<p class = "red isleft">红色左对齐的段落</p>
<p class = "red isright">红色右对齐的段落</p>
```

3.1.7 id 选择器的创建和引用

通过设置 HTML 标签中的 class 属性可以对相应的元素进行分类,而 id 属性则可以对某
个单一元素进行识别。因此,当某种样式说明仅对应于一个独特的元素时,可以通过创建和引
用 id 选择器来实现。

1. id 选择器的创建

CSS 的 id 选择器就是元素的 id 标识,它可以为标有特定 id 的 HTML 元素指定特定的样
式。定义 id 选择器要在 id 名称前加上一个"#"号。和类选择器相同,定义 id 选择器的属性
也有两种方法,一种是定义针对某种 HTML 元素的 id 选择器样式,其格式为:

元素名 # id 选择器名{属性:属性值; 属性:属性值 … }

这里的"id 选择器名"就是元素的 id 标识,由网页设计者定义。id 选择器的样式可应用于
用 id 属性定义的 HTML 标签样式。

例如下面这个例子,id 属性只匹配 id="green"的段落元素:

```
p # green {color:green;}
```

更常见的 id 选择器定义方法为在选择器中省略 HTML 标签名,其格式为:

id 选择器名{属性:属性值; 属性:属性值 … }

这里的"id 选择器名"就是元素的 id 标识,由网页设计者定义。id 选择器的样式可应用于用 id 属性定义的 HTML 标签样式。

例如下面的两个 id 选择器,第一个定义元素的颜色为红色,第二个定义元素的颜色为绿色。几乎所有的 HTML 元素都可以应用这两个 id,但 id 属性只能在每个 HTML 文档中出现一次。

```
#red{color:red;}
#green{color:green;}
```

2. id 选择器的引用

id 选择器的引用和类选择器类似,只要把 class 换成 id 即可。其引用格式如下:

```
<标签 id="id选择器名">
```

例如前面用第二种方式创建的 id 选择器分别被一个<p>标签和<h1>标签引用:

```
<p id="red">应用了 id 选择器设置红色的段落</p>
<h1 id="green>应用了 id 选择器设置绿色的标题 1 格式文本</h1>
```

注意:id 选择器的局限性很大,只能单独定义某个元素的样式,一般只在特殊情况下使用。

3.2 盒 模 型

CSS 盒模型是在网页设计中 CSS 技术所使用的一种思维模型。

在 CSS 中,盒模型(box model)这一术语在设计和布局时使用。CSS 盒模型本质上是一个盒子,它允许网页设计者在特定的网页空间中放置元素。

3.2.1 盒模型的概念

在 CSS 中,页面中的所有文档元素(例如 body、p、h1 等)都可以理解为盒模型。这些文档元素可以视为一个矩形框。这个矩形框主要包括外边距(margin)、边框(border)、内边距(padding)、内容(content)几个组成部分,如图 3-2 所示。对于这个矩形框,也可以称其为盒子。

<div>标签通常被称为盒子(严格来讲,所有标签都是盒子,只是<div>比较典型),它可以作为元素的容器放置任意元素。在网页中<div>标签被大量地用于布局页面或者给元素分组。

如图 3-2 所示,盒模型的边框(border)是指盒子本身的边框;盒模型中的外边距(margin)是指盒子边框以外的部分,往往用来间隔盒子;盒模型的内边距(padding)是指盒子边框与盒子内容区域之间的距离;盒模型的内容(content)是指盒子内容(例如文字、图片

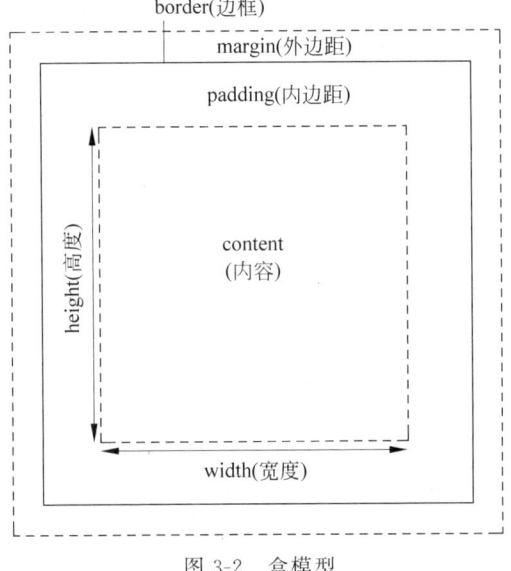

图 3-2 盒模型

等)所在的区域。

1. 盒模型的背景

在网页文档中,通常会设置某个页面元素的背景颜色或者背景图片等效果,其实这设置的就是盒模型边框(border)以内区域的背景。边框(border)外的外边距(margin)区域是透明的,它所呈现的是父元素的背景。因此,对于盒模型而言,只有边框以内的区域才可以设置背景。

2. 盒模型的宽和高

每个盒子都有它的宽度和高度。这里必须要注意的是,CSS 属性中的 width(宽度)和 height(高度)不是指整个盒子的宽度和高度,而是指盒子中内容(content)区域的宽度和高度。在进行 CSS 布局时尤其要注意这一点,改变盒子的外边距、边框、内边距和内容的宽度和高度均会改变整个盒子所占据区域的宽度和高度。

在盒模型中对于外边距、边框和内边距等属性除了可以统一定义之外,也可分为"上""右""下""左"4 个方向分别表示。因此,对于盒模型的宽和高可以表示如下:

盒模型的宽=左外边距+左边框+左内边距+内容宽度(width)+

右内边距+右边框+右外边距

盒模型的高=上外边距+上边框+上内边距+内容高度(height)+

下内边距+下边框+下外边距

在利用盒模型布局时,要明确每一个盒子所占据的宽度和高度,这样才可以在页面中根据每个盒子的大小合理布局。另外,尤其要注意盒子的外边距、边框、内边距等宽度的改变给布局所带来的影响。

视频讲解

【例 3-4】 编写一个关于 div 盒模型基本属性的例子,其中加粗的部分为与盒模型相关的 CSS 代码。在浏览器中的效果如图 3-3 所示。

```
<style>
    div{
        width:100px;              /*内容区宽 100px*/
        height:100px;             /*内容区高 100px*/
        border:1px solid red;     /*边框为粗细 1px 的红色实线*/
        margin:10px;              /*外边距为 10px*/
        padding:10px;             /*内边距为 10px*/
    }
</style>
```

在 Chrome 浏览器的开发者模式中查看网页中具体的 div 盒子模型的效果如图 3-4 所示。

图 3-3 div 盒模型页面

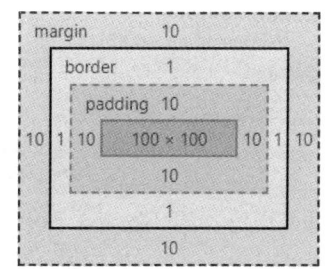

图 3-4 浏览器中具体的 div 盒子模型

图 3-4 中浏览器的盒子模型给出了当前 div 盒子在尺寸方面(例如 margin、border、padding、connet 的宽和高)的各项参数,以便于读者更直观地查看当前盒子的各项参数值及实

使用 CSS3 样式表

际所占用的网页空间尺寸。

3.2.2　样式初始化

盒模型(例如<div>标签)的内边距、边框和外边距都是可选的,默认值是 0。但是,由于各个浏览器对不同元素(例如 body、p、h1 等)CSS 样式的默认样式不同,另外许多元素将由用户代理样式表设置外边距和内边距。网页设计者可以通过将元素的 margin 和 padding 属性设置为 0 来进行样式初始化,以覆盖这些浏览器样式。这可以分别进行,也可以使用通配符选择器(∗)对所有元素进行设置:

```
* {
    margin: 0;
    padding: 0;
}
```

星号(∗)为通配符选择器,它能匹配所有元素,省去了一个一个去写元素名称的麻烦。使用通配符进行样式初始化的方法虽然使用方便、简单,但缺点也很明显:由于通配符会匹配所有的标签,把一些不需要使用的标签也渲染了。这样会加大网页的渲染时间,而且影响的范围比较大,所以一般不推荐使用该方法。网页设计者可以只针对需要统一样式的元素进行样式初始化,使初始化与浏览器显示的元素保持一致。

视频讲解

【例 3-5】　将例 3-1 的相关元素先进行样式初始化,再编写自定义样式,其中加粗的部分为与样式初始化相关的 CSS 代码。在浏览器中的效果如图 3-5 所示。

```
<style>
    body,p{                        /∗ 初始化 body 和 p 元素的外边距和内边距 ∗/
        margin:0;
        padding:0;
    }
    body {
        color:blue;
        background - color:#EEE;
    }
    p {                            /∗ 设置 p 的盒子模型及其他样式 ∗/
        margin:20px;
        padding:10px;
        border:1px solid blue;
        width:400px;
        line - height:20px;        /∗ 行高为 20px ∗/
        text - indent:2em;
        font - size:14px;
    }
</style>
```

在 Chrome 浏览器的开发者工具中查看第一段和第二段元素的盒子模型,分别如图 3-6(a)和图 3-6(b)所示。

从图 3-6(a)和图 3-6(b)可见,经过初始化和自定义样式后,两个段落的盒模型参数与 CSS 代码中的相关参数总体一致,只有元素的高度因为没有定义而采用了实际内容的总行高。例如第一段在浏览器中显示为 1 行,则元素高为 20px;而第二段在浏览器中显示为 4 行,则元素高为 80px。

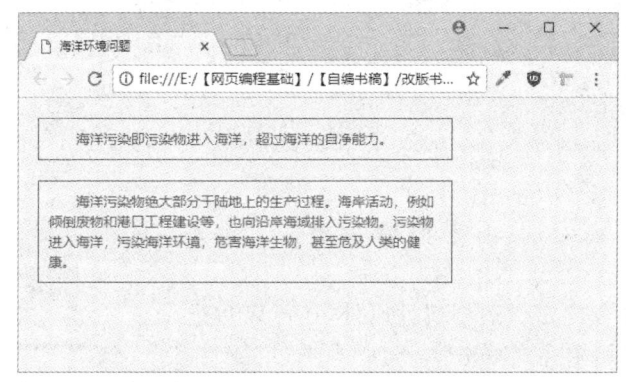

图 3-5　样式初始化及自定义样式效果

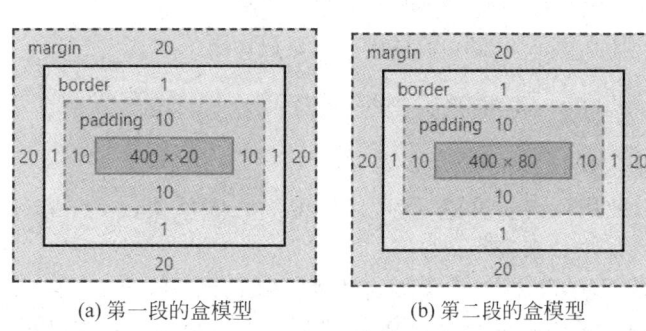

(a) 第一段的盒模型　　　　　(b) 第二段的盒模型

图 3-6　网页中两个段落元素的盒模型

3.2.3　边框属性

边框(border)属性是一个复合属性,它可以同时设置一个元素的 4 条边框的 3 种属性,包括边框宽度属性(border-width)、边框样式属性(border-style)和边框颜色属性(border-color)。其中,边框样式属性用来设置边框所采用的线条样式。在定义边框属性时一般要同时定义这3 种属性,其格式为:

border:宽度 样式 颜色;

例如:

```
div{
    border:1px solid red;
}
```

border 复合样式写法中的 3 个值可以互换顺序,并用空格隔开。

注意: 如果省略颜色值,则边框颜色会继承字体的颜色。

除了统一定义 4 个方向边框的属性以外,也可分为上、右、下、左 4 个方向分别定义边框的样式,分别表示为 border-top、border-right、border-bottom 和 border-left。

【例 3-6】 边框属性示例。

盒子 4 个方向的边框设置分别为:上下边框的样式为实线(solid),宽度为 5px,颜色为♯C00;左右边框的样式为点线(dotted),宽度为 5px,颜色为♯00C,则可以表示为:

```
div{
    border - top:solid 5px ♯C00;
    border - right:dotted 5px ♯00C;
    border - bottom: solid 5px ♯C00;
    border - left: dotted 5px ♯00C;
}
```

其效果如图 3-7 所示,其中宽度、高度等定义此处
省略。

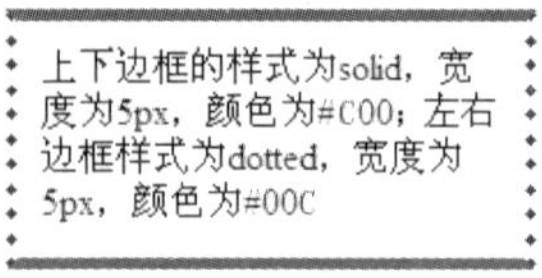

除了可以从 4 个方向定义边框属性以外,还可以对边
框的 3 种属性分别采用单样式写法。

上下边框的样式为solid, 宽度为5px, 颜色为#C00; 左右边框样式为dotted, 宽度为5px, 颜色为#00C

图 3-7   分别从 4 个方向定义边框

1. 边框宽度(border-width)

边框宽度(border-width)可以同时设置元素 4 条边框
的宽度值。该属性的取值包括 medium、thin、thick 和长度值。

- medium:默认值;
- thin:比默认值细;
- thick:比默认值粗;
- 长度值:可以使用所有长度值,既可以用绝对长度单位(cm、mm、in、pt),也可以用相对长度单位(em、px)来表示。

注意:因为 CSS 没有定义 3 个关键字的具体宽度,所以一个用户代理可能把 thin、medium 和 thick 分别设置为 5px、3px 和 2px,而另一个用户代理分别设置为 3px、2px 和 1px。

可以对 4 条边框的宽度采用单样式写法,其属性分别表示为 border-top-width、border-right-width、border-bottom-width 和 border-right-width。

例如:

```
div{
    border - width:5px;              /* 4 条边框的粗细均为 5px */
    border - top - width:3px;        /* 上边框的粗细改为 3px */
}
```

最多可以用 4 个属性值,最少一个属性值一次指定 4 条边框的粗细,其中 4 个属性值的格式及意义如下:

border-width:上边框宽度 右边框宽度 下边框宽度 左边框宽度;

例如:

```
div{
    border - width:1px 2px 3px 4px;      /* 上、右、下、左边框的粗细分别为 1px、2px、3px、4px */
}
```

3 个属性值的格式及意义如下:

border-width:上边框宽度   左右边框宽度   下边框宽度;

例如:

```
div{
    border - width:1px 2px 3px;          /* 上、右、下、左边框的粗细分别为 1px、2px、3px、2px */
}
```

两个属性值的格式及意义如下：

border-width:上下边框宽度 左右边框宽度；

例如：

```
div{
    border - width:1px 2px;              /*上、右、下、左边框的粗细分别为 1px,2px,1px,2px*/
}
```

一个属性值的格式及意义如下：

border-width:每条边框宽度；

例如：

```
div{
    border - width:1px;                  /*上、右、下、左边框的粗细均为 1px*/
}
```

可以把以上这几种写法理解为从上方开始沿顺时针方向(即依次为上、右、下、左 4 个方向)分别定义 4 条边框的粗细。若数值减少(省略)，则从最后一个数值开始省略，被省略掉的边框宽度与相对一侧边框的宽度相同。

例如，当只有 3 个值时省略掉的是最后一个数值，即左边框的宽度，该值与右边框的宽度(即第 2 个值)相同；当只有两个值时，说明上下边框的宽度相同，左右边框的宽度也相同；当只有一个值时，则说明 4 条边框的宽度均相同。

提示：后面要介绍的 border-style、border-color、padding、margin 等的定义都与这里的 border-width 类似，可分上、右、下、左 4 个方向分别定义，也可利用综合属性来表示，其表示规则相同。在进行代码编写时，需尽量使用综合属性来定义，这样可以大大精简代码，也利于阅读。

2. 边框样式(border-style)

边框样式(border-style)可以同时设置元素 4 条边框的线条样式，它的取值如下。

- none：没有边框，即忽略边框的宽度；
- dotted：点线；
- dashed：虚线；
- solid：实线；
- double：双线；
- groove：3D 凹槽；
- ridge：菱形边框；
- inset：3D 凹边；
- outset：3D 凸边；
- hidden：隐藏边框(IE 浏览器不支持)。

其中，groove、ridge、inset 和 outset 这 4 个属性值与边框颜色设置有关，并且边框宽度值越大，这 4 个属性值对应的效果越显著。

与边框宽度(border-width)属性类似，边框样式(border-style)也可以分为上、右、下、左 4 个方向，因此在表示时可借鉴边框宽度(border-width)的表示方法。若按 4 个方向分开，则分别是 border-top-style、border-right-style、border-bottom-style、border-left-style，也可仅用一个属性(即 border-style)来表示。

【例 3-7】 边框样式示例 1。

盒子的上、右、左边框样式均为 dotted,下边框为 none,则可以表示为:

```
div{
    border - style:dotted;          /* 4 条边框的样式均为点线 */
    border - bottom - style:none;    /* 下边框的样式改为无 */
}
```

该线条样式效果如图 3-8 所示,其中宽、高、边框宽度、边框颜色等定义此处省略。图 3-8 所示为其在 Chrome 浏览器中的显示效果。

最多可以用 4 个属性值,最少用一个属性值一次性指定 4 条边框的样式,其中各个值的含义及表示与 border-width 相同。

【例 3-8】 边框样式示例 2。

盒子上、右、下、左的边框样式分别为实线、虚线、双线、虚线,则可以表示为:

```
div{ border-style:solid dashed double dashed;}
```

或者表示为:

```
div{ border-style:solid dashed double;}
```

该盒子的线条样式在 Chrome 浏览器中的显示效果如图 3-9 所示,其中宽、高、边框宽度、边框颜色等定义此处省略。

注意:不同浏览器对于边框样式的显示效果略有差别,本节中范例的效果图都是在 Chrome 浏览器中显示的效果。

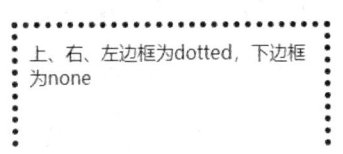

图 3-8　上、右、左边框样式为 dotted

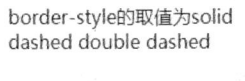

图 3-9　使用 border-style 控制边框样式

3. 边框颜色(**border-color**)

边框颜色(border-color)可以同时设置元素 4 条边框的颜色,可以分为上、右、下、左 4 个方向,其单个样式属性分别表示为 border-top-color、border-right-color、border-bottom-color 和 border-left-color。不同方向边框颜色的表示方法与边框宽度和边框样式的表示方法类似。

(1) 个别边框颜色与其他边框颜色不同。

【例 3-9】 边框颜色示例 1。

盒子上、右、下 3 个方向的边框颜色均为♯C33,左边框颜色为♯3C3,则可以表示为:

```
div{
    border - color:♯C33;
    border - left - color:♯3C3
}
```

(2) 4 个方向边框颜色不同。

【例 3-10】 边框颜色示例 2。

盒子 4 个方向的边框颜色取值均不相同,按上、右、下、左的顺序分别为♯C33、♯C66、

#C99、#C00,则可以表示为：

```
div{
    border - top - color: #C33;
    border - right - color:#C66;
    border - bottom - color:#C99;
    border - left - color:#C00;
}
```

或者简化表示为：

```
div{border - color:#C33 #C66 #C99 #C00;}
```

【例 3-11】 综合示例。

将例 3-6 改为用 border-width、border-style、border-color 几种属性来定义,可改写如下：

```
div{
    border - width:5px;
    border - style:solid dotted;
    border - color: #C00 #00C;
}
```

对于同一种盒子的边框效果(上下边框的样式为实线(solid),宽度为 5px,颜色为#C00；左右边框的样式为点线(dotted),宽度为 5px,颜色为#00C),例 3-6 采用的是从 4 个方向分别定义边框的 3 种属性,本例采用的是以 3 种边框属性分别定义各个方向的取值。可见,同一种边框效果可以从不同的角度采用不同的 CSS 代码进行定义,至于哪一种代码更简洁,则取决于实际所需要的边框效果。

3.2.4 内边距属性

在 CSS 中,内边距属性(padding)也叫内填充,用于控制盒子中边框(border)和元素(element)之间的距离。若内边距(padding)的值比较大,则元素和边框之间的间隔较大；若内边距(padding)的值较小,则间隔也较小。

内边距(padding)是上、右、下、左 4 个外边距属性的简写,而这 4 个方向的内边距属性分别为 padding-top、padding-right、padding-bottom、padding-left。

内边距(padding)各属性的取值可为长度值或百分比值。

- 长度值：即规定一个具体的长度值,可以用绝对长度单位(cm、mm、in、pt),也可以用相对长度单位(em、px)来表示。
- 百分比值：相对于元素所在的父元素的宽度。

内边距(padding)的定义与边框(border)类似,可以从 4 个方向分别定义,也可以汇总定义。例如,若盒子上、右、下、左 4 个方向的内边距值分别为 10px、20px、30px、20px,则可以表示为：

```
div{
    padding - top:10px;
    padding - right:20px;
    padding - bottom:30px;
    padding - left:20px;
}
```

也可以表示为：

```
div{padding:10px 20px 30px 20px;}
```

上述写法还可以简写为：

```
div{padding:10px 20px 30px;}
```

思考：若盒子中上、下方向的内边距宽度相同，但左、右方向的内边距宽度不同，应如何表示？

3.2.5 外边距属性

在 CSS 中，外边距属性(margin)也叫边距，用来控制盒子之间的距离。它定义的是每个盒子边框之外的区域，是上、右、下、左 4 个外边距属性的简写，而这 4 个方向的外边距属性分别为 margin-top、margin-right、margin-bottom、margin-left。

margin 的取值可为 auto、长度值或者百分比值。

- auto：自动分配的默认值。
- 长度值：即规定一个具体的长度值，可以用绝对长度单位(cm、mm、in、pt)，也可以用相对长度单位(em、px)来表示。
- 百分比值：相对于元素所在的父元素的宽度。

1. auto 值

margin 水平方向的 auto 值和垂直方向的 auto 值的分配规则不同。对于垂直 auto 值，一般被规定为 0，即垂直方向没有外边距；而对于水平 auto 值，其用来填补父元素宽度与水平方向上非浮动块元素各部分宽度之和的差。

一般而言，要求水平方向上各非浮动块元素的整体宽度之和等于父元素的宽度。在这一要求下，若两者有差距，就用这些块元素的 auto 值来填补。这一特性的重要应用是，在 CSS 布局中利用 auto 值这种分配方法来使宽度已定的块元素在页面中水平方向上居中对齐。

例如，页面中的块元素(例如用<div>标签定义的盒子)宽度已知，则可以设置左右外边距自动的方式使其居中。

【例 3-12】 编写一个利用左右外边距为自动来实现盒子在页面居中的实例，其效果如图 3-10 所示。

```
<style>
    div{
        margin: 0px auto;         /* 上下外边距值为 0,左右外边距值为自动 */
        width: 300px;
        height: 200px;
        border: 1px solid #666;
    }
</style>
```

提示：上述定义的要领是页面中块元素的宽度必须设定，在此前提下设置其左右外边距值为自动，才能使其在页面中水平居中。

在布局时往往利用这一特性来居中页面中的元素。比较多的一种做法是，将页面中的各个内容块放在一个大的盒子中，并将这个盒子利用左右外边距自动的方式居中，使得页面内容在页面中整体居中。

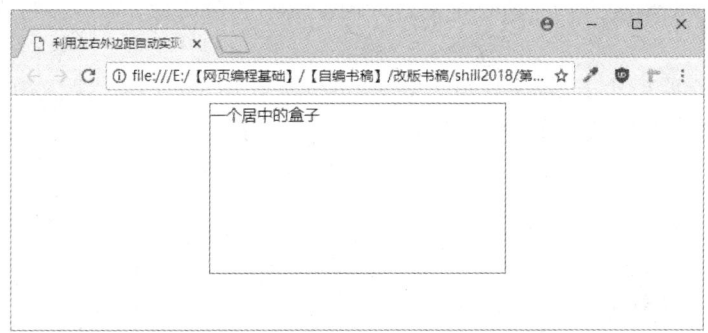

图 3-10　利用左右外边距自动实现居中

2. 外边距(margin)的定义

外边距(margin)的定义与内边距(padding)类似,可以从 4 个方向分别定义,也可以汇总定义。其值可以是长度值,也可以是 auto 或百分比值,还可以使用负值,例如负的长度值或负的百分比值。

3. 相邻块元素的外边距的特点

两个块元素均设有 margin 属性,当这两个元素相邻时,在垂直方向上,外边距属性会发生合并,两个元素边框之间的距离合并为其中数值较大的那个外边距值;在水平方向上,元素的外边距不会合并,而是相加。

【例 3-13】　有两个盒子,名称分别为 p1 和 p2,其中 p1 的下外边距为 10px,p2 的上外边距为 20px。

CSS 核心样式定义如下:

```
#p1{                    /* p1 与 p2 外边距值不同 */
    margin - bottom:10px;
}
#p2{
    margin - top:20px;
}
```

body 中的盒子定义如下:

```
< div id = "p1">名为 p1 的盒子</div>
< div id = "p2">名为 p2 的盒子</div>
```

页面效果如图 3-11 所示。

图 3-11　外边距垂直叠加

65

在图 3-11 中,相邻盒子 p1 和 p2 在垂直方向上的间隔最终为 20px,即为盒子 p2 上外边距的值。

【例 3-14】 有两个盒子,名称分别为 p1 和 p2,其中 p1 的右外边距为 10px,p2 的左外边距为 20px,页面的完整定义如下,页面效果如图 3-12 所示。

```html
<!DOCTYPE html>
<html>
<head>
    <meta charset = "utf - 8">
    <title>外边距水平相加</title>
    <style type = "text/css">
        #p1, #p2{                          /* p1 和 p2 两个盒子相同样式部分的定义 */
            height: 100px;
            width: 200px;
            border: 1px solid #666;
            float:left;                    /* 利用浮动使得两个盒子在水平方向上排列 */
        }
        #p1{                               /* p1 与 p2 的外边距值不同 */
            margin - right:10px;
        }
        #p2{
            margin - left:20px;
        }
    </style>
</head>
<body>
    <div id = "p1">名为 p1 的盒子</div>
    <div id = "p2">名为 p2 的盒子</div>
</body>
</html>
```

图 3-12　外边距水平相加

在图 3-12 中,盒子 p1 和 p2 在水平方向上的外边距值相加在一起,使其之间的距离变为了 30px。

4. 负外边距值

与其他属性不同,外边距属性(margin)可以取负值。页面中的两个相邻元素,若其中的某个外边距取负值,仍会发生重叠,则此时垂直方向和水平方向的重叠规则相同,即两个元素之间的距离是正的外边距值减去负的外边距值的绝对值,或者表示为正的外边距值和负的外边距值之和。

【例 3-15】 仍为 p1 和 p2 两个盒子,其中 p1 的下外边距为 10px、p2 的上外边距为
-20px,样式和盒子的定义如下,页面效果如图 3-13 所示。

```
#p1{                              /*p1 与 p2 不同样式部分的定义,用于区分这两个盒子*/
    margin - bottom:10px;
    border: 1px solid #666;
}
#p2{
    margin - top: - 20px;
    border: 2px solid #666;
}

<div id = "p1">名为 p1 的盒子</div>
<div id = "p2">名为 p2 的盒子</div>
```

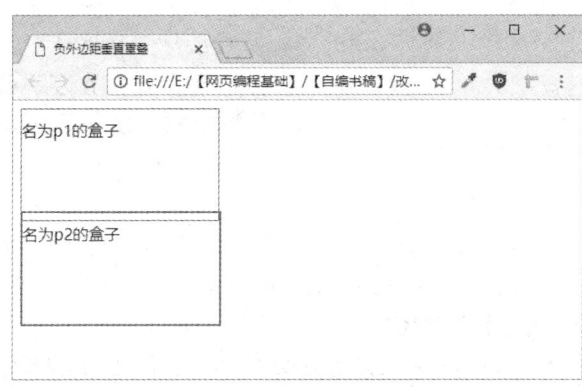

图 3-13   负外边距垂直重叠

在图 3-13 中,边框较粗的是盒子 p2,较细的是盒子 p1。由于 p1 的下外边距为 10px、p2
的上外边距为-20px,所以两个盒子垂直方向上的间距(下边框与上边框之间的距离)最终为
-10px,在图中显示为 p2 向上移动了 20px,导致最后两个盒子在边框范围内重叠了 10px。

3.2.6 外边距合并

外边距合并指当两个盒子的垂直外边距相遇时它们将形成一个外边距。

发生外边距合并有 3 种情况:①垂直相邻的兄弟元素;②空块元素;③块级父元素与其
第一个/最后一个子元素。其中,第一种情况即垂直相邻兄弟元素的外边距合并问题,已在上
一节进行介绍。这里主要介绍后两种情况的外边距合并,并解决最后一种情况,即避免有包含
关系的外边距合并的思路。

1. 空块元素的外边距合并

如果存在一个空的块级元素,其 border、padding、inline content(内嵌的内容)、height、
min-height(最小高度)都不存在,则它的上、下外边距将会合并。

【例 3-16】 在两个段落之间有一个空的 div 盒子,其中段落没有外边距,空的 div 盒子的
上外边距为 20px,下外边距为 50px,样式和盒子的定义如下,页面效果如图 3-14 所示。

```
p{
    background:yellow;
}
```

使用 CSS3 样式表

68

```
div{                                /* div 为空块元素 */
    margin - top: 20px;
    margin - bottom: 50px;
}

<p>段落一</p>
<div></div>
<p>段落二</p>
```

图 3-14 空块元素的外边距合并效果

这里段落一与段落二之间的距离为中间空的 div 盒子上边距与下边距中的较大者"50px"。

2. 块级父元素与其第一个/最后一个子元素的外边距合并

在块级父元素中不存在 border-top、padding-top、inline content、清除浮动这 4 个属性，那么这个块级元素和其第一个子元素的上边距就会挨到一起，即发生上外边距合并现象。换句话说，就是这个父元素的外边距将直接变成这个父元素和其第一个子元素的 margin-top 的较大者。

与之类似，若块级父元素的 margin-bottom 与它的最后一个子元素的 margin-bottom 之间没有父元素的 border-bottom、padding-bottom、inline content、height、min-height、max-height 分隔，就会发生下外边距合并现象。

【例 3-17】 编写一个父元素与子元素上外边距合并的例子，样式和盒子的定义如下，页面效果如图 3-15 所示。

```
.wrapper {
    width: 100px;
    height: 100px;
    margin - top: 20px;
    background: red;
}
.div1 {
    width: 50px;
    height: 50px;
    margin - top: 30px;
    margin - left: 20px;
    background: yellow;
}

<div class = "wrapper">
    <div class = "div1"></div>
</div>
```

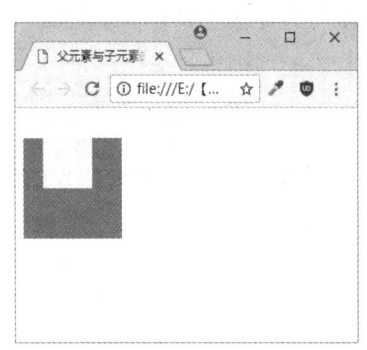

图 3-15 父元素与子元素的
上外边距合并

这里父 div 的上外边距将为其与子 div 的 margin-top 的较大者"30px"，且子 div 的上边距的上边距被合并后，与父 div 上部挨在一起。

【例 3-18】 编写综合的外边距合并的例子，其中第一个红色的父 div 盒子中有 3 个黄色的子 div 盒子，第二个红色的父 div 盒子中有一个黄色的子 div 盒子，样式和盒子的定义如下，页面效果如图 3-16 所示。

```css
.wrapper {
    width: 100px;
    margin - top:10px;
    margin - bottom: 20px;
    background: red;
}
.div1,.div2,.div3{
    width: 50px;
    height: 50px;
    margin - left: 20px;
    background: yellow;
}
.div1 {
    margin - top:30px;
    margin - bottom: 30px;
}
.div2 {
    margin - top:40px;
    margin - bottom: 50px;
}
.div3 {
    margin - top:30px;
    margin - bottom: 50px;
}
```

```html
< div class = "wrapper">
    < div class = "div1"> div1 </div>
    < div class = "div2"> div2 </div>
    < div class = "div3"> div3 </div>
</div>
< div class = "wrapper">
    < div class = "div1"> div1 </div>
    < div class = "div3"> div3 </div>
</div>
```

这里父 div 的上外边距将为其与第一个子 div 的 margin-top 的较大者"30px",并与第一个子 div 发生上外边距合并;父 div 的下外边距将为其与最后一个子 div 的 margin-bottom 的较大者"50px",并与最后一个子 div 发生下外边距合并;并且两个父 div 之间和各子 div 之间均发生了垂直相邻的兄弟元素外边距合并的现象。

注意:不发生外边距合并的两种情况如下。

(1) 设置了 overflow:hidden 属性的元素,不和它的子元素发生 margin 合并。

(2) 只有块级元素之间的垂直外边距才会发生外边距合并。行内元素、浮动元素或绝对定位元素之间的垂直外边距不会合并。

overflow 属性和其他类型的元素将在后面的章节进行介绍。

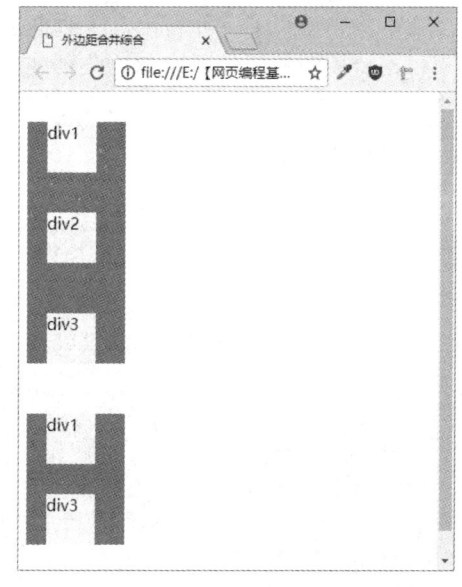

图 3-16 外边距合并综合

3. 避免有包含关系的外边距合并的思路

解决有包含关系的块元素外边距合并的主要思路如下：

（1）给块级父元素添加 border 属性，即可避免子元素与父元素的外边距合并。

（2）用父元素的 padding 属性来取代子元素的 margin 属性设置，能更有效地实现所需的布局效果。

在实际应用中，用得较多的是第二种方法。其不需要给父元素额外添加 border 属性，而是换一个角度，从父元素的 padding 属性的设置来解决网页中父子元素的间距问题，这也是初学者在网页布局方面需要强化的一种制作思路。

3.2.7　盒模型案例实践

1. 案例要求

利用盒模型的边框及其他各种属性绘制一个如图 3-17 所示的倒三角形，并放在一个居中的父盒子中。

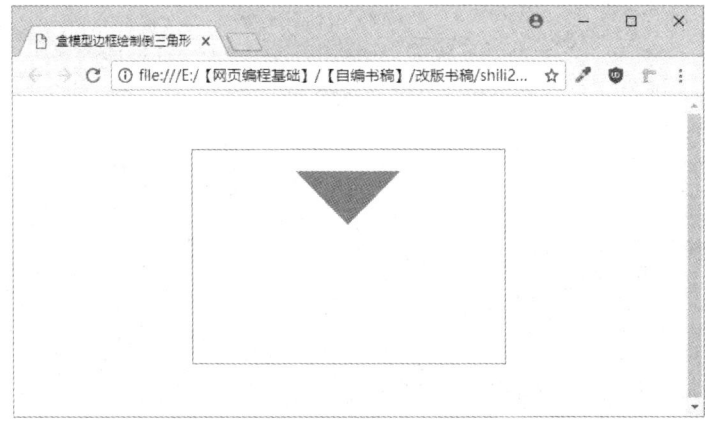

图 3-17　利用盒模型边框绘制倒三角形

2. 思路提示

在本例中使用了一种利用盒子边框制作三角形的技巧。

根据盒模型的原理可知，对盒子可以设置内容区宽度、高度以及边框。如下代码：

```
div{
    width:100px;
    height:100px;
    border: 10px solid #F00283;
}
```

在浏览器中的显示效果如图 3-18 所示，看起来好像跟三角形也没什么关系。

但是若把每一条边的颜色设置成不一样的颜色，就能看出来一些端倪了。代码如下：

```
div{
    width:100px;
    height:100px;
    border:10px solid #F00283;
    border - color: #000 #AAA #333 #999;
}
```

如图 3-19 所示,可以看到,当每一条边的颜色都不一样的时候,每两条边交汇的地方是一个斜角。其实这个斜角一直都存在,只是当两条边的颜色一样的时候看不出来而已。尽管有了斜角,但看起来和三角形好像还是没有太大的关系。接下来把盒子的宽高慢慢地减小,如图 3-20 所示为 4 个盒子的宽高分别是 100px、80px、40px、10px、0px 的时候盒子在浏览器中的显示效果。

图 3-18　带边框的盒子显示效果图

图 3-19　盒子效果图

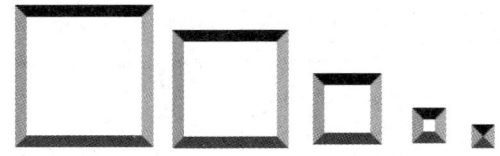

图 3-20　调整盒子宽高的边框效果图

可以看到盒子内容区在慢慢变小,边框虽然没有发生变化,但是当斜角慢慢靠近的时候,最终的边框形成了 4 个三角形。以下是图 3-20 中实现的最后一个盒子的代码:

```
div{
    width:0;
    height:0;
    border:10px solid #F00283;
    border-color: #000 #AAA #333 #999;
}
```

这时候三角形已经出来了,但是有 4 个,而通常情况下只需要一个,所以需要把其他 3 条边框隐藏起来。设置其他 3 条边框为透明色(transparent),就可以剩下其中一个。

例如现在需要一个尖角朝上的三角形,那么 4 个三角形里面只需要下边框就可以了,其他 3 条边框的颜色都改成透明的。实现代码如下:

```
div{
    width:0;
    height:0;
    border:10px solid transparent;
    border-bottom-color: #333;
}
```

可以看到这时候只剩下一个三角形了,如图 3-21 所示。以上就是利用边框实现三角形的原理。

图 3-21 中的三角形虽然 width 和 height 属性都是 0,但由于 4 个方向都有 4 条宽度为 10px 的边框(其中 3 条边框的颜色是透明的),实际占用的尺寸宽、高均为 20px。如果希望实际的高度不包括隐藏的上边框的宽度,可将上边框设置为无,其他边框的属性不变,这样就可以使得三角形实际占用的尺寸与其外观所在的空间更加一致。其他方向的三角形样式定义的原理类似。

图 3-21　利用边框实现
三角形

3. 参考代码

参考代码文件名为 pra03-1.html。

```html
<!DOCTYPE html>
<html>
<head>
    <meta charset = "utf-8">
    <title>盒模型边框绘制倒三角形</title>
    <style type = "text/css">
        #wrapper{
            margin:50px auto;
            width:300px;
            height:200px;
            border:1px solid red;
        }
        .tri{
            width:0px;                                /* 内容宽、高均为 0 */
            height:0px;
            margin:20px auto;
            border:50px solid red;                    /* 宽 50px 的红色实线边框 */
            border-bottom:none;                       /* 下边框为无 */
            border-left-color:transparent;            /* 左、右边框均为透明色 */
            border-right-color:transparent;
        }
    </style>
</head>
<body>
    <div id = "wrapper">
        <div class = "tri"></div>
    </div>
</body>
</html>
```

4. 案例改编及拓展

仿照以上案例,自行编写及拓展类似的网页效果,例如实现放在父元素不同位置的其他方向三角形等效果。

3.3 列表标签及样式

使用列表能够有效地表达出并列、排序关系的网页内容,为访问者阅读网页提供方便。HTML 为用户提供了无序列表、有序列表和定义列表 3 种形式。通过上述列表的相互嵌套,还可以进一步丰富列表的表现形式。

结合使用 CSS 样式的列表可以大量地用在具有并列布局元素的网页布局中。例如图 3-22 所示的天猫网站首页中的商品分类列表部分,它主要是使用无序列表制作的。

3.3.1 无序列表

当网页内容出现并列选项时,可以采用无序列表(Unordered List,也称项目列表)。无序列表中每一个表项的前面是项目符号(例如●、■等符号)。无序列表始于< ul >标签。每个列表项始于< li >标签。无序列表的使用格式为:

```
< ul >
< li >第一个列表项</li >
< li >第二个列表项</li >
…
</ul >
```

无序列表中的< ul ></ul >标签对不可或缺,它用来定义无序列表的作用范围。列表中的每一个选项都需要< li ></li >标签对(li 是 List Item 的英文缩写)来定义,以便与其他列表项区别。在列表项内部可以使用段落、换行符、图片、链接以及其他列表等。

在默认情况下,无序列表的项目符号是圆点,可以通过设置< ul >或< li >标签的 type 属性来更换项目符号的形式。用户可以在 disc(实心圆点●)、circle(空心圆点○)、square(方块■)3 种类型中选择需要的项目符号。将 type 属性添加到< ul >标签内,所有的项目列表会采用相同的项目符号。将 type 属性添加到< li >标签内,它只能改变当前列表项的项目符号,通过这种方法可以为列表内的项目设置不同的项目符号。

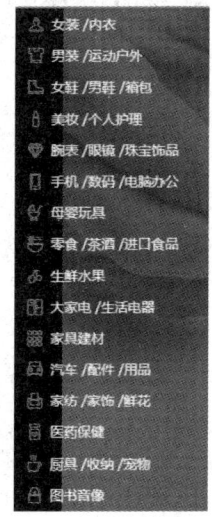

图 3-22　用无序列表制作的
商品分类列表

【例 3-19】　使用无序列表编写一个商品分类页面,页面效果如图 3-23 所示。

```
< ul type = "disc">
    < li >女装/内衣</li >
    < li type = "square">男装/运动户外</li >
    < li type = "circle">女鞋/男鞋/箱包</li >
    < li >美妆/个人护理</li >
</ul >
```

图 3-23　无序列表页面

注意:在 HTML 4.01 中,< ul >和< li >的 type 属性已废弃。另外,HTML5 不支持< ul >和< li >的 type 属性,建议使用 CSS 代替。

3.3.2　有序列表

当网页中的某些内容存在排序关系时,可采用有序列表(Ordered List,也称编号列表)。在有序列表的每一个表项的前面带顺序号。有序列表始于< ol >标签。每个列表项始于< li >标签。有序列表的使用格式为:

```
< ol >
< li >第一个列表项</li >
< li >第二个列表项</li >
…
</ol >
```

有序列表与无序列表的使用格式是非常相似的,只不过是把< ul ></ul >标签对换成了< ol ></ol >标签对。

在默认情况下,有序列表使用的编号是阿拉伯数字,例如 1、2、3 等。用户可以通过< ol >或< li >标签的 type 属性来设定 5 种不同的序号,即"1"(阿拉伯数字)、"A"(大写英文字母)、"a"(小写英文字母)、"I"(大写罗马字母)和"i"(小写罗马字母)。

【例 3-20】 对不同的有序列表进行编辑。在浏览器中的效果如图 3-24 所示。

```
<h3>有序列表</h3>
<p>页面列表可分为: </p>
<ol>
    <li>无序列表</li>
    <li>有序列表</li>
    <li>定义列表</li>
</ol>
<p>有序列表的序号类型有: </p>
<ol type = "i">
    <li>&quot;1&quot;(阿拉伯数字)</li>
    <li>&quot;A&quot;(大写英文字母)</li>
    <li>&quot;a&quot;(小写英文字母)</li>
    <li>&quot;I&quot;(大写罗马字母)</li>
    <li>&quot;i&quot;(小写罗马字母)</li>
</ol>
```

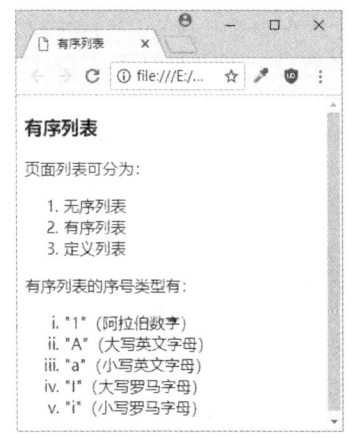

图 3-24 有序列表页面

注意: (1) < ul >与< li >是父子级别关系, 并且两者之间不能插入其他元素。

(2) < ul >里面只有且一定要有< li >。

(3) < li >里面能放任意元素, 除了< li >自己。

(4) < ol >与< li >的性质同上。

操作提示: 可以在 Dreamweaver CC 中快速创建无序或有序列表, 方法是以段落的形式输入每个列表项, 然后选中所有列表项, 并单击"属性"面板中的"项目列表"按钮 📃 创建无序列表, 或单击"编号列表"按钮 📄 创建有序列表, 最后根据需要通过代码视图编辑无序列表或有序列表的属性。

3.3.3 定义列表

当网页中出现新词汇、术语时, 为了给访问者一个明确的提示, 需要对它们进行定义和说明, 此时用户可以使用定义列表(Definition List)。定义列表不仅仅是一列项目, 而是项目及其注释的组合。

定义列表以< dl >标签开始。每个定义列表项以< dt >开始。每个定义列表项的定义以< dd >开始。定义列表的使用格式为:

```
<dl>
    <dt>第一个项目</dt> <dd>第一个项目的说明</dd>
    <dt>第二个项目</dt> <dd>第二个项目的说明</dd>
    …
</dl>
```

【例 3-21】 编辑一个定义列表的实例。在浏览器中的效果如图 3-25 所示。

```
<h3>定义列表 </h3>
<p>定义列表不仅仅是一列项目,而是项目及其注释的组合。比如,下面是用定义列表的形式对 HTML
的 3 种列表进行说明: </p>
<dl>
    <dt>无序列表</dt> <dd>每个列表项前有特定的项目符号</dd>
    <dt>有序列表</dt> <dd>每个列表项前有编号</dd>
    <dt>定义列表</dt> <dd>包括各个项目及其注释</dd>
</dl>
```

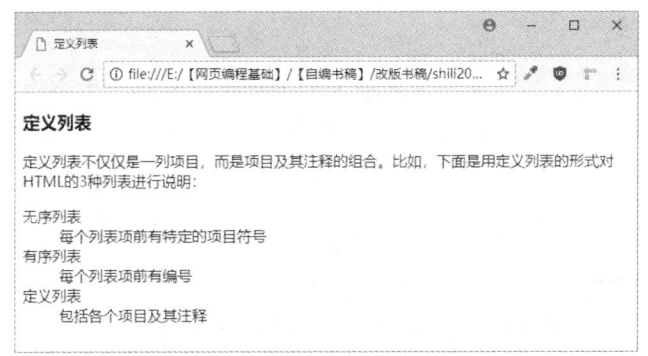

图 3-25　定义列表页面

在定义列表的<dl>标签内最常见的是一个<dt>标签对应一个<dd>标签,即一对一的组合,但也可以是一对多、多对一或多对多的组合。例如,在图 3-26 所示的导航栏中,可分解为一个定义列表中有 5 组一对多的<dt>和<dd>标签的组合。

图 3-26　用一对多的定义列表定义的导航栏

【例 3-22】　编辑一个定义列表的实例。在浏览器中的效果如图 3-27 所示。

```
<h3>一对多的定义列表</h3>
<dl>
    <dt>选车</dt>
    <dd>新车</dd>
    <dd>导购</dd>
    <dd>技术</dd>
    <dd>电动车</dd>

    <dt>买车</dt>
    <dd>行情</dd>
    <dd>商城</dd>
    <dd>经销商</dd>
    <dd>优惠</dd>
</dl>
```

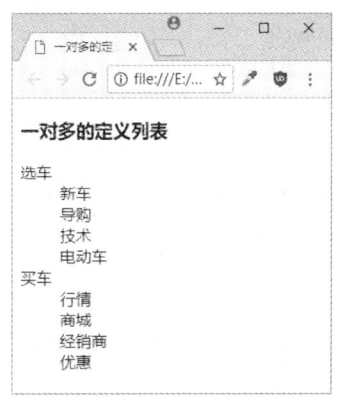

图 3-27　一对多的定义列表

第 3 章

使用 CSS3 样式表

3.3.4　列表样式

列表中的<ul>、<li>、<ol>、<dl>、<dt>、<dd>等标签都可以理解为一个盒子,可以使用盒模型来定义相关的样式。除此以外,CSS 还有一类专门用于定义列表样式的列表属性,它们被允许放置、改变列表项标志,或者将图像作为列表项标志。CSS 列表样式中的列表属性如表 3-1 所示。

表 3-1　CSS 列表属性

属　　性	属　性　含　义	属　　性　　值
list-style-type	定义列表项标签的样式类型	disc│circle│square│decimal│lower-roman│upper-roman│lower-alpha│upper-alpha│none
list-style-image	设置用作列表项标签的图像	<url('URL')>│none
list-style-position	声明列表标签相对于列表项内容的位置	inside│outside
list-style	定义各种列表属性	<列表样式类型>│<列表样式位置>│<列表样式图片>

1. 列表样式类型(list-style-type)

语法:list-style-type:disc│circle│square│decimal│lower-roman│upper-roman│lower-alpha│upper-alpha│none

说明:该属性用于设置列表项标签的类型,可以设置的样式有 disc(实心圆)、circle(空心圆)、square(方块)、decimal(阿拉伯数字)、lower-roman(小写罗马数字)、upper-roman(大写罗马数字)、lower-alpha(小写英文字母)、upper-alpha(大写英文字母)、none(无项目符号)。

初始值:在无序列表中为 disc,在有序列表中为 decimal。

提示:在 CSS2 中还增加了很多样式类型,例如 lower-greek(小写希腊字母)、lower-latin(小写拉丁字母)、upper-latin(大写拉丁字母),不过,在很多浏览器(例如 IE 6.0)中这些属性值并不能被识别和显示,只能显示为实心圆(disc)效果。

示例:

```
ul{list-style-type: square}
ol{ list-style-type: upper-roman }
```

注意:某些浏览器仅支持"disc"值。

2. 列表样式图像(list-style-image)

语法:list-style-image:<url('URL')>│none

说明:该属性可指定一幅图像来替换列表项的标签,一般用 URL 形式指定样式图像,或者设置为 none(无图像)。这个属性指定作为一个有序或无序列表项标志的图像。图像相对于列表项内容的放置位置通常使用 list-style-position 属性控制。

初始值:none。

示例:

```
ol{
  list-style-image: url(blueball.gif);
  list-style-type: circle
/* 当 list-style-image 中指定的样式图像不存在时,使用 list-style-type 指定的样式列表类型 */
  }
```

3. 列表样式位置（list-style-position）

语法：**list-style-positon：inside ｜ outside**

说明：该属性用于声明列表标志相对于列表项内容的位置，可以取值为 inside（内部）或 outside（外部）。当属性值为 inside 时，列表项目标签放置在文本以内，且环绕文本根据标签对齐。当属性值为 outside 时，保持标签位于文本的左侧，列表项目标签放置在文本以外，且环绕文本不根据标签对齐。

初始值：outside。

示例：

```
ol { list – style – position: inside }
```

4. 列表样式（list-style）

语法：**list-style：<列表样式类型>｜<列表样式位置>｜<列表样式图片>**

说明：该属性是一个简写属性，用作 list-style-type、list-style-position、list-style-image 等属性的简写。

初始值：未定义。

示例：

```
ul { list – style: disc outside }
ol { list – style: decimal inside }
```

3.3.5 列表样式案例实践

1. 案例要求

利用盒模型及列表样式属性编写一个如图 3-28 所示的新闻列表页面，其中项目符号是一个橙色圆点图片。

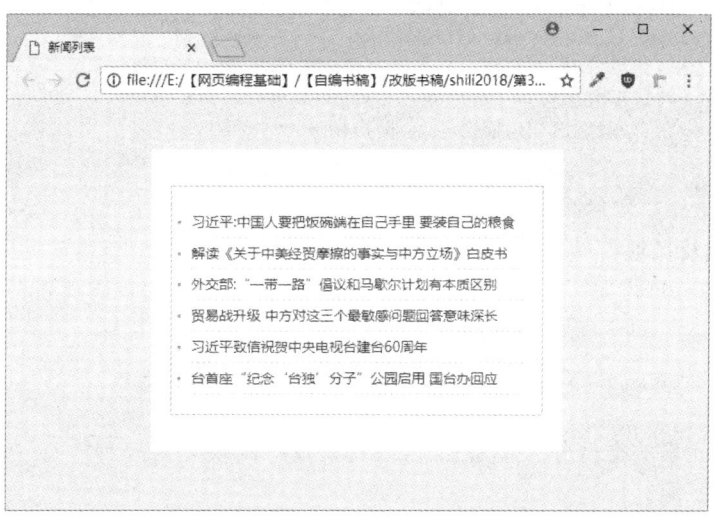

图 3-28　新闻列表页面

2. 思路提示

结合本例效果图的特点，可以在一个白色居中的盒子中放置一个无序列表。通过设置 ul 的边框等属性实现界面中的灰色边框盒子效果；对于 li 元素，则需要通过 list-style-image 属性设置图片形式的项目符号,通过 border-bottom 属性设置每个列表文本下面的边框线样式。

3. 参考代码

参考代码文件名为 pra03-2.html。其中 CSS 部分代码如下:

```css
body{
    background: #EEE;
}
div{
    width:380px;
    margin:50px auto;
    padding:20px;
    background: #FFF;
}
ul{
    padding:20px;
    border:1px solid #CCC;
}
li{
    height:30px;
    list-style-image:url("images/disc.jpg");
    font-size:14px;
    color: #122E67;
    line-height:30px;
    border-bottom:1px dotted #DDD;
}
```

body 部分代码如下:

```html
<div>
    <ul>
        <li>习近平:中国人要把饭碗端在自己手里 要装自己的粮食</li>
        <li>解读《关于中美经贸摩擦的事实与中方立场》白皮书</li>
        <li>外交部:"一带一路"倡议和马歇尔计划有本质区别</li>
        <li>贸易战升级 中方对这三个最敏感问题回答意味深长</li>
        <li>习近平致信祝贺中央电视台建台 60 周年</li>
        <li>台首座"纪念'台独'分子"公园启用 国台办回应</li>
    </ul>
</div>
```

4. 案例改编及拓展

仿照以上案例,自行编写及拓展类似的网页效果,例如不同的布局及列表效果等。

3.4 元素的分类及转换

CSS 通常将元素的类型分为块元素、行内元素及行内块元素 3 种。每一种元素在网页中的默认排列方式不同。

3.4.1 块元素

块元素(block)也叫块级元素,会占据一行的位置,它后面的元素内容会换行显示。设置 display:block 就是将元素显示为块元素。

在块元素里面可以放任何内容,主要用来布局。例如 div 元素是典型的块元素。

【例 3-23】 块元素示例。

有 block1 和 block2 两个块元素盒子,均用< div >标签定义。其中,CSS 样式和盒子部分的定义如下。

```
#block1 {                      /*名为 block1 的块元素的样式定义*/
    background - color: #CCC;
    height: 100px;
    width: 200px;
}
#block2 {                      /*名为 block2 的块元素的样式定义*/
    height: 50px;
    width: 120px;
    background - color: #666;
    color: #FFF;

< div id = "block1"> block1 </div >
< div id = "block2"> block2 </div >
```

上述代码的显示效果如图 3-29 所示。可见 block1 和 block2 这两个均为块元素的盒子在默认情况下是换行排列的。

对于块元素的特征,可以归纳如下:

(1) 块元素默认总是在新行左侧开始,即块元素换行排列并左对齐。

(2) 支持宽、高属性的设置分为以下几种情况。

• 没有设置宽、高,又没有内容,此时宽度继承浏览器的宽度,高度为 0;

图 3-29 块元素的默认排列

• 有内容的时候,内容可以撑开高度,但是不能影响宽度;

• 有固定高度的时候,内容无法撑开高度。

(3) 支持 margin 和 padding 属性的设置。

常见的块元素很多,例如 div、form、table、p、ul、ol、li、dl、dd、hr、h1~h6 等元素。

3.4.2 行内元素

行内元素(inline)也叫行级元素,它只占据自身内容所占的位置,其他的内容在它后面显示,但是行内元素里面不能放块级元素。设置 display:inline 就是将元素显示为行内元素。

与块元素不同,行内元素默认的排列方式是同行排列,在宽度超出包含它的容器时自动换行。例如 span 元素就是典型的行内元素。

【例 3-24】 使用< span >标签定义两段文本,其中前一段应用 inline1 类,后一段应用 inline2 类。CSS 样式和 body 部分的定义如下,其中加粗部分是与行内元素有关的样式和代码。

```
body{
    margin:0;
    padding:0;
}
#wrapper{
    margin:0;
    padding:50px;
```

```
        width:800px;
        height:300px;
        border:1px solid red;
    }
    .inline1,.inline2{               /* 定义了类 inline1 和 inline2 的样式 */
        width: 100px;                /* 不支持宽度属性的设置 */
        height: 100px;               /* 不支持高度属性的设置 */
        margin:10px;                 /* 只有左右方向有效果,上下方向没有效果 */
        padding:10px;                /* 支持 padding 属性 */
        background - color: ♯CCC;
    }
    ♯subdiv{
        width:600px;
        height:200px;
        margin:50px;
        border:1px solid green;
    }

    p{
        margin:0px;
    }
    .inline3 {                       /* 定义了类 inline3 的样式 */
        margin:auto;                 /* 不支持 auto 值 */

        /* 支持 padding 属性,但其上下方向的值对其他元素(如本例中的 p 元素)没有影响 */
        padding:20px;
        border:1px solid black;
    }

< div id = "wrapper">
  < span class = "inline1">第一个行内元素</span>
  < span class = "inline2">第二个行内元素</span>
  < div id = "subdiv">
    <p>段落</p>
    < span class = "inline3">第三个行内元素</span> <! -- 第 3 和第 4 个行内元素由于代码间有空
格(包括换行)而有间隙 -->
    < span class = "inline3">第四个行内元素</span> < span class = "inline3">第五个行内元素
</span> <! -- 第 4 和第 5 个行内元素由于代码间没有空格而没有间隙 -->
  </div>
</div>
```

上述代码的显示效果如图 3-30 所示。用户必须要注意的是,在类 inline1 和类 inline2 中均设置了宽度和高度属性值,但在图 3-30 中并没有得到反映。即对于行内元素而言,其内容区域的宽和高不可设定。

图 3-30　行内元素的默认排列

对于行内元素的特征,可以归纳如下:

(1)行内元素可与其他元素在同一行上。

(2)行内元素不支持宽、高属性的设置,实际宽度和高度即为内容(文字、图片等)的宽度和高度。

(3)行内元素的 margin 属性只有左右方向有效果,上下方向没有效果,且不支持 auto 值。

(4)行内元素支持 padding 属性,但其上下方向的值对其他元素没有影响。

(5)两个行内元素的代码间如果有空格(包括换行),则在浏览器中两者之间有空隙,否则没有空隙。

常见的行内元素也有很多,例如 span、label、a、img、input、em、strong 等。

3.4.3　行内块元素

行内块元素(inline-block)就是同时具备行内元素和块元素特点的元素,代码 display: inline-block 就是将元素设置为行内块元素。

对于行内块元素的特征,可以归纳如下:

(1)行内块元素可与其他元素在同一行上。

(2)行内块元素支持宽、高属性的设置。

(3)行内块元素支持 4 个方向的 margin 属性,但不支持 auto 值。

(4)行内块元素支持 4 个方向的 padding 属性。

(5)两个行内块元素的代码间如果有空格(包括换行),则在浏览器中两者之间有空隙,否则没有空隙。

(6)可能出现文字对齐的问题,即有文字的行内块元素与没有文字的行内块元素上下不对齐。

行内块元素主要有两种,即表示图片的 img 和表示表单控件的 input。

【例 3-25】　行内块元素示例。

以下代码将 p 元素改为行内块元素,通过适当的布局体现行内块元素的相关特点,其中加粗的部分为与行内块元素相关的样式、代码和注释。其效果如图 3-31 所示。

```
div{
    width:600px;
    margin:10px auto;
    border:1px solid red;
}
p{
    display:inline - block;          /* 行内块元素可与其他元素在同一行上 */
    width:150px;                     /* 支持宽、高属性的设置 */
    height:30px;
    border:2px solid purple;
}
.p4{
    margin:20px;                     /* 支持 4 个方向的 margin 属性 */
}
.p5{
    margin:auto;                     /* 不支持 margin 属性的 auto 值 */
    padding:20px;                    /* 支持 4 个方向的 padding 属性 */
}
```

```
<div> <! -- 第 1 到第 3 个行内块元素由于代码间有空格(包括换行)而有间隙 -->
    <p>第一个行内块元素</p>
    <p>第二个行内块元素</p>
    <p>第三个行内块元素</p>
</div>
<div>
        <p class = "p4">第四个行内块元素</p>
</div>
<div>
        <p class = "p5">第五个行内块元素</p>
</div>
<div> <! -- 第 6 到第 8 个行内块元素由于代码间没有空格而没有间隙 -->
    <p>第六个行内块元素</p><p></p><p>第八个行内块元素</p> <! -- 第 7 个行内块元素由于
内部没有文字与前后两个元素不对齐 -->
</div>
```

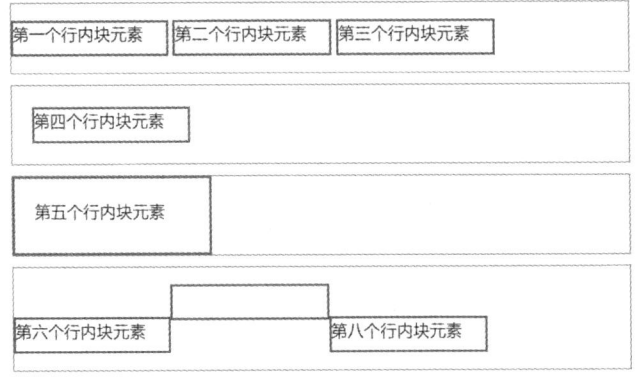

图 3-31　行内块元素的应用效果

　　注意：如果有多个内容结构相同的布局块，建议使用列表结构进行布局，这样可以更好地从语义上表现同质结构的特点。此时作为布局的 li 大多不需要显示默认的列表符号，因此可以在样式初始化时就设置其样式符号为无。

3.4.4　元素类型的转换

　　在通过 CSS 进行布局时，由于布局需要往往要改变某些元素默认的块元素、行内元素，或者行内块元素的属性，或者取消某些元素原来占用的布局位置(同时该元素不会显示)，则可以使用 CSS 中的 display 属性来改变页面元素的显示特性。其具体语法如下：

`display: block | inline | inline - block | none;`

　　在上述语法中，display 属性值为"block"时表示设置为块元素；为"inline"时表示设置为行内元素；为"inline-block"时表示设置为行内块元素；为"none"时则表示不显示。

　　由于不同的元素具有不同的特性，因此这种转换往往在需要使用对方的某一特性时发生，例如：

　　(1) 希望控制行内元素的宽度和高度，此时需将行内元素转换为块元素。这在制作导航栏、页面菜单时比较常见。

　　(2) 希望行内元素从新行上开始，此时也需要将行内元素转换为块元素。

　　(3) 希望元素的宽度和高度由其内容决定或者希望同行显示，此时需要将块元素转换为行内元素。

（4）希望控制元素的宽度和高度，并且能同行显示，此时需要将块元素或行内元素转换为行内块元素。

（5）希望取消当前元素占用的位置，同时不显示该元素，则可以设置 display 属性为 none。

用户在实际应用中还需要注意以下几点元素嵌套规则：

（1）块级元素可以套任意内容，但<p>标签里面不能套包括其自身在内的任何块级元素；<h>标签和<dt>标签不建议套块级元素。

（2）行内元素不能套块级元素；<a>标签不能套<a>标签自身；<a>标签可以套块级元素，但最好是块级元素套<a>标签，然后把<a>标签转化成块级元素。

（3）行内块元素可以套任意元素，但行内元素不管转换成块元素还是行内块元素，都不应套块级元素。

3.4.5　元素类型转换案例实践

1. 案例要求

利用列表结构布局，并将列表项转换为行内块元素，编写一个如图 3-32 所示的产品列表页面。

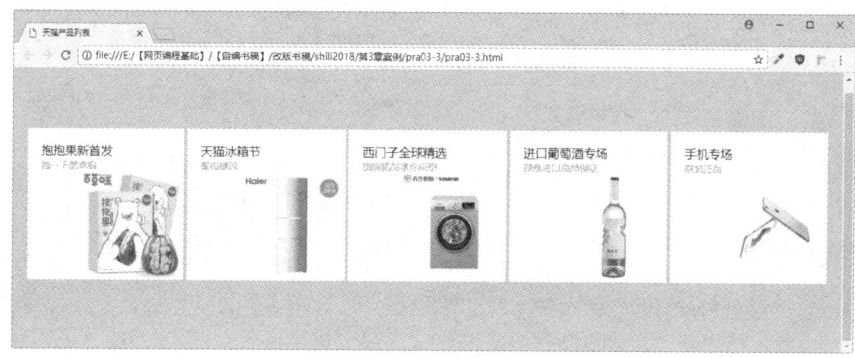

图 3-32　产品列表页面

2. 思路提示

（1）观察效果图可以发现其中 5 个白色背景的盒子内部图文结构完全相同，因此可以用无序列表中的一个<li>标签定义一个白色的盒子，共 5 个列表项，每个 li 列表项中都有两行文字和一张图片。

（2）由于 li 属于块元素，默认会独占一行，因此可以将其转换为行内块元素以实现同行布局，且不影响其宽、高的定义。

（3）可利用行内块元素的特点，通过代码的换行自动产生 li 盒子间的间隙。

（4）在细节方面，还需要设置 li 的列表符号为无，以及 li 中的不同文字和图片等样式定义。

3. 参考代码

参考代码文件名为 pra03-3.html。

```
<!DOCTYPE html>
<html>
    <head>
        <meta charset = "utf-8">
```

```
<title>天猫产品列表</title>
<style>
    body,ul,h3,p{margin:0;padding:0}
    li{list-style:none;}
    a{text-decoration:none;}
    body{
        background-color:#CCC;
    }
    ul{
        width:1200px;
        height:220px;
        margin:100px auto;
    }
    li{
        display:inline-block;
        width:216px;
        height:200px;
        padding-top:20px;
        padding-left:20px;
        background-color:#FFF;
    }
    a{
        color:#000;
        font-size:18px;
    }
    p{
        color:#64C333;
        font-size:14px;
    }
    img{
        width:154px;
        margin-left:60px;
    }
</style>
</head>
<body>
    <ul>
        <li>
            <a href="#">抱抱果新首发</a>
            <p>抱一下就幸福</p>
            <img src="images/1.jpg" alt="抱抱果"/>
        </li>
        <li>
            <a href="#">天猫冰箱节</a>
            <p>智由随风</p>
            <img src="images/2.jpg" alt="冰箱节"/>
        </li>
        <li>
            <a href="#">西门子全球精选</a>
            <p>旗舰精品享你所想</p>
            <img src="images/3.jpg" alt="西门子"/>
        </li>
        <li>
            <a href="#">进口葡萄酒专场</a>
```

```
                <p>原瓶进口品质保证</p>
                < img src = "images/4.jpg" alt = "葡萄酒"/>
            </li>
            <li>
                < a href = "♯">手机专场</a>
                <p>原装正品</p>
                < img src = "images/5.jpg" alt = "手机"/>
            </li>
        </ul>
    </body>
</html>
```

4. 案例改编及拓展

仿照以上案例,自行编写及拓展类似的网页效果,例如不同的布局及列表效果等。

3.5 CSS 的常用属性

样式表是通过其属性来定义样式的,CSS 的属性有很多,下面仅列出一些常用属性。参数中的"|"表示此属性值一次仅能选取其中一个,"||"表示此属性值可以复选多个,"<>"及其中的文字代表对属性值的描述。

3.5.1 背景属性

使用 CSS 样式可以对网页中的任何元素应用背景属性。例如创建一个样式,将背景颜色或背景图像添加到任何页面元素中,比如在文本、表格、页面等的后面。用户还可以精确地控制背景图像的各项设置。CSS 中的背景属性如表 3-2 所示。

表 3-2　CSS 背景属性

属　　性	属性含义	属　性　值
background-color	设置背景颜色	<颜色名称>|<十六进制数>|< rgb()函数>|< rgba()函数>|transparent|inherit
background-image	设置背景图片	< url('URL')>	none	inherit
background-repeat	设置背景图片是否重复以及如何重复	repeat	repeat-x	repeat-y	no-repeat	inherit
background-attachment	设置背景图片是否跟随内容滚动	scroll	fixed	inherit
background-position	设置背景图片的水平位置和垂直位置	<位置参数> || <位置参数>或<长度参数> || <长度参数>或<百分比参数> || <百分比参数>
background	定义各种背景属性	<以上各种背景属性的属性值>

1. 背景颜色(background-color)

语法:background-color:<颜色名称>|<十六进制数>|< rgb()函数>|< rgba()函数>|transparent | inherit

说明:该属性用于设置元素的背景颜色,除了可以设置特定的颜色名或颜色值外,还可以设置为 transparent(透明色)或 inherit(继承父元素的颜色)。

用户可以直接使用标准颜色名称(或浏览器支持的其他颜色名称),例如 red、green、

yellow 等。

用户也可以使用两位或一位十六进制数表示颜色中的红、绿、蓝含量。其中,两位十六进制数的格式为♯RRGGBB,表示颜色中的红、绿、蓝含量。每两位的取值范围为 00~FF,共可以表示 256×256×256 种颜色。例如黑、白、红、绿、蓝这几种颜色的十六进制取值分别为♯000000、♯FFFFFF、♯FF0000、♯00FF00、♯0000FF。

如果每个参数的数字两两相同,也可以缩写为一位十六进制数的格式——♯RGB。例如,颜色♯002200 可以表示为♯020;♯00FFEE 可以表示为♯0FE。

用户还可以使用整数或百分比形式的 rgb()函数来表示颜色的红、绿、蓝含量。整数 rgb()函数的格式为 rgb(rrr,ggg,bbb),其中 rrr、ggg 和 bbb 都是 0~255 的十进制数。

用户或者使用百分比形式的 rgb()函数表示颜色的红、绿、蓝含量。例如,rgb(50%,0,50%)相当于 rgb(128,0,128)。

rgba()函数比 rgb()函数多一个透明度参数,其中前 3 个参数的取值规则相同,最后一个参数表示不透明度,范围为 0~1,其中 0 表示全透明,1 表示不透明,中间的值表示两者之间的不透明度,例如 0.5 表示半透明。

初始值:transparent。

示例:

```
p.yellow { background - color: ♯FFFF66 }
p.trans{ background - color: transparent }
p.fuch{background - color: rgb(255,0,255)}
p.trans{background - color: rgba(0,0,0,0.5)}
p.customize{background - color: rgb(18%,100,30%)}
```

2. 背景图片(background-image)

语法:background-image:< url('URL')> │ none │ inherit

说明:该属性用于设置元素的背景图像,一般用 URL 形式指定背景图像,另外还可以设置为 none(无背景图像)或 inherit(继承父元素的背景图像)。在 CSS 中指定一个 URL 值必须将其放在 url()之中,可以使用绝对或相对地址来指定背景图像的路径。背景图像默认位于元素的左上角,并在水平和垂直方向上重复。

初始值:none

提示:请设置一种可用的背景颜色,这样,即使背景图像不可用,页面也可获得良好的视觉效果。

示例:

```
body {
    background - image: url(bgimage.gif);
    background - color: ♯000000;
}
```

注意:IE8 及其以下版本的 Internet Explorer 都不支持属性值"inherit"。

3. 背景重复(background-repeat)

语法:background-repeat: repeat │ repeat-x │ repeat-y │ no-repeat │ inherit

说明:该属性设置背景图像是否重复及如何重复,有 5 种取值,即 repeat(背景图像将在垂直方向和水平方向重复)、repeat-x(背景图像将在水平方向重复)、repeat-y(背景图像将在垂直方向重复)、no-repeat(背景图像将仅显示一次)、inherit(规定应该从父元素继承

background-repeat 属性的设置）。

初始值：repeat

提示：背景图像的位置是根据 background-position 属性设置的。如果未规定 background-position 属性，图像会被放置在元素的左上角。

示例：

```
body{
  background - image: url(stars.gif);
  background - repeat: repeat - y;
}
```

4. 固定背景（background-attachment）

语法：**background-attachment：scroll ｜ fixed ｜ inherit**

说明：该属性用于设置背景图像是否固定或者随着页面的其余部分滚动，有 3 种取值，即 scroll（背景图像会随着页面其余部分的滚动而移动）、fixed（当页面的其余部分滚动时，背景图像不会移动）、inherit（规定应该从父元素继承 background-attachment 属性的设置）。

初始值：scroll。

示例：

```
body {
  background - image: url(bgimage.gif);
  background - attachment: fixed;
}
```

注意：IE8 及其以下版本的 Internet Explorer 都不支持属性值"inherit"。

5. 背景定位（background-position）

语法：**background-position：<位置参数> ｜｜ <位置参数>**

background-position：<长度参数> ｜｜ <长度参数>

background-position：<百分比参数> ｜｜ <百分比参数>

说明：该属性用于设置背景图像的起始位置，一般指定两个参数，分别对应背景图像的水平位置和垂直位置。设定位置有 3 种方法，即通过位置参数、长度参数和百分比参数。

位置参数分为水平位置和垂直位置。其中，水平位置的取值可以是 left（左边）、center（居中）、right（右边）；垂直位置的取值可以是 top（顶部）、center（居中）、bottom（底部）。由于这种方法简便、易用，当指定两个参数的时候可以不限定两个方向位置的先后次序；当仅指定一个参数的时候，另一个参数默认为 center。

长度参数可以对背景图像进行更精确的控制。当指定两个参数时，第一个值是水平位置，第二个值是垂直位置。左上角是 0 0，单位是像素（0px 0px）或任何其他的 CSS 单位。当仅指定一个参数时，另一个值将是 50%。用户可以混合使用位置参数和百分比参数。

百分比参数也可以较方便地设定背景图像的位置。当指定两个参数时，第一个值是水平位置，第二个值是垂直位置。左上角是 0% 0%，右下角是 100% 100%。当仅指定一个参数时，另一个值将是 50%。

初始值：0% 0%

示例：

```
body{
  background - image:url('bgimage.gif');
```

```
    background - repeat:no - repeat;
    background - attachment:fixed;
    background - position:center;
}
```

注意：需要把 background-attachment 属性设置为"fixed"，这样才能保证该属性在 Firefox 和 Opera 中正常工作。

6. 背景(background)

语法：background：background-image ‖ background-repeat ‖ background-position ‖ background-attachment ‖ background-color | inherit

说明：该属性用于在一个声明中设置所有的背景属性，是各种背景属性的简写。用户可以按顺序设置属性，即 background-image、background-repeat、background-position、background-attachment、background-color，也可以把颜色放在最前面。如果不设置其中的某个值，也不会出问题，例如"background：♯FF0000 url('smiley.gif');"也是允许的。另外，还可以只设置为一个值——inherit(从父元素继承 background 属性的设置)。

由于简写的背景属性相对比较消耗性能，如果只定义背景的一两种属性，通常建议使用单个背景属性而不用简写的背景属性。如果有 3 种或 3 种以上的背景属性，则适合使用简写属性。

初始值：未定义。

示例：

```
table{background: url(bgimage.gif) no - repeat top fixed ♯00FF00}
```

注意：IE8 及其以下版本的 Internet Explorer 都不支持属性值"inherit"。

7. 知识拓展：图像精灵(精灵图)

图像精灵是放入一张单独的图片中的一系列图像(图标，一般为透明的背景)。由于包含大量图像的网页需要更长时间来下载，同时会生成多个服务器请求。使用图像精灵将减少服务器请求数量并节约带宽(单位时间内的最大数据流量)。

精灵图的使用原理为创建一个与所需小图标大小相同的容器，并通过背景定位技术(background-position 属性)将背景图片移到合适的位置，使其只显示需要的部分。

【例 3-26】 已有如图 3-33 所示的背景图片素材，利用图像精灵的原理实现如图 3-34 所示的布局效果。

```
body,ul,li{margin:0;padding:0;}
li{list - style:none;}
body{
    background - color:♯000;
}
ul{
    width:40px;
    height:220px;
    margin:100px 0 0 100px;
}
li{
    height:40px;
    margin - bottom:5px;
    background - image:url('images/bg.png');
}
```

```
li.first{
    background - position: - 80px - 280px;
}
li.second{
    background - position:0 - 200px;
}
li.third{
    background - position:0 - 240px;
}
li.fouth{
    background - position:0 - 320px;
}

<ul>
    <li class = 'first'></li>
    <li class = 'second'></li>
    <li class = 'third'></li>
    <li class = 'fouth'></li>
    <li class = 'fifth'></li>
</ul>
```

图 3-33　背景图素材

图 3-34　使用精灵图技术实现的布局效果

这里前 4 个 li 列表项对应的类都设置了 background-position 属性,而第 5 个 li 列表项由于其中的小图标位于背景图的左上角,相当于其 background-position 属性取默认值 0 0,所以可以不用设置 background-position 属性。

注意:在查看图片大小时,默认的照片查看器可能会按比例适应缩放图片,这时需要查看原始的图片大小,以便于准确计算背景定位所需要的水平和垂直方向的偏移值。

3.5.2　字体属性

设置字体属性是样式表的最常见用途之一。CSS 字体属性允许设置字体系列(font-family)和字体加粗(font-weight),还可以设置字体的大小、字体风格(例如斜体)和字体变形(例如小型大写字母)等,如表 3-3 所示。

表 3-3　CSS 字体属性

属　　性	属 性 含 义	属 性 值
font-family	使用什么字体	<字体名称>|<字体系列>
font-size	定义字体的大小	<绝对大小>|<相对大小>|<长度>
font-style	字体是否用斜体	normal | italic | blique
font-weight	定义字体的粗细	normal | bold | bolder | lighter
font-variant	字体是否用小体大写	normal | small-caps
line-height	设置文本所在行的行高	normal |<数值>|<长度值>|<百分比>
font	定义各种字体属性	<以上各种字体属性的属性值>

1. 字体系列(font-family)

语法：font-family：<字体名称> ｜ <字体系列>

说明：该属性用于设置字体名称或字体系列。如果指定多个字体名称,则按显示的优先顺序排列,以逗号隔开,形成字体系列。如果字体名称包含空格,则应该用引号括起,单引号或双引号都可以接受。但是,如果把一个 font-family 属性放在 HTML 的 style 属性中,则需要使用该属性本身未使用的那种引号。

初始值：由浏览器决定。

示例：

```
div.a { font - family: Courier, "Courier New", monospace }
div.b { font - family: 华文楷体, 楷体_GB2312 }
< p style = "font - family:华文楷体,楷体_GB2312,宋体,'Times New Roman'">设定本段文字字体为华文楷体,如不能显示该字体则用第二候选字体楷体_GB2312,否则用第三候选字体宋体,依次类推。</p>
```

注意：不同的操作系统,其字体名称是不同的。对于 Windows 操作系统,其字体名就如 Word"字体列表"中所列出的字体名称。

2. 字体大小(font-size)

语法：font-size：<绝对大小> ｜ <相对大小> ｜ <长度>

说明：该属性用于定义文字的大小,有 3 种取值方法,即绝对大小、相对大小、长度值。

绝对大小的关键字共有 7 个,即 xx-small、x-small、small、medium、large、x-large、xx-large,它们的实际大小根据不同的浏览器及设备来决定。W3C 建议浏览器开发公司将每个关键字之间的比例设定为 1.5,并推荐让这个比例保持恒定。例如 medium 是 small 的 1.5 倍,同样 large 是 medium 的 1.5 倍。

相对大小的关键字有两个,即 larger 和 smaller,表示比当前字体的原始大小大一个级别或小一个级别。

在使用长度值来设置字体大小时,单位分为绝对单位和相对单位。其中,绝对单位在打印时或在屏幕显示设备的物理尺寸已知时才比较有用。

绝对单位如下。

- cm：厘米(centimeter)。
- mm：毫米(millimeter)。
- in：英寸(inch),1in＝2.54cm＝25.4mm＝72pt＝6pc。
- pt：点(point),1pt＝1/72in。
- pc：派卡(picas),1pc＝12pt。

相对单位如下。

- px：像素（pixel），相对于特定设备的分辨率，这是最常用的单位，它与特定设备的显示或打印的分辨率有关。例如，一个像素被显示在计算机屏幕上与被打印在纸张上的大小是不同的。
- em：当前字体的元素大小的比例值。例如，{font-size：2em}是指字体的原始大小的两倍。
- ex：相对于特定字体中的字母 x 的高度。即使是同一种字体大小，不同的字母显示的大小也会不同，例如字母"x"和字母"y"的高度就不一样，字母"x"一般为设置字体大小的一半。
- ％：当前字体的原始大小的百分比。例如，{font-size：150％}是指字体原始大小的1.5倍。

初始值：medium。

示例：在 Dreamweaver 中新建一个网页，在<head>部分输入如下 CSS 样式代码。

```
<style type = "text/css">
<! --
p. s1{font - size:20px}
i{font - size:1.5em}
-->
</style>
```

其次在<body>部分建立如下应用了样式的 HTML 代码。

```
<p class = "s1">CSS 样式表定义斜体文字大小是所在对象的 1.5 倍,本段应用样式类 s1,文字大小为 20px,<i>则其中的斜体字大小是 30px。</i></p>
```

在浏览器中的最终显示效果如图 3-35 所示。

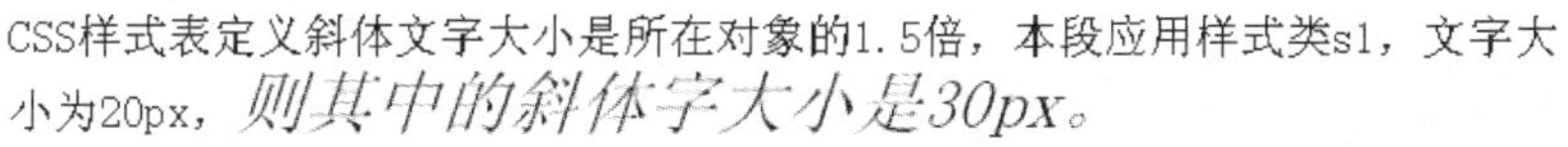

CSS样式表定义斜体文字大小是所在对象的1.5倍，本段应用样式类s1，文字大小为20px，*则其中的斜体字大小是30px*。

图 3-35　font-size 应用示例

提示：对于计算机屏幕而言，像素（pixel）或者说 px 是一个最基本的单位，就是一个点。其他所有的单位都和像素成一个固定的比例换算关系。在所有的长度单位基于屏幕进行显示的时候，都统一先换算成像素的多少，然后进行显示。如果把讨论扩展到其他输出设备，例如打印机，基本的长度单位可能不是像素，而是其他和生活中的度量单位一致的单位。

3. 字体风格（font-style）

语法：**font-style：italic ｜ oblique ｜ normal**

说明：该属性用于设置字体风格，有 3 种取值，即 normal（普通）、italic（斜体）和 oblique（倾斜）。italic 是使用斜体的字体，而 oblique 是将正常的文字倾斜，没有斜体的字体要倾斜显示时应该用 oblique。

初始值：normal

示例：

```
h1 { font - style: oblique }
p { font - style: normal }
```

4. 字体加粗（font-weight）

语法：**font-weight：normal │ bold │ bolder │ lighter │ 100 │ 200 │ 300 │ 400 │ 500 │ 600 │ 700 │ 800 │ 900**

说明：该属性用于说明字体的加粗，其中 normal 等同于 400，bold 等同于 700。在设置粗体字时，一般使用 bold。当其他值绝对时，bolder 和 lighter 值将相对地成比例增长。

初始值：normal。

示例：

```
h1 { font - weight: 800 }
p { font - weight: normal }
```

注意：因为不是所有的字体都有 9 个有效的加粗显示，一些加粗的效果会在指定下组合。如果指定的加粗无效，将按以下原则选择。

500 会被 400 代替，反之亦是；

100～300 会被指定为下一较细的加粗（如果有），否则就是下一较粗的加粗；

600～900 会被指定为下一较粗的加粗（如果有），否则就是下一较细的加粗。

5. 字体变形（font-variant）

语法：**font-variant：normal │ small-caps**

说明：该属性决定了字体的显示是 normal（普通）还是 small-caps（小型大写字母）。其中小型大写字母会显示比小写字母稍大的大写字母。

初始值：normal

示例：

```
span{ font - variant: small - caps }
```

6. 行高（line-height）

语法：**line-height：normal │ <数值> │ <长度值> │ <百分比>**

说明：该属性用于设置文本所在行的行高，可以设置为数值或固定的行间距，还可以设置为基于当前字体尺寸的百分比行间距。当设置为数值时，该数值会与当前的字体尺寸相乘来设置行间距。

初始值：normal

示例：

```
p. h1 { line - height: 15pt }
p. h2 { font - size:12pt; line - height: 1.5 }          / * 行高是字号的 1.5 倍，即 18pt * /
```

7. 字体（font）

语法：**font：font-style ‖ font-variant ‖ font-weight ‖ font-size/line-height ‖ font-family**

说明：该属性设置针对字体的各种属性，可用作不同字体属性的略写。line-height 可设置行间的空白，此值可以是一个数字、一个百分比或者一个字号。

初始值：取决于浏览器。

示例：

```
p { font: italic bold 12pt/14pt Times, serif }
/ * 指定该段为 bold(粗体)和 italic(斜体)Times 或 serif 字体,12 点大小,行高为 14 点 * /
```

注意：在用 font 属性定义字体时，一定要注意属性值的排放顺序。它按照 font-style、font-variant、font-weight、font-size/line-height、font-family 的顺序（可简记为"样变粗大行名族"）排放，其中没有定义的以默认值显示。在 font 的属性值中不一定包括上述所有项，但是必须包括 font-size 和 font-family。

3.5.3 文本属性

文本属性可定义文本的外观。CSS 文本属性允许改变文本的颜色、字符间距、对齐文本、装饰文本和对文本进行缩进等，如表 3-4 所示。

表 3-4 CSS 文本属性

属　　　性	属 性 含 义	属　　性　　值
color	文本颜色	<颜色名称>|<十六进制数>|<rgb()函数>|<rgba()函数>
word-spacing	定义单词之间的间距	normal|<长度值>
letter-spacing	定义字符之间的间距	normal|<长度值>
text-align	定义文字的对齐方式	left|right|center|justify
text-indent	定义文本的首行缩进	<长度值>|<百分比>
text-decoration	定义文字的修饰样式	none|underline||overline||line-through||blink
text-transform	使文本中的字母转换为其他形式	none|capitalize|uppercase|lowercase
direction	设置文本方向	ltr|rtl|inherit
white-space	设置元素中空白的处理方式	normal|pre|nowrap|pre-wrap|pre-line|inherit
text-overflow	溢出文本省略（CSS3 属性）	clip|ellipsis|<string>

1. 文本颜色（color）

语法：color：<颜色名称>｜<十六进制数>｜<rgb()函数>

说明：该属性用于设置文本颜色（元素的前景色）。在 HTML 标签中设置颜色主要有颜色名称和十六进制数两种方法，而 CSS 中的字体颜色与背景颜色一样，可以是颜色名称、十六进制数、rgb()函数（整数或百分数）或者 rgba()函数。

初始值：由浏览器决定。

示例：

```
body{color:♯000000}
h1{color:red}
h2 {color:rgb(237,164,61)}
p {color:rgb(0,0,0,0.5)}
```

2. 单词间距（word-spacing）

语法：word-spacing：normal｜<长度值>

说明：该属性用于增加或减少单词间的空白（即字间隔），它定义了在元素中的字之间插入多少空白符。针对这个属性，"字"被定义为由空白符包围的一个字符串。如果指定为长度值，会调整字之间的通常间隔，因此 normal 就等同于设置为 0。

注释：允许指定负长度值，其效果是使字之间挤得更紧。

初始值：normal

示例：

```
p.w1{ word - spacing: 30px }
p.w2{ word - spacing: - 0.5em }
```

注意：由于大多数汉字的字符之间没有空白符，所以 word-spacing 属性并不适用于设置普通中文标题或段落中的字间距，只适用于改变有空白符包围的汉字之间的间隔。

3. 字符间距（letter-spacing）

语法：letter-spacing：normal ｜ <长度值>

说明：该属性用于增加或减少字符间的空白，它设置在文本字符框之间插入多少空间。由于字符字形通常比其字符框要窄，在指定长度值时会调整字符之间通常的间隔，所以 normal 就相当于值为 0。

注释：允许指定负长度值，其效果是使字符之间挤得更紧。

初始值：normal

示例：

```
p.s1{letter - spacing: 12px}
p.s2{letter - spacing: - 0.5px}
```

注意：letter-spacing 也适用于改变普通中文标题或段落中的字间距，此时的一个汉字被认为是一个字符。

4. 文本对齐（text-align）

语法：text-align：left ｜ right ｜ center ｜ justify

说明：该属性用于对齐元素中的文本，它有 4 种取值，即 left（左对齐）、right（右对齐）、center（居中对齐）、justify（两端对齐）。

初始值：由浏览器决定。

示例：

```
p{text - align:center}
```

5. 首行缩进（text-indent）

语法：text-indent：<长度值> ｜ <百分比>

说明：该属性用于缩进元素中的首行文本，可以定义固定的缩进值，或基于父元素宽度的百分比的缩进。

注释：允许使用负值。如果使用负值，那么首行会被缩进到左边。

初始值：0

示例：

```
p{text - indent:2em}
♯ma { text - indent: - 12px}
```

6. 文字修饰（text-decoration）

语法：text-decoration：none ｜ underline ｜｜ overline ｜｜ line-through ｜｜ blink

说明：该属性用于在文本中设置某种效果，它有 5 种取值，即 none（无修饰）、underline（下画线）、overline（上画线）、line-through（删除线）、blink（闪烁效果）。除 none 以外，其他 4 种取值可同时存在，中间用空格隔开。

初始值：none

示例：

```
a {text - decoration: none}
div.t1 {text - decoration: underline overline}
```

注意：对象 a、u、ins 的文字修饰默认值为 underline，对象 strike、s、del 的文字修饰默认值是 line-through。当属性值为 blink 时，在 IE 和 Opera 浏览器中无法运行和显示闪烁效果，但可以在 Netscape 和 Firefox 浏览器中看到该效果。

7. 文本转换（text-transform）

语法：**text-transform：none ∣ capitalize ∣ uppercase ∣ lowercase**

说明：该属性可以改变元素中的字母大小写，它有 4 种取值，即 none（不转换）、capitalize（单词首字母大写）、uppercase（所有字母转换成大写）、lowercase（所有字母转换成小写）。

初始值：none

示例：

```
p { text - transform: uppercase }
```

8. 文本方向（direction）

语法：**direction：ltr∣rtl∣inherit**

说明：direction 属性规定文本的方向/书写方向。该属性指定了块的基本书写方向，以及针对 Unicode 双向算法的嵌入和覆盖方向，不支持双向文本的用户代理可以忽略这个属性。它有 3 种取值，即 ltr（文本方向从左到右）、rtl（文本方向从右到左）、inherit（从父元素继承 direction 属性的值）。

初始值：ltr。

示例：

```
div.one {direction: rtl}          /* 文本方向从右到左 */
div.two {direction: ltr}          /* 文本方向从左到右 */
```

9. 元素空白（white-space）

语法：**white-space：normal ∣pre∣nowrap∣ pre-wrap ∣pre-line∣ inherit**

说明：white-space 属性设置如何处理元素内的空白。这个属性声明在建立布局过程中如何处理元素中的空白符。它有 6 种取值，即 normal（默认，空白会被浏览器忽略）、pre（空白会被浏览器保留，其行为方式类似 HTML 中的< pre >标签）、nowrap（文本不会换行，文本会在同一行上继续，直到遇到< br >标签为止）、pre-wrap（保留空白符序列，但是正常地进行换行）、pre-line（合并空白符序列，但是保留换行符）、inherit（从父元素继承 white-space 属性的值）。

初始值：normal

示例：

```
p {white - space: nowrap}          /* 禁止段落中的文本换行 */
```

10. 溢出文本省略（text-overflow）

语法：**text-overflow：clip∣ellipsis∣< string >**

说明：在 CSS3 中，text-overflow 属性规定文本溢出包含元素时发生的事情。它有 3 种取值，即 clip（修剪文本）、ellipsis（显示省略符号来代表被修剪的文本）、< string >（使用给定的字符串来代表被修剪的文本）。

实际上,text-overflow 属性仅用于决定文本溢出时是否显示省略标签,并不具备样式定义的功能。如果要实现溢出时产生省略号的效果,应该再定义两个样式,即强制文本在一行内显示(white-space:nowrap)和溢出内容为隐藏(overflow:hidden),只有这样才能实现溢出文本显示为省略号的效果。

另外还要注意的是,由于行内元素的宽、高是由内容撑开的,所以溢出文本省略的方法对行内元素是无效的。如果确实需要,可将行内元素先转换为块元素或行内块元素,然后再设置相关的溢出文本省略属性。

【例 3-27】 设置 div 中的段落元素溢出文本为省略号,显示效果如图 3-36 所示。代码中的加粗部分为关键的 CSS 样式。

```
body,ul,li{margin:0;padding:0;}
div{
    width:300px;
    height:150px;
    border:1px solid red;
    margin:20px auto;
}
p{
    white-space:nowrap;
    text-overflow:ellipsis;
    overflow:hidden;
}

<div>
    <p>溢出文本省略示例;溢出文本省略示例;溢出文本省略示例;溢出文本省略</p>
    <p>溢出文本省略示例;溢出文本省略示例;溢出文本省略示例;溢出文本省略</p>
</div>
```

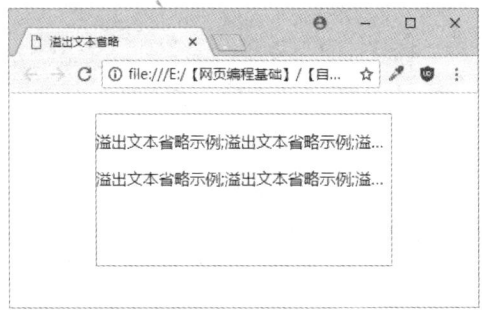

图 3-36　溢出文本省略示例

3.5.4　鼠标属性

语法:cursor:鼠标的属性

说明:该属性规定当鼠标指向某元素之上时显示的指针类型,其取值范围如表 3-5 所示。

初始值:auto

示例:

```
h2 { cursor: crosshair }
p { cursor: url("first.cur"), url("second.cur"), pointer }    /* 按从左到右的优先级显示鼠标的
                                                                  指针形状 */
```

表 3-5　CSS 鼠标属性的取值范围

值	描　述
url	需被使用的自定义光标的 URL
	注释：请在此列表的末端始终定义一种普通的光标，以防止没有由 URL 定义的可用光标
default	默认光标(通常是一个箭头)
auto	浏览器设置的光标
crosshair	光标呈现为十字线
pointer	光标呈现为指示链接的指针(一只手)
move	此光标指示某对象可被移动
e-resize	此光标指示矩形框的边缘可被向右(东)移动
ne-resize	此光标指示矩形框的边缘可被向上及向右移动(北/东)
nw-resize	此光标指示矩形框的边缘可被向上及向左移动(北/西)
n-resize	此光标指示矩形框的边缘可被向上(北)移动
se-resize	此光标指示矩形框的边缘可被向下及向右移动(南/东)
sw-resize	此光标指示矩形框的边缘可被向下及向左移动(南/西)
s-resize	此光标指示矩形框的边缘可被向下移动(南)
w-resize	此光标指示矩形框的边缘可被向左移动(西)
text	此光标指示文本
wait	此光标指示程序正忙(通常是一只表或沙漏)
help	此光标指示可用的帮助(通常是一个问号或一个气球)

3.5.5　CSS 常用属性案例实践

1. 案例要求

利用所学的字体、文本等常用 CSS 属性编写一个如图 3-37
所示的案例页面。

2. 思路提示

(1) 观察效果图发现页面由两个相同结构的盒子组成，
因此可以用含两个列表项的无序列表定义整体结构，在每
个 li 列表项中从上到下分别为一幅大图、4 行文字和一幅
小图。

(2) 对于 li 元素，需要定义其列表符号为无，以及定义宽、
高、边框等相关的盒模型属性。

(3) 图片只需要适当设置其基本属性(例如宽、高、路径)即
可，如需使用图片链接的功能，还需把其放在<a>标签中。

(4) 本例的重点(也是较复杂的部分)是各种不同的文字
外观，包括其中一行文字需要设置溢出文本省略的效果。在
制作页面时需要细心规划文字的标签结构，并逐一定义相关
属性。

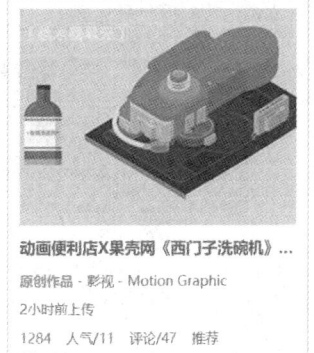

动画便利店X果壳网《西门子洗碗机》…

原创作品·影视·Motion Graphic

2小时前上传

1284　人气/11　评论/47　推荐

3. 参考代码

参考代码文件名为 pra03-4.html。

动画便利店X视知《到底工资怎么发》…

原创作品·影视·Motion Graphic

3小时前上传

1569　人气/50　评论/125　推荐

图 3-37　CSS 常用属性案例效果

使用 CSS3 样式表

```html
<!DOCTYPE html>
<html>
<head>
    <meta charset = "utf - 8">
    <title>CSS 常用属性案例实践</title>
    <style type = "text/css">
        * {margin:0;padding:0;}
        li{list - style:none;}
        a{text - decoration:none;}
        body{
            font - size:12px ;
            color: #66667F;
        }
        li{
            width:250px;
            height:320px;
            margin - left:50px;
            margin - bottom:10px;
            padding:10px;
            border:1px solid #CCC;
        }
        /* 行内不会溢出 */
        h3{
            white - space:nowrap;
            overflow:hidden;
            text - overflow:ellipsis;
            line - height:32px;
        }
        h3 a{
            font - size:14px;
            color: #666;
        }
        li p{
            line - height:25px;
        }
        li .movie span{
            font - weight:bold;
            color: #FF5584;
        }
        li .hot span{
            margin - right:10px;
            color:red;
        }
    </style>
</head>
<body>
    <ul>
        <li>
            <a href = "">
                <img src = "images/pic1.jpg" alt = "" width = '250' height = '188'>
            </a>
            <h3>
                <a href = "">动画便利店 X 果壳网《西门子洗碗机》by</a>
            </h3>
            <p class = 'movie'><span>原创作品</span> - 影视 - Motion Graphic </p>
            <p>2 小时前上传</p>
            <p class = 'hot'>
```

```
                <span > 1284 </span >
            人气/< span > 11 </span >
            评论/< span > 47 </span >
            推荐
        </p >
        < img src = "images/play.png" alt = "">
    </li >
    <li >
        < a href = "">
            < img src = "images/pic2.gif" alt = "" width = '250'height = '188'>
        </a >
        < h3 >
            <a href = "">动画便利店 X 视知«到底工资怎么发» by </a >
        </h3 >
        < p class = 'movie'>< span >原创作品</span > - 影视 - Motion Graphic </p >
        < p >3 小时前上传</p >
        < p class = 'hot'>
            < span > 1569 </span >
            人气/< span > 50 </span >
            评论/< span > 125 </span >
            推荐
        </p >
        < img src = "images/play.png" alt = "">
    </li >
</ul >
</body >
</html >
```

4. 案例改编及拓展

仿照以上案例,自行编写及拓展类似的网页效果,例如不同的图文排列效果等。

3.6　高级选择器

CSS3 增加了更多的 CSS 选择器,可以实现更简单、更强大的功能,例如 nth-child()等。允许用户在标签中指定特定的 HTML 元素而不必使用多余的 class、id 或 JavaScript。如果要实现一个干净的、轻量级的标签并使结构和表现更好地分离,高级选择器是非常有用的。它们可以减少在标签中的 class 和 id 的数量,并让设计师更方便地维护样式表。

3.6.1　子元素选择器

在 CSS3 中,">"表示子元素选择器(child selector)。与后代选择器相比,子元素选择器(child selector)只能选择作为某元素的子元素的元素,而不会影响其他的后代元素。

例如,以下代码设置作为 h3 元素的子元素的 strong 元素为红色:

```
h3 > strong {color:red;}
```

当把这个 CSS 样式应用到下面的网页内容时,第一个 h3 下面的两个 strong 元素由于都是 h3 的子元素,显示为红色;但是第二个 h3 中的 strong 元素是 em 的子元素,而不是 h3 的子元素,所以不受影响,如图 3-38 所示。

```
< h3 > This is < strong > very </strong > < strong > very </strong > important.</h3 >
< h3 > This is < em > really < strong > very </strong > </em > important.</h3 >
```

用户可以根据需要使用多个子元素选择器来逐级指定某个特定的元素,例如:

```
div > p > span{font - size:30px;}
```

这个 CSS 样式可以设置下面代码中的"好"字为 30px 大小,如图 3-39 所示。

```
< div >
    <p>这真是一个< span >好</ span >消息!</p>
</ div >
```

This is very very **important.**

This is *really very* **important.**   这真是一个**好**消息!

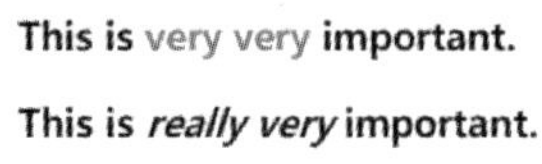

图 3-38　子元素选择器的第一个例子 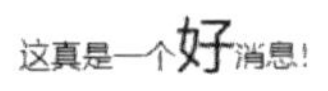　　　　　图 3-39　子元素选择器的第二个例子

3.6.2　相邻元素选择器

在 CSS3 中,"+"表示相邻兄弟选择器(adjacent sibling selector),可以选择紧挨在另一元素后的元素,且二者有相同的父元素。

例如,以下代码设置紧挨在 div 元素后出现的段落的背景颜色为黄色:

```
div + p{background:yellow;}
```

这个 CSS 样式可以设置下面代码中 div 后第一个段落的背景颜色为黄色,而第二个段落不受影响,如图 3-40 所示。

```
<div>这是一个 div </div>
<p>这是 div 后的第一个段落</p>
<p>这是 div 后的第二个段落</p>
```

下面的代码表示当一个 div 中有相同的段落连续的时候,选择除了第一个之外的其他段落,并给这些段落的文字设置颜色为♯3F3:

```
div p + p{color:♯3F3;}
```

这个 CSS 样式可以设置下面代码中除第一个段落以外的段落文字的颜色均为♯3F3,如图 3-41 所示。

```
< div >
    <p>这是 div 中的第一个段落</p>
    <p>这是 div 中的第二个段落</p>
    <p>这是 div 中的第三个段落</p>
    <p>这是 div 中的第四个段落</p>
</ div >
```

这是一个div

这是div后的第一个段落

这是div后的第二个段落

这是div中的第一个段落

这是div中的第二个段落

这是div中的第三个段落

这是div中的第四个段落

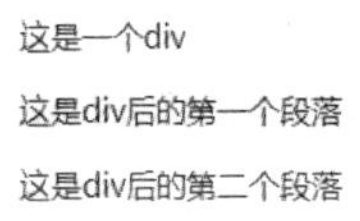

图 3-40　相邻元素选择器的第一个例子 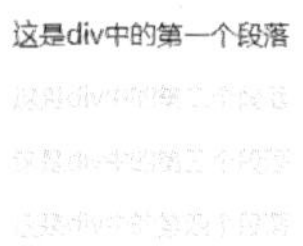　　　　　图 3-41　相邻元素选择器的第二个例子

3.6.3 关联元素选择器

在 CSS3 中，"～"表示关联元素选择器，可以选择同一个级别中第一个元素名后的所有与第二个元素同名的元素。

关联元素选择器和相邻元素选择器的区别是相邻选择器只选取元素后面的一个元素，而关联选择器选取后面的所有同名元素。

例如，以下代码设置紧挨在 div 元素后出现的所有同级段落的背景颜色为黄色：

```
div ～ p{background:yellow;}
```

这个 CSS 样式可以设置下面代码中 div 后的同级段落(段落 1、段落 2、段落 3)的背景颜色为黄色，而其他段落和元素不受影响，如图 3-42 所示。

```
<p>div 前的段落</p>
<div>关联选择器 div~p 设置 div 元素后所有的同级段落背景色均为黄色
    <p>div 中的段落</p>
</div>
<span>div 后的第 1 个 span 元素</span>
<p>段落 1</p>
<span>第 2 个 span 元素</span>
<p>段落 2</p>
<p>段落 3</p>
```

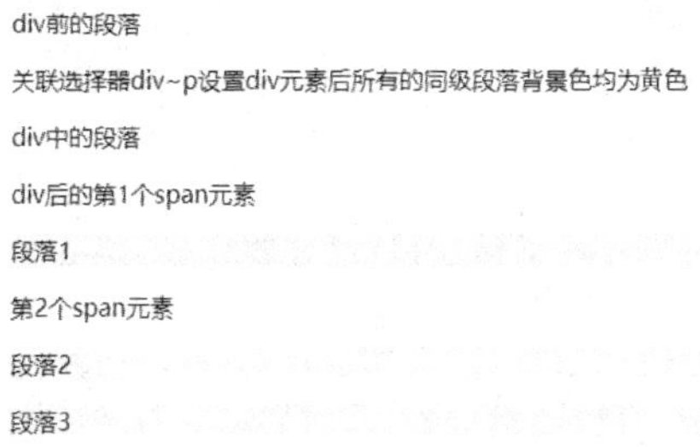

图 3-42　关联选择器使用效果

3.6.4 属性选择器

属性选择器可以对带有指定属性的 HTML 元素设置样式，而不仅限于 class 和 id 属性。常见的属性选择器如表 3-6 所示，其中 attribute 代表属性，value 代表属性值。

表 3-6　CSS 属性选择器

属性选择器	描　述	举　例
[attribute]	用于选取带有指定属性的元素	[title]{color:red;}会把包含 title 属性的所有元素设置为红色
[attribute＝value]	用于选取带有指定属性和值的元素	[title＝hello]{color:red;}会把 title 属性值为 hello 的所有元素设置为红色
[attribute～＝value]	用于选取属性值中包含指定词汇的元素，适用于由空格分隔的属性值	[title～＝hello]{color:red;}会把 title 属性中包含 hello 单词的所有元素设置为红色

属性选择器	描　述	举　例
[attribute|=value]	用于选取带有以指定值开头的属性值的元素,该值必须是整个单词。该属性选择器适用于由连字符分隔的属性值	[title|=hello]{color:red;}会把 title 属性中以 hello 单词开头(以连字符分隔)的所有元素设置为红色
[attribute^=value]	匹配属性值以指定值开头的每个元素	[title^=hello]{color:red;}会把 title 属性中以 hello 字符开头的所有元素设置为红色
[attribute $=value]	匹配属性值以指定值结尾的每个元素	[title $=hello]{color:red;}会把 title 属性中以 hello 字符结尾的所有元素设置为红色
[attribute *=value]	匹配属性值中包含指定值的每个元素	[title *=hello]{color:red;}会把 title 属性中包含 hello 字符的所有元素设置为红色

【例 3-28】 以[attribute\|=value]和[attribute^=value]两种属性选择器为例,测试相关的属性选择器,在浏览器中的效果如图 3-43 所示。

```
/* 用于选取带有以指定值开头的属性值的元素,该值必须是整个单词。该属性选择器适用于由
连字符分隔的属性值 */
[lang|=en] {
    color: red;
}

/* 匹配属性值以指定值开头的每个元素 */
[title^=hello] {
    color: blue;
}

<ul>
    <li>
        <h3>可以应用[lang|=en]样式: </h3>
        <p lang="en">&lt;p lang=&quot;en&quot;&gt;Hello!&lt;/p&gt;</p>
        <p lang="en-us">&lt;p lang=&quot;en-us&quot;&gt;Hi!&lt;/p&gt;</p>
    </li>
    <li>
        <h3>无法应用[lang|=en]样式: </h3>
        <p lang="us-en">&lt;p lang=&quot;us-en&quot;&gt;Hi!&lt;/p&gt;</p>
        <p lang="zh">&lt;p lang=&quot;zh&quot;&gt;Hao!&lt;/p&gt;</p>
    </li>
    <li>
        <h3>可以应用[title^=hello]样式: </h3>
        <h4 title="hello world">&lt;h4 title=&quot;hello world&quot;&gt;Hello world&lt;/h4&gt;</h4>
    </li>
    <li>
        <h3>无法应用[title^=hello]样式: </h3>
        <p title="student hello">&lt;p title=&quot;student hello&quot;&gt;Hello students!</p>
    </li>
</ul>
```

图 3-43　CSS 属性选择器示例

注释：只有在规定了！DOCTYPE 时，IE7 和 IE8 才支持属性选择器。在 IE6 及更低的版本中不支持属性选择器。

3.6.5　伪类选择器

CSS 伪类是添加到选择器的关键字，可以指定要选择的元素的特殊状态。伪类名称由一个冒号开头，具体语法如下：

选择器:伪类名 {属性：属性值；属性：属性值 …}

例如，下面的:hover 伪类可用于在用户将鼠标悬停在 div 按钮上时改变按钮的颜色。

```
div:hover {
  background - color: #F89B4D;
}
```

1. 锚伪类

在 HTML 中，只有一个元素可以成为超链接，即 a(锚)元素。锚伪类是这样一种机制，浏览器可以通过它向用户指示正在查看的文档中超链接的状态。

浏览器通常采用一种不同于其余文本的颜色来显示文档中的链接。用户没有访问过的链接使用一种颜色，用户访问过的链接使用另一种颜色。设计者无法知道用户是否已经访问过链接，只有浏览器才知道此信息，但是设计者可以在样式表中设置颜色以指示链接的状态。在支持 CSS 的浏览器中，链接的不同状态都可以用不同的方式显示，这些状态包括未被访问状态、已被访问状态、鼠标悬停状态和活动状态，相应的锚伪类有以下 4 种。

- a:link：超链接的正常状态(未被访问前)。
- a:visited：访问过的超链接状态。
- a:hover：光标移到超链接上时的状态。
- a:active：选中超链接时的状态(在鼠标单击与释放之间)。

锚伪类的应用格式为：

a: 锚伪类名 {属性:属性值；属性:属性值 …}

类选择器也可以和锚伪类一起使用，其格式为：

a.类名:锚伪类名 {属性:属性值; 属性:属性值 … }

或

.类名:锚伪类名 {属性:属性值; 属性:属性值 … }

示例:首先在某网站本地根目录下的 CSS 文件夹中为大多数页面建立一个公共的样式表文件 global.css,并在文件中添加如下的锚伪类定义。其中,当前链接没有下画线,只有当光标经过时才出现下画线,并将文字的颜色改为红色;而当链接被激活时文字加粗显示,被访问过后显示为灰色,并且都没有下画线。

```
a:link {
    color: #000;
    text-decoration: none;
}
a:visited{
    color: #666;
    text-decoration: none;
}
a:hover {
    color: #FF0000;
    text-decoration: underline;
}
a:active {
    font-weight:bold;
    text-decoration: none;
}
```

接下来将 global.css 应用到 index.html,在 index.html 的 head 部分添加如下代码:

```
<link href="css/global.css" rel="stylesheet" type="text/css"/>
```

用户可以通过测试 index.html 中各个链接的效果来观察相应的锚伪类样式设置效果,并进行相应的修改和调整。

注意:在 CSS 定义中,a:hover 必须被置于 a:link 和 a:visited 之后才是有效的,而 a:active 必须被置于 a:hover 之后才是有效的。对于这样的顺序要求,有人总结了容易记忆的口诀,也就是"LoVe HAte"(爱恨)。

2. 通用伪类

在锚伪类的 4 个伪类名中,:link 和:visited 为<a>标签所特有的,分别表示超链接被单击前后的两种状态;而:active 和:hover 可以适用于所有的标签元素,分别表示元素被激活(按住不放)时和鼠标滑过(悬浮)时的两种状态。例如,div:active 表示 div 元素被激活时的状态。此外,focus 伪类表示元素在获取键盘输入焦点时的状态。常见的通用伪类如表 3-7 所示。

表 3-7　常见的通用伪类

属性选择器	描　　述	举　　例
:active	向被激活的元素添加样式	div:active{color:red;}会把所有被激活的 div 元素中的文字设置为红色
:focus	向拥有键盘输入焦点的元素添加样式	input:focus{background-color:yellow;}会把所有获得焦点的 input 元素的背景设置为黄色
:hover	当鼠标滑过(悬浮)在元素上方时向元素添加样式	div:hover{font-weight:bold;}会把所有鼠标滑过时的 div 元素中的文字加粗

结合之前学过的其他选择器，还可以对伪类进一步扩展，例如：

```
div : hover{}              /*定义 div 元素在鼠标滑过时的样式*/
div p : hover a{}          /*定义 div 元素的后代元素 p 在鼠标滑过时其后代元素 a 的样式*/
div + p : hover a{}        /*定义 div 元素的相邻元素 p 在鼠标滑过时其后代元素 a 的样式*/
```

3.6.6 伪元素选择器

伪元素允许用户对元素内容的一部分设置样式。引入伪元素能完成用其他方式无法实现的设计。伪元素由两个冒号开头，具体语法为：

选择器::伪元素名 {属性：属性值；属性：属性值 …}

类选择器也可以和伪元素一起使用，其格式为：

选择器.类名::伪元素 {属性：属性值；属性：属性值 …}

说明：对伪元素使用两个冒号(::)是 CSS3 规定的新格式，目的是为了区别伪类和伪元素(CSS2 中并没有区别)。当然，考虑到兼容性，CSS2 中已存在的伪元素仍然可以使用一个冒号的语法，但是 CSS3 中新增的伪元素必须使用两个冒号。

1. 首字母和首行伪元素

最常用的两个伪元素是首字母和首行。它们允许分别对单词的首字母和段落的首行强行施加样式，而不考虑其他任何样式。一种常见的用法是增加首字母的大小或使首行采用大写字母。除此之外，还可以设置颜色、背景、文本修饰和大小写转换等属性。

首字母和首行伪元素的写法如下。

::first-letter：用于向某个选择器中文本的首字母添加特殊的样式，例如 p::first-letter。

::first-line：用于向某个选择器中文字的首行添加特殊样式，例如 p::first-line。

【例 3-29】 首字母和首行伪元素应用示例。

新建一个 HTML 文档，首先在 body 部分输入以下代码：

```
<p class = "test1">You can use the :first-letter pseudo-element to add a special effect to the first letter of a text!</p>
<p class = "test2">You can use the :first-line pseudo-element to add a special effect to the first line of a text!</p>
```

其次在 head 部分建立如下 CSS 样式代码：

```
<style type = "text/css">
    p.test1::first-letter {
      color: #FF0000;
      font-size: xx-large
    }
    p.test2::first-line {
      color: #FF0000;
      font-variant: small-caps
    }
</style>
```

适当地调整浏览器的窗口大小，最终的显示效果如图 3-44 所示。

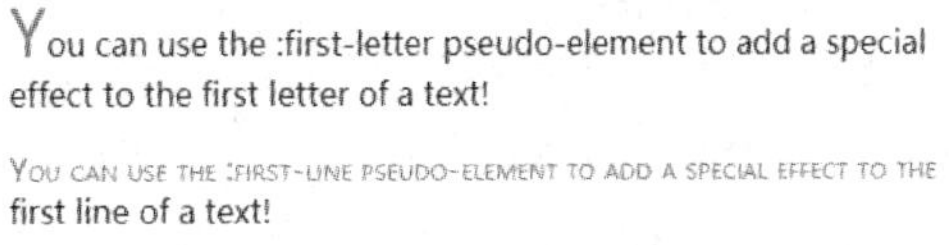

2. ::before 和 ::after 伪元素

::before 伪元素可以在元素的内容前面插

Y̲ou can use the :first-letter pseudo-element to add a special effect to the first letter of a text!

YOU CAN USE THE :FIRST-LINE PSEUDO-ELEMENT TO ADD A SPECIAL EFFECT TO THE first line of a text!

图 3-44　首字母和首行伪元素应用示例

入新内容,而::after 伪元素可以在元素的内容之后插入新内容,具体的内容需结合 content 属性进行定义。

【例 3-30】 ::before 和::after 伪元素应用示例。

新建一个 HTML 文档,首先在 body 部分输入以下代码:

```
<div>div 中的自有内容</div>
```

其次在 head 部分建立如下 CSS 样式代码:

```
<style type = "text/css">
    div {
        width: 500px;                              /* 宽 500px */
        height: 50px;                              /* 高 50px */
        border: 1px solid blue;                    /* 粗细为 1px 的蓝色实线边框 */
        text - align: center;                      /* 文本水平居中 */
        line - height: 50px;                       /* 行高 50px */
    }

    div::before {                                  /* 定义::before 伪元素的样式 */
        content: "before 伪元素中的内容";
        border: 1px solid red;                     /* 粗细为 1px 的红色实线边框 */
        background - color: pink;                  /* 粉红色背景 */
    }

    div::after {                                   /* 定义::after 伪元素的样式 */
        display: block;                            /* 转换为块元素 */
        content: "after 伪元素中的内容";
        width: 500px;
        height: 50px;
        border: 1px solid red;
        background - color: pink;
    }
</style>
```

在浏览器中的显示效果如图 3-45 所示。

注意: ::before 和::after 伪元素默认是行内元素,即与所在元素默认内容同行排列,并且宽和高不能定义,一般使用转换为块元素的方法来改变其固有的样式属性。

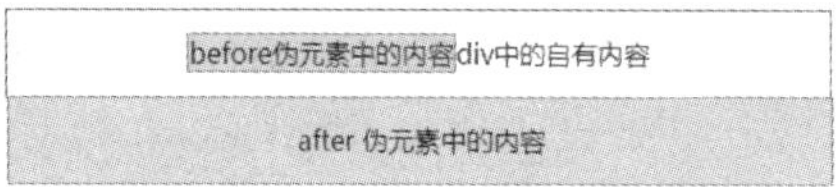

图 3-45 ::before 和::after 伪元素

3.6.7 高级选择器案例实践

1. 案例要求

利用所学的知识编写一个如图 3-46 所示的菜单导航案例页面,要求当鼠标经过某一导航栏时,其背景和文字的颜色都发生改变。其中,第一行标题"美图赏析"前可通过::before 伪元素添加一个使用精灵图技术的背景图片,背景图片素材效果如图 3-47 所示。

2. 思路提示

(1) 观察效果图发现页面由一个标题和 5 个相同结构的导航项目组成,因此可以用一个标题元素和含 5 个列表项的无序列表定义页面内容,并装在一个共同的容器里,以便于作为一个整体在页面中布局。

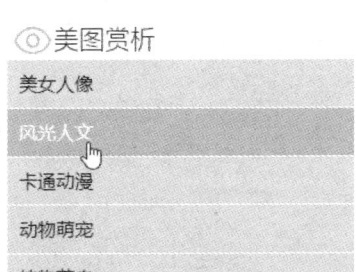

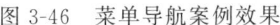

图 3-46　菜单导航案例效果　　　　　　　　图 3-47　背景图效果

（2）对于标题元素前的图片，可使用一个内容为空的::before 伪元素，并对该伪元素使用精灵图技术，即利用已有的背景图片定位实现所需的图标效果。

（3）为了使标题元素的::before 伪元素按特定尺寸要求显示背景图，可通过 display:inline-block 属性将其类型由行内元素改为行内块元素，同时对该伪元素及后面的超链接文本均使用 vertical-align:middle 属性实现两个同行元素的垂直对齐效果。

（4）通过每个导航栏设置:hover 伪类的背景颜色和文字颜色样式，可实现鼠标经过导航栏时的外观变化。

3. 参考代码

参考代码文件名为 pra03-5.html。

```
<! DOCTYPE html >
< html >
    < head >
        < meta charset = "utf - 8">
        <title>高级选择器案例实践</title>
        < style type = "text/css">
            * {margin:0;padding:0;}
            li{list - style:none;}
            a{text - decoration:none;color:inherit;}
            .nav{
                width: 300px;
                margin:100px auto 0;
            }
            .nav h3{
                height: 40px;
                font - weight: lighter;
                line - height:40px;
                font - size: 22px;
            }
            .nav h3:before{
```

```
                    content:'';
                    display:inline - block;
                    width:40px;
                    height:39px;
                    background:url('images/bg1.png') no - repeat  - 162px  - 416px;
                    vertical - align:middle;   / * 行内元素垂直对齐的方式: middle (居中) * /
                }
                .nav h3 a{
                    vertical - align:middle;
                }
                .nav li{
                    height: 40px;
                    background - color: #DDD;
                    text - indent:10px;
                    line - height:40px;
                    margin - bottom:1px;
                }
                .nav li:hover{
                    background - color: #DBB783;
                    color: #FFF;
                }
            </style>
        </head>
        < body >
            < div class = 'nav'>
                < h3 >< a href = "">美图赏析</a></h3 >
                < ul >
                    < li >< a href = " #">美女人像</a></li>
                    < li >< a href = " #">风光人文</a></li>
                    < li >< a href = " #">卡通动漫</a></li>
                    < li >< a href = " #">动物萌宠</a></li>
                    < li >< a href = " #">植物花卉</a></li>
                </ul>
            </div>
        </body>
    </html>
```

4. 案例改编及拓展

仿照以上案例,自行编写及拓展类似的网页效果,例如不同的伪类和伪元素应用效果等。

3.7　CSS 继承与优先

在 CSS 中,子元素自动继承父元素的属性值,大部分属性(例如颜色、字体等)已经在父元素中定义过,在子元素中可以直接继承,不需要重复定义。但是需要注意,浏览器可能用一些默认值覆盖已有的定义。CSS 规则影响元素的显示形态,但是如果多种样式规则同时匹配该元素,元素的显示形态到底遵循哪个规则呢? 本节内容涉及样式的继承与优先级方面的知识。

3.7.1　CSS 样式继承

CSS 的一个主要特征就是继承。CSS 的继承是指被包在内部的标签将拥有外部标签的样式性质。继承特性最典型的应用通常发挥在整个网页的样式预设,即整体布局声明。例如一个 body 定义了的颜色值也会应用到段落的文本中。若要为某些文本指定不同的样式,可以通过在个别元素中另外设定来实现。

CSS 样式的继承有以下几个特点:

(1) CSS 样式属性中可被继承的属性一般都与字体和文本有关,例如 font、font-size、color、text-align、text-indent、letter-spacing、word-spacing 等。

(2) 一般来说,字体和文本属性都可以被继承,但<a>标签不能直接继承父级元素的颜色,一般需要单独设置才能改变超链接及其相关伪类的颜色,也可以通过对 a 元素设置"color: inherit;"来继承父级元素的颜色。

(3) li 会继承父元素 ul 或 ol 的 list-style 属性。

(4) 多数边框类的属性,例如 border(边框)、padding(填充)、margin(边界)等,都是没有继承性的。用户可通过对子元素设置"border:inherit;"来继承父元素的边框属性,但只能继承其直接的父级元素的边框属性。内边距和外边距属性与之同理。

【例 3-31】 CSS 样式继承示例。在该例子中<h3>、<p>、<span>、<a>标签都继承了 body 样式中的字体属性。对于不能直接继承的属性,例如 margin、border 等,或者单独赋值,或者用 inherit 属性值来继承,<a>标签的红色也是通过 inherit 属性值来继承。

首先在 body 部分输入以下 HTML 结构代码:

```
<div>
    <h3>div 中的标题 3 元素</h3>
    <p>div 中的一个段落
        <span>段落中的 span 元素</span>
        <a href = "">段落中的 a 标签</a>
    </p>
</div>
```

其次在 head 部分建立如下 CSS 样式代码:

```
<style>
    body{ /* body 中的字体属性可被继承 */
        font:small - caps 20px/50px 'microsoft yahei';
        /* 小型大写字母,字号为 20px,行高为 50px,字体为微软雅黑 */
    }
    div{
        width:600px;
        margin:20px auto;
        border:1px solid blue;
        color:red;
        text - indent:20px;
    }
    p{
        margin:50px;                /* margin 属性不能被继承,需要单独定义 */
        border:inherit;             /* 通过 inherit 属性值继承父元素的边框属性 */
    }
    span{border:inherit;}           /* 通过 inherit 属性值继承父元素的边框属性 */
    a{color:inherit;}               /* 通过 inherit 属性值继承父元素的颜色属性 */
</style>
```

在浏览器中的最终显示效果如图 3-48 所示。

使用 CSS3 样式表

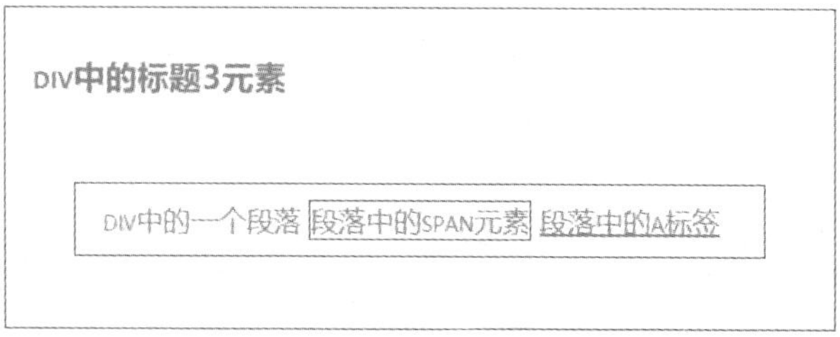

图 3-48　CSS 样式的继承和改变

3.7.2　选择器的优先级

优先级是指不同类别样式的权重比较。当为同一个元素用多个选择器设置不同样式时，哪个样式生效由其对应的选择器的优先级确定，优先级高的优先显示。对于同优先级的样式冲突，后定义的样式覆盖前面定义的样式。

1. 基本选择器的优先级

对基本选择器来说，优先级的关系为：

id > class > tagName > *

id 选择器是某一元素的特定标识，相应的样式优先级最高，其次是类选择器，再次是 HTML 标签选择器本身，优先级最低的是通配符选择器。如果想改变原有的优先级关系，可以用！important 提升样式表的优先级。

【例 3-32】　在 h3 元素中同时应用 HTML 标签选择器、类选择器和 id 选择器的样式。

首先在 body 部分输入以下代码：

```
< h3 class = "green" id = "id3">同时应用 3 种选择器所定义样式的 h3 标题文字</h3>
```

其次在 head 部分建立如下 CSS 样式代码：

```
< style type = "text/css">
  # id3{color:yellow;}
  h3{color:red ! important;}
  # id3{color:black;}
  .green{color:green;}
</style>
```

可以看到，最后 h3 标题文字显示为被！important 声明的 HTML 标签选择器样式中所定义的红色。如果去掉！important，则依照优先级别最高的 id 选择器中后面定义的为黑色文字。

网页制作者应该小心地使用！important 规则，因为它们会超越用户任何的！important 规则。例如，一个用户由于视觉关系，会要求大字体或指定的颜色，而且这样的用户有可能声明确定的样式规则为！important，因为这些样式对于用户阅读网页是极为重要的。任何的！important 规则都会超越一般的规则，所以建议网页制作者使用一般的规则，以确保有特殊样式需要的用户能阅读网页。

2. 多元素组合选择器的优先级

在使用多元素组合的选择器时，优先级的判断会比单一的基本选择器复杂一些，可通过以下几条规则进行判断：

（1）首要的原则是控制对象的精准度，越精准控制相应元素的选择器优先级越高。

（2）当控制的精准度相同时，如果 id 选择器的个数不相等，则 id 个数越多的优先级越高。

（3）当精准度和 id 数都相同时，class 个数越多的优先级越高。

（4）当前 3 个条件都相同时，tagName（标签名）个数越多的优先级越高。

（5）对于同优先级的样式冲突，后定义的样式覆盖前面定义的样式。

例如，在控制对象的精度相同的情况下，♯wrap ul li .list{}和.wrap ul li ♯list{}的优先级一样。

【例 3-33】 多元素组合选择器示例，span 中的文字样式可用多元素选择器来定义。

首先在 body 部分输入以下代码：

```
< div class = "wrap" id = "wrap - 1">
    < ul class = "list">
        < li id = "list - 1">
            < p class = "box" id = "box - 1">
                < span class = "text" id = "text - 1">
                    多元素组合选择器所影响最内层的文字
                </span >
            </p>
        </li>
    </ul >
</div >
```

其次在 head 部分建立如下 CSS 样式代码：

```
< style type = "text/css">
        * {margin:0;padding:0;}
        ♯wrap - 1{
            width:600px;
            margin:20px auto;
        }
        li{list - style:none;}
        a{text - decoration:none;}
        ♯wrap - 1 ul.list p ♯text - 1{        /* 两个 id、一个 class、两个 tagName */
            color:blue;
        }
        ♯wrap - 1 .list ♯box - 1 span{        /* 两个 id、一个 class、一个 tagName */
            color:red;
            font - size:30px;
        }
        span{                                /* 一个 tagName */
            color:green;
        }
    </style>
```

可以看到，有注释的 3 种选择器都是精准定义文字所在的最内层元素，在颜色样式冲突时，按照前面介绍的判断规则，第一组选择器的优先级高于第二组，而第二组高于第三组单一的标签选择器，因此文字颜色显示为第一组样式中的蓝色。

注意：为了减少代码和编译的复杂度，多元素组合选择器的使用一般不建议超过三层结构。

3.7.3 样式优先级

当 HTML 与 CSS 样式有冲突时，浏览器按 CSS 样式中定义的属性来显示，而当应用在同一个元素上的两个 CSS 样式发生冲突时,在不考虑选择器优先级的情况下,浏览器一般按照与该元素关系的远近来显示,这可以简单地称为就近原则。

根据就近原则,如果同时使用 3.1.3 节所介绍的 4 种 CSS 样式的定义和应用方法,总是以最后定义的样式为准,显然这里是内联样式表的优先级别最高。用其他 3 种方法定义的样式根据各自在 head 部分中出现的顺序,越在后面出现的离 body 部分中的相关元素越近,因此优先级别也就越高。在同一个< style >标签中,由于导入样式是第一个出现的,其他内部样式在其后面出现,所以内部样式的优先级高于导入样式。由于链入样式使用的< link >标签与内部样式和导入样式用的< style >标签只要求放在 head 部分,对它们的顺序没有特别要求,所以相当于同等的优先级,在具体判断中要看哪个标签越后出现,越后出现的优先级越高。

如果想固有的结构不能变化,但又想提升样式的优先级,同样可以使用前面介绍过的 !important 来改变默认的优先级。

如果可能使用不同的选择器和不同的样式定义方法,首先考虑选择器的优先级,其次直接使用就近原则来判断是最简单、有效的方法。

3.7.4　CSS 书写顺序

样式属性的书写顺序对网页加载代码是有影响的,例如,改变元素类型的 display 属性应当写在前面,这样才能使后面的宽、高等自身属性的解析更有效率。正确的样式顺序不仅易于用户查看,更是 CSS 样式优化的一种方式。一般建议按照以下分类顺序依次书写CSS 规则:

(1) 显示属性(例如 display、list-style、position、float、clear 等);

(2) 自身属性(例如 width、height、margin、padding、border、background 等);

(3) 字体和文本属性(例如 font、color、text-align、vertical-align、text-indent 等);

(4) CSS3 中的新增属性(例如 content、box-shadow、border-radius、transform 等)。

例如,在 3.4.5 节的元素类型转换案例实践中,对 li 元素定义了一个列表符号为无的样式,作为样式初始化的一部分:

```
li{list - style:none;}
```

再按照 CSS 样式书写顺序的规则定义其他属性,包括显示属性中的 display 属性,和自身属性中的 width、height、padding-top、padding-left、background-color 等:

```
li{
    display:inline - block;
    width:216px;
    height:200px;
    padding - top:20px;
    padding - left:20px;
    background - color:#FFF;
}
```

3.8　常用 CSS3 属性

CSS3 增加的新属性和属性值很多,其中的重点(例如过渡、动画、变换、弹性盒模型等)会在第 5 章详细讲解,本节只介绍其他常用且兼容性良好(IE9 及以上)的一部分内容。

3.8.1 圆角属性

在 CSS3 中,可以使用 border-radius(圆角属性)创建带有圆角的边框样式,从而大大降低了圆角的开发成本。该属性值表示圆角边框的圆角半径长度,数值越大,圆的弧度越明显。用户既可以用长度值也可以用百分比规定圆角半径的长度,但均不可为负数。

【例 3-34】 应用 border-radius 属性设置元素的圆角边框。在浏览器中的效果如图 3-49 所示。

```
p {
        text - align: center;
        line - height: 100px;
        border: 15px solid blue;
        width: 200px;
        height: 100px;
        border - radius: 15px;
    }
</style>

<p>这是一个圆角边框</p>
```

border-radius 实际上是一种简写形式,用于一次性定义边框的 4 个角。4 个角的排列顺序为 border-top-left-radius、border-top-right-radius、border-bottom-right-radius、border-bottom-left-radius,按此顺序设置每个 radius 的 4 个值。如果省略 bottom-left,则与 top-right 相同;如果省略 bottom-right,则与 top-left 相同;如果省略 top-right 开始的 3 个参数,则都与 top-left 相同。例如:

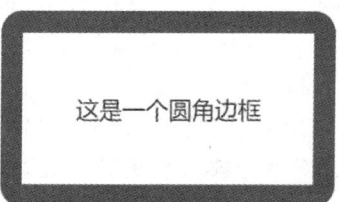

图 3-49　定义圆角边框

```
border - radius:2em;
```

等价于:

```
border - top - left - radius:2em;
border - top - right - radius:2em;
border - bottom - right - radius:2em;
border - bottom - left - radius:2em;
```

border-radius 属性还可以包括两个参数值:第一个参数表示圆角的水平半径,第二个参数表示圆角的垂直半径,两个参数通过斜线(/)隔开。例如:

```
border - radius: 2em 1em 4em / 0.5em 3em;
```

等价于:

```
border - top - left - radius: 2em 0.5em;
border - top - right - radius: 1em 3em;
border - bottom - right - radius: 4em 0.5em;
border - bottom - left - radius: 1em 3em;
```

【例 3-35】 应用 border-radius 属性设置元素圆角边框的水平半径和垂直半径。在浏览器中的效果如图 3-50 所示。

```
        .p1 {
            text - align: center;
            border: 20px solid blue;
            width: 400px;
            height: 150px;
            border - radius: 2em 1em 4em / 0.5em 3em;
        }
        .p2 {
            text - align: center;
            border: 20px solid blue;
            width: 400px;
            height: 50px;
            border - radius: 50px/5px;
        }

< p class = p1 >左上角的水平半径为 2em,垂直半径为 0.5em;
    < br >
    < br > 右上角的水平半径为 1em,垂直半径为 3em;
    < br >
    < br > 右下角的水平半径为 4em,垂直半径为 0.5em;
    < br >
    < br > 左下角的水平半径为 1em,垂直半径为 3em; </p>
< p class = p2 >4 个角的水平半径均为 50px,垂直半径均为 5px </p>
```

border-radius 属性可以根据不同的半径值来绘制不同的外部圆角边框,同样也可以利用 border-radius 来定义边框内部的角,即内圆角。需要注意的是,外部圆角边框的半径称为外半径,内部半径等于外部半径减去对应边的宽度,即把边框内部的圆的半径称为内半径。

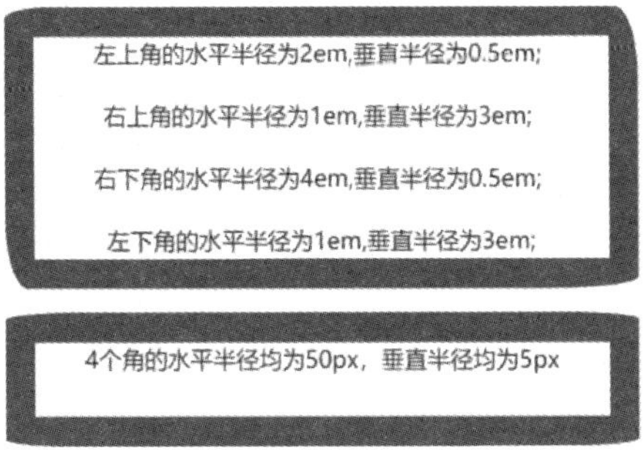

在使用百分比单位时,直接按元素尺寸的百分比定义圆角半径。

【例 3-36】 应用 border-radius 属性设置不同外观的元素内、外半径。在浏览器中的效果如图 3-51 所示。

图 3-50　定义不同半径的圆角边框

```
        .div1 {
            border: 50px solid blue;
            height: 50px;
            border - radius: 20px;
        }
        .div2 {
            border: 20px solid blue;
            height: 50px;
            border - radius: 30px;
        }
        .div3 {
            border: 10px solid blue;
            height: 50px;
            border - radius: 60px;
        }
```

```
.div4 {
        border: 10px solid blue;
        height: 100px;
        width: 100px;
        border - radius: 50 % ;
}
.div5 {
        border: 50px solid blue;
        height: 100px;
        width: 200px;
        border - radius: 50 % ;
}
```

```
< div class = div1 >边框粗细为 50px,圆角半径为 20px,显示内直角</div >
< br >
< div class = div2 >边框粗细为 20px,圆角半径为 30px,显示内部小幅圆角</div >
< br >
< div class = div3 >边框粗细为 10px,圆角半径为 60px,显示内部大幅圆角</div >
< br > 圆角半径为正方形元素大小的一半(50 %),显示为圆形:
< br >
< div class = div4 ></div >
< br > 圆角半径为长方形元素大小的一半(50 %),显示为椭圆形:
< br >
< div class = div5 ></div >
```

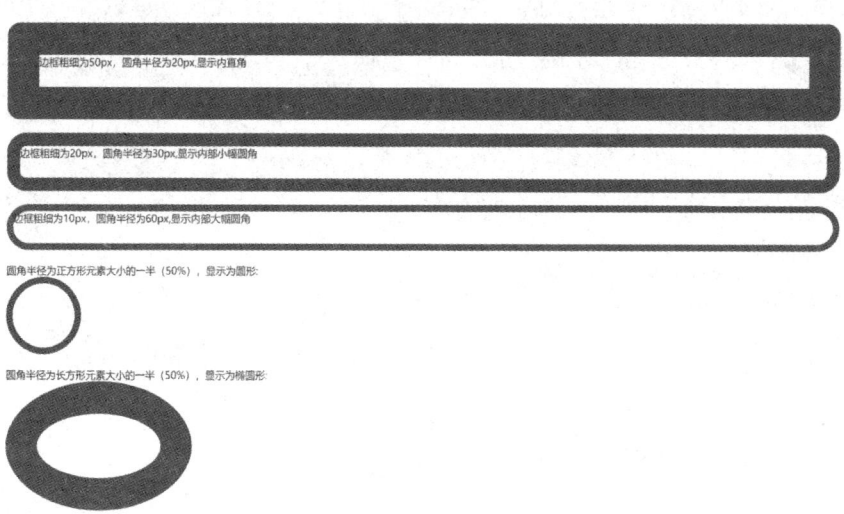

图 3-51　定义不同种类的圆角边框

3.8.2　方框阴影属性

box-shadow(方框阴影属性)用于向方框添加一个或多个阴影。该属性是由逗号分隔的阴影列表,每个阴影由 2~4 个长度值、可选的颜色值以及可选的 inset 关键词来规定,省略长度的值是 0。单个阴影列表的语法如下:

box - shadow: < h - shadow > < v - shadow > [blur] [spread] [color] [inset]

各参数的含义如表 3-8 所示。

表 3-8　box-shadow 属性参数的含义

值	描　　述	值	描　　述
h-shadow	必需。水平阴影的位置,允许负值	spread	可选。阴影的尺寸,允许负值,负值表示变小
v-shadow	必需。垂直阴影的位置,允许负值	color	可选。阴影的颜色,请参阅 CSS 颜色值
blur	可选。模糊距离,不允许负值	inset	可选。将外部阴影(outset)改为内部阴影

【例 3-37】　应用 box-shadow 属性设置几种方框阴影效果,其中后两个 div 元素通过使用逗号分隔的阴影列表实现了不同的阴影叠加效果。在浏览器中的效果如图 3-52 所示。

```
div {
        width: 300px;
        height: 100px;
        margin: 50px auto;
        background - color: grey;
        text - align: center;
        line - height: 100px;
        font - size:16px;
        color:white;
}
/* 四边同色阴影扩展 */
.box - shadow - 1{
        box - shadow:0 0 10px 15px ♯0CC;
}
/* 四边异色外阴影 */
.box - shadow - 2{
        box - shadow: - 10px 0 10px red,        /* 左边阴影 */
        10px 0 10px yellow,                      /* 右边阴影 */
        0 - 10px 10px blue,                      /* 顶部阴影 */
        0 10px 10px green;                       /* 底边阴影 */
}
/* 叠加异色阴影 */
.box - shadow - 3{
        box - shadow:0 0 10px 5px black,
        0 0 10px 20px red;
}

< div class = "box - shadow - 1">四边同色阴影扩展</div>
< div class = "box - shadow - 2">四边异色外阴影</div>
< div class = "box - shadow - 3">叠加异色阴影</div>
```

3.8.3　文本阴影属性

text-shadow(文本阴影属性)用于向文本添加一个或多个阴影。该属性是由逗号分隔的阴影列表,每个阴影由 2～3 个长度值和一个可选的颜色值进行规定,省略的长度是 0。单个阴影列表的语法如下:

text - shadow: < h - shadow > < v - shadow > [blur] [color]

在 CSS 2.1 中,W3C 就已经定义了 text-shadow 属性,用于给页面上的文本添加阴影效果,但在 CSS3 中又重新定义了它,并增加了不透明度效果。该属性有 4 个属性值,最后两个是可选

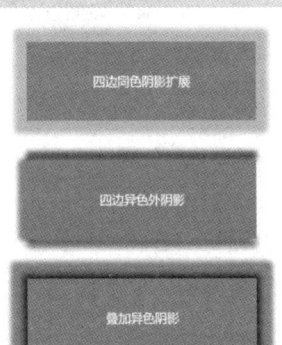

图 3-52　定义方框阴影

的。第 1 个属性值表示阴影的水平位移,可取正/负值;第 2 个值表示阴影的垂直位移,可取正/负值;第 3 个值表示阴影的模糊半径,该值可选;第 4 个值表示阴影的颜色值,该值可选。

各参数的含义如表 3-9 所示。

表 3-9　text-shadow 属性参数的含义

值	描　　述
h-shadow	必需。水平阴影的位置,允许负值
v-shadow	必需。垂直阴影的位置,允许负值
blur	可选。模糊距离,不允许负值
color	可选。阴影的颜色,请参阅 CSS 颜色值

【例 3-38】　应用 CSS3 text-shadow 为文本添加各种阴影及特效。在浏览器中的效果如图 3-53 所示。

```
p {
     font - size: 30px;
     color: blue;
}
.a1 { text - shadow: 2px 2px black; }                    /* 简单阴影效果 */
.a2 { text - shadow: 2px 2px rgba(0, 0, 0, 0.3); }       /* 不透明度的阴影效果 */
.b { text - shadow: 5px 5px 10px green; }                /* 模糊阴影效果 */
.c {text - shadow: 10px 10px 2px red, - 10px 10px 2px yellow, 10px - 10px 2px green; }
                                                          /* 多重阴影效果 */
.d { text - shadow: 0px 0px 5px green; }                 /* 文字发光效果 */
.e {
     font - weight: bold;
     color: #D1D1D1;
     background - color: #CCC;
}
.e1 { text - shadow: - 1px - 1px white, 1px 1px #333; }  /* 凹凸纹理效果 1 */
.e2 { text - shadow: 1px 1px white, - 1px - 1px #444; }  /* 凹凸纹理效果 2 */
.f {                                                      /* 文字描边效果 */
     text - shadow: - 1px 0px black, 0px 1px black, 1px 0px black, 0px - 1px black;
     color: white;
}
.container {                                              /* 火焰字效果 */
     background - color: black;
     font - family: serif, sans - serif, cursive;
     height: 150px;
     line - height: 150px;
     font - size: 80px;
     font - weight: bold;
     color: black;                                        /* 设置文本颜色为黑色,营造黑夜效果 */
     text - align: center;                                /* 设置文本在水平方向上居中显示 */
     text - shadow: 0 0 4px white, 0 - 5px 6px #FFE500, 2px - 10px 6px #FFCC00, - 2px -
15px 11px #FFCC00, 2px - 25px 18px #FF8000;               /* 为文本指定多个阴影 */
}

< p class = "a1">简单阴影效果</p>
< p class = "a2">添加不透明度的阴影效果</p>
< p class = "b">模糊阴影效果</p>
< p class = "c">多重阴影效果</p>
```

使用 CSS3 样式表

```
< p class = "d">文字发光效果</p>
< p class = "e e1">凹凸纹理效果 1</p>
< p class = "e e2">凹凸纹理效果 2</p>
< p class = "f">文字描边效果</p>
< div class = "container">火焰字效果</div>
```

简单阴影效果

添加不透明度的阴影效果

模糊阴影效果

多重阴影效果

文字发光效果

凹凸纹理效果1

凹凸纹理效果2

文字描边效果

图 3-53　CSS3 文本阴影效果及应用

3.8.4　溢出属性

溢出属性(overflow)规定当内容溢出元素框时如何显示。overflow 属性有 5 种取值,如表 3-10 所示。

表 3-10　overflow 属性值的含义

值	描　　述
visible	默认值。内容不会被修剪,会呈现在元素框之外
hidden	内容会被修剪,并且其余内容是不可见的
scroll	内容会被修剪,但是浏览器会显示滚动条,以便查看其余的内容
auto	如果内容被修剪,则浏览器会显示滚动条,以便查看其余的内容
inherit	规定应该从父元素继承 overflow 属性的值

另外,还可以使用 overflow-x 和 overflow-y 属性来单独设置水平和垂直方向上的溢出。overflow-x 主要用来定义对水平方向内容溢出的剪切,overflow-y 主要用来定义对垂直方向内容溢出的剪切。

【例 3-39】　应用 overflow-x 和 overflow-y 属性设置水平方向内容溢出时隐藏,垂直方向内容溢出时自动显示滚动条。在浏览器中的效果如图 3-54 所示。

```
#container {
    width: 150px;
    height: 200px;
    border:1px solid #000;
    margin: 20px auto;
```

```
                overflow - x:hidden;
                overflow - y:auto;
        }

< div id = "container">
        < img src = "images/redstar.gif">
</ div >
```

图 3-54　定义水平和垂直溢出效果

3.8.5　可见性属性

可见性属性(visibility)规定元素是否可见。这个属性指定是否显示一个元素生成的元素框。这意味着元素仍占据其本来的空间，不过可以完全不可见。visibility 属性有 4 种取值，如表 3-11 所示。

表 3-11　visibility 属性值的含义

值	描　　述
visible	默认值。元素是可见的
hidden	元素是不可见的
collapse	当在表格元素中使用时，此值可删除一行或一列，但是它不会影响表格的布局。被行或列占据的空间会留给其他内容使用。如果此值被用在其他的元素上，会呈现为"hidden"
inherit	规定应该从父元素继承 visibility 属性的值

visibility 属性和 display 属性的区别是：当 display 属性值为 none 时，元素会从页面结构中删除，完全不占内容；当 visibility 的值为 hidden 时，即使用户看不见元素，它仍然占据位置。

【例 3-40】　应用 visibility 属性设置页面中的第 2 个标题不可见，但仍保留其占用的空间。在浏览器中的效果如图 3-55 所示。

```
#container{
        width:600px;
        margin:20px auto;
        border:1px solid black;
}
h3.hidden {
        visibility: hidden;
}
```

```
<div id="container">
    <h3>这是一个可见标题</h3>
    <h3 class="hidden">这是一个隐藏标题</h3>
    <p>注意,第2个标题被隐藏了,但仍然占用空间。</p>
</div>
```

这是一个可见标题

注意,第2个标题被隐藏了,但仍然占用空间。

图 3-55　visibility 属性设置隐藏效果

3.8.6　常用 CSS3 属性案例实践

1. 案例要求

利用所学的知识编写一个常用 CSS3 属性案例页面,要求初始页面效果如图 3-56 所示;当鼠标经过圆形区域时,鼠标的指针变为手形,且圆形区域的背景变暗,同时出现产品介绍文字,如图 3-57 所示。

图 3-56　初始页面效果

图 3-57　鼠标经过效果

2. 思路提示

(1) 鼠标经过圆形区域时产生的效果可理解为一个事先隐藏的超链接 a 元素,该 a 元素与初始圆形区域的大小和位置相同,不同的是初始圆形区域有一个手表图片的背景图,而 a 元素使用半透明的背景,且包含两行文本内容。在布局上可将 a 元素直接放置在有背景图片的圆形外观 div 中,通过"visibility:hidden;"样式设置 a 元素的初始状态为隐藏效果,并设置 div:hover 时其子元素 a 的属性为"visibility:visible;"。

(2) div 和 a 元素的圆形外观效果可通过设置圆角属性"border-radius:50%;"实现。由于 a 默认是行内元素,还需要设置"display:block;"将其转换为块元素,这样就可以设置宽、高等属性了。

(3) 在细节方面还应包括文字的颜色、文本的位置等样式设置。

3. 参考代码

参考代码文件名为 pra03-6.html。

```
*{margin:0;padding:0;}
a{text-decoration:none;}
body{
    background-color:#555;
```

```
        }
        div{
            width:200px;
            height: 200px;
            margin:50px auto;
            background:url('images/watch.jpg') no - repeat center;
            border - radius:50 % ;
        }
        a{
            visibility:hidden;
            display:block;
            width:100 % ;
            height:120px;
            padding - top:80px;
            background - color:rgba(0,0,0,.5);
            color: ♯FFF;
            font - size:14px;
            border - radius:50 % ;
        }
        a p{
            text - align:center;
            line - height:25px;
        }
        div:hover a{visibility:visible;}

< div >
    < a href = " ♯ ">
        < p >飞亚达</p>
        < p >JOYUP 智能手表</p>
    </a>
</div>
```

4. 案例改编及拓展

仿照以上案例,自行编写及拓展类似的网页效果,例如不同的初始和鼠标经过效果等。

3.9　习　　题

一、填空题

1. CSS 样式中属性和属性值之间的分隔符为_____。

2. CSS 样式表文件的扩展名是_____。

3. CSS 内部样式表是用_____标签插入的。

4. 定义 id 选择器要在 id 名称前加上一个_____号。

5. 定义中文段落中汉字的字间距应使用 CSS 文本属性中的_____属性。

6. 盒模型的矩形框主要由_____、_____、_____、_____这 4 个部分组成。

7. 控制盒子中边框(border)和内容(content)之间的距离的 CSS 属性是_____。

8. 若盒子上下方向的外边距值为 15px、左右方向的外边距值为 20px,则可以表示为_____。

9. 如果要自定义无序列表前的序号,需要用到_____属性;如果要定义无符号无序列表,后面应该加_____。

10. 在锚伪类中,表示超链接的正常状态(未被访问前)的是_____,表示访问过的超链接状态的是_____,表示光标移到超链接上的状态的是_____,表示选中超链接时的状态(在鼠标单击与释放之间)的是_____。

二、选择题

1. CSS 指的是(　　)。
　　A. Computer Style Sheets　　　　　B. Cascading Style Sheets
　　C. Creative Style Sheets　　　　　D. Colorful Style Sheets

2. 结构与样式的分离依赖于(　　)。
　　A. HTML　　　　B. CSS　　　　C. XML　　　　D. HTML

3. 下面不属于 CSS 插入形式的是(　　)。
　　A. 索引样式　　　　　　　　　B. 内联样式表
　　C. 内部样式表　　　　　　　　D. 链接外部样式

4. 使用内部样式表方法定义样式表应该使用的标签是(　　)。
　　A. link　　　　B. object　　　　C. style　　　　D. styles

5. 在 HTML 文档中,引用外部样式表的正确位置是(　　)。
　　A. 文档的末尾　　　　　　　　B. <head>部分
　　C. 文档的顶部　　　　　　　　D. <body>部分

6. 链接到外部样式表应该使用的标签是(　　)。
　　A. style　　　　B. link　　　　C. object　　　　D. head

7. 下列 CSS 的应用方式中优先级最高的是(　　)。
　　A. 内联样式　　　B. 默认样式　　　C. 内部样式　　　D. 外部样式

8. 当对一条 CSS 定义进行单一选择器的复合样式声明时,不同属性应该用(　　)分隔。
　　A. #　　　　B. ,(逗号)　　　　C. ;(分号)　　　　D. :(冒号)

9. 下列选项中,(　　)的 CSS 语法是正确的。
　　A. body:color=black　　　　　　B. {body:color=black(body)
　　C. body {color: black}　　　　　D. {body;color:black}

10. 下列在 CSS 文件中插入注释的形式正确的是(　　)。
　　A. // this is a comment　　　　　B. // this is a comment //
　　C. /* this is a comment */　　　D. ' this is a comment

11. 在 CSS 中设置文字大小写的字体属性是(　　)。
　　A. font-style　　　　　　　　　B. font-weight
　　C. text-transform　　　　　　　D. text-decoration

12. 下列 CSS 属性可用来改变背景颜色的是(　　)。
　　A. text-color:　　　　　　　　B. bgcolor:
　　C. color:　　　　　　　　　　D. background-color:

13. 下列改变某个元素的文本颜色的形式正确的是(　　)。
　　A. text-color:　　B. color:　　C. fgcolor:　　D. text-color=

14. 下列 CSS 属性可控制文本尺寸的是(　　)。
　　A. font-size　　B. text-style　　C. font-style　　D. text-size

15. 在 CSS 中设置文本属性的 text-indent 时设置的是(　　)。
　　A. 字间距　　B. 字母间距　　C. 文字对齐　　D. 首行缩进

16. 在以下的 CSS 中,可使所有 p 元素变为粗体的正确语法是( )。

    A. ＜p style＝"font-size:bold"＞   B. ＜p style＝"text-size:bold"＞

    C. p {font-weight:bold}   D. p {text-size:bold}

17. 以下不是 CSS 文字设置的长度单位的是( )。

    A. em   B. px   C. in   D. kk

18. 下列选项中,( )可以显示没有下画线的超链接。

    A. a {text-decoration:none}   B. a {text-decoration:no underline}

    C. a {underline:none}   D. a {decoration:no underline}

19. 下列选项中,( )可以产生带有方形的项目符号的列表。

    A. list-type:square   B. list-style-type:square

    C. type:square   D. type:2

20. 下列元素中,默认属于块元素的是( )。

    A. form   B. img   C. span   D. strong

21. 下列元素中,默认属于行内元素的是( )。

    A. ol   B. h1   C. em   D. li

22. 下列关于块元素和行内元素的说法中不正确的是( )。

    A. 块元素默认独占一行显示

    B. 块元素的宽度、高度等属性有效

    C. 行内元素的宽度、高度等属性有效

    D. 设置 display 属性可以转换块和行内元素

23. 下列优先级描述正确的是( )。

    A. id>标签>类   B. 类>标签>id

    C. id>类>标签   D. 标签>类>id

24. 若要把(1)变成(2)的效果,在 CSS 样式中应该设置( )。

(1)

(2)

    A. line-height   B. margin   C. padding   D. border

25. 在下列圆角边框中,与"border-radius:10px 30px 70px"相对应的是( )。

    A.   B.

    C.   D.

三、判断题

1. CSS 文件导入必须在＜body＞标签内完成。( )

2. CSS 的数值与单位之间可以加空格。( )

3. a:hover 设置 a 对象在未被访问前的样式表属性。( )

4. 在 HTML 文档的元素中,span 是块元素,div 是行内元素。( )

5. 当 HTML 与 CSS 样式有冲突时,浏览器按 CSS 样式中定义的属性来显示。( )

6. 可以使用 word-spacing 属性来设置普通中文标题或段落中的字间距。( )

7. 可以使用 background-attachment 属性来设置背景图片是否跟随内容滚动。( )

8. CSS 属性中的 width(宽度)和 height(高度)就是指整个盒子的宽度和高度。(　　)

9. 两个左右相邻的盒子,其之间的距离是外边距较大的那个值。(　　)

10. 两个上下相邻的盒子,不管是否存在负边界值,两盒子边框间距离的计算方法都是一样的。(　　)

11. 外边距(margin)的取值为正数。(　　)

12. 块元素和行内元素之间可以相互转换。(　　)

13. 无序列表的标签是< ul >,有序列表的标签是< ol >,定义列表的标签是< dl >。(　　)

四、简答题

1. 把样式表加入到网页中有哪几种方式? 请指出它们分别是什么。

2. 在什么情况下用 id 定义 CSS 样式,在什么情况下用 class?

3. 简述块元素和行内元素的特征。

4. 简述相邻块元素的外边距合并的特点。

5. 在 CSS 布局中,如何实现页面中或某一父元素中盒模型的水平居中?

6. 在用不同的选择器定义相同的元素时,id 选择器、类选择器和 HTML 标签选择器的优先级别应如何排列? 如果想超越这 3 者之间的关系,可以用什么方法来提升样式表的优先权?

7. 简述 CSS 的书写顺序。

五、实践题

利用本章所学的知识,为第 2 章习题中所制作的个人站点应用 CSS 改善网站外观。

操作要求:

(1) 建立 1~2 个外部 CSS 样式表文件,以统一网站的外观风格,包括文本风格、链接风格、背景等;

(2) 为两个以上的页面建立内部样式表;

(3) 参考网络资料,为相关页面建立 CSS 的导航菜单。

第4章　使用 HTML＋CSS 布局网页

学习目标

- 理解 CSS 布局的概念
- 理解 3 种常见的定位机制
- 掌握浮动定位
- 熟悉 position 定位属性的应用
- 掌握图片的布局以及利用 vertical-align 属性对行内(块)元素进行垂直定位
- 掌握表单的制作和利用 CSS 进行布局
- 理解 CSS Table 实现各种常用布局
- 掌握常见的 DIV＋CSS 布局形式
- 了解 CSS 代码复用的思想
- 能初步利用 DIV＋CSS 完成页面布局

为了解决网站中由于浏览器升级、网站代码冗余臃肿、代码易用性差等问题，W3C(W3C. org 万维网联盟)组织建立了 Web 标准。Web 标准要求网页结构部分由 HTML 控制，表现部分由 CSS 控制，从而实现结构与表现相分离，这确保了网站文档的长期有效性，也更有利于网站的后期维护和升级。

由于 CSS 标准布局中的结构部分往往由 DIV 标签来搭建，因此也称之为 DIV＋CSS 布局。与传统布局方式相比，利用 DIV＋CSS 布局不仅在布局时更容易控制，而且页面浏览时的速度也更快。

4.1　CSS 布局概述

4.1.1　CSS 布局相关概念

所谓布局，是指根据实际网页设计的需要，将网页内容定位到页面指定位置。CSS 布局就是利用 CSS 样式表来实现对网页内容定位的一种技术。

按照 Web 标准，CSS 布局把网页上所有的元素(标签)分别放在一个个盒模型(Box Model)中，通过设置 CSS 布局属性实现各个盒子的合理放置，就可以完成页面的布局。这就好比生活中的剪报，将报纸中需要的内容裁剪下来，再逐一摆放并粘贴到剪报本中，形成新的一页。

因此，盒模型是 CSS 布局的核心和基础。

CSS 将元素主要分为 3 类，即块元素、行内元素和行内块元素。

在 CSS 中一切元素皆为盒子，不同类型的元素所在的盒子，其显示特性不同。块元素所在的盒子称为块框,而行内元素和行内块元素所在的盒子称为行内框。

4.1.2 CSS 的 3 种定位机制

CSS 有 3 种基本的定位机制,分别是普通流、浮动和绝对定位。

1. 普通流

普通流也称为文档流、常规流。它指的是元素按照其在 HTML 页面文件中的位置顺序决定排版布局的过程。除非专门指定,否则所有盒子都被定位在普通流中。

在普通流中,基本的排布规律如下:

(1) 块框从上到下、一个接一个地排列,块框之间的垂直距离由相关块框的垂直外边距(margin-top 和 margin-bottom)计算出来。

(2) 行内框在一行中水平排列。可以使用水平内边距、边框和水平外边距调整行内框的间距,垂直内边距、边框和垂直外边距并不影响行内框的高度。

在页面中,由一行形成的水平框称为行框(line box),行框的高度总是足以容纳它包含的所有行内框。不过,设置行高(line-height)可以增加行框的高度。

2. 浮动和绝对定位

浮动和绝对定位都使得元素脱离普通流,元素原先在普通流中所占的空间会关闭,就好像该元素原来不存在一样。浮动和绝对定位按照各自的定位机制进行定位,在本章后面会详述。

可见,3 种定位机制就像是对网页进行分层。有时候多个层会重叠起来,叠放的次序要根据实际情况决定。

4.2 元素的浮动

4.2.1 浮动

浮动(float)是最常用的一种元素定位方式。它能改变元素的默认显示方式,可以使原本换行显示的块元素转为同行显示,由此来实现对块元素的定位。同样,对行内元素也可应用浮动。一旦应用,这个行内元素即变为块元素,具有一切块元素的特征。

浮动(float)这个属性用来设置元素是否浮动及其具体的浮动方式,它的语法如下:

```
float: none | left | right;
```

- none:不浮动。页面中的元素默认都不浮动。
- left:元素向左浮动。
- right:元素向右浮动。

如图 4-1(a)所示,页面中的各个元素位于普通流中。页面中的各个元素若都设置为左浮动,则按其在普通流中定义的顺序依次从页面左侧开始排列,如图 4-1(b)所示;若设置为右浮动,则依次从页面右侧开始排列,如图 4-1(c)所示。如果当前浏览器的宽度不足以显示所有的块,则后续的块会自动换行向左侧或右侧排列,如图 4-1(d)所示。

4.2.2 浮动的常规用法

1. 使用浮动属性实现一行多列

视频讲解

【例 4-1】 两个 div 元素采用相同的样式定义,均为左浮动,具体效果如

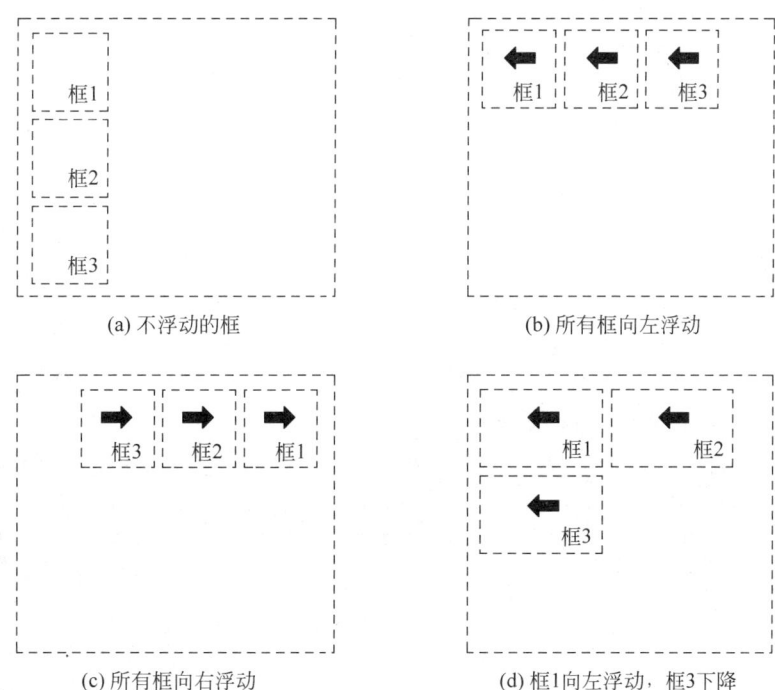

(a) 不浮动的框   (b) 所有框向左浮动

(c) 所有框向右浮动   (d) 框1向左浮动，框3下降

图 4-1 浮动示例

图 4-2 所示。

主要代码如下：

```
.float{                  /*设置了浮动的float类*/
    float:left;
    border:1px solid #000;
    width:150px;
    height:150px;
    background-color:#CCC;
}


<div class="float">第一个浮动的元素。float: left;</div>
<div class="float">第二个浮动的元素。float: left;</div>
```

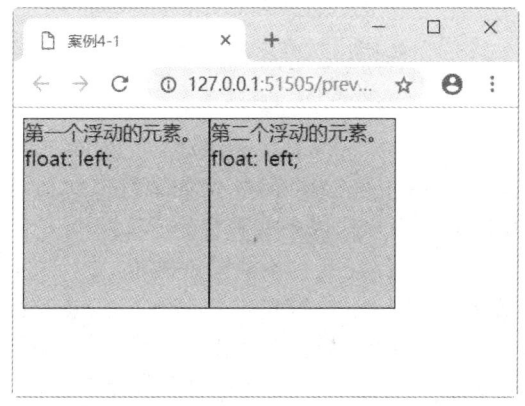

图 4-2 两个元素均浮动

视频讲解

2. 使用浮动属性实现文绕图效果

【例 4-2】 在网页中有一个图片和一个段落,利用浮动实现文字环绕图片的效果,具体效果如图 4-3 所示。

主要代码如下:

```
.float{                    /*设置了浮动的float类*/
    float:left;
}
p{
    line - height:30px;
    text - indent:2em;
}
< img src = "images/cats.png" class = "float">
<p>
猫作为性情温顺,聪明活泼的动物,作为家庭宠物已经有长久的历史,在欧美国家,家猫程度尤其很高。在 20 世纪初,美国的一名动物学家首次发明了猫树(cat tree,猫爬架)这种产品,目的就是为了治疗日益严重的家猫抑郁症。它的错落的空间组合使家养宠物猫拥有自由玩耍的空间,激发猫科动物的天性,产品上的天然麻绳让猫感受自然的气息,并可以在不毁坏家具的前提下保持磨爪子的生理习惯。今天在许多国家里,一些高档的产品已经成为标准的居室用品和工艺品,和主人的审美情趣家居风格相结合,让猫和人都享受高档次的生活。国际知名的品牌比如澳洲的加菲岛 Garfieldisland(加菲岛,自然大师),美国的 MordenCat,都是为这方面的产品开发而出现的企业,猫树猫爬架是它们的重要产品。
</p>
```

图 4-3 浮动实现文绕图效果

4.2.3 浮动的特殊情况

利用浮动属性可以简便地实现很多常用布局,例如一行多列布局和文绕图布局等,但也会有一些特殊的状况,有时候甚至给用户造成一些困扰。

1. 相邻的两个浮动元素不能同行显示

由图 4-2 可知,原本换行显示的两个块元素经过浮动设置后可以同行显示。但是当浮动块所在的父元素宽度不够,不能同时容纳第二个浮动元素时,该元素将自动换行显示。

视频讲解

【例 4-3】 浮动块不能同行显示的示例。在 wrapper 块中包含两个 div

浮动块,具体效果如图 4-4 所示。

主要代码如下:

```
.float{                /* 设置了浮动的 float 类 */
    float:left;
    border:1px solid #000;
    width:150px;
    height:150px;
    background-color:#CCC;
}


#wrapper{
    width:200px;
}
<div id="wrapper">
    <div class="float">第一个浮动的元素。float: left;</div>
    <div class="float">第二个浮动的元素。float: left;</div>
</div>
```

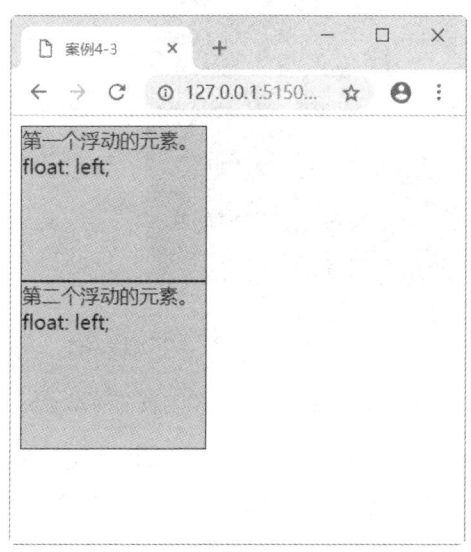

图 4-4　不能同行排列的两个浮动块

在该例中,由于父元素 wrapper 的宽度为 200px,而足够容纳两个浮动块的宽度至少需要 304px(两个块各自内容区的宽度为 150px,左、右边框各 1px,两块的总宽度为(150+2)×2= 304px),所以第二个浮动块自动换行显示。如果一定要让两个浮动块在同行显示,解决的办法就是增加外面包裹块元素 wrapper 的宽度,使它能足够容纳两个浮动块。

2. 元素浮动时脱离普通流,这时可能会与普通流中的元素发生重叠

【例 4-4】　元素发生重叠示例。页面中有两个 div 元素,前一个左浮动,后一个未设置浮动。图 4-5 是显示效果。

主要代码如下:

视频讲解

```
.div1{          /* 设置了浮动的 div1 类 */
    float:left;
    width:150px;
    height:150px;
```

```
    background - color: #CCC;
    border:1px solid #000;
}

.div2{
    width:250px;
    height:250px;
    background - color:red;
    border:1px solid #000;
}
< div class = "div1"> div1 块< br > float: left; </div>
< div class = "div2"> div2 块</div >
```

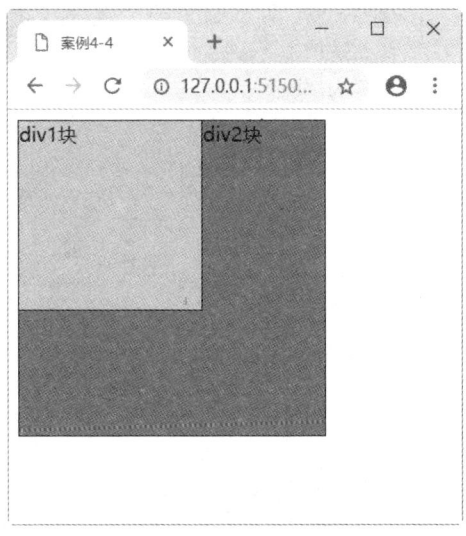

图 4-5　前面的浮动块覆盖后面的非浮动块

之所以会出现这样的情况,是因为当 div1 向左浮动时它脱离普通文档流并且向左移动,直到它的左边缘碰到包含框的左边缘。因为它不再处于普通文档流中,所以它不占据空间。这时 div2 元素就自然排列到父元素顶部,从而造成 div1 元素覆盖住了 div2,使 div2 部分不可见。如果 div2 元素的宽度与高度均小于 div1 的宽度和高度,则会造成 div2 彻底不可见。

3. 浮动元素会造成父元素高度塌陷,影响网页布局

视频讲解

【例 4-5】　父元素高度塌陷示例。页面内容由 wrapper 块和 footer 块两部分组成,在 wrapper 块中又包含两个并行排列的 div 块(这两个 div 块为了实现同行排列,设置 float 浮动属性),实现如图 4-6(a)所示的布局。

主要代码如下:

```
.float{                    /* 设置了浮动的 float 类 */
    float:left;
    border:1px solid #000;
    width:150px;
    height:150px;
    background - color: #CCC;
}
```

```
# wrapper{
    width:320px;
    background:red;
}
# footer{
    width:320px;
    height:100px;
    background - color: blue;
}
< div id = "wrapper">
    < div class = "float">第一个浮动的元素。float: left;</div>
    < div class = "float">第二个浮动的元素。float: left;</div>
 </div>
< div id = "footer">
</div>
```

但是最终该页面的具体效果如图 4-6(b)所示。

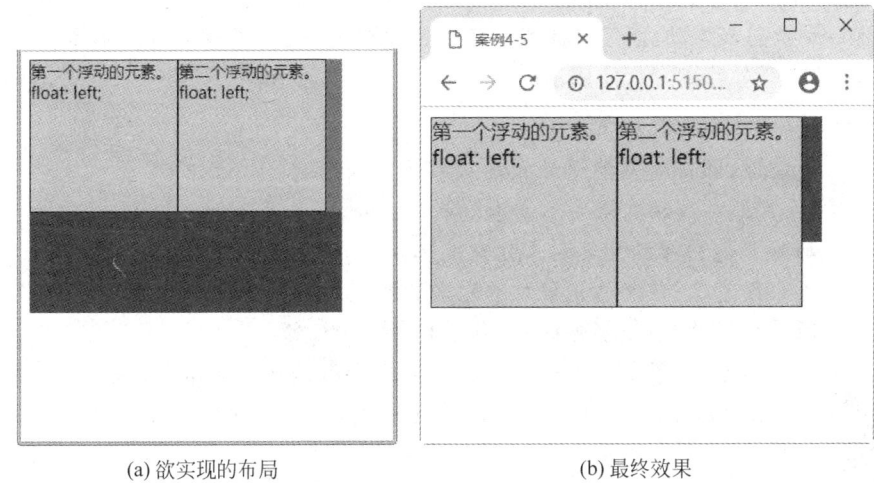

(a) 欲实现的布局　　　　　　　　　　(b) 最终效果

图 4-6　浮动造成父元素高度塌陷为 0

　　之所以会出现以上情况,是因为 wrapper 块中的两个块均为浮动块,而浮动元素脱离普通文档流。因此,在普通流中 wrapper 块不包含任何内容,其高度为 0。如此紧挨着 wrapper 块的 footer 块就排列到了 wrapper 块的顶部位置,从而影响到 footer 块的正常布局。

　　以上 2 和 3 这两种情况,其实都是由于浮动元素对其之后的非浮动元素的影响造成的,如果要解除这种影响,就需要利用 CSS 中的另一个属性——clear(清除)属性。在 4.2.5 中将介绍这个属性的用法。

4.2.4　与 inline-block 的比较

　　在 3.4.1 小节中介绍了块(block)元素可以通过设置 display:inline 转换为行内(inline)元素,这样可使换行显示的块元素也能够同行显示。但是必须注意,此时由于块元素已经转为行内元素,所以块元素的 width、height 甚至是 margin、padding 等属性已经不可控;而利用浮动不仅可以使换行排列的块元素同行排列,并且仍能保持块元素的 width、height、margin、padding 等属性的有效性,也就是说浮动后的块元素仍是块元素。

　　同样,行内块(inline-block)兼有行内元素和块元素的特性,既能同行排列,又具有块元素

的特征。所以利用行内块元素实现同行排列与利用浮动实现同行排列有相同的地方,例如:

(1) 都能实现块元素同行排列;

(2) 都支持 width、height、margin、padding 等属性的控制;

(3) margin:auto 无效,不能由此实现块元素在父元素中居中。

对于以上几个方面,虽然利用浮动和行内块元素(display:inline-block)实现块元素同行排列都是相同的,但它们之间还是有区别的。

(1) 第一个本质的区别是,浮动元素脱离普通流,不占据普通流中的位置;而行内块元素还在普通流中,占据普通流中的位置。

(2) 两个行内块元素的代码间如果有空格或换行,都会在浏览器中产生这两者之间的 3px 或者 4px 的空隙;而利用浮动属性不会产生空隙。

以上两点在实现网页布局的时候要注意。

4.2.5 清除属性

清除属性 clear 用来清除其他浮动元素对本元素的影响,例如 4.2.3 中的 2 和 3 两种特殊情况。当前一元素需要浮动,而后一元素不需要浮动的时候,为了避免后续非浮动元素被前面浮动的元素影响,可对后续元素使用清除属性。它的语法如下:

clear:none | left | right | both;

- none:不清除,即接受其他浮动元素对本元素的影响。
- left:清除其他左浮动元素对本元素的影响。
- right:清除其他右浮动元素对本元素的影响。
- both:清除其他左、右浮动元素对本元素的影响。

1. 使用清除属性解决特殊情况 2——例 4-4 的解决方案

视频讲解

【例 4-6】 解决元素重叠。页面中有两个 div 元素,前一个左浮动,后一个未设置浮动,为后一个非浮动元素设置 clear 属性。clear:both 表示清除其他左、右浮动元素对 div1 元素的影响。图 4-7 所示为清除之前和清除之后的显示效果。

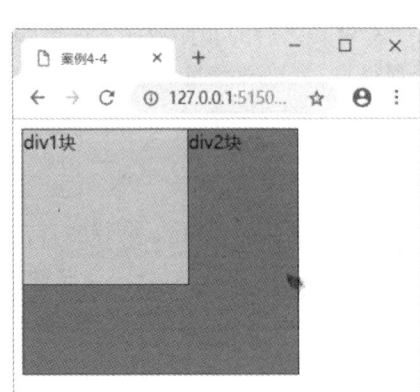
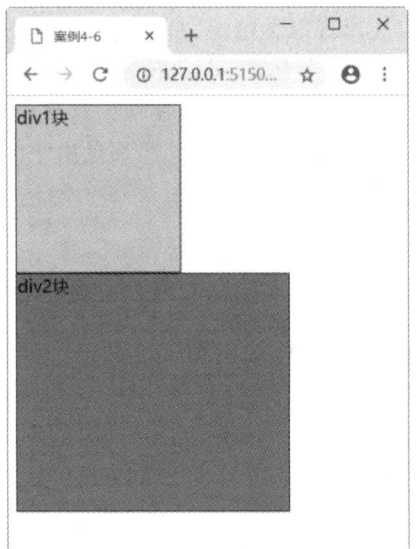

图 4-7 例 4-4 解决之前(左)和解决之后(右)显示的对比图

主要代码如下：

```
.div1{                      /* 设置了浮动的 div1 类 */
    float:left;
    width:150px;
    height:150px;
    background-color: #CCC;
    border:1px solid #000;
}
.div2{
    clear:both;        /* 设置了 clear 的 div2 类,使得该元素不受之前浮动元素的影响 */
    width:250px;
    height:250px;
    background-color:red;
    border:1px solid #000;
}

< div class = "div1">div1 块<br>float: left; </div>
< div class = "div2">div2 块 </div>
```

2. 解决特殊情况 3——例 4-5 的解决方案

【例 4-7】 解决父元素高度塌陷。在父元素 wrapper 块中包含两个 div 浮动块,wrapper 块之后是 footer 块。由于浮动块脱离普通流,所以造成父元素 wrapper 高度塌陷。要解决这个问题,可以有以下几种方案。

视频讲解

（1）给父元素 wrapper 设置一个固定的高度,其显示效果如图 4-8 所示。
主要代码如下：

```
.float{                      /* 设置了浮动的 float 类 */
    float:left;
    border:1px solid #000;
    width:150px;
    height:150px;
    background-color: #CCC;
}
#wrapper{
    width:320px;
    background:red;
    height:152px;        /* 将包裹块的高度固定为 152px(一个浮动块的高度 150 + 1 × 2 = 152) */
}
#footer{
    width:320px;
    height:100px;
    background-color: blue;
}

< div id = "wrapper">
    < div class = "float">第一个浮动的元素。float: left;</div>
    < div class = "float">第二个浮动的元素。float: left;</div>
</div>
< div id = "footer">
</div>
```

133

第4章

图 4-8　例 4-5 解决之前(左)和解决之后(右)显示的对比图

这种办法比较简单,容易实现,但是需要事先确定内部浮动元素的高度。如果内部浮动块的高度不确定,这个办法将不可行。

(2) 利用 clear 属性,主要代码如下:

```
/*之前的.float 和#footer 的样式定义不变,此处省略代码*/
…
#wrapper{
        width:320px;
        background:red;
}
.clear{                        /*增加 clear 类,用于清除其他浮动元素对本元素的影响*/
        clear:both;
}


<div id = "wrapper">
    <div class = "float">第一个浮动的元素。float: left;</div>
    <div class = "float">第二个浮动的元素。float: left;</div>
    <div class = "clear">        /*增加 div 元素,用于撑开父元素的高度*/
    </div>
</div>
```

网页的具体显示效果如图 4-9 所示。

这种方法的思路就是借助网页元素来撑开父元素 wrapper,使其在普通流中占据相应的高度,即高度不塌陷。依赖父元素的原有两个浮动块(浮动块不在普通流中)是没有办法撑开父元素的,所以在父元素 wrapper 中增加了一个额外的 div 块,这个块的内容为空,由于该块不浮动,则该块将在普通流中占据位置。在正常情况下,该块由于受到之前两个浮动块的影响,初始显示位置将会被前两个浮动元素所遮盖。为了清除此影响,为该 div 块设置 clear 属性,使得该块最终显示在浮动元素的下方,如此父元素 wrapper 刚好能够包住浮动块,解决了父元素高度塌陷的问题。

图 4-9　利用 clear 属性撑开父元素的高度

这种方法的不足之处是需要添加多余的代码,但是有时候不得不为了进行布局而添加。

(3) 利用::after 伪元素: ::after 伪元素的作用是自动在元素末尾插入内容。

这种方法的原理和方法(2)的原理是一样的,但是实现方法不同,方法(2)通过在父元素中插入一个额外设置了 clear 属性的 div 元素来撑开父元素的高度,这里通过::after 伪元素自动在父元素末尾插入设置了 clear 属性的内容来撑开父元素的高度。

主要代码如下:

```
/* 之前的.float、#footer 和#wrapper 的样式定义同方法(2),这里省略代码 */
…
#wrapper::after{            /* 设置自动插入的文字内容为空,块元素,清除浮动 */
    content: "";
    display:block;
    clear:both;
}


<div id = "wrapper">
    <div class = "float">第一个浮动的元素。float: left;</div>
    <div class = "float">第二个浮动的元素。float: left;</div>
</div>
```

4.2.6　元素浮动案例实践

在网页设计中,横向导航条是一个必不可少的组成部分,而浮动属性的典型用法就是用于实现网页中的横向导航条。

视频讲解

【例 4-8】 横向导航条效果如图 4-10 所示。当鼠标指针悬停在某个链接上时效果如图 4-11 所示。

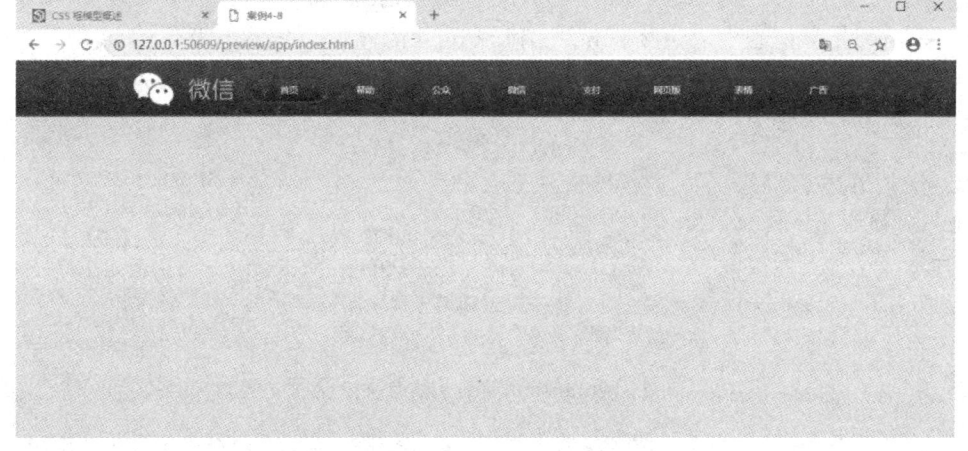

图 4-10　横向导航条效果

图 4-11　访问横向导航条中的某个链接

使用 HTML＋CSS 布局网页

完成此导航条的具体步骤如下。

步骤 1：完成导航条的内容设计。具体代码如下：

```
< div id = "nav">
        < a href = " # " id = "index">首页</a>
        < a href = " # " class = "normal">帮助</a>
        < a href = " # " class = "normal">公众</a>
        < a href = " # " class = "normal">微信</a>
        < a href = " # " class = "normal">支付</a>
        < a href = " # " class = "normal">网页版</a>
        < a href = " # " class = "normal">表情</a>
        < a href = " # " class = "normal">广告</a>
</div>
```

由上述代码可知导航条定义在 nav 块中，各个子栏目均为一个超链接。此例中的各个超链接均设置为空链接，即不指定目的页面，用"#"来代替。当前选定的栏目的样式由 index 类设定，其他栏目样式由 normal 类设定。

步骤 2：设定< body >标签和导航条 nav 的样式。代码如下：

```
body{margin:0;padding:0;}
body{
      background:url("images/weixin.png") no - repeat 160px 16px,
                    url("images/topbg.jpg") repeat - x;
      /* CSS3 允许同时设置多个背景图片,第一个图片为微信 logo 图片,第二个图片为黑色图片 */
   }

# nav{   /* 设定宽度、高度、左外边距和背景图片 */
      width:835px;
      height:70px;
      margin - left:320px;
   }
```

步骤 3：设定导航条中超链接 a、index 和 normal 的样式。

```
a{
      display:block;            /* 设置超链接为块元素,使其宽、高等可控 */
      float:left;               /* 使导航条内容水平排列 */
      margin - top:23px;        /* 上外边距留白 23px */
      width:102px;              /* 设置宽度 */
      height:33px;              /* 设置高度 */
      line - height:33px;       /* 设置行高和块高一致可实现内容在垂直方向居中 */
      text - align:center;      /* 设置每一个超链接中的内容居中 */
      font - size:12px;         /* 设置字体大小、字体颜色 */
      color: # FFF;
      text - decoration:none; /* 超链接文字不带下画线 */
   }
   # index{                     /* 设定选中栏的带圆角的背景图片 */
      background - image:url("images /btn2.png");
   }
   .normal:hover{               /* 设定一般栏目鼠标悬停时的超链接特效:带圆角的背景图片 */
      background - image:url("images/btn2.png");
   }
```

通过以上 3 个步骤即完成如图 4-10 和图 4-11 所示的横向导航条的制作。

4.3 元素的定位

4.3.1 定位属性

利用定位属性(position)实现元素定位主要有 3 种方式,即绝对定位、相对定位和固定定位。用户必须注意的是,在利用定位属性(position)进行定位时,还需结合边偏移属性和 z-index 属性来实现。其中,定位属性(position)用来确定采用哪种定位方式,边偏移属性用来确定元素的最终位置,而 z-index 属性用来确定元素的层叠顺序。

1. 定位属性、边偏移属性和 z-index

1) 定位属性

定位属性(position)的具体语法如下:

```
position: static | absolute | relative | fixed;
```

各个取值的含义如下。

- static:静态定位。默认取值,即页面中的所有元素默认均为静态定位。
- absolute:绝对定位。
- relative:相对定位。
- fixed:固定定位。

2) 边偏移属性

边偏移属性有 4 个,分别是 top、right、bottom 和 left,用于表示被定位元素 4 条边的位移量。从"边偏移属性"这个属性的名称不难看出,元素最终的位置是相对于某个"参照对象"进行位置偏移,以确定最终位置。参照对象的确定和具体的定位方式有关,将在后续的章节中介绍。

4 个边偏移属性的具体含义如下。

- top:定义元素上边界相对于参照对象上边界的距离。
- right:定义元素右边界相对于参照对象右边界的距离。
- bottom:定义元素下边界相对于参照对象下边界的距离。
- left:定义元素左边界相对于参照对象左边界的距离。

4 个边偏移属性的值可正、可负,也可为 0。

(1) 对于 top 和 left 而言,元素向下、向右偏移为正值,向上、向左偏移为负值,不偏移为 0。

(2) 对于 bottom 和 right 而言,与 top 和 left 正好相反,元素向上、向左偏移时为正值,向下、向右偏移时为负值,不偏移为 0。

一般在水平方向和垂直方向上各选取一个分量即可准确控制元素的位置。例如,在元素宽、高都确定的情况下,设置边偏移属性中的 top、left 两个属性即可确定被定位元素在页面中的准确位置。

注意:边偏移属性 left、right、top、bottom 需要配合使用定位属性 position(不包括 static 值)才能生效,单独使用边偏移属性是无效的。

4.3.2 相对定位

相对定位即将 position 属性值设置为 relative。

视频讲解

在进行相对定位时,参照对象是被定位元素本身在普通流(此时 position 值为默认值 static)中的位置。需要注意的是,元素相对定位后最终位置发生了偏移,但是元素原本在普通流中占有的位置继续保留。

【例 4-9】 相对定位示例。如图 4-12 和图 4-13 所示,图 4-12 中没有任何元素进行定位,而图 4-13 中的图像进行了相对定位。

图 4-13 的主要代码如下:

```
img{
    position: relative;        /* 相对定位,相对于初始位置,左边线向右偏移 50px */
    left: 50px;
    width:100px;
    height:100px;
    border:1px solid #000;
}
<p>
    关于相对定位的例子。<img src="images/relative.gif"/>请仔细观察这幅图像的位置。
</p>
```

图 4-12 相对定位前的页面

图 4-13 相对定位后的页面

在本例中,结合图 4-12 和图 4-13 可知,图像相对定位后向右偏移了 50px,图像偏移后原本所在的位置并没有消失。

4.3.3 绝对定位

绝对定位即将 position 属性值设置为 absolute。

在进行绝对定位时,参照对象的确定要根据该绝对定位元素的祖先元素是否定位进行判断。

- 参照对象为 html:如果不存在"已经定位"(即要求 position 值不为 static)的祖先元素,则参照对象是 html。
- 参照对象为父元素:如果父元素是"已经定位"(即要求 position 值不为 static)的,则参照对象是其父元素。
- 参照对象为最近的已定位祖先元素:如果父元素没有定位(即 position 值为默认值 static),则相对于其最近的一个有定位设置的祖先元素进行绝对定位。

元素使用绝对定位之后将脱离普通流,在普通流中不占位置,可以利用边偏移属性将其精确地定位到页面中的任意位置。

根据参照对象选择的不同情况,下面举 3 个例子。

1. 父元素和祖先元素均没有定位,绝对定位的参照对象是 body

【例 4-10】 参照对象为 body 示例。现有 3 个块元素,其中 wrapper 元素包含了 main,main 元素又嵌套了 sub 元素,也就是说 main 是 sub 的父元素,wrapper 是 sub 的祖先元素。sub 采用绝对定位,而 main 和 wrapper 均未进行定位。网页显示效果如图 4-14 所示。

视频讲解

主要代码如下:

```css
#wrapper{
    margin: 0 auto;
    width: 400px;
    height: 400px;
    background - color: red;
}

#main{
    width: 180px;
    height: 200px;
    margin - left: 100px;
    background - color: #CCC;
}

#sub{
    position: absolute;
    top:0;
    left:0;
    width: 100px;
    height: 100px;
    background - color: #999;
}
```

```html
<div id = "wrapper">
    <div id = "main">
        main 块
        <div id = "sub">sub 块,绝对定位</div>
    </div>
</div>
```

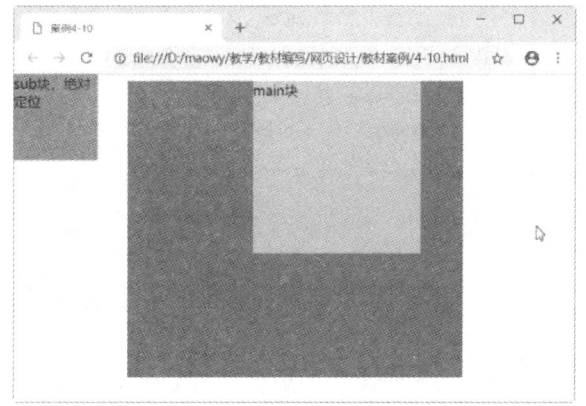

图 4-14　sub 块参照 body 绝对定位

使用 HTML+CSS 布局网页

在这个例子中,父元素 wrapper 通过设置 margin 为 auto 实现在网页中居中,main 块设置左外边距 margin-left 为 100px,左边界与父元素 wrapper 的左边距拉开 100px 的距离。main 中的子元素 sub 并没有随着 main 一起偏移,而是被定位在网页的左上角。因为此处 sub 的父元素 main 和祖先元素 wrapper 都没有定位,所以 sub 元素绝对定位时的参照对象是 body,将 top 设置为 0,即设置 sub 元素上边线与 html 上边线重合,将 left 设置为 0,即设置 sub 元素左边线和 html 左边线重合。

2. 父元素已定位,绝对定位的参照对象是父元素

视频讲解

【**例 4-11**】 参照对象为父元素示例。针对例 4-10,修改部分代码,将 main 元素设置成已经定位。网页最终的显示效果如图 4-15 所示。

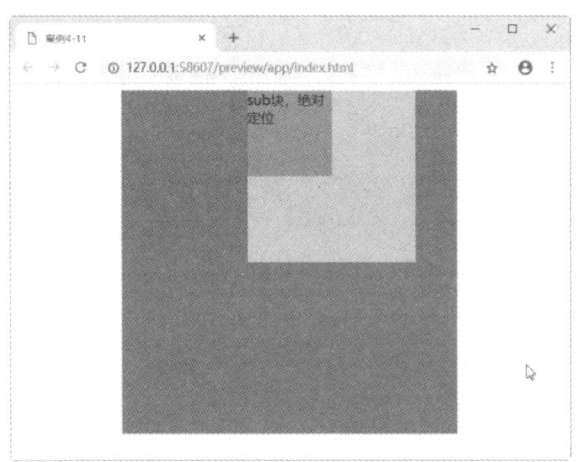

图 4-15 sub 块参照父元素绝对定位

图 4-15 变动部分的代码如下:

```
#main {
    position: relative;              /*设置 main 为相对定位*/
    width: 180px;
    height: 200px;
    margin-left: 100px;
    background-color: #CCC;
}
```

在这个例子中,因为父元素 main 是"已经定位"的,所以当 sub 采用绝对定位时,参照物就是这个"已经定位"的父元素 main,所以此时 sub 位于 main 元素的左上角。因为参照对象是父元素,所以 sub 块的位置会随着父元素一起变化。

在这里要特别提一下,例 4-11 中父元素 main 的这种定位方式经常会在制作网页的时候用到。在很多时候,我们希望对子元素进行绝对定位时参照对象是父元素。这时候最方便的做法就是将父元素的定位属性 position 设置为 relative,这样一方面不会使父元素的位置发生变化,另一方面父元素又是子元素绝对定位的参照对象。

3. 父元素没有定位,其祖先元素已经定位,绝对定位的参照对象为最近的祖先元素

视频讲解

【**例 4-12**】 参照对象为最近的已定位祖先元素示例。针对例 4-10,在该例的基础上修改部分代码,将 wrapper 元素设置成已经定位的。网页最终的显示效果如图 4-16 所示。

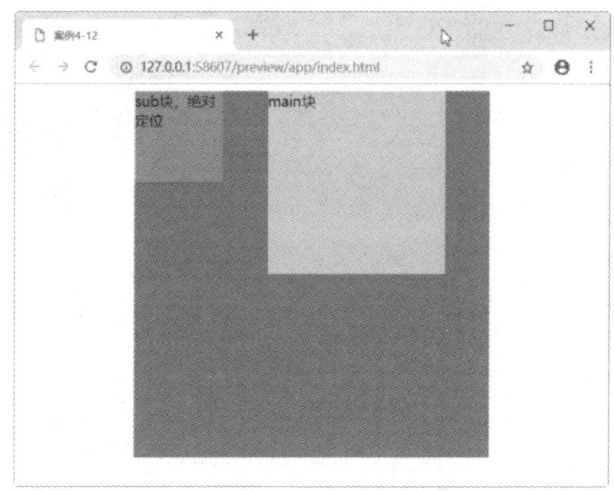

图 4-16　sub 块参照最近祖先元素绝对定位

图 4-16 变动部分的代码如下：

```
#wrapper{
    position: relative;
    margin: 0 auto;
    width: 400px;
    height: 400px;
    background-color: red;
}
```

在这个例子中，因为父元素 main 没有定位，祖先元素 wrapper 已经定位，所以当 sub 采用绝对定位时参照对象就是"最近的已定位祖先元素"——wrapper，此时 sub 位于 wrapper 元素的左上角。因为参照对象是祖先元素 wrapper，所以 sub 块的位置会随着祖先元素一起变化。

4.3.4　固定定位

固定定位即将 position 属性值设置为 fixed。

采用这种定位方式可使元素固定显示于屏幕上的某个位置。当拖动浏览器的滚动条阅读其他内容时，固定定位的元素位置不变，因为固定定位的参照对象是浏览器窗口。

固定定位除了参照对象和绝对定位的参照对象不同以外，其他特点都一样。

4.3.5　z-index

利用 position 属性重新定位元素的位置以后，可能会发生与其他元素重叠。z-index 属性用于控制多个元素重叠时的顺序关系，其取值可以是正数也可以是负数，默认取值为 0。其取值越大，在层叠关系中越处于上层；反之处于下层。

同样，z-index 属性也需要配合使用定位属性 position（不包括 static 值）时才能生效，单独使用是无效的。

【例 4-13】　有 left 和 right 两个元素，默认情况下的排版如图 4-17 所示。给 left 和 right 两个元素分别采用相对定位和绝对定位，显示效果如图 4-18 所示。

视频讲解

使用 HTML＋CSS 布局网页

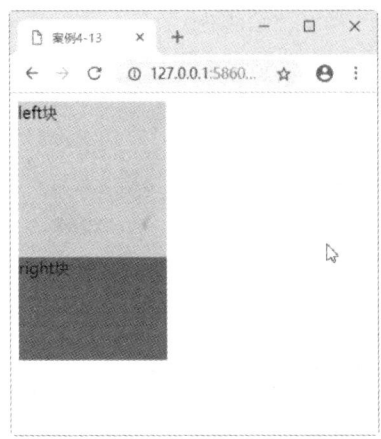

图 4-17　默认排版

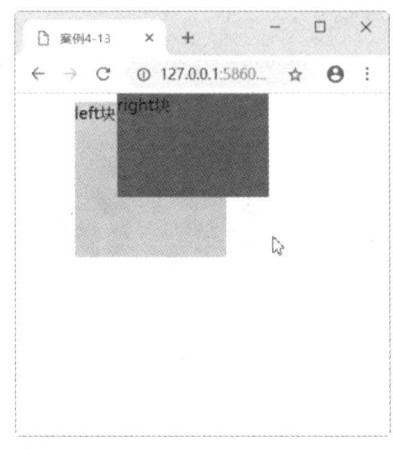

图 4-18　定位后的块重叠

主要代码如下：

```
#left {
    position:relative;              /* 相对定位 */
    left:50px;                      /* 通过边偏移属性 left 设定块的位置：向右偏移 50px */
    z - index:1;
    width:150px;
    height:150px;
    background - color: #CCC;
}
#right {
    position:absolute;             /* 绝对定位 */
    left:100px;                     /* 通过边偏移属性 left 设定块的位置：向右偏移 100px */
    top:0px;
    z - index:2;
    width:150px;
    height:100px;
    background - color: #666;
}

< div id = "left"> left </div >
< div id = "right"> right </div >
```

　　在例 4-13 中，right 块叠在了 left 块的上方，因为
right 块的 z-index 属性值大于 left 块的 z-index 属性值。
　　若交换 right 块和 left 块的 z-index 属性值，显示效
果如图 4-19 所示。此时 left 块将叠在 right 块的上方。

4.3.6　定位元素的居中

　　在元素未定位的情况下，要实现元素居中，方法比较
简单，一般只需要设置 margin:auto 就可以了。但是当一
个元素已经定位之后，如果要实现居中，实现的方法就会
相对复杂。

1. 绝对定位元素居中

　　在元素绝对定位之后，不能利用左、右外边距自动的

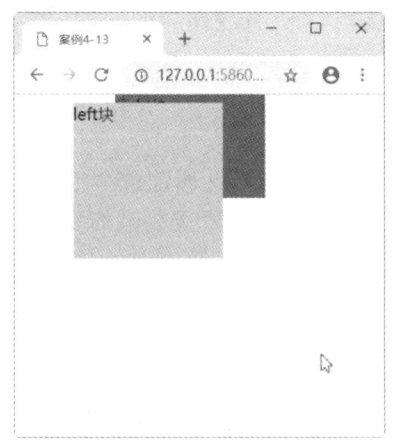

图 4-19　交换 z-index

方式来实现居中。

对于绝对定位的元素,要使其在页面中水平居中,可以通过设置负外边距(margin)值来实现。如图 4-20 所示,首先设置绝对定位元素(图中小块)左边线向右偏移页面宽度的 50%,此时元素左边线紧靠页面中线;再设置左外边距值为负的元素宽度的一半,这样就使得绝对定位的元素在页面中居中。

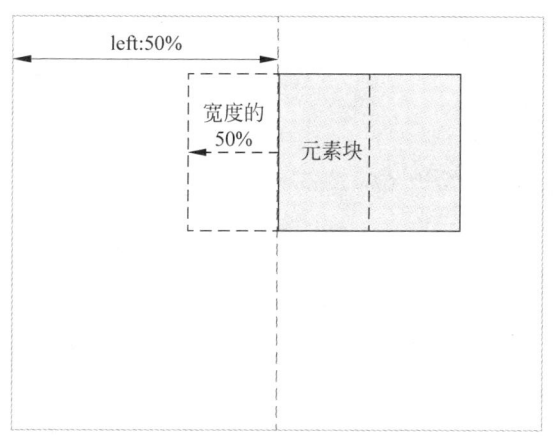

图 4-20　利用负外边距使元素居中示意图

视频讲解

【**例 4-14**】　将绝对定位的 main 块在页面中居中。

主要的样式代码和页面结构部分的代码如下:

```
#main {
    position: absolute;
    left: 50%;
    top: 0px;
    width:200px;
    height:200px;
    background-color: #CCC;
    margin-left: -100px;        /*值为自身 width: 200px 的一半*/
}

<div id="main">
  main
</div>
```

在上述代码中,由于 main 块本身的 width 值为 200px,所以将 main 块的左外边距值设置为负的 width 值的一半,即为−100px。

最后的显示效果如图 4-21 所示。

2. 相对定位元素居中

要实现相对定位元素的居中,可以使用之前的外边距自动的方式,也可以采用负外边距的方法。在实际应用中,可以根据情况选择一种方法。

1) 外边距自动法

【**例 4-15**】　将相对定位的 main 块在页面中居中。

视频讲解

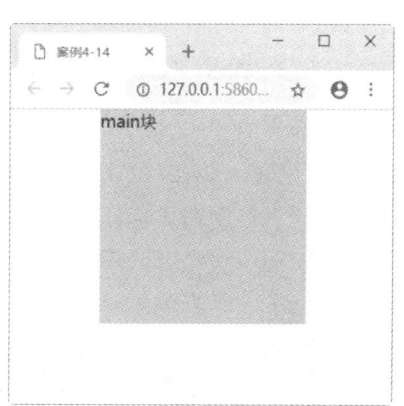

图 4-21　利用负外边距居中的效果图

143

主要的样式代码和页面结构部分的代码如下：

```
#main {
    position: relative;
    width:200px;
    height:200px;
    background - color: #CCC;
    margin:0 auto;
}


< div id = "main">
    main
</div >
```

网页显示效果如图 4-22 所示。

在上述代码中，自动外边距使得元素居中，在使用了相对定位之后由于没有设置偏移量，所以该元素还处于原来的居中位置。

2）负外边距法

该方法实现居中的思路与绝对定位元素居中的思路是类似的。

【例 4-16】 将相对定位的 main 块在页面中居中。

主要的样式代码和页面结构部分的代码如下：

图 4-22 相对定位元素的居中

```
#main {
    position: relative;
    left: 50%;
    top: 0px;
    width:200px;
    height:200px;
    background - color: #CCC;
    margin - left: - 100px;          /* 值为自身 width 的一半 */
}


< div id = "main">
    main
</div >
```

视频讲解

最后的显示效果如图 4-22 所示。

4.3.7 元素定位案例实践

通过前面的介绍，读者知道利用定位属性 position 进行元素定位时首先要选择一种定位方式（绝对定位、相对定位或固定定位），然后配合边偏移属性（top、left、right 和 bottom），最终确定元素在页面中的位置。若非页面中元素所在的位置相同，否则对每个元素均需指定相应的边偏移属性值。因此定位属性经常应用于内容不多、排列不规则的页面的布局。

视频讲解

【例 4-17】 实现如图 4-23 所示的页面。

完成此页面的具体步骤如下。

步骤 1：确定页面的总体布局。

图 4-23　网页显示效果

首先将网页所有的内容由一个包裹块 wrapper 包含,这样有利于页面整体内容的定位和统一格式的设置。例如该页面中所有文字的颜色均为白色,就可以通过包裹块统一控制。

接着,根据页面中各部分的不同内容以及格式可以将页面整体划分为两块,即 title(含 title-img)和 main(含 left、right、bottom 和 foot),如图 4-24 所示。每一块中包含相应的文字或图片,每一块的位置通过定位属性 position 和边偏移属性控制。

图 4-24　网页整体布局

使用 *HTML+CSS* 布局网页

具体页面结构代码如下：

```
< body >
< div id = "wrapper">
        < div class = "title">                    /* title 块 */
            < div class = "title - img"></div >
        </div >
        < div class = "main">                    /* main 块 */
            < a href = "#"><div class = "left"></div ></a > /* left */
            < a href = "#"><div class = "right"></div ></a > /* right */
            < div class = "bottom">           /* bottom 块 */
                < h2 >5 分钟就能搞定的时髦派对妆 秒杀大红唇和烟熏眼</h2 >
                < p >红唇与烟熏妆曾是派对妆的"标配",这个过时的规则早就该打破了。今年秋
冬的彩妆流行是简洁时髦的美感:一抹亮片眼影,一个出其不意的眼线,一只镇住全场的唇膏。既然能
花 5 分钟就搞定的派对妆,为什么要花一个小时呢?</p >
            </div >
            < div class = "foot">              /* foot 块 */
/* foot 块含有 4 个超链接,每一个超链接都是一个小圆点 */
                < a href = "#"><div class = "dot1"></div ></a >
                < a href = "#"><div class = "dot2"></div ></a >
                < a href = "#"><div class = "dot2"></div ></a >
                < a href = "#"><div class = "dot2"></div ></a >
            </div >
        </div >
    </div >
</div >
</body >
```

步骤 2：完成#wrapper 块和 title 块的样式定义。具体代码如下：

```
#wrapper{
    margin - top: 20px;
    height: 750px;
    color:#FFF;
}
.title{   /* title 块的宽度默认与其父元素 body 一样宽 */
        position:relative;                    /* 采用相对定位,但是没有相对原位置进行偏移,即位置
不变,设置该块相对定位,主要是为了给其子元素.title - img 进行绝对定位时作为参照 */
        height:50px;                          /* 高度 */
        border - bottom:1px solid #DDD;       /* 设置下边框是为了显示该块中的水平线 */
        margin - bottom:70px;                 /* 下外边距 */
    }
.title - img{   /* 该块采用 4.3.6 中的负外边距 + 绝对定位方式实现块在父元素中居中 */
        position:absolute;                    /* 绝对定位 */
        left:50%;
        top:5px;
        width:380px;                          /* 宽度 */
        height:100px;                         /* 高度 */
        background:url("images/1.jpg") no - repeat 0px - 521px;
        margin - left: - 190px;
    }
```

步骤 3：设定 main 块及其子元素 left、right 的样式。

设置 main 块相对定位且居中,其中的 left 和 right 均采用绝对定位,参照 main 对象进行
定位,left 块在 main 块的左边,right 块在 main 块的右边。

```
.main{
        position:relative;              /* 相对定位 */
        width:1000px;                   /* 设定宽度 */
        height:500px;                   /* 设定高度 */
        margin:0 auto;                  /* 设定自动外边距,实现在父元素中居中 */
        background - image:url("images/ 2.jpg");    /* 设定背景图片 */
    }
.left,.right{    /* 统一设定绝对定位、宽度、高度、背景图片 */
        position:absolute;
        width:55px;
        height:70px;
        background - image:url("images/3.png");
    }
.left{    /* 设定左偏移、上偏移和背景图片位置 */
        left:5px;
        top:275px;
        background - position:0px - 80px;
    }
. right{    /* 设定右偏移、上偏移和背景图片位置 */
        right:5px;
        top:275px;
        background - position:0px - 153px;
    }
.left:hover,.right:hover{    /* 设定鼠标悬停状态的特效:背景透明度为 0.5 */
        background - color:rgba(0,0,0,0.5);
    }
```

步骤 4:设定 bottom 块及其子元素 h2、p 的样式。

```
.bottom{
                position:absolute;          /* 绝对定位,参照对象为 main 块 */
                left:70px;                  /* 左边线向右偏移 */
                bottom: - 75px;             /* 下边线向下偏移: 使得该块的下边线位于
                                               main 块下边线 75px 的位置 */
                width:800px;                /* 宽度 */
                height:90px;                /* 高度 */
                padding:30px;               /* 内边距 */
                background - color:rgba(0,0,0,0.6);    /* 背景色透明度 */
    }
.bottom h2{
                float:left;                 /* 设置浮动,使得 h2 和 p 在同行排列 */
                width:270px;                /* 设定宽度 */
                height:60px;                /* 设定高度 */
                padding:10px 20px 10px 0;   /* 设定内边距:上、右、下、左 */
                border - right:1px solid #FFF;    /* 设定右边框,实现与 p 的分隔 */
                font - family:"微软雅黑";     /* 设定字体名称 */
                font - weight:normal;       /* 设定字体粗细 */
                font - size:22px;           /* 设定字体大小 */
    }
.bottom p{
                float:left;                 /* 设置浮动,使得 h2 和 p 在同行排列 */
                width:480px;                /* 设定宽度 */
                height:60px;                /* 设定高度 */
                padding:10px 0 10px 20px;   /* 设定内边距 */
```

```
            font - size:14px;                    /* 设定字体大小 */
    }
```

步骤 5：设定 foot 块及其子元素的样式。

```
.foot{
            position:absolute;                   /* 绝对定位 */
            left:475px;                          /* 左偏移：左边线向右偏移 475px */
            bottom: - 100px;
            width:50px;                          /* 设定宽度 */
            margin - bottom: _100px;             /* 下偏移：使得该块下边线位于 main 块下边线之
                                                    下 100px 的位置 */

    }
.dot1,.dot2{
            float:left;                          /* 设置浮动，使得 foot 块中的 4 个点在同行排列 */
            width:9px;
            height:10px;
            background - image:url("images/3.png");
            margin - right:2px;                  /* 设置右外边距 */
    }
.dot1{
            background - position: - 44px 0px;   /* 设置背景图片位置 */
    }
.dot2{
            background - position: - 35px 0px;   /* 设置背景图片位置 */
    }
```

通过以上 5 个步骤即完成如图 4-23 所示的网页制作。

提示：在上面的例子中有一个使用图片的技巧，那就是将网站中需要使用的多个小图片存储在一个文件里，这样可以有效减少客户端浏览网页时打开文件的数量。其具体使用参考"3.5.1 背景属性"的第 7 部分。

4.4　图片及布局

4.4.1　图片布局的几个概念

大家知道，在网页里面插入图片用<img>标签实现。在网页布局中如果要实现对图片的定位，通过之前介绍的定位属性 position 或者浮动属性 float 可以对图片进行精确的位置控制。这两种情况下，都是将图片转换成一个块元素，然后定位的。

但是如果在页面布局的时候并不希望将图片转换成块元素进行定位，而是希望保持 img原先的元素类型(inline-block)，并在布局的时候与其他行内元素同行排列，这时候就需要对图片控制其在行内的水平位置和垂直位置。

为了精确控制元素(包括图片 img)在行内的位置，读者先要理解以下几个概念。

- 块框：块元素，例如 div、h1~h6、p 等，在显示时所在的盒子称为块框。
- 行内框：行内元素与行内块元素，例如 span、strong、a、img、input 等，在显示时所在的盒子称为行内框，它的高度就是行高，如图 4-25 所示。

通过设置元素的 display 属性可以改变其所在框的类型。

由于多个行内元素和行内块元素可以显示在同一行，所以 CSS 为块框中的每一行形成一个行框。在一个行框内可以包含多个行内框。由于可以分别控制每个行内框的字体大小和行高,所以在一般情况下,一个行框的高度等于本行内所有元素中行高最大的值,如图 4-26 所示。

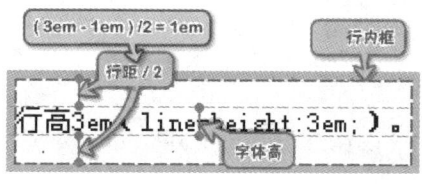 

图 4-25　行内框　　　　　　　　　　　图 4-26　行框

需要注意的是,这里所说的 3 种框,在网页显示的时候并不会显示出边框。但是在用 CSS 实现网页布局和显示的时候,这些框却时刻影响着页面的整体表现。

很显然,当图片 img 的显示特性是 inline-block 时,img 元素就是行框中的一个行内框,因此可以控制 img 元素在行框中水平方向的位置和垂直方向的位置。

4.4.2　水平对齐

1. text-align 属性的真正作用

简单地说,水平对齐(text-align)属性用来设置块框中文本的水平对齐方式。更准确地说,text-align 属性控制块框中的行内框(包括图片)和文字在行框(块框中包含自上而下排列的多个行框)中的水平对齐方式。注意,它对于块框中嵌套的块框是无效的。

【例 4-18】　在 div 块元素中包含有文字、转换为块框的图片和行内框的图片,设置 div 块框的 text-align 为 center,具体显示效果如图 4-27 所示。

视频讲解

图 4-27　text-align 的作用

其中部分代码如下:

```
div{
      text－align: center;
    }
#img1{
      display: block;
    }
<div>
    块框中的第一行文字
```

使用 HTML＋CSS 布局网页

```
    < img src = "images/img4.jpg" id = "img1">
    < img src = "images/libai.jpg" >
</div >
```

以上例子说明了 text-align 属性可以控制块框中文字和行内框的水平对齐方式,但是对块框中的块框无效。

如果要使块框中的块框居中,应该如何实现呢? 可以通过设置 margin:auto 实现。因为外边距自动可以实现块框在父元素中居中。

2. 与 margin 自动的区别

在此总结一下 text-align:center 居中和 margin:auto 居中的区别。

- text-align:center 居中:实现块框中文字和行内框的居中。
- margin:auto 居中:实现块框中块框的居中。

4.4.3 垂直对齐

与 text-align 类似,设置垂直对齐(vertical-align)可以控制文字和行内框(包括图片)在行框内的垂直对齐方式。

在行框内部,通过 vertical-align 来对齐行内框。那么,相对于什么来对齐元素呢? 要回答这个问题,必须先搞清楚几个基本概念,并确定以下两个问题:

- 行内框的基线与外边界。
- 行框的基线与外边界。

1. 几个基本概念

1) 顶线、中线、基线、底线

在图 4-28 中,与文本位置相关的线从上到下分别是顶线、中线、基线、底线,很像大家刚学写英语字母时的四线三格,分别对应 vertical-align 属性值中的 top、middle、baseline、bottom。一般情况下,top 到 bottom 的距离与字体大小(font-size)和行高都有关。

2) 行高、行距、半行距

行高是指上、下两个文本行的基线之间的垂直距离,如图 4-28 所示。

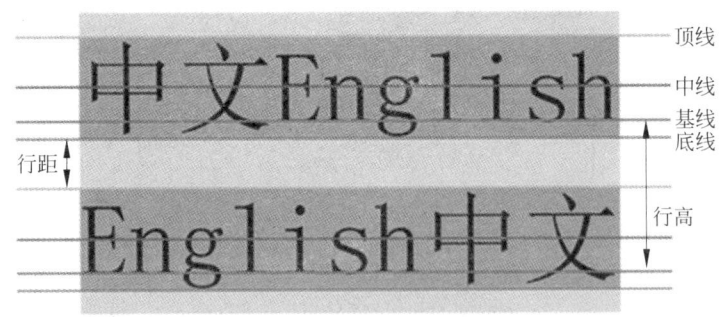

图 4-28 基本概念

行距是指上一行底线到下一行顶线的垂直距离,如图 4-28 所示,行距=行高-(font-size)。半行距是行距的一半,即为(行高-(font-size))/2。

3) 内容区、行内框、行框

内容区:文字底线和文字顶线包裹的区域,即图 4-29 中的深灰色背景区域。

行内框:每个行内元素和行内块元素都会生成一个行内框,行内框是浏览器渲染模型中的一个概念,无法直接显示出来,在没有其他因素影响的时候(例如 padding 等),行内框等于内容区,但设定行高时内容区高度不变,半行距分别增加/减少到内容区的上、下两边。行内框的行高可以大于、小于或者等于内容区的高度,如图 4-29 所示。

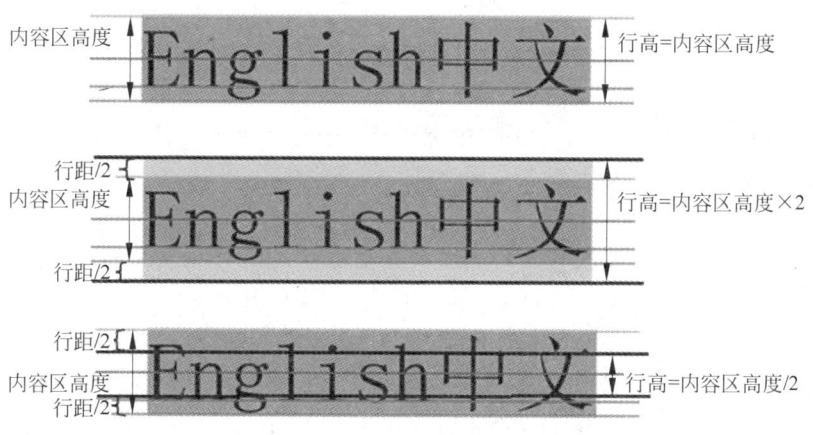

图 4-29　行内框的高度和内容区的高度

如图 4-29 所示,有 3 行文本紧挨着。

第一行,行高与内容区高度(字体高度)相等。

第二行,行高是内容区高度(font-size)的两倍。

第三行,行高为内容区高度(font-size)的一半。

当行高小于内容区高度时,若有多行内容,将会发生内容堆叠。

行框(line box):行框是指本行的一个虚拟的矩形框(如图 4-30 所示),它也是浏览器渲染模式中的一个概念,并没有实际显示。行框高度要根据实际情况计算。

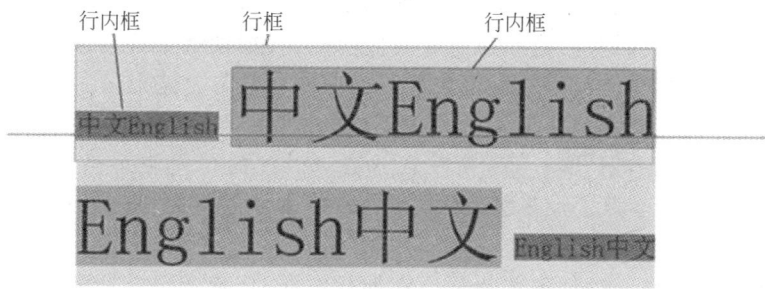

图 4-30　行内框和行框

A. 父元素高度足够

- 在默认情况下,行框高度等于本行内所有行内框高度最大的值。
- 若对各个行内框的垂直对齐方式进行重新设置,此时以行高值最大的行内框为基准,其他行内框采用自己的对齐方式向基线对齐,最终计算行框的高度。

B. 父元素高度不够

当按照以上方法计算出的行框高度大于父元素实际高度的时候,行框的高度等于父元素的高度,超出的部分会与其他页面内容重叠。若设置父元素 overflow:hidden,将截断溢出的内容。

当有多行内容时,每行都会有自己的行框。

151

第4章

2. 行内框的基线与外边界

垂直对齐最重要的参考点就是相关元素的基线与上、下外边界。下面先看一看行内框的基线和外边界。其外边界和基线根据形成行内框元素类型的不同稍有区别。

1）行内元素

行内元素所在的行内框,其外边界与其行高的上、下边对齐。因此,此类行内框行高的顶边和底边就是其外边界。

行内元素所在的行内框,其基线是文本字符恰好位于其上的那条线。大致来说,基线总是穿过字体高度一半以下的某一点。

2）行内块元素

行内块元素,顾名思义,就是位于行内的块元素。它可以有宽度和高度(高度可以由其内容多少来决定),也可以有内边距(padding)、边框(border)和外边距(margin)。如图 4-31 所示,3 个行内块元素,每个行内块元素所在的行内框分别由 3 个盒子嵌套组成。从内到外,分别表示内容区(盒模型中的 content 区)、内边距盒子(padding 区)和边框盒子(border 区),在边框盒子外面是透明的外边距盒子(margin 区)。

图 4-31　行内块框的外边界和基线

行内块元素所在的行内框,其外边界与其行内块元素最外层的外边距盒子的上、下边对齐。在图 4-31 中为最顶端和最底端的线。

行内块元素所在的行内框的基线取决于它是否包含普通流中的内容:

(1) 有普通流中内容的行内块元素所在的行内框,其基线就是普通流中最后内容元素的基线(如图 4-31 中左边的行内块元素,包含普通流中内容"c")。这个最后元素的基线是按照自己的规则找到的。

(2) 有普通流中内容,但 overflow 属性值不是 visible 的行内块元素所在的行内框,其基线就是该行内块元素外边距盒子的底边(如图 4-31 中的中间行内块元素,包含普通流中内容"c")。

(3) 没有普通流中内容的行内块元素所在的行内框,其基线同样是该行内块元素外边距盒子的底边(如图 4-31 中右边的行内块元素,不包含普通流中的内容)。

3. 行框的基线与外边界

如图 4-32 所示,图中的行框包括了 5 个行内框,图中画出了行框中的各个行内框的上、下边,以及行框基线(字母"X"所在的虚线),同时还用灰色背景表示了各个行内框的内容区。

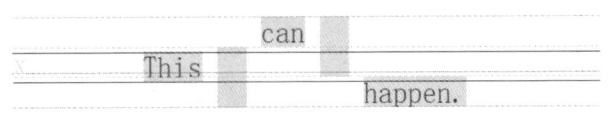

图 4-32　行框的基线和边界

行框的顶边与该行中最顶部行内框的顶边重合,底边与该行中最底部行内框的底边重合,因此图中的红线表示的就是行框上、下外边界。

行框的基线是一个变量，根据诸多条件才能确定行框基线所在的位置。例如要符合 vertical-align 指定的条件，同时还要保证行框高度尽可能小。

因为行框的基线并不可见，所以有时候不容易确定它的位置。实际上有个简单的办法可以令其可见，只要在相应行的开头加上一个字母（如图 4-32 中开头的"x"）即可。如果这个字母没有被设置对齐，那么它默认位于基线之上。

围绕基线的是行框中未经对齐设置的文本盒子。如图 4-32 中的"This"文本盒子。文本盒子的高度等于其父元素的 font-size。由于文本盒子与基线关联，所以如果基线移动，它也会跟着移动。

简单总结以上最重要的两点：

（1）行框中有基线、文本盒子、行内框，还有上边界和下边界。行框中的内容可以垂直对齐。

（2）行内框有基线、上边界和下边界。用户可以通过 vertical-align 控制行内框在行框内的垂直对齐。

4. vertical-align 属性值

使用 vertical-align 属性可以控制行内框在行框内的垂直对齐。其各个属性值的用法如下：

（1）将行内元素（或者行内块元素）的基线参照父元素的基线对齐，如图 4-33 所示。

图 4-33   vertical-align 各个属性值表示的位置 1

- baseline：行内框基线与行框基线重合。
- sub：行内框基线移动至行框基线下方。
- super：行内框基线移动至行框基线上方。
- <百分比值>：行内框基线相对于行框基线向上或向下移动，移动距离等于 line-height 的百分比。
- <长度值>：行内框基线相对于行框基线向上或向下移动指定的距离。

（2）将行内框的中心点参照父元素的基线对齐，如图 4-34 所示。

图 4-34   vertical-align 属性值 middle 表示的位置

- middle：行内框上、下边的中点与行框基线加上 x-height 的一半（字符 x 的一半高度）对齐。

（3）将行内框的外边缘参照父元素行框的文本盒子对齐，如图 4-35 所示。

图 4-35   vertical-align 各个属性值表示的位置 2

- text-top：行内框的顶边与行框内文本盒子的顶边对齐。
- text-bottom：行内框的底边与行框内文本盒子的底边对齐。

（4）将行内框的外边缘参照父元素行框的外边界对齐，如图 4-36 所示。

- top：行内框的顶边与行框的顶边对齐。

top

bottom

图 4-36　vertical-align 各个属性值表示的位置 3

- bottom：行内框的底边与行框的底边对齐。

5. vertical-align 小结

一旦了解了规则，用 vertical-align 设置垂直对齐方式只要确定以下两个问题就简单了。

（1）行框的基线和上、下边界在哪儿？

（2）行内框的基线和上、下边界在哪儿？

4.4.4　图片布局案例实践

【例 4-19】　制作如图 4-37 所示的产品列表页面。

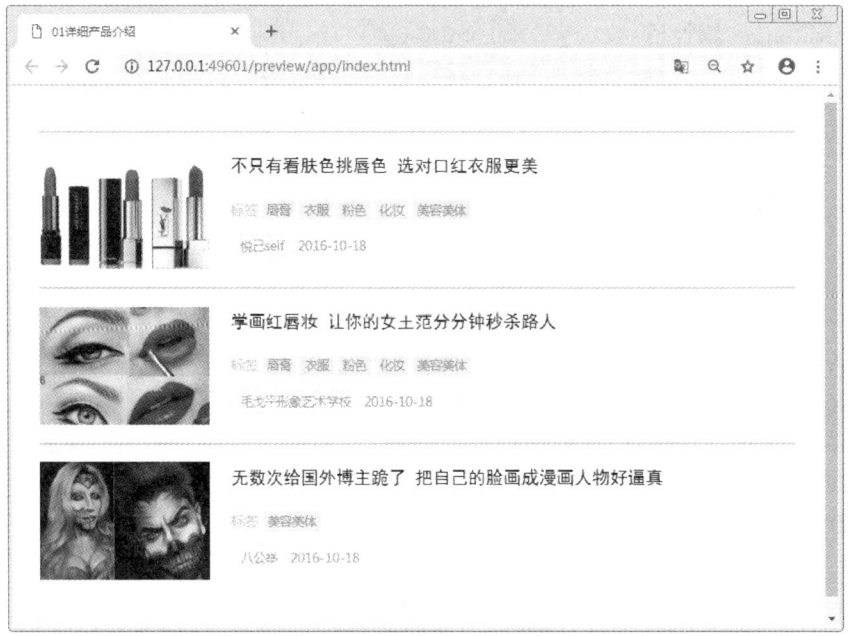

图 4-37　产品信息介绍

视频讲解

在该产品列表页面中，每一项产品均包含一个图片和相应的文字说明块（块中有标语、超链接等），且排列在同一行。在本例中，将图片和文字说明块均转换为行内块元素（inline-block）实现同行排列，同时为了实现图片和文字说明块的美观，通过 vertical-align 控制垂直对齐。

主要结构代码如下：

```
<ul>
    <li>    /*一个列表项就是一个产品,由两部分组成:图片和 content 块*/
        <img src = "images/4.jpg" alt = "">
        <div class = "content">
        /* content 块由三部分组成:h3 标题、mid 块和 bottom 块*/
            <h3>不只有看肤色挑唇色 选对口红衣服更美</h3>
            <div class = "mid">
```

```
                    < span >标签</span >
                    < a href = " # ">唇膏</a >
                    < a href = " # ">衣服</a >
                    < a href = " # ">粉色</a >
                    < a href = " # ">化妆</a >
                    < a href = " # ">美容美体</a >
                </div >
                < div class = "bottom">
                    < span >悦己 self </span >
                    < i > 2016 - 10 - 18 </i >
                </div >
            </div >
        </li >
        /* 此处第二和第三个产品信息的相应代码省略,与第一个产品代码类似,只需更换相应图片
和文字 */
        < li >…</li >
        < li >…</li >
    </ul >
```

相应的 CSS 表现样式代码如下:

```
< style >
        body,ul,li,h3{margin:0;padding:0;}
        ul{/* 产品列表样式:去掉项目符号、居中,宽度 */
            list - style - type:none;
            margin:50px auto;
            width:860px;
        }
        li{/* 每个产品项样式:高度、内边距、上边框 */
            height:130px;
            padding:20px 0;
            border - top:2px solid # CCC;
        }
        li:hover{ /* 每个产品项鼠标悬停时的样式:背景色 */
            background - color: # F8F8F8;
        }
        img{/* 每个产品项中图片的样式 */
            display:inline - block;          /* 行内块元素 */
            vertical - align:middle;
/* 垂直对齐方式居中,即元素的垂直中线与该行的垂直中线对齐 */
            margin - right:20px;          /* 右外边距 */
            width:195px;                 /* 宽度 */
            height:130px;                /* 高度,与 li 的高度相等 */
        }
        .content{                        /* 产品文字说明块样式 */
            display:inline - block;          /* 行内块元素 */
            vertical - align:middle;
                    /* 垂直对齐方式居中,即元素的垂直中线与该行的垂直中线对齐 */
        }
        .content h3{
/* 产品文字说明块中的 h3 样式:下外边距、粗细、字体、字号 */
            margin - bottom:25px;
            font - weight:normal;
            font - family:"黑体";
```

```
                    font - size:20px;
                }
                .mid{                        /* 产品文字说明块中的中间行样式:下外边距 */
                    margin - bottom:20px;
                }
                .mid span{                   /* 产品文字说明块中中间行的 span 样式:字体颜色、字号 */
                    color:#CCCC00;
                    font - size:16px;
                }
                .mid a{                      /* 产品文字说明块中中间行的超链接样式 */
                    display:inline - block;
    /* 行内块元素,实现左、右超链接同行排列,且控制宽度、高度、内边距等属性 */
                    background - color:#EEE;      /* 背景色 */
                    padding:2px 5px;             /* 内边距 */
                    color:#999;                  /* 字体颜色 */
                    font - size:14px;            /* 字号 */
                    text - decoration:none;      /* 无下画线 */
                }
                .bottom{                     /* 产品文字说明块中第三行样式:下外边距、字体颜色、字号 */
                    margin - bottom:10px;
                    color:#999;
                    font - size:14px;
                }
                .bottom span{
    /* 产品文字说明块中第三行的 span 样式:边框、内边距、圆角边框 */
                    border:1px solid #EEE;
                    padding:3px 10px;
                    border - radius:25px;
                }
                .bottom i{                   /* 产品文字说明块中第三行的 i 标签样式:正常字体,不倾斜 */
                    font - style:normal;
                }
            </style>
```

在此例中,每个 li 都只有一行,即只有一个行框,在这个行框中包含两个行内框,即一个图片 img 和一个 content 块。比较两个行内框的高度,图片的高度为 130px,content 的高度为其中 3 个部分的高度之和 113px(h3 总高度 45px、mid 总高度 36px、bottom 总高度 32px),则该行框的高度为 130px。

由于行框的基线是一个变量,根据各个条件,确定行框的基线所在的位置。例如要符合 vertical-align 指定的条件,同时还要保证行框高度尽可能小。

各个行内框 vertical-align 的不同设置值将使行框的基线不同,在此列举几种情况来看。为了明显标识基线的位置,在页面中加入字符"x",字符"x"底部所在的线即为基线;同时为了更明显地观察 content 块的位置,给该块加了一个边框。

1. 图片和文字说明块(content 块)均不设置 vertical-align

当不显式设置 vertical-align 属性值时,其默认值为 baseline,即行内框的基线与行框的基线对齐。

此时将以两个行内框中的高度较大者——图片 img 为基准,即先将图片的基线(即图片底边)和行框基线对齐。此时 content 块基线(该行内块元素包含普通流内内容,基线即为最后一行文字的基线)也是与行框基线对齐,所以此时图片底边与 content 块中最后一行文字的基线对齐。该行框的基线如图 4-38 所示。

图 4-38　图片和文字说明块(content 块)均与基线对齐

如图 4-38 所示,为了使行框高度尽量小,所以此时行框的基线尽量靠近行框下边界,在基线的下边还有一部分底线到基线的距离,但是因为图片高度(130px)加上这部分距离已经超出了父元素 li 的高度(130px),所以超出部分将与其他内容重叠。从 content 块的位置可以明显看到 content 块与 li 的下内边距部分发生重叠了。

2. 图片设置 vertical-align 为 baseline,content 设置 vertical-align 为 middle

若图片设置 vertical-align 为 baseline,即其基线(图片底边)与行框基线对齐;而 content 设置 vertical-align 为 middle,即 content 块上、下边的中点与行框基线加上 x-height 的一半(即字符 x 的一半高度)对齐,此时商品信息显示如图 4-39 所示。

图 4-39　图片基线对齐、content 块 middle 对齐

如图 4-39 所示,在计算行框高度时,以高度最大的行内框为基准(此处是图片 img),在满足其他条件的基础上(此处是父元素上内边距)对 content 块进行垂直居中对齐,即 content 块上、下边中点与行框基线偏上一点的线对齐。此时实际计算的行框高度将大于父元素 li 的高度,超出部分将与下一个 li 重叠。如果设置父元素 li 属性为 overflow:hidden,此时超出部分将被截断不显示,如图 4-40 所示。

3. 图片设置 vertical-align 为 middle,content 设置 vertical-align 为 baseline

若图片设置 vertical-align 为 middle,即图片上、下边的中点与行框基线加上 x-height 的一半(字符 x 的一半高度)对齐;而 content 设置 vertical-align 为 baseline,即 content 块内最后一行文字的基线与行框基线对齐,此时商品信息显示如图 4-41 所示。从图中观察到,此时为了使得行框的高度尽可能小,行框基线上移了。

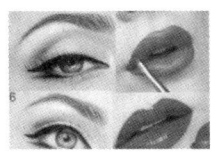

图 4-40　图片基线对齐、content 块 middle 对齐时 li 截断行框的超出部分

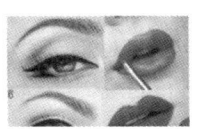

图 4-41　图片 middle 对齐、content 块基线对齐

4. 图片设置 vertical-align 为 middle，content 设置 vertical-align 为 middle

若图片设置 vertical-align 为 middle，即图片上、下边的中点与行框基线加上 x-height 的一半(字符 x 的一半高度)对齐；而 content 设置 vertical-align 为 middle，即 content 块上、下边的中点与行框基线加上 x-height 的一半(字符 x 的一半高度)对齐，此时图片与 content 块在水平方向上是居中对齐的，如图 4-42 所示。

图 4-42　图片 middle 对齐、content 块 middle 对齐

在该图中，为了使得行框的高度尽可能小，行框基线相比(3)更加上移了，使得行框内的两个行内框都更好地处于垂直居中的位置。

在这个例子中，希望商品的图片和文字说明尽量对齐，且不要与其他内容重叠，因此 vertical-align 属性值的设置采用(4)方案更合理。

4.5 表单及布局

表单是允许网页浏览者进行输入的区域,可以使用表单从用户处收集信息。浏览者在表单中输入信息,然后将这些信息提交给服务器,服务器中的应用程序会对这些信息进行处理、进行响应,这样就完成了浏览者和服务器之间的交互。平时大家不管是搜索表单、加入会员还是在线购物,每一项功能都少不了表单。

1. 网页搜索

在门户网站或搜索网站中输入文字的界面就是一个最简单(却最常见)的表单应用,如图 4-43 所示。

图 4-43　百度搜索主页

2. 登录表单

有些网站必须先登录才能使用网站中的资源,输入个人账户的界面也是一个表单,如图 4-44 所示。

图 4-44　登录表单

3. 在线购物

不管是在线购物还是拍卖网站,随处都可以看到表单界面,让用户输入购买商品的种类及数量,如图 4-45 所示。

图 4-45　在线购物表单

4.5.1　表单的基本结构

在用户填写了表单数据之后，单击"提交"按钮（按钮上显示的文字可以自行定义）时表单数据就会发送到 Web 服务器，由相应的应用程序来处理表单中的数据。这里先借助一个简单的登录界面来了解表单的基本结构，如图 4-46 所示。

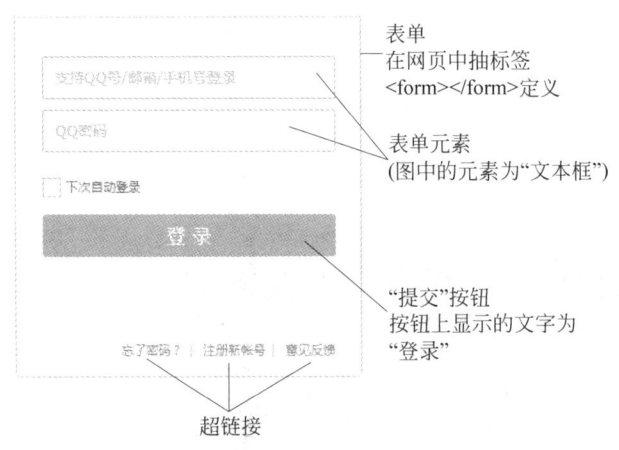

表单
在网页中抽标签
<form></form>定义

表单元素
（图中的元素为"文本框"）

"提交"按钮
按钮上显示的文字为
"登录"

超链接

图 4-46　登录界面

在一个表单中可以包含多个表单元素，例如文本框、密码框、复选框等。在网页制作中一个表单由标签< form ></form >定义，< form >是表单的开始标签，</ form >是表单的结束标签，各种表单元素大多由<input>标签定义，且表单元素的定义必须在< form ></ form >标签界定的范围内。定义表单基本结构的格式如下：

```
< form action = "URL" method = "get|post" name = "form_name">
    < input >标签定义的各种表单元素
    …
    …
</form >
```

表单标签最重要的属性如下:

1. action

action 属性规定当提交表单数据到 Web 服务器时服务器上的哪个应用程序负责处理表单数据,例如 action＝"fcheck. asp"表示表单数据由当前目录中的 fcheck. asp 程序来处理。action 属性也可以是电子邮件地址,例如 action＝"mailto：name@email. com"表示表单数据将发送到指定的 E-mail 邮箱。

2. method

method 属性规定如何发送表单数据到位于服务器上的表单处理应用程序,其设置值有 post 和 get 两种。

在利用 get 方式发送数据时,数据会直接加在 URL 之后,安全性比较差,并且有 255 个字符的字数限制,适用于数据量少的表单。例如:

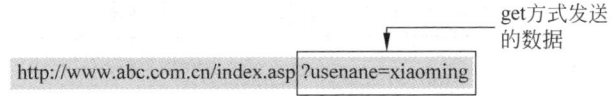

post 方式是将数据封装之后再发送,字符串长度没有限制,数据安全性比较高,需要保密的信息(例如账户、密码、身份证号、地址以及电话等)通常会采用 post 方式进行发送。

3. name

name 属性用于给表单命名。这一属性不是表单的必需属性,但是为了防止表单信息在提交到后台处理程序时出现混乱,一般要设置一个与表单功能符合的名称,例如登录页面的表单可以命名为 login。注意,同一个网站中不同的表单尽量不要用相同的名称,以避免混乱。

4.5.2 表单元素

表单中常用的表单元素标签见表 4-1。

表 4-1 常用表单元素标签

标 签	描 述	标 签	描 述
＜input＞	输入区	＜label＞	文本标注
＜textarea＞	多行文本框	＜fieldset＞	表单分组
＜select＞	列表框		

1. ＜input＞标签

输入区是表单中最常用的表单元素,主要是让用户输入数据。网页中的输入区有文本框、密码框、单选框、复选框等多种类型。定义输入区使用＜input＞标签,它是一个单标签,根据该标签的 type 属性值的不同,可以实现各种不同类型的输入区。

＜input＞标签的常用属性如表 4-2 所示。

表 4-2 ＜input＞标签的常用属性

属 性	描 述
type	输入区类型
value	输入区的值
name	输入区名称
autofocus	输入区在页面加载时是否自动获得焦点

162

属　　性	描　　述
placeholder	设置输入区的提示信息
required	设置输入区必填
disabled	设置输入区禁用
readonly	设置输入区只读(不能修改)
checked	设置输入区被选中

1）type 属性

type 属性规定 input 元素的输入类型。表 4-3 列出了<input>标签的 type 属性的可能取值。

表 4-3　＜input＞标签的 type 属性的取值

type 属性值	输入区描述
text	文本框
password	密码框，输入的密码被掩码
radio	单选按钮
checkbox	复选框
submit	提交按钮，提交按钮会把所属表单数据发送到 Web 服务器
reset	重置按钮，重置按钮会清除所属表单中的所有数据
image	图像形式的提交按钮
button	命令按钮
email	用于接收合法 E-mail 地址的输入区
url	用于接收合法 URL 地址的输入区
number	用于接收数值的输入区
range	用于接收指定范围内数值的输入区
file	文件域，包括输入区和"浏览"按钮，供上传文件
date	日期选择域
color	颜色选择域
search	搜索域
hidden	隐藏域

A．text

用法：<input type="text">

定义单行文本框，文本框的默认宽度是 20 个字符。

B．password

用法：<input type="password">

定义密码框，密码框中的字符会被掩码(显示为星号或圆点)。

C．radio

用法：<input type="radio">

定义单选按钮，单选按钮允许用户在多个选项中必须且仅能选取一项。

D．checkbox

用法：<input type="checkbox">

定义复选框,复选框允许用户在多个选项中不选、选取一项或多项。

E. submit

用法:< input type＝"submit" >

定义提交按钮,提交按钮用于向 Web 服务器发送表单数据,数据会被发送到表单的 action 属性指定的程序。

F. reset

用法:< input type＝"reset">

定义重置按钮,重置按钮用于清除表单中的所有数据。

G. image

用法:< input type＝"image" >

定义图像形式的提交按钮,提交按钮用于向 Web 服务器发送表单数据,数据会被发送到表单的 action 属性指定的程序。当将 type 属性设置为该值时,必须同时设置< input >标签的 src 属性和 alt 属性。

H. button

用法:< input type＝"button" >

定义普通按钮,该按钮的作用需要用户自行定义。button 属性常用于在用户单击按钮时启动自定义程序,响应用户操作。

I. email

用法:< input type＝"email" >

定义专用于接收 E-mail 地址的输入区,在提交表单时会自动验证该输入区的内容是否为一个合法的 E-mail。

J. url

用法:< input type＝"url" >

定义专用于接收 URL 地址的输入区,在提交表单时会自动验证该输入区的内容是否为一个合法的 URL 地址。

K. number

用法:< input type＝"number" >

定义专用于接收数值的输入区。number 类型输入区显示为微调框,用来改变输入区中的值。用户可以使用 max 和 min 属性规定输入数值的最大值和最小值,使得输入数值在指定的范围内;也可以使用 step 属性设置微调框调整数值的步长。例如 step＝"2",则每次用微调框上、下箭头调整数值时将增加或者减少 step 值。

L. range

用法:< input type＝"range" >

定义专用于接收一定范围内数值的输入区。若设置为 range 类型,输入区显示为滑动条,其默认值范围是 0～100。滑动条也可以配合使用 min、max 和 step 属性。

M. file

用法:< input type＝"file" >

定义文件域,用于上传文件时选择指定文件。

N. date

用法:< input type＝"date" >

定义日期选择域,可以选取日、月、年。该类型输入区显示为微调框和下拉框的组合。除了 date 类型以外,HTML5 还拥有多个选取日期时间的 type 类型值。

- month：选取月、年。
- week：选取周和年。
- time：选取时间(小时和分钟)。
- datetime：选取时间、日、月、年(UTC 时间)。
- datetime-local：选取时间、日、月、年(本地时间)。

O. color

用法：<input type="color">

定义颜色选择域,在输入时会打开调色板选取颜色。

P. search

用法：<input type="search">

定义搜索域,用于搜索框的实现。搜索框的表现类似常规文本框,但是在输入内容的时候,搜索框后边会自动出现一个小×,单击这个小×,可以清除输入的内容。

Q. hidden

用法：<input type="hidden">

定义隐藏域。隐藏域在页面中对于用户是不可见的,在表单中插入隐藏域的目的是为了收集和发送信息,以利于表单处理程序的使用。

2) value 属性

对于不同类型的输入区,value 属性值的含义不同。

(1) 如果 type 类型是 button、reset、submit,value 定义按钮上显示的文本。

(2) 如果 type 类型是 text、password,value 定义输入区的初始值。

(3) 如果 type 类型是 checkbox、radio、image,value 定义与输入相关联的值。

单选按钮和复选框必须设置 value 属性,文件域不能使用 value 属性。

3) name 属性

name 属性用于给输入区命名。

4) autofocus 属性

autofocus 属性规定在页面加载时表单输入区自动获得焦点,该属性适用于所有的 type 类型。

5) placeholder 属性

placeholder 属性提供输入区占位符,用于描述所希望输入的值,placeholder 属性适用于 text、search、url、email、password 等类型。占位符在输入区为空时显示,在输入区获得焦点时消失。

6) required 属性

required 属性规定指定输入区内容为必填内容,不能为空。required 属性适用于 text、search、url、email、password、date、number、checkbox、radio 和 file 等类型。

7) disabled

disabled 属性规定指定输入区是禁用的,disabled 属性不需要值,它等同于 disabled="disabled"。被禁用的元素是不可用和不可单击的。

8) readonly

readonly 属性规定输入区为只读(不能修改)。

readonly 属性不需要值,它等同于 readonly="readonly"。

9）checked

checked 属性规定指定输入区被选中，checked 属性不需要值，它等同于 checked =
"checked"。该属性主要用于 type 类型为"radio"或者"checkbox"的 input 元素。

2. ＜textarea＞标签

＜textarea＞标签用于定义多行文本框。在多行文本框中可容纳不限数量的文本。

用法：

```
＜textarea rows = "5" cols = "40"＞
请在此输入您的信息…
＜/textarea＞
```

其外观如图 4-47 所示。

＜textarea＞标签的常用属性如下。

- name：给多行文本框命名。
- cols：设置多行文本框显示的最大列数。
- rows：设置多行文本框显示的最大行数。

图 4-47　多行文本框示例

3. ＜select＞标签

＜select＞标签用于定义列表框或下拉列表框。

当备选的选项较多时，如果用单选按钮或者复选框来选择，占据的页面区域就会比较多。
列表框或下拉列表框提供了确定选项内容的另一种形式。列表框或下拉列表框中的选项由
＜option＞标签定义，其格式为：

```
＜select＞
        ＜option＞选项 1＜/option＞
        ＜option＞选项 2＜/option＞
        ＜option＞选项 3＜/option＞
        …
＜/select＞
```

＜select＞标签的常用属性如下。

- multiple：可取值为"multiple"，表示可以选择列表中的多个选项。若不设置此属性，
  表示只能选择一项。
- size：默认取值为 1，用于设置列表框中可见选项的数目。当 size 的值等于 1 的时候，
  列表框显示为下拉列表框的形式，否则就是列表框。
- name：用于列表框的命名。

＜option＞标签用于定义列表框中的一个选项，常用属性如下。

- selected：用于定义当前选项为选中状态，若不设置该属性，表示当前选项未被选中。
  selected 属性不需要值，它等同于 selected＝"selected"。
- value：用于定义当前选项被选中时发送给服务器的内容。如果不设置该属性，则当前
  选项被选中时发送给服务器的内容就是选项自身的内容。

4. ＜label＞标签

＜label＞标签为 input 元素定义标注。＜label＞标签的 for 属性可以把 label 绑定到元素 id
值和 for 属性值相同的元素上，这样在 label 元素内单击文本，浏览器会自动将焦点转移到和
label 绑定的元素上。

示例代码如下：

```
＜label＞性别＜/label＞
＜input type = "radio" name = "sex" value = "男" id = "nan"＞
```

```
< label for = "nan">男</label>
< input type = "radio" name = "sex" value = "女" id = "nv">
< label for = "nv">女</label>
```

网页效果如图 4-48 所示。

如图 4-48 所示，当单击< label for = "nan">男</label >中的"男"时，会自动选中< input type = "radio" name = "sex" value = "男" id = "nan">单选按钮。

5. < fieldset >标签

当表单元素很多时，可以将表单元素用< fieldset >标签进行分组，以免用户在输入数据时眼花缭乱，而< legend >标签可以为分组设置标题。

示例代码如下：

```
< fieldset >
    < legend >健康信息</legend>
    < label >身高：< input type = "text" name = "height"> </label >< br >
    < label >体重：< input type = "text" name = "weight"> </label >
</fieldset >
```

网页效果如图 4-49 所示。

图 4-48 < label >标签的用法

图 4-49 表单元素分组

4.5.3 表单相关伪类

很明显，表单是网页设计的重头戏，对表单的美化也是网页设计中非常重要的一部分。利用 CSS 中的伪类可以方便地对表单中各种不同状态的表单元素进行选择，从而完成相应样式的定义和使用。

CSS 中和表单有关的常用伪类如表 4-4 所示。

表 4-4 表单相关伪类

伪　类	例　子	描　述
:focus	input:focus	选择获得焦点的 input 元素
:disabled	input:disabled	选择每个被禁用（即设置了 disabled 属性）的 input 元素
:enabled	input:enabled	选择每个启用（即未设置 disabled 属性）的 input 元素
:checked	input:checked	选择每个被选中的 input 元素
:required	input:required	选择有"required"属性指定的 input 元素
:optional	input:optional	选择没有"required"属性指定的 input 元素
:read-only	input:read-only	选择设置为只读（readonly 属性）的 input 元素
:valid	input:valid	选择条件验证正确的 input 元素
:invalid	input:invalid	选择条件验证不正确的 input 元素

1．:focus

:focus 选择器用于选取获得焦点的元素。

:focus 伪类使用的格式为：

selector: focus {property: value; … }

当:focus 伪类用于表单修饰的时候,最常见的用法为：

input: focus {property: value; … }

其作用是选取获得焦点的 input 元素。

2．:disabled

:disabled 选择器用于选取被禁用的元素。

:disabled 伪类使用的格式为：

selector: disabled {property: value; … }

当:disabled 伪类用于表单修饰的时候,最常见的用法为：

input: disabled {property: value; … }

其作用是选取被禁用的 input 元素。

3．:enabled

:enabled 选择器用于选取未被禁用的元素。

:enabled 伪类使用的格式为：

selector: enabled {property: value; … }

当:enabled 伪类用于表单修饰的时候,最常见的用法为：

input: enabled {property: value; … }

其作用是选取未被禁用的 input 元素。

4．:checked

:checked 选择器用于选取每个被选中的元素。

:checked 伪类使用的格式为：

selector: checked{property: value; … }

当:checked 伪类用于表单修饰的时候,最常见的用法为：

input: checked{property: value; … }

其作用是选取每个被选中的单选按钮或者复选框。

5．:required

:required 选择器用于选取被设置为必填的元素。

:required 伪类使用的格式为：

selector: required {property: value; … }

当:required 伪类用于表单修饰的时候,最常见的用法为：

input: required {property: value; … }

其作用是选取设置为必填的 input 元素。

6．:optional

:optional 选择器用于选取未设置 required 属性的元素。

:optional 伪类使用的格式为：

selector: optional{property: value; …}

当 :optional 伪类用于表单修饰的时候,最常见的用法为:

input: optional{property: value; …}

其作用是选取未设置 required 属性的 input 元素。

7. :read-only

:read-only 选择器用于选取设置了 readonly 属性的元素。

:read-only 伪类使用的格式为:

selector: read - only {property: value; …}

当 :read-only 伪类用于表单修饰的时候,最常见的用法为:

input: read - only {property: value; …}

其作用是选取设置为只读(readonly 属性)的 input 元素。

4.5.4 表单布局案例实践

视频讲解

【例 4-20】 实现如图 4-50 所示的商城登录页面。

完成此页面的具体步骤如下。

步骤 1:确定页面的总体布局。

该页面的布局十分简单,在页面中仅包含一个表单和一个块,即将页面整体划分为两块——form 表单(含各个表单元素)和 div 块(含文字和图片链接),如图 4-51 所示。具体每一块中包含相应的内容。

图 4-50　网页显示效果

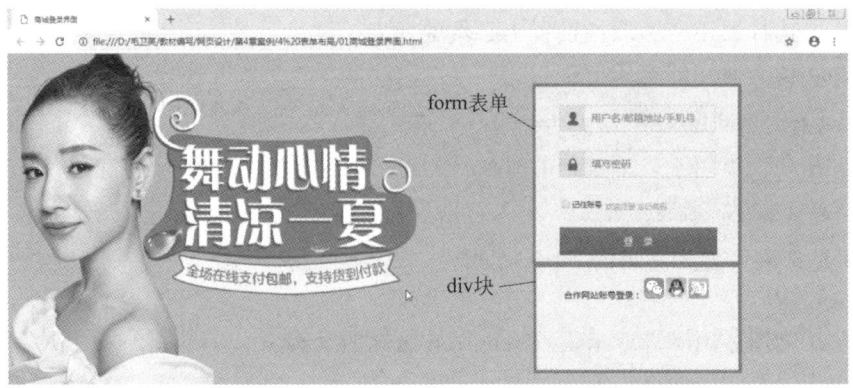

图 4-51　网页整体布局

具体页面结构代码如下:

```
/* 第一部分: form 表单 */
<form action = "#" method = "post" name = "form">
        <input type = "text" name = "user" placeholder = "用户名/邮箱地址/手机号">
        <input type = "password" name = "password" placeholder = "填写密码">
        <input type = "checkbox" name = "account" value = "1" id = "account">
        <label for = "account">记住账号</label>
        <div class = "reg">
                <a href = "#">欢迎注册</a>
                <a href = "#">忘记密码</a>
        </div>
        <input type = "submit" name = "submit" value = "">
</form>
/* 第二部分: div 块 */
<div class = "related">
                合作网站账号登录:
                <a href = "#"><img src = "images/demo1/weixin.png" alt = ""></a>
                <a href = "#"><img src = "images/demo1/qqlogin.png" alt = ""></a>
                <a href = "#"><img src = "images/demo1/taobao.png" alt = ""></a>
</div>
```

步骤 2: 设置页面主体 body 样式。具体代码如下:

```
body{
            background:url("images/demo1/dlbg.jpg") no - repeat top center;
    /* 设定网页背景图片、图片不重复、图片位置 */
            padding:50px 0 0 860px;          /* 通过 padding 控制网页内容的位置 */
}
```

步骤 3: 设置 form 表单及相关表单元素的样式。具体代码如下:

```
form{   /* 设置表单宽度、高度、背景颜色、内边距和边框 */
            width:248px;
            height:220px;
            background - color:#F5EAE8;
            padding:30px 40px;
            border:1px solid #F5EAE8;
}
input{
            display:block;          /* 设置 input 表单元素为块元素,使其换行排列 */
}
[type = "text"],[type = "password"]{     /* 使用属性选择器选定文本框和密码框 */
            width:250px;                /* 设置宽度 */
            height:38px;                /* 设置高度 */
            border:1px solid #CCC; /* 设置边框 */
            margin - bottom:30px;
    /* 设置下外边距,使其与下面的元素有 30px 的间隔 */
            font - size:16px;          /* 设置字体大小 */
            text - indent:50px;        /* 设置首行缩进,使元素内容不覆盖背景图片 */
}
[type = "text"]{                          /* 使用属性选择器选定文本框,设置背景图片 */
            background:url("images/4 - 20/zhanghao.jpg") no - repeat 0 - 2px;
}
```

```
[type = "password"]{                        /* 使用属性选择器选定密码框,设置背景图片 */
                background:url("images/4 - 20/mima.jpg") no - repeat 0 - 2px;
}
[type = "checkbox"]{                        /* 使用属性选择器选定复选框 */
                display:inline;             /* 设置为行内元素 */
                vertical - align:middle;    /* 设置垂直对齐方式为垂直居中 */
}
label{
                font - size:12px;           /* 设置字体大小 */
}
.reg{                                       /* 设置 reg 块的样式 */
                text - align:center;        /* 设置块内容水平居中 */
                font - size:12px;           /* 设置字体大小 */
                margin - top: - 18px;       /* 设置块上外边距,负值表示在原位置上移 18px */
}
.reg a{                                     /* 设置 reg 块内的超链接样式 */
                color:#999;                 /* 设置字体颜色 */
                text - decoration:none;     /* 设置无下画线 */
}
.reg a:hover{                               /* 设置 reg 块内悬停状态的超链接样式 */
                color:# F00;
                text - decoration:underline;
}
[type = "submit"]{                          /* 利用属性选择器设置按钮的样式 */
                width:255px;                /* 设置宽度 */
                height:44px;                /* 设置高度 */
                margin:25px auto;           /* 设置外边距,左、右外边距自动,则在父元素中居中 */
                background - image:url("images/but.jpg");      /* 设置背景图片 */
                border:none;                                   /* 设置无边框 */
}
```

步骤 4：设置 div 块及相关内容的样式。具体代码如下：

```
.related{
                width:330px;                    /* 设置宽度 */
                height:145px;                   /* 设置高度 */
                background - color:# F5EAE8;     /* 设置背景色 */
                border - top:1px solid # DDD;    /* 设置上边框 */
                padding - top:20px;             /* 设置上内边距 */
                text - align:center;            /* 设置水平居中 */
                font - size:14px;               /* 设置字体大小 */
}
```

通过以上 4 个步骤即完成如图 4-50 所示网页的表单制作。

4.6 表格及布局

表格是组织数据的一种有效方法,表格不仅仅用在文字处理上,在网页中的作用也非常重要,特别是在表现列表数据方面。

4.6.1 表格标签

1. 基本表格标签

表格是由行和列组成的二维表,每个表格均有若干行,每行有若干单元格。表格的每个部分分别由相应的标签进行定义。表格由< table >标签来定义。表格中的每一行均由< tr >标签定义,单元格由< td >标签定义。字母 td 指表格数据(table data),即单元格内容就是表格数据。单元格内容可以是文本、图片、列表、段落、表单、水平线、表格等。

示例代码如下:

```
< table border = "1">
    < tr >
      < td >1 行 1 列</td>
      < td >1 行 2 列</td>
    </tr>
    < tr >
      < td >2 行 1 列</td>
      < td >2 行 2 列</td>
 </tr>
</table >
```

在浏览器中显示的效果如图 4-52 所示。

2. 表头标签

表格的表头使用< th >标签(th 即 table head)进行定义。表头中的内容一般显示为粗体且居中。

将上例中的第一行< td >标签改为< th >表头标签,代码如下:

```
< table border = "1">
    < tr >
      < th >1 行 1 列</th>
      < th >1 行 2 列</th>
    </tr>
    < tr >
      < td >2 行 1 列</td>
      < td >2 行 2 列</td>
    </tr>
</table >
```

在浏览器中显示的效果如图 4-53 所示。

1行1列	1行2列
2行1列	2行2列

图 4-52　表格示例

1行1列	**1行2列**
2行1列	2行2列

图 4-53　表头标签示例

3. 表格标题标签

< caption >标签可以给表格定义一个标题。标题一般会被居中于表格之上。

< caption >标签必须紧随< table >标签之后使用,且只能为每个表格定义一个标题。

例如为上例中的表格增加一个标题,代码如下:

```
< table border = "1">
    < caption >表格标题在这里</caption>
    < tr >
      < th >1 行 1 列</th>
      < th >1 行 2 列</th>
    </tr>
    < tr >
      < td >2 行 1 列</td>
      < td >2 行 2 列</td>
```

```
    </tr>
</table>
```

在浏览器中显示的效果如图 4-54 所示。

表格标题在这里

| 1行1列 | 1行2列 |
| 2行1列 | 2行2列 |

图 4-54　表格标题

4.6.2　合并单元格

在网页中,大家经常会需要用到一些复杂的不规则表格。如图 4-55 所示,表格第一行由两个单元格合并成一个单元格。

合并单元格的功能分为"合并左右列"和"合并上下行"两种,图 4-55 中就是使用了合并左右列的方法。

1. 合并左右列

合并左右列需要设置单元格标签< td >或< th >的 colspan 属性,取值为准备合并的列数。其格式为:

`< td colspan = "2">`

这表示合并两列的意思,colspan 属性是从左往右合并单元格,因此只保留最左边的< td ></td >标签,其他的< td ></td >标签就不需要了。代码如下:

```
< table border = "1">
    < tr >
        < td colspan = "2">我的成绩单</td>          ← 这里只保留一组<td></td>标签
    </tr>
    < tr >
        < td >语文</td>
        < td > 100 </td>
    </tr>
    < tr >
        < td >数学</td>
        < td > 96 </td>
    </tr>
</table>
```

我的成绩单	
语文	100
数学	96

图 4-55　合并左右列

在浏览器中的显示效果如图 4-55 所示。

2. 合并上下行

合并上下行需要设置单元格标签< td >或< th >的 rowspan 属性,取值为准备合并的行数。其格式为:

`< td rowspan = "3">`

这表示合并 3 行的意思,rowspan 属性是从上往下合并单元格,因此只保留最上边的< td ></td >标签,下面其他行的< td ></td >标签就不需要了。代码如下:

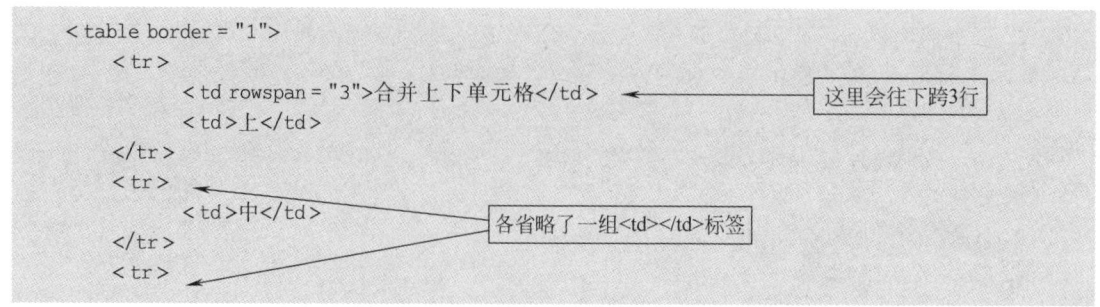

```
< table border = "1">
    < tr >
        < td rowspan = "3">合并上下单元格</td>     ← 这里会往下跨3行
        < td >上</td>
    </tr>
    < tr >
        < td >中</td>                             ← 各省略了一组<td></td>标签
    </tr>
    < tr >
```

```
        <td>下</td>
    </tr>
</table>
```

在浏览器中的显示效果如图 4-56 所示。

4.6.3　表格的样式

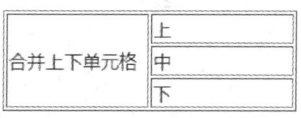

图 4-56　合并上下行

虽然在< table >标签中有相关属性可以设置表格的边框、宽度、高度等 HTML 属性,但是 Web 标准推荐使用 CSS 属性设置表格的样式,因为这样更方便、更高效,同时对表格格式的控制也更加精确。实践证明,CSS 可以极大地改善表格的外观。

1. 选择器类型的选择

当利用 CSS 为表格定义样式时,选择器类型的选择可以根据不同的运用场景来确定。

- 标签选择器:如果需要控制页面中所有的表格相关标签(< table >、< tr >、< td >、< th >、< caption >等)的样式,则选择采用标签选择器是最方便的。
- 类选择器:如果需要控制一个页面中的某几个表格相关标签的样式是相同的,这时用类选择器会比较方便。
- id 选择器:如果需要控制一个页面中的某一个表格相关标签的样式,这时用 id 选择器是最好的选择。
- 后代选择器:如果需要将以上定义的表格样式仅作用于指定的范围内,可以用后代选择器实现。

2. 表格的相关 CSS 属性

用于控制表格样式的 CSS 属性,包括文字字体相关的属性、背景相关的属性、布局方框相关的属性等,具体用法参考第 3 章。

除了通用的属性以外,CSS 还规定了以下专用于表格的属性。

1) border-collapse 属性

用法:border-collapse:separate | collapse

border-collapse 属性的默认值为 separate(边框分离)。

表格默认具有双线条边框,因为< table >、< th >以及< td >元素都有独立的边框。如果需要把表格显示为单线条边框,可设置 border-collapse 属性值为 collapse(边框折叠),表示把双线条边框折叠为单线条边框。

2) border-spacing 属性

设置相邻单元格的边框间的距离(仅用于"边框分离"模式)。

用法:border-spacing:length length

border-spacing 属性可以设置一个值,表示水平间距和垂直间距相同;也可以设置两个值,第一个值用于垂直间距,第二个值用于水平间距。

3) caption-side 属性

设置表格标题的位置。

用法:caption-side:top|bottom

caption-side 属性的默认值为 top,即表格标题位于表格的上方。若将该值设置为 bottom,则将表格标题显示于表格的下方。

3. 表格隔行变色

若表格中包含大量的数据,有非常多的行和列,如果表格的每一行都采用相同的颜色,对于长期面对显示器的人来说,是经常找不到数据的,这时就需要隔行变色了。

如果要实现隔行变色,利用类选择器给奇数行和偶数行分别定义不同的样式就可以了。

【例 4-21】 在网页中实现如图 4-57 所示的隔行变色表格。

主要代码如下:

标题一	标题二	标题三	标题四
1	1	1	1
2	2	2	2
3	3	3	3
4	4	4	4

图 4-57　隔行变色表格

视频讲解

```css
.odd{   /*定义奇数行样式*/
    background-color:antiquewhite;
}
.even{   /*定义偶数行样式*/
    background-color: aquamarine;
}
table{   /*定义表格样式:边框折叠、边框、宽度*/
    border-collapse: collapse;
    border:1px solid #CC;
    width:400px;
}
td,th{
    border:1px solid #CCC;
}
```

```html
<table>
    <tr>
        <th>标题一</th>
        <th>标题二</th>
        <th>标题三</th>
        <th>标题四</th>
    </tr>
    <tr class="odd">
        <td>1</td>
        <td>1</td>
        <td>1</td>
        <td>1</td>
    </tr>
    <tr class="even">
        <td>2</td>
        <td>2</td>
        <td>2</td>
        <td>2</td>
    </tr>
    <tr class="odd">
        <td>3</td>
        <td>3</td>
        <td>3</td>
        <td>3</td>
    </tr>
    <tr class="even">
        <td>4</td>
```

174

```
        <td>4</td>
        <td>4</td>
        <td>4</td>
    </tr>
</table>
```

4.6.4 表格的特征

如果在定义表格相关的 CSS 样式时,有些属性特征没有显式指定,这时表格按照自己的默认特征来显示。这些默认特征主要如下:

(1) 表格默认没有边框。

(2) 表格设置宽度但没有给单元格设置宽度时,单元格默认平分表格的宽度。

(3) 表格的同一行的高度取该行中单元格高度的最大值。

(4) 表格的同一列的宽度取该列中单元格宽度的最大值。

(5) 单元格设置 margin 属性无效。

(6) th 的内容默认加粗,且上下、左右居中显示。

(7) td 的内容默认上下居中,左对齐显示。

(8) 单元格内容可以是表格以及 div、p、a、img 等 HTML 中所有的元素。

4.6.5 表格布局及案例实践

1. 两种表格布局

1) HTML Table 布局

早期或传统的网页设计所指的表格布局就是利用 HTML 中的<table>标签进行网页内容的定位,通常称这种表格布局为 HTML Table 布局。目前,在大多数 Web 开发环境中已经不用<table>标签来做网页布局了,取而代之的是 DIV+CSS,为什么不用这种方法了呢?

(1) 用 DIV+CSS 编写出来的文件的大小比用 HTML Table 实现的要小。

(2) table 必须在页面完全加载后才显示,在没有加载完毕前,table 显示为一片空白。也就是说,需要页面加载完毕才显示,而 DIV 是逐行显示,不需要页面加载完毕,可以一边加载一边显示。

(3) 非表格内容用 table 来装,不符合标签语义化要求,不利于 SEO(搜索引擎优化)。

(4) table 的嵌套性太多,用 DIV 代码会比较简洁。

2) CSS Table 布局

不可否认的是,表格这种布局方式也有其优势。如果在网页设计中恰好需要一种类似于表格的布局方式应该怎么办呢? 如果按照 DIV+CSS 这种方式来实现一个表格其实是比较烦琐的,但传统的 Table 布局又有很多不足。幸运的是,随着 CSS 标准的不断发展,在 CSS3 中可以利用 CSS 属性模拟实现 HTML Table 布局。为了和传统的 HTML Table 相区别,把这种表格布局称为 CSS Table。适当地调整 CSS 属性,CSS Table 能做到许多 HTML Table 不能完成的事情。

2. CSS Table 的相关属性

CSS Table 布局通过设置<div>标签的 display 属性值为 table 等来实现,首先介绍一下与此相关的各个 display 属性值,它们的作用与<table>、<tr>、<td>等标签是对应的。

和 CSS Table 相关的常用 display 取值如下。

- table：标签作为表格显示，作用类似于< table >标签。
- table-row：标签作为表格行显示，作用类似于< tr >标签。
- table-cell：标签作为单元格显示，作用类似于< th >、< td >标签。

下面通过一些具体的例子来说明各个属性值的用法。

视频讲解

1) 实现表格布局

【例 4-22】 利用 CSS Table 实现如图 4-58 所示的表格布局。

数据11	数据12	数据13
数据21	数据22	数据23

图 4-58　CSS Table 显示效果

其中主要代码如下：

```
div{
    border:2px solid #999;
    text - align: center;
}
.table{  /*定义表格样式：宽度、元素类型、边框*/
    display: table;
    width:600px;
}
/*定义表格行样式*/
.table - row{
    display: table - row;
    width:100%;
}
/*定义表格单元格样式*/
.table - cell{
    display: table - cell;
    width:33.33%;
}

< div class = "table">
    < div class = "table - row">
      < div class = "table - cell">数据 11 </div>
      < div class = "table - cell">数据 12 </div>
      < div class = "table - cell">数据 13 </div>
    </div>
    < div class = "table - row">
      < div class = "table - cell">数据 21 </div>
      < div class = "table - cell">数据 22 </div>
      < div class = "table - cell">数据 23 </div>
    </div>
</div>
```

在浏览器中的显示效果如图 4-58 所示。

2) 动态垂直居中对齐

视频讲解

【例 4-23】 利用 CSS Table 实现大小不固定图片在其父元素中水平、垂直居中，如图 4-59 所示。

其中主要代码如下：

```
p{                                    /*实现段落文字居中*/
        text-align:center;
}
.content{
        display: table;               /*实现<table>标签的作用*/
        width: 80%;
        height: 400px;
        margin: 10px auto;            /*左右外边距自动,实现该块网页中居中*/
}
.img-box{
        display: table-cell;          /*实现单元格的作用*/
        border: 1px solid red;
        background: lightblue;
        font-size: 0px;               /*设置字体大小为0*/
        vertical-align: middle;       /*实现单元格垂直对齐为居中*/
        text-align: center;           /*实现单元格水平对齐为居中*/
}

<p>图片垂直居中于父元素中</p>
<div class = "content">
        <div class = "img-box"><img src = "img/p2.jpg"/></div>
</div>
```

在浏览器中的显示效果如图 4-59 所示。

图 4-59   任意大小的图片在父元素中居中

在该例中,由一个 div 元素实现表格的作用,其宽度为网页宽度的 80%,自动居中;另一个 div 实现单元格作用,设置水平、垂直对齐均为居中。实际上垂直居中的位置是将图片 img 元素的中线与(单元格中线+字符 x 一半高度)的位置对齐,现在设置字体大小为 0,则字符 x 一半高度的值为 0,如此垂直居中的位置就是将图片 img 元素的中线与单元格中线的位置对齐,即真正意义上的垂直居中。

3) 自动平均划分每个小模块,使其在一行显示

【例 4-24】   利用 CSS Table 实现多个块同行显示于父元素中,且宽度自动平均划分,如图 4-60 所示。

视频讲解

使用 HTML+CSS 布局网页

图 4-60　多个块同行排列

对于上面这种布局,可用前面介绍的两种方法来实现。

- float:利用 float 属性可以实现块的同行排列,通过设置 5 个块的 float 属性可实现。
- display:inline-block:通过把每个块元素设置成 display:inline-block,将块元素转换成行内块元素,也可以实现同行排列。

但是以上两种方法都需要给元素设置一个宽度,使得所有元素的宽度之和小于父元素的宽度。如果在同一行内需要增加块数,那么需要对这些块元素重新计算宽度。

如果通过 CSS Table 来实现这个布局,就不会出现这种情况,只要将需要同行排列的块元素设置成 display:table-cell。即使不设置宽度,它们也会在一行显示,甚至当块数增加以后也不会掉下来,依旧会在一行显示。

其中主要代码如下:

```
ul{
    display: table;
    width:100%;
    padding:20px;
    border:1px solid red;
    box-sizing: border-box;
}
li{
    display: table-cell;
    height:100px;
    line-height: 100px;
    border:1px solid #CCC;
    text-align: center;
}
<ul>
    <li>1</li>
    <li>2</li>
    <li>3</li>
    <li>4</li>
    <li>5</li>
</ul>
```

4.7 内联框架

内联框架的作用,简单地说就是允许网页设计者在一个网页中嵌入另一个网页。

4.7.1 内联框架的基本用法

在 HTML 中使用< iframe >标签定义内联框架。其使用格式为:

`< iframe src = "URL"></iframe >`

其常用属性如下。

- src 属性:src 属性规定在内联框架中显示的网页的 URL 地址。
- width 和 height 属性:width 和 height 属性设置内联框架在网页中所占的宽度和高度。
- name 属性:name 属性用于内联框架的命名,使其可在其他链接中作为链接目标。
- scrolling 属性:scrolling 属性规定是否在 iframe 中显示滚动条。
  若 scrolling 取值为 auto,表示在需要的情况下显示滚动条(默认值)。
  若 scrolling 取值为 yes,表示始终显示滚动条(即使不需要)。
  若 scrolling 取值为 no,表示从不显示滚动条(即使需要)。
- frameborder 属性:frameborder 属性用于指定是否显示内联框架的边框,属性值为"0"表示不显示边框,属性值为"1"表示显示边框。例如:

`< iframe src = "landscape.html" width = "200" height = "200" frameborder = "0"></iframe >`

提示:通过< iframe >标签属性 name="框架名"与< a >标签属性 target="框架名"相联系,当单击超链接时,链接目标网页就会出现在指定的框架内。这里超链接的格式为:

`< a href = "目标文件名.html" target = "框架名">链接源</a>`

除了事先指定的框架名外,< a >标签中的 target 属性还可取如下值。

- target="_blank":浏览器总在一个新打开、未命名的窗口中载入目标文档。
- target="_self":目标文档被载入并显示在相同的框架或者窗口中,代替正在显示的链接源所在的那个文件,此为默认值。
- target="_parent":目标文档载入父窗口或者包含超链接引用的框架的框架集。如果这个引用是在窗口或者在顶级框架中,那么它与目标_self 等效。
- target="_top":目标文档载入包含这个超链接的窗口,用_top 将会清除所有被包含的框架,并将文档载入整个浏览器窗口。

这些 target 的值都以下画线开始。任何其他用一个下画线作为开头的窗口或者目标都会被浏览器忽略,因此不要将下画线作为文档中定义的任何框架 name 或 id 的第一个字符。

4.7.2 内联框架布局案例实践

由于< iframe >标签在网页上开辟了一块区域,所以在某些特定的情况下,内联框架可方便地实现特定的布局。

【例 4-25】 利用内联框架实现如图 4-61 所示的网页。当单击左侧导航条中的不同超链接时,将在右侧的内联框架中显示不同的网页。

视频讲解

使用 HTML+CSS 布局网页

图 4-61   内联框架案例

其中主要代码如下:

```css
* {
    list - style:none;
    margin:0;
    padding:0;
    text - decoration:none;
}
.top, .bottom {
    width:100 % ;
    height:40px;
    background:#63F;
    line - height:40px;
    text - align:center;
    font - weight:bold;
    color:#FFF;
}
.content {
    width:100 % ;
    height:640px;
}
.cleft {
    float:left;
    width:200px;
    height:640px;
    background:#69F;
}
.cright {
    height:640px;
    background:pink;
    margin - left:200px;
}
.cleft li {
    width:100 % ;
    height:40px;
    border - bottom:1px dashed #CCC;
    line - height:40px;
```

```
        text - align:center;
    }
    iframe{
        width: 100%;
        height: 100%;
    }

< div class = "container">
    < div class = "top">个人学习管理平台</div>
    < div class = "content">
        < div class = "cleft">
         < ul >
            < li >< a href = "http://www.tmall.com" target = "box">天猫</a></li>
            < li >< a href = "http://www.baidu.com" target = "box">百度</a></li>
            < li >< a href = "http://www.jd.com" target = "box">京东</a></li>
            < li >< a href = "http://www.sina.com" target = "box">新浪</a></li>
         </ul >
        </div >
        < div class = "cright">
            < iframe src = " http://www.tmall.com " name = "box"></iframe >
        </div >
    </div >
    < div class = "bottom">网页设计学习小组</div>
</div>
```

4.8　CSS 进阶应用

经过第 3 章及本章前面部分内容的学习,读者对 CSS 应用和布局有了较全面的了解,有了这些准备,就有能力设计并实现各种常见的专业网页了。当然,要开发出一个专业的网站,也要注重各个细节的处理,例如网站 logo、图标等。另外,在开发网站的过程中,如果遵守一定的方法和技巧,将会加快和简化整个开发流程。

4.8.1　网页 logo 应用

网站 logo 是网站的一部分,就一个网站来说,logo 就是网站的名片,是网站头像。对于一个专业的商业网站,logo 更是它的灵魂所在,即所谓的"点睛"之笔。

那么如何在自己的网页中应用 logo 呢? 一般来说,只要经过以下几步就可以实现了。

(1) 首先要根据网站 logo 的定位和意义设计出网站 logo 图标。

对于网站 logo 的大小,建议是 16×16 或者 32×32,再大是完全没有必要的,效果不见增加,还可能影响网站速度。logo 图标最好是 ICO 格式的,有时候 PNG、JPG 格式也可以。logo 文件的命名必须为 favicon.ico。

(2) 将设计完成的 logo 文件保存到网站的根目录或者相应的子目录中。

如果将 favicon.ico 文件放置于根目录下,多数浏览器可自动检测并直接使用它作为网站 logo。但为了各种浏览器的兼容,最好加上步骤(3)。

(3) 在相应的网页的头部< head ></head >标签之间加上相应代码:

```
< link rel = "shortcut icon" type = "image/x - icon" href = "favicon.ico">
```

提示：<link>是 HTML 中的标签，用于与外部其他文件建立链接，最常见的用法是使用<link>标签链接外部的 CSS 样式表文件。例如打开"浙江大学"的首页，查看源代码，如图 4-62 所示。

```
<link type="text/css" href="/_css/_system/system.css" rel="stylesheet"/>
<link type="text/css" href="/_upload/site/1/style/1/1.css" rel="stylesheet"/>
<link type="text/css" href="/_upload/site/00/03/3/style/12/12.css" rel="stylesheet"/>
<link type="text/css" href="/_js/_portletPlugs/simpleNews/css/simplenews.css" rel="stylesheet" />
<link type="text/css" href="/_js/_portletPlugs/datepicker/css/datepicker.css" rel="stylesheet" />
<link type="text/css" href="/_js/_portletPlugs/sudyNavi/css/sudyNav.css" rel="stylesheet" />
```

图 4-62　浙江大学 Web 服务器首页的源代码截图

<link>标签常用的属性如下。

* rel：定义当前文档与被链接文档之间的关系，例如"stylesheet"表示调用外部 CSS 样式表文件；"shortcut icon"表示调用 icon 图标文件。
* type：type 属性规定被链接文档的 MIME 类型。例如 MIME 类型"text/css"描述样式表；MIME 类型"image/x-icon"描述 icon 图标。关于 MIME 类型，详见"1.1.3 基本 Web 技术"。
* href：定义被链接文档的 URL 地址。

应用了网站 logo 的页面，在 Dreamweaver CC 2017 中实时预览页面的时候，网站 logo 不可见，需要直接用浏览器打开网页才可见。

4.8.2　阿里图标应用

如果要制作精美、专业的网页，图标是必不可少的。如果要实现各种各样信息的直观展示，也离不开各种图标的帮助。随着各类网站的不断精美化，图标的地位也在网页制作中不断提高。

在 Web 网站发展的近十年中，图标的使用方式在不断更替。总的来说，这个过程大致可分为 3 个阶段。

1. 单独图标图片时代

最开始图标的使用量不大，一个网站大约 10 张左右，那时把设计好的每个图标直接保存为一个 PNG 或者 GIF 格式的图片，哪里需要图标，就直接使用对应图标的图片，可能现在还有不少企业网站使用这种方式。

2. 多图标放一个文件时代

随着网站的发展及网速的限制，图标的使用量逐渐多了。为了让用户的体验更好，有的网站把网站中用到的多个图标放到一个 PNG 或 GIF 格式的图片文件里，在需要使用图标的时候，把该图片文件设置为相应标签的背景图片，而通过控制背景图片的图片位置（对应 CSS 中的 background-position 属性）选用不同的图标，即 3.5.1 节介绍的精灵图技术。这种方式的好处是用户打开网站的时候只需要加载一次图片文件。例如著名的 W3school 网站目前采取的就是这种方式。图 4-63 所示为 W3school 官网的效果图，图 4-64 所示为 W3school 官网采用的图标文件。

3. 字体图标时代

上面两个阶段都是将图标保存为图片文件。如果两个图标的内容一样，只是大小不同，用上面两种方式需要做两个甚至更多的图标。在这种情况下出现了字体图标，字体图标的优势是用户可以像控制字体一样控制图标的大小及颜色，且在使用的时候就像使用字体一样直接调用即可。

图 4-63　W3school 官网

图 4-64　W3school 官网采用的图标文件

那么怎么使用这种字体图标呢？目前大多数人使用的是阿里巴巴 iconfont 矢量图标库，其官网的网址为"http://www.iconfont.cn"，在该网站上有上万的图标供用户选择且免费使用。选择好后加入到自己的项目，然后直接打包下载就可以了，非常方便。

iconfont 字体图标的使用步骤如下：

（1）进入阿里巴巴矢量图标库官网（http://www.iconfont.cn），如图 4-65 所示，单击"登录"按钮，进入登录界面，如图 4-66 所示。

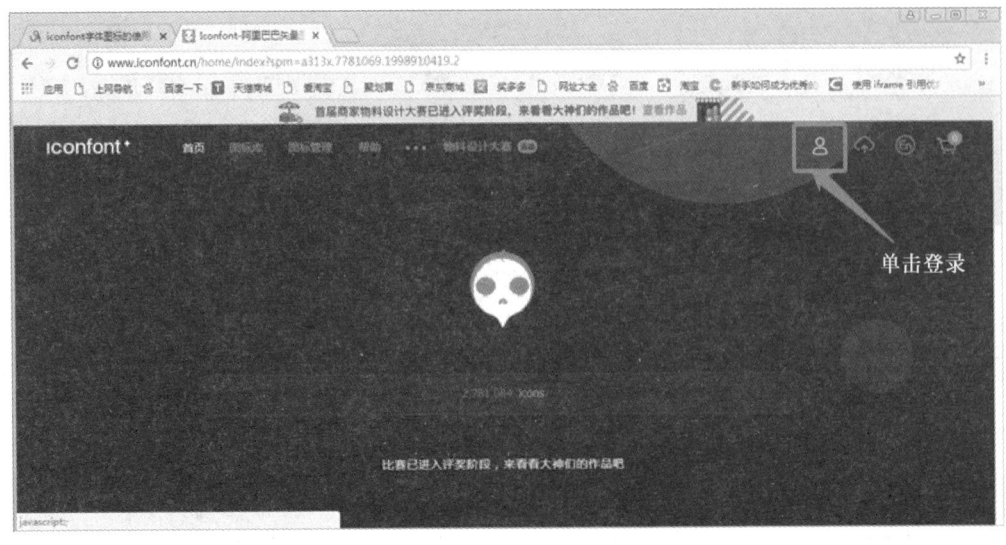

图 4-65　阿里字库官网

图 4-66　登录界面

登录方式有 3 种选择。

- Github 账号登录：适合已经注册了 Github 网站账号的用户。
- 阿里域账号登录：仅限于阿里员工用户。
- 新浪微博账号登录：如果前两种账号都没有，可以注册一个新浪微博账号，然后用这种方式登录。

（2）成功登录后，单击"图标管理"，进入"我的项目"，如图 4-67 所示。

（3）如图 4-68 所示，单击"新建项目"创建项目，此后将用此项目保存自己选用的图标。

在"新建项目"对话框中填写项目名称，其他相关信息可以自己设置，也可以选用默认值，如图 4-69 所示。

（4）新建项目完成后，单击搜索图标库，如图 4-68 所示，找到需要的图标，然后添加入库。例如搜索关键字"购物"，找到相关字体图标，如图 4-70 所示。

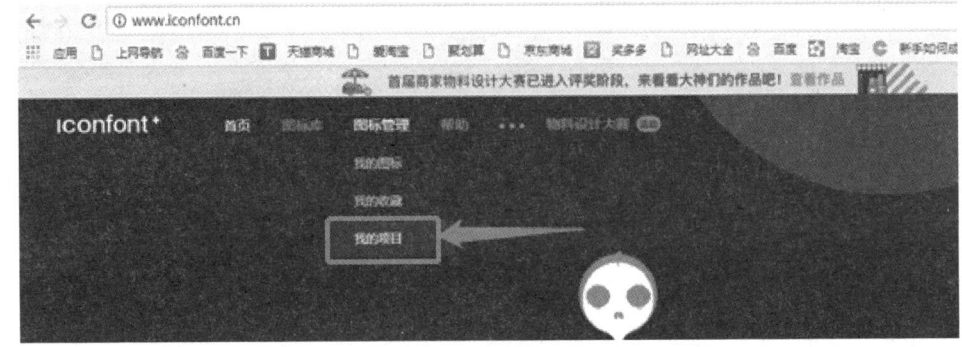

图 4-67　进入"我的项目"

图 4-68　新建项目

图 4-69　设置项目信息

图 4-70　搜索"购物"图标

选择搜到的第一个图标,如图 4-71 所示,单击"红色购物车"图标,将第一个图标入库。接下来,用类似的方法添加其他图标入库。

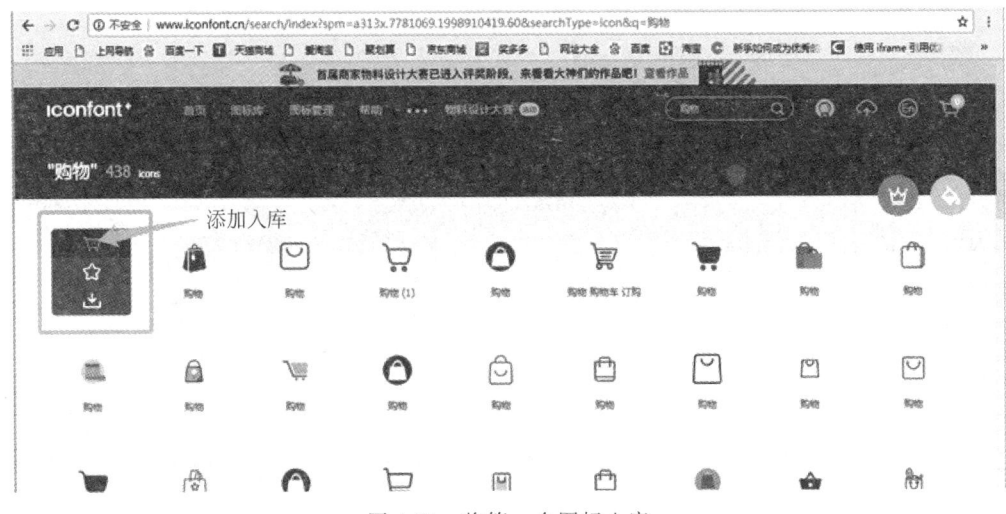

图 4-71　将第一个图标入库

将选中的图标添加入库之后，购物车徽章数字将显示已添加图标的数量，如图 4-72 所示。

图 4-72　购物车徽章数字显示购物车中图标的数量

（5）如图 4-72 所示，单击右上角的购物车图标，然后单击"添加至项目"按钮，如图 4-73 所示，选择刚创建的项目并确定，将自动跳转到对应的项目，如图 4-74 所示，其中列出了 test 项目已选择的 4 个图标。

（6）如图 4-74 所示，单击"下载至本地"，将打包好的字体文件下载到本地。下载下来解压缩后的文件夹如图 4-75 所示。

（7）使用下载的字体图标。将解压缩后得到的文件夹 download（该文件夹名称可以在解压缩时自行定义）复制到相应的网站目录中，并在相应的网页文件中引用解压缩文件夹中的 iconfont.css 文件，如图 4-76 所示。在 iconfont.css 文件中定义了用户选择下载的各种图标的样式，如图 4-77 所示。

在网页中插入相应的字体图标，方法很简单，创建一个<i>标签或者<span>标签，添加两个类名，一个固定是 iconfont，另一个是用户想要的图标对应的类名（此处是 icon-xiazai49，该类名对应下载的第一个图标），如图 4-78 所示。

图 4-73　添加至指定项目

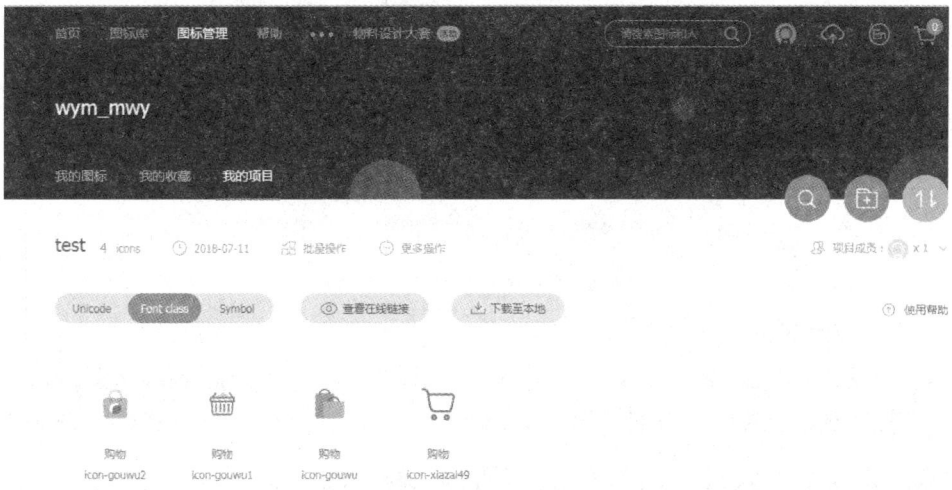

图 4-74 指定项目中已选定的图标

名称	修改日期	类型	大小
demo.css	2018/4/15 9:28	层叠样式表文档	7 KB
demo_fontclass.html	2018/4/15 9:28	Chrome HTML D...	3 KB
demo_symbol.html	2018/4/15 9:28	Chrome HTML D...	5 KB
demo_unicode.html	2018/4/15 9:28	Chrome HTML D...	5 KB
iconfont.css	2018/7/9 16:24	层叠样式表文档	4 KB
iconfont.eot	2018/4/15 9:28	EOT 文件	4 KB
iconfont.js	2018/4/15 9:28	JScript Script 文件	10 KB
iconfont.svg	2018/4/15 9:28	Chrome HTML D...	9 KB
iconfont.ttf	2018/4/15 9:28	TrueType 字体文件	4 KB
iconfont.woff	2018/4/15 9:28	WOFF 文件	3 KB

图 4-75 下载文件的解压缩目录

```
<head>
<meta charset="utf-8">
<title>无标题文档</title>
<link rel="shortcut icon" href="ico/favicon.ico"/>
<link rel="stylesheet" type="text/css"href="download/iconfont.css">
```

引用下载的外部字体图标样式表文件

图 4-76 在网页中引用 iconfont.css 文件

```
10 ▼ .iconfont {
11      font-family:"iconfont" !important;
12      font-size:16px;
13      font-style:normal;
14      -webkit-font-smoothing: antialiased;
15      -moz-osx-font-smoothing: grayscale;
16  }
17
18   .icon-xiazai49:before { content: "\e61e"; }
19
20   .icon-gouwu:before { content: "\e612"; }
21
22   .icon-gouwu1:before { content: "\e617"; }
23
24   .icon-gouwu2:before { content: "\e607"; }
```

图 4-77 iconfont.css 文件内容截图

图 4-78　在网页中加入 4 个图标

该网页的显示效果如图 4-79 所示。

图 4-79　图标显示效果

4.8.3　CSS 代码复用

　　一个项目随着页面的增多,CSS 的代码数量也在飙升。这一方面使得网页的加载速度比较慢;另一方面对于网站的维护人员来说,代码量增多,很多时候不能确定每一段代码的具体使用位置,故不能轻易改动代码,严重影响了网站的维护效率。因此,CSS 样式复用的重要性就可想而知了。CSS 代码复用,简单理解就是相同的代码不重复编写,一个代码可以多次使用。CSS 代码的复用可以使得 CSS 代码易于管理和维护,同时又能减小 CSS 文件的大小,加快网页的显示速度。

　　实现代码重用的策略主要有:

- 外部样式表文件;
- CSS 类选择器和 HTML 标签的 class 属性;
- CSS reset 重置样式;
- CSS 样式重用;
- 模块化。

1. 外部样式表文件

将 HTML 页面中的 CSS 样式分离出来,成为单独的 CSS 文件,这样一个样式表文件可以由多个页面使用,这对于一些公共样式的重用是很有用的。

2. CSS 类选择器和 HTML 标签的 class 属性

CSS 类选择器允许在同一个网页中使用多次,如果多个标签的样式完全相同,本来要分别给多个标签定义相同样式,而通过使用类选择器,利用标签的 class 属性设置指定类选择器即可使用一种样式,设置多个标签的样式。

例如设置如下类选择器:

```
.red{color:red;}
```

所有想让文字显示红色的标签都可以应用这个样式。例如:

```
< h1 class = "red ">我是最大的标题</h1 >
< p class = "red ">我是一个段落</p >
< div class = "red ">我是一个 div 块</div >
```

3. CSS reset 重置样式

浏览器对于标签是有默认样式的,例如< a >标签默认有下画线,< li >标签默认有一个小圆点,等等。然而不同的浏览器对于这些元素的默认样式有时候不尽相同,为了统一各种浏览器对元素默认样式的差异,需要重置部分标签的样式。一般而言,CSS 重置如图 4-80 所示的这些样式就够了。如果在实际网站设计中有些标签没有用到,那么还可以根据实际情况删减一些。

4. CSS 样式重用

对于大型的网站,一些常用的 CSS 规则,例如 text-align、float、border、positon 等重复出现,有可能几十次,甚至更多。如果按照常规的做法,那么关于这些规则的定义会在多个样式中不断重复。但是如果将以上这些常用的 CSS 规则定义成单独的样式,然后当需要这些规则的时候,在相应标签的 class 属性上加上相应的样式就可以组合得到需要的样式。

例如,如图 4-81 所示,我们需要在网页中实现该块。依照普通的写法,该块的样式可能如下:

```
body{
    font-family: 微软雅黑;
    font-size:14px;
}
body,div,p,h1,h2{
    margin: 0;
    padding: 0;
}
ul,li{
    margin: 0;
    padding: 0;
    list-style-type: none;
}
a{
    text-decoration: none;
}
button{
    border: none;
    outline: none;
}
```

图 4-80　CSS 重置样式

本主题最后由lotus于2010-07-02 02:24:20编辑过

图 4-81　网页内容

```
.topic_edit_box{
        display:inline - block;
        border:1px solid ♯DDD;
        background: ♯F7F7F7;
        padding:20px 40px;
}
< div class = "topic_edit_box">
    本主题最后由 lotus 于 2010 - 07 - 02 02:24:20 编辑过
</div >
```

按照前面所说的,若常用的一些 CSS 规则频繁重复,可以单独定义样式,在需要的时候通过重用 CSS 样式组合成需要的最终样式。按照这种 CSS 样式重用的思想,这段代码可以改写成如下:

```
.dib{display:inline - block;}
.bdd {border:1px solid ♯DDD;}
.bgf7{background: ♯F7F7F7;}
.p20_40{padding:20px 40px;}

<div class = "dib bdd bgf7 p20_40">
    本主题最后由 lotus 于 2010 - 07 - 02 02:24:20 编辑过
</div>
```

在实际网站开发中,可以将常用的 CSS 样式进行定义,如下所示:

```
.fl{float:left;}
.fr{float:right;}
.clear{clear:both;}
.tc{text - align:center;}
.tr{text - align:right;}
.tl{text - align:left;}
.tdl{text - decoration:underline;}
.tdn,a.tdl:hover,a.tdn:hover{text - decoration:none;}
.b{font - weight:bold;}
.n{font - weight:normal; font - style:normal;}
.vm{vertical - align:middle;}
.vtb{vertical - align:text - bottom;}
.vt{vertical - align:top;}
.vn{vertical - align: - 2px;}
.fa{font - family:arial;}
.ft{font - family:tahoma;}
.fw{font - family:"微软雅黑"}
.fs{font - family:'宋体';}
```

这些常用 CSS 样式跟具体的项目和业务无关,所以这些 CSS 样式可以应用到任何的项目当中。CSS 样式在定义的时候规则越单一,其可重用性就越高。但是,当一个标签引入的 CSS 样式越来越多的时候,这个标签的 class 属性值也会快速"膨胀"起来。一般来说,class 属性值的个数最多不要超过 4 个。

5. 模块化

站点内容越来越多、代码越来越臃肿,渐渐影响到了客户端的体验(主要是打开速度),影响到了维护的效率。有什么方法可以解决这些问题呢?大家很容易就想到减少代码冗余、提高代码重用率、图片压缩等,但这些要如何实现呢?通过模块化开发可以解决,既可以有效减少代码冗余、提高代码重用率,更重要的是可以支持多人维护,降低维护成本。

模块化是指解决一个复杂问题时自顶向下逐层把软件系统划分成若干模块,每个模块完成一个特定的子功能,所有的模块按某种方法组合起来成为一个整体,完成整个系统所要求的功能。

对于要开发的较为复杂的网站,网页设计者可以按照模块化的思想,将网站划分为各个模块,将功能相同或者相似的重复出现的部分定义为一个模块。当需要在页面中加入指定的模块时,只要通过引入相应的 CSS 文件,再简单复制相应的 HTML 代码就可以实现了。

在进行模块划分的时候,一般针对页面元素(例如网站通用按钮、通用选项卡、通用小图标)或是页面的一些固定框架结构等进行模块化。

例如,某图书馆网页的内容截图如图 4-82 所示,若采用模块化开发,应该如何划分模块?很明显,可以划分成 6 块,如图 4-83 所示。

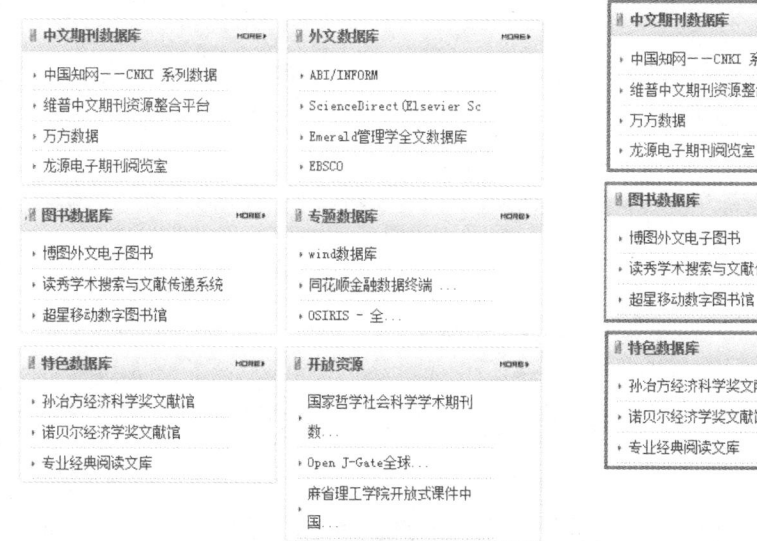

图 4-82　图书馆网页截图

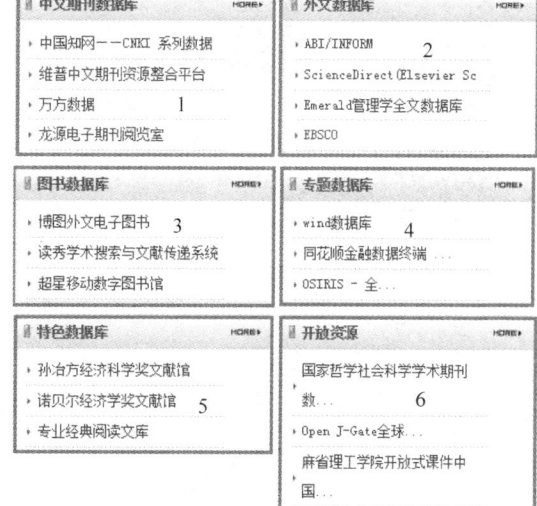

图 4-83　图书馆网页区块的划分

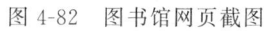

　　但仔细观察，大家会发现这些模块比较相似，这些相似的部分如果分别在每个模块里都写一遍，一方面增加了冗余的代码量，另一方面如果需要修改相似部分的代码，每个模块都需要修改，增加了维护成本。此时可以将这些相似的部分提取出来，再进一步拆分成更小的模块。根据这种思想，可以将每个块都拆成两个模块，如图 4-84 所示。如此一来，每个模块相对独立，和其他模块没有重复的地方，模块的重用率提高。

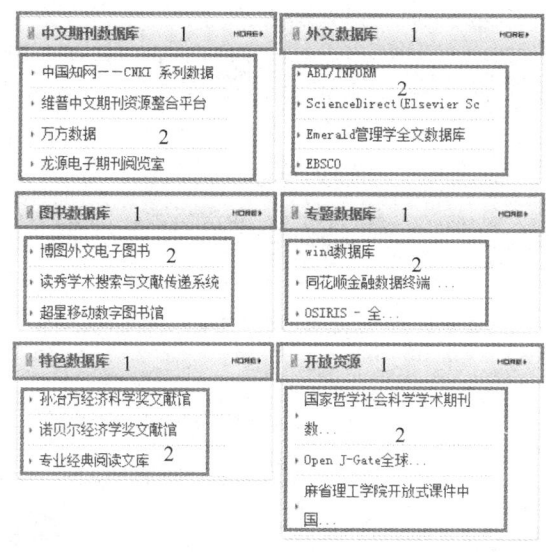

图 4-84　模块细化

　　在拆分模块时，模块与模块之间尽量不要包含相同的部分，如果有相同部分，应将它们提取出来，拆分成一个独立的模块，并且将模块拆得尽可能简单，以提高弹性。但模块的功能越简单，越容易导致数量的相应增加，增加了维护难度。所以，在拆分模块时应该在"数量"和"简单"之间取一个最合适的平衡点。

使用 HTML＋CSS 布局网页

4.8.4 CSS 进阶应用案例实践

视频讲解

【例 4-26】 实现如图 4-85 的天猫商城顶部导航页面。

从该图可见,页面应用了网站 logo 图标,还使用了阿里图标。

如果要完成此页面,可以按如下步骤进行。

步骤 1:建立站点目录,并将网站 logo 图标放置于根目录,命名为 favicon.ico。

图 4-85 页面显示效果

从阿里字库官网打包下载需要的图标,解压缩下载后的文件,将解压缩后的文件夹置于站点目录中。

步骤 2:确定导航条的整体布局。

该导航条可分为两部分,一部分为偏左布局,另一部分为偏右显示,即将导航条划分为两块——left 块(含 3 个超链接)和 right 块(含一个横向菜单),如图 4-86 所示。

图 4-86 整体布局

因为在该页面中要应用 logo 图标(logo 图标存放在站点目录中)和阿里图标(下载解压缩后的文件存放在站点目录的 iconfont 文件夹中),所以在页面头部要建立该页面与相应文件的链接。在页面头部(< head ></head >标签内)加入以下代码:

```
< link rel = "shortcut icon" type = "image/x - icon" href = "favicon.ico">
< link rel = "stylesheet" type = "text/css" href = "iconfont/iconfont.css">
```

具体页面结构代码如下:

```
< div class = "top"> /* 顶部导航大块 top 分为 top - left 块和 top - right 块 */
    < div class = "top - left">                              /* top - left 块 */
        < a href = "#">喵,欢迎来天猫</a>
        < a href = "#" class = "top - common">请登录</a>
        < a href = "#" class = "top - common">免费注册</a>
    </ div>
/* top - right 块,本身是一个用无序列表定义的菜单,因为有的菜单项包含两部分——一个阿里图标
和一个超链接,为了更方便地控制每个菜单项,故将一个菜单项定义为一个列表项 */
    < ul class = "top - right">
        < li >
            < a href = "#" class = "top - more">我的淘宝</a>
        </ li >
        < li >
            < i class = "icon iconfont icon - xiai"></ i>          /* 插入阿里图标 */
            < a href = "#" class = "top - common">我关注的品牌</a>
```

```
        </li>
        <li>
            < i class = "icon iconfont icon - gouwuche"></i>    /* 插入阿里图标 */
            < a href = "#" class = "top - common">购物车 0 件</a>
        </li>
        <li>
            < a href = "#" class = "top - more">收藏夹</a>
        </li>
        <li>
            < i class = "icon iconfont icon - shouji"></i>      /* 插入阿里图标 */
            < a href = "#" class = "top - common">手机版</a>
        </li>
        <li>
            < a href = "#" class = "top - common">淘宝网</a>
        </li>
        <li>
            < a href = "#" class = "top - common">企业购</a>
        </li>
        <li>
            < a href = "#">商家支持</a>
        </li>
        <li>
            < i class = "icon iconfont icon - liebiao"></i>     /* 插入阿里图标 */
            < a href = "#" class = "top - more">网站导航</a>
        </li>
    </ul>
</div>
```

步骤 3：设置重置样式以及顶部导航 top 样式。具体代码如下：

```
/* 重置样式 */
body,ul,li{margin:0;padding:0;}
ul{list - style - type:none;}
li{
            position:relative;
            float:left;
}
a{
            text - decoration:none;
            color: #999;
}
/* top 样式 */
.top{
            width:100 % ;                     /* 设置宽度 */
            height:25px;                      /* 设置高度 */
            border - bottom:1px solid #DDD;   /* 设置下边框 */
            background - color: #F2F2F2;      /* 设置背景色 */
            font - size:12px;                 /* 设置文字大小 */
            line - height:25px;               /* 设置行高 = 高度,使得块文字垂直居中 */
}
```

步骤 4：设置 top-left 块的样式。具体代码如下：

```
.top - left{
            float:left;          /* 设置左浮动,使其与 top - right 同行排列 */
```

```
        width:250px;                     /* 设置宽度 */
        height:25px;                     /* 设置高度 */
        margin - left:65px;              /* 设置左外边距,保持与网页左外边距的留白 */
}
.top - left a{
        margin - right:20px;             /* 设置右外边距,控制超链接之间的留白 */
}
```

步骤 5：设置 top-right 块及相关内容的样式。具体代码如下：

```
.top - right{
        float:right;             /* 设置右浮动,使其与 top - left 同行排列 */
        width:700px;             /* 设置宽度 */
        height:25px;             /* 设置高度 */
}
.top - right li{
        margin - right:20px;     /* 设置右外边距,控制各个菜单项之间的间距 */
}
.icon{        /* 设置阿里图标字体颜色 */
        color: #C00;
}
```

步骤 6：将顶部导航条中的超链接分为两类——top-common 类和 top-more 类，top-common 类为普通超链接，top-more 类为有下拉菜单的超链接（本例中没有实现下拉菜单）。设置 top-common 类和 top-more 类的样式，具体代码如下：

```
.top - common:hover{                  /* 设置 top - common 类超链接悬停状态的样式 */
        color: #C00;                  /* 文字颜色 */
}
.top - more a:hover{                  /* 设置 top - more 类超链接悬停状态的样式 */
        color: #c00;                  /* 文字颜色 */
        text - decoration:underline;  /* 加下画线 */
}
/* 此处 top - more 类结合"::after"伪元素可以在元素的内容之后插入新内容。
伪元素也是元素,用户可以为它添加大部分其他元素具有的属性,例如定位属性、字体属性、背景属性和
盒模型的属性等。
伪元素默认是行内元素,所以如果要使设置的 height 等属性有效,必须把它转化为块元素或行内块元
素,具体就是设置其 display 属性为 block 或 inline - block,或者设置 float 属性等。
伪元素可以定义 position 等定位属性。
伪元素默认为其目标元素的子元素,例如 #example::after,伪元素 after 的父元素就是 #example 选择
符对应的元素,即如果 after 伪元素采用绝对定位,并且其目标元素是已经定位的,则参照目标元素进
行定位。
在此例中,新插入元素的作用是显示一个倒三角形,其内容文本部分 content 属性值为空,设置为块元
素,采用绝对定位 */
    .top - more::after{
        display:block;
        position: absolute;
        top:11px;                      /* 上边线相对 li 向下偏移 11px */
        right: - 11px;                  /* 右边线相对 li 向右偏移 11px */
        content:"";
        width: 0;                      /* 宽度为 0 */
        height: 0;                     /* 高度为 0 */
        border:3px solid transparent;  /* 先设置边框为透明 */
        border - top - color: #666;    /* 设置上边框为黑色,如此只显示上边框 */
```

```
        transition:all 0.3s;              /*设置 0.3s 时长的过渡效果*/
    }
    .top-more:hover:after{    /*设置悬停状态下的 top-more:after 样式*/
        transform:rotate(180deg);          /*将新插入元素旋转 180°*/
        transform-origin:50% 25%;          /*设置旋转的原点坐标*/
    }
```

通过以上 6 个步骤即完成如图 4-85 所示的天猫首页顶部导航条的制作。

4.9　PC 端网页布局综合案例实战

【例 4-27】　应用 CSS 布局完成华为商城首页的制作,华为商城的网址为
"https://www.vmall.com/"。

　　特别提示:本例综合性强,讲解系统,篇幅较长。由于版面有限,本例仅
作为正版教材特别赠送资源,读者可自行扫码下载本节的图文资源。

视频讲解

4.10　习　　　题

一、填空题

1. CSS 有 3 种基本的定位机制,分别是_____、_____和_____。

2. 若所有的子元素都为浮动,会造成父元素高度塌陷,影响网页布局,这时需要利用
_____属性恢复父元素高度。

3. 利用定位属性(position)实现元素定位主要有 3 种方式,即_____、_____
和_____。

4. 在利用定位属性(position)进行定位时,还需结合_____属性和_____属性来实
现。其中,定位属性用来确定采用哪种定位方式,_____属性用来确定元素的最终位置,而
_____属性用来确定元素的层叠顺序。

5. 固定定位的参照对象是_____。

6. _____属性可以控制文字和行内框(包括图片)在行框内的垂直对齐方式。

7. 在网页制作中一个表单由标签_____定义,各种表单元素大多由_____标签定
义。根据该标签的_____属性值不同,可以实现各种不同类型的表单元素。当该属性值为
_____时,实现文本框;当该属性值为_____时,实现提交按钮;当该属性值为_____
时,实现复选框;当该属性值为_____时,实现单选框。

8. 两种表格布局分别是_____和_____。

9. 内联框架标签_____的作用,简单地说就是允许在一个网页中嵌入另一个网页。

10. 有的网站把网站中用到的多个图标放到一个图片文件里,在需要使用图标的时候,把
该图片文件设置为相应标签的背景图片,而通过控制背景图片的 CSS 属性_____选用不同
的图标。

二、选择题

1. 下列关于 text-align 属性的说法正确的是(　　　)。

　　A. 仅能控制块框中行内框(包括图片)的水平对齐

　　B. 仅能控制文字在块框中的水平对齐方式

　　C. 仅能控制块框中嵌套的块框的水平对齐方式

D. 不能控制块框中嵌套的块框的水平对齐方式

2. 下列为表单相关伪类的是(　　　)。

   A. :link　　　　　　　　B. :hover　　　　　　　　C. :focus　　　　　　　　D. :deleted

3. 以下代码实现合并同行相邻的 3 个表头单元格的是(　　　)。

   A. <td rowspan="3">　　　　　　　　　　　B. <td colspan="3">

   C. <th rowspan="3">　　　　　　　　　　　D. <th colspan="3">

4. CSS Table 表格布局通过设置<div>标签的(　　　)属性值为 table 等来实现。

   A. type　　　　　　　　B. position　　　　　　　　C. display　　　　　　　　D. float

5. 将<div>标签的 display 属性值设置为"table-cell",其作用与(　　　)标签是对应的。

   A. <table>　　　　　　　B. <tr>　　　　　　　　C. <cell>　　　　　　　　D. <td>

6. 表格默认具有双线条边框,CSS 属性(　　　)可以折叠双线条边框为单线条边框。

   A. border　　　　　　　　　　　　　　　　B. caption

   C. border-collapse　　　　　　　　　　　D. border-spacing

7. (　　　)可以实现一个倒三角形▼。

   A. border:3px solid transparent;　　　　　B. border:3px solid transparent;

      border-top-color:#000;　　　　　　　　border-bottom-color:#000;

   C. border:3px solid #000;　　　　　　　　D. border:3px solid #000;

      border-top-color:transparent;　　　　　border-bottom-color:transparent;

三、判断题

1. 行内块元素实现同行排列与浮动实现同行排列在各个方面是完全相同的。(　　)

2. 相邻的两个浮动元素一定同行显示。(　　)

3. 在元素浮动或者绝对定位时,都有可能与其他元素发生重叠。(　　)

4. 在绝对定位时,参照对象一定为 body。(　　)

5. 要实现元素在父元素中居中,只能通过设置 margin:auto 实现。(　　)

6. 单元格标签<td>或<th>的 colspan 属性可以合并单元格,colspan 属性是从左往右合并单元格,因此只保留最左边的<td></td>标签,其他的<td></td>标签就不需要了。(　　)

7. 表格默认没有边框。(　　)

8. 单元格内容可以是表格、div、p、a、img 等 HTML 中的所有元素。(　　)

9. 单元格设置 margin 属性无效。(　　)

10. 行内元素设置浮动无效。(　　)

四、简答题

1. 请说明如何显示一个图片文件中的指定部分。

2. 在网站开发中,为何要定义一些通用样式? 一般会定义哪些通用样式?

3. 在元素进行绝对定位的时候,参照对象如何确定?

4. 将网页中的一个元素定位到指定位置,可以用绝对定位实现,也可以用相对定位实现,它们之间的区别是什么?

5. 如果所有的子元素均浮动,父元素的高度将塌陷为 0。问恢复父元素高度的方法有哪些?

6. 当 div 块没有定位时,如何实现在父元素中居中? 当 div 块采用相对定位时,如何实现在父元素中自动居中? 当 div 块采用绝对定位时,如何实现在父元素中自动居中?

五、实践题

1. 在网页制作中需要实现如图 4-87 所示的页面,要求顶部块 top(高度固定)位于页面的最上方,底部块 bottom(高度固定)位于页面的最下面,中间部分 middle 块的高度需要根据页面的大小自动适应,使得这 3 个块刚好占满整个页面。请问该如何实现?

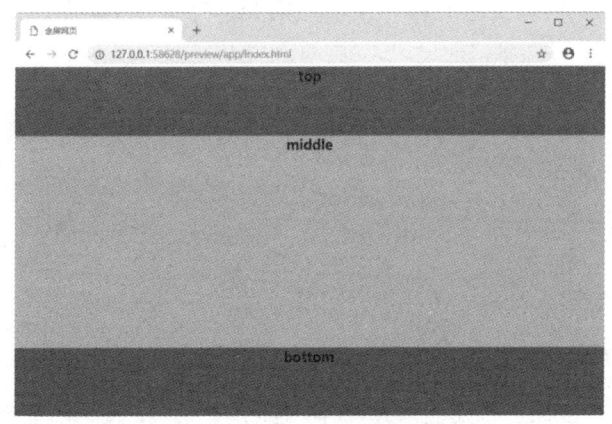

图 4-87　实践题第 1 题效果图

提示：利用 position 定位属性和 4 个边偏移属性。

2. 实现如图 4-88 所示的下拉菜单,图(a)所示为正常情况的菜单,图(b)所示为鼠标移到菜单项上去的时候,其相应的下拉菜单显示出来,并且当鼠标移出菜单之后,子菜单自动隐藏。

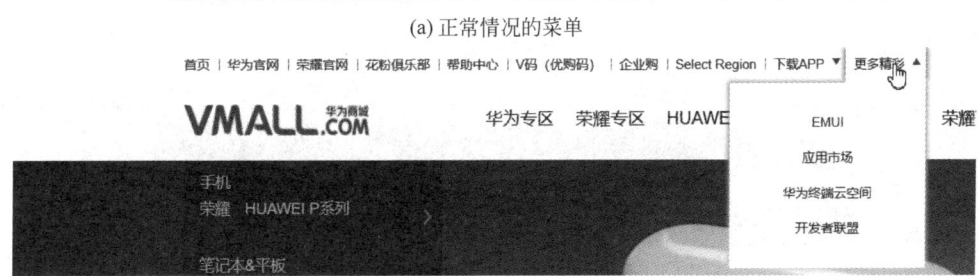

图 4-88　导航条制作

3. 实现如图 4-89 所示的商品信息展示块,要求页面整体内容居中,各个商品信息块之间均匀间隔,并且当鼠标经过商品信息块时相应块的位置上移 2px,同时给边框加上阴影(阴影水平方向不偏移,垂直方向偏移 15px,模糊距离 30px,阴影大小为 0,阴影颜色为黑色,且透明度为 0.7)。

图 4-89　商品信息展示块

197

第 4 章

4. 完善相关的个人网站的页面。

（1）在首页加入导航条，要求其中 1～2 个菜单项包含下一级子菜单。

（2）利用 CSS 布局页面，要求在网站中应用两列居中布局（如图 4-90 所示）、三列居中布局（如图 4-91 所示）。

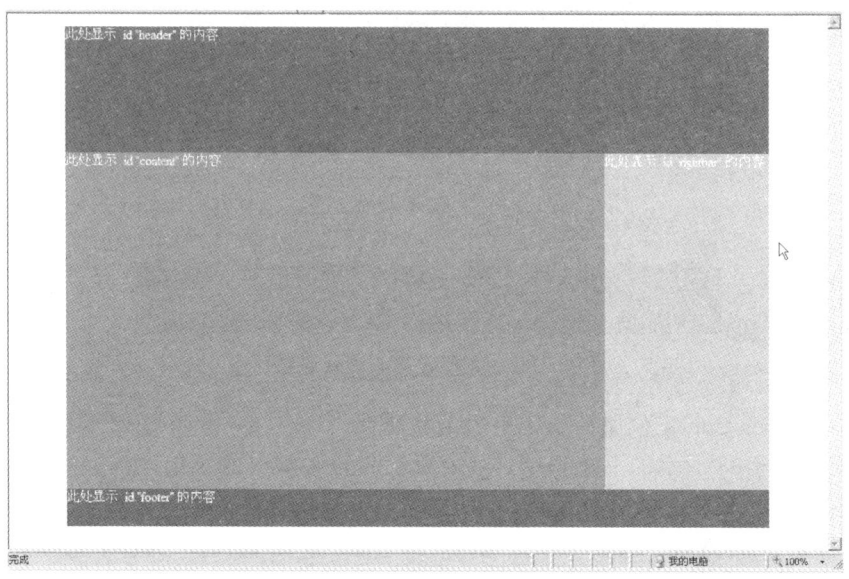

图 4-90　两列居中布局

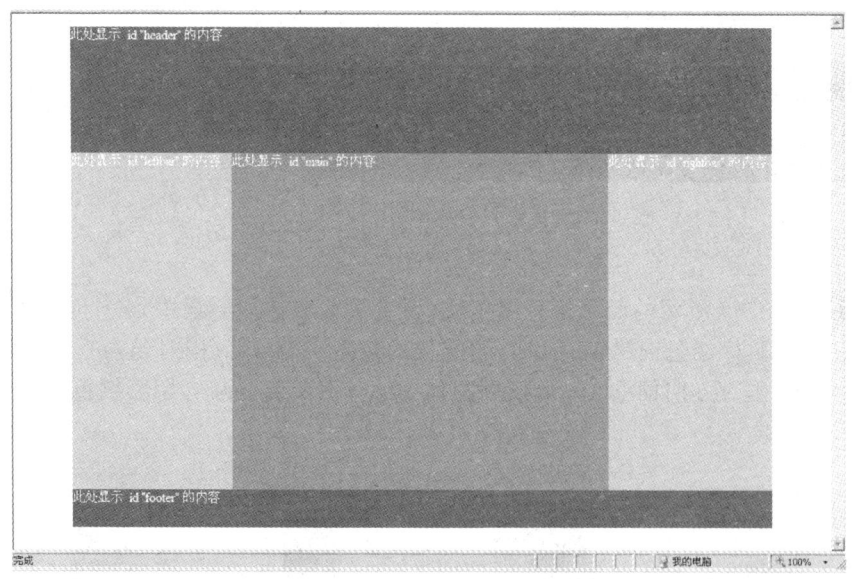

图 4-91　三列居中布局

（3）页面宽度要求：

① 页面最大宽度为 1920px：对于一些横幅图片最大分辨率不超过 1920px，实际页面根据浏览器的宽度显示。若实际显示宽度小于 1920px，页面不能有水平滚动条；若实际显示宽度大于 1920px，页面内容整体居中显示。

② 页面最小宽度为 1200px：用于主要内容的显示。主要内容区将整体居中。

第5章 HTML5＋CSS3 移动网站布局

学习目标

- 了解 HTML5 的概念及新增标签
- 熟悉 CSS3 的新增伪类和伪元素
- 熟练使用 CSS3 的常用属性
- 熟练使用 CSS3 的新增属性
- 理解和掌握 CSS3 弹性盒模型的原理和用法
- 理解响应式布局和自适应布局的原理和用法
- 通过相关的范例及综合案例实践深入了解并掌握 HTML5＋CSS3 技术及其在移动端网站布局方面的应用

　　HTML5 和 CSS3 是近年来 Web 前端开发中最为热门的两项新技术。HTML5 在原 HTML 版本的基础上提出了大量创新的实用的元素和规范,CSS3 在样式定义方面同样提出了大量新的元素,在丰富原有样式的基础上使开发变得更加方便、快捷。HTML5 和 CSS3 不仅在传统的台式机 Web 网站前端开发方面可以发挥重要的作用,同时凭借弹性盒模型和响应式布局等新技术对移动设备上的 Web 网站前端开发也提供了良好的支持。

　　在本章的学习中首先熟悉 HTML5 的新增标签和 CSS3 的新增选择器,其次熟悉过渡、动画及变换等常用的 CSS3 属性,以及 CSS3 的新增属性,最后掌握 CSS3 弹性盒模型和移动端网站自适应布局的主要原理和方法。

5.1　HTML5 新增标签

　　本节首先介绍 HTML5 的概况和一些新特性,其次介绍 HTML5 新增的结构性标签和语义化标签,最后通过一个案例实践来巩固相关的内容。

5.1.1　HTML5 概述

　　HTML5 是万维网的核心语言、标准通用标记语言(SGML)下的一个应用超文本标记语言(HTML)的第五次重大修改。HTML5 将成为 HTML、XHTML 以及 HTML DOM 的新标准。

　　HTML5 的设计目的是为了在移动设备上支持多媒体。其新特性如下。

　　(1)语义特性(Class:Semantic):HTML5 赋予网页更好的意义和结构。

　　(2)本地存储特性(Class:OFFLINE & STORAGE):基于 HTML5 开发的网页 APP 拥有更短的启动时间,更快的联网速度,这些全得益于 HTML5 APP Cache 以及本地存储功能。

（3）设备兼容特性（Class：DEVICE ACCESS）：HTML5 为网页应用开发者们提供了更多功能上的优化选择，带来了更多体验功能的优势。HTML5 提供了前所未有的数据与应用接入开放接口，使外部应用可以与浏览器内部的数据直接相连，例如视频影音可直接与 Microphones 及摄像头相联。

（4）连接特性（Class：CONNECTIVITY）：HTML5 拥有更有效的服务器推送技术，Server-Sent Event 和 WebSockets 就是其中的两个特性，这两个特性能够帮助用户实现服务器将数据"推送"到客户端的功能。

（5）网页多媒体特性（Class：MULTIMEDIA）：支持网页端的 Audio、Video 等多媒体功能，与网站自带的 APPS、摄像头、影音功能相得益彰。

（6）三维、图形及特效特性（Class：3D，Graphics & Effects）：基于 SVG、Canvas、WebGL 及 CSS3 的 3D 功能。

（7）性能与集成特性（Class：Performance & Integration）：HTML5 通过 XMLHttpRequest2 等技术解决以前的跨域等问题。

（8）CSS3 特性（Class：CSS3）：在不牺牲性能和语义结构的前提下，CSS3 中提供了更多的风格和更强的效果。

5.1.2　HTML5 结构性标签

HTML5 为了使文档结构更加清晰明确，容易阅读，增加了几个与页眉、页脚、内容等文档结构相关联的结构性标签。需要指出的是，这些结构性标签（内容区块）是增强了语义的 div 块，是 HTML 页面按逻辑进行分割后的单位，并没有显示效果。和 div 一样，即使删除这些标签，也不影响页面内容的显示效果。

本节主要介绍< header >、< nav >、< section >、< article >、< aside >、< footer >等 HTML5 结构性标签。

1. < header >标签

< header >标签定义文档的页眉（介绍信息），通常用来放置整个页面或页面内的一个内容区块的标题，但也可以包括表格、logo 图片等内容。整个页面的标题应该放在页面的开头，用以下形式书写页面的标题更有助于用户理解文档的结构。

```
< header >< h1 >页面标题</h1 ></header >
```

这里需要强调一点，一个页面并未限制 header 元素的个数，可以拥有多个，因此可以为每个内容区块加一个< header >标签。

2. < nav >标签

< nav >标签定义导航链接的部分，可用作链接导航的链接组，其中的导航元素链接到其他页面或当前页面的其他部分。注意，并不是所有的链接组都要被放进< nav >标签，只需要将主要的、基本的链接组放进去即可。在一个页面中可以有多个 nav 元素，作为页面整体或不同部分的导航。例如，下面的代码定义了一组链接导航列表。

```
< nav >
    < ul >
        < li >< a href = " # ">联系我们</a ></li >
        < li >< a href = " # ">问题反馈</a ></li >
    </ul >
< nav >
```

< nav >标签的使用可以参考下面的规则。

- 传统导航条：主流网站页面上都有不同层级的导航条，其作用是将当前页面跳转到网站的其他页面上。
- 侧边栏导航：主流博客网站及商品网站上都有侧边栏导航，其作用是将页面从当前文章（或当前商品）跳转到其他文章（或其他商品）页面上去。
- 页内导航：页内导航的作用是在本页面几个主要的组成部分之间进行跳转。
- 翻页操作：翻页操作是指在多个页面的前后页或博客文章的前后篇文章滚动。

3. < section >标签

< section >标签定义文档中的版块（section），例如章节、页眉、页脚或文档中的其他部分。一个 section 元素通常由内容及其标题组成。例如，下面的代码定义了两个不同的版块。

```
< section >
    < h2 >国内新闻</h2 >
    < p >纵览国内时政、综述评论及图片的栏目，主要包括时政要闻、内地新闻、港澳台新闻、媒体聚焦、评论分析。</p >
</section >
< section >
    < h2 >国际新闻</h2 >
    < p >专门展示国际时事、综述评论及图片的栏目，主要包括最新报道、新闻人物、评论分析、媒体聚焦、军事新闻。</p >
</section >
```

< section >标签不是一个普通的容器，如果一个容器需要被直接定义样式或通过脚本定义行为，推荐使用< div >标签而非< section >标签。

4. < article >标签

< article >标签用来在页面中表示一套结构完整、独立、可以独自被外部引用的内容。例如，杂志或报纸中的一篇文章、用户提交的评论内容、可互动的页面模块挂件等，页面中主体部分或其他任何独立的内容都可以用< article >标签来定义。

除了内容部分以外，在一个 article 元素中通常有自己的标题（一般放在 header 元素里面），有时还有自己的脚注。如果 article 元素描述的结构中还有不同层次的独立内容，< article >标签是可以嵌套使用的。在嵌套时，内层的内容在原则上应当与外层的内容相关联。

【例 5-1】 定义一个使用< article >标签描述的页面结构，其中的< footer >标签将在后面介绍。如果删除这几个结构标签，页面显示效果是没有变化的。

视频讲解

主要代码如下：

```
< article >
    < header >
        < h1 >新闻频道</h1 >
        < p >发布机构：新知传媒网</p >
    </header >
    < section >
        < h2 >国内新闻</h2 >
        < p >纵览国内时政、综述评论及图片的栏目，主要包括时政要闻、内地新闻、港澳台新闻、媒体聚焦、评论分析。</p >
    </section >
    < section >
```

201

```
            <h2>国际新闻</h2>
            <p>专门展示国际时事、综述评论及图片的栏目,主要包括最新报道、新闻人物、评论分析、
媒体聚焦、军事新闻。</p>
        </section>
        <footer>
            <p>著作权归新知传媒网所有</p>
        </footer>
</article>
```

页面的显示效果如图 5-1 所示。

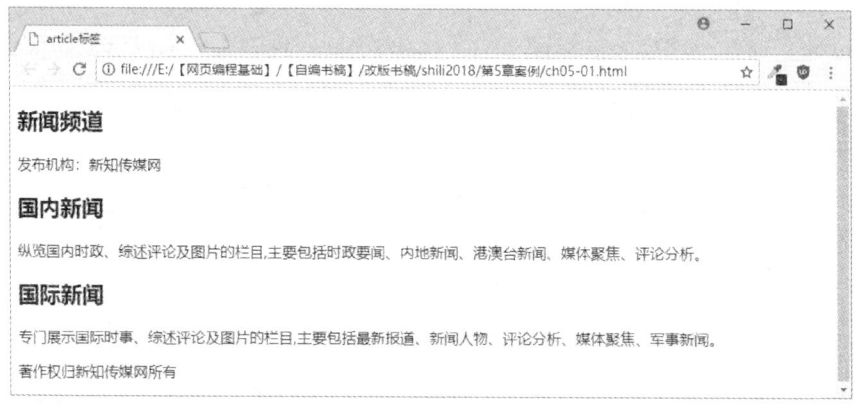

图 5-1   <article>等结构标签页面效果

在这个例子中,<article>标签包含了<section>标签,这不是固定模式。实际上,经常有
<section>标签包含<article>标签的情况,主要看是强调分块还是强调独立性。

5. <aside>标签

<aside>标签定义 article 以外的内容,例如侧边栏、广告、nav 元素组,以及其他类似的内
容部分。aside 的内容应该与 article 的内容相关。

aside 元素主要有以下两种使用方法。

(1) 被包含在 article 元素中作为主要内容的附属信息部分,其中的内容可以是与当前文
章有关的参考资料、名词解释等。

(2) 在 article 元素之外使用,作为页面或站点全局的附属信息,典型的形式是侧边栏,其
中的内容可以是友情链接、文章列表、帖子等。

6. <footer>标签

<footer>标签定义文档或节的页脚,一般作为其上层容器元素的脚注,其中通常包含文
档的作者、版权信息、使用条款链接、联系信息等。在 HTML5 出现之前,编写页脚元素的代
码如下:

```
<div id="footer">
    <ul>
        <li>版权信息</li>
        <li>站点地图</li>
        <li>联系方式</li>
    </ul>
</div>
```

但是到了 HTML5 之后,使用了更加语义化的 footer 元素来代替,代码如下:

```
< footer >
    < ul >
        <li>版权信息</li>
        <li>站点地图</li>
        <li>联系方式</li>
    </ul>
</footer >
```

　　与 header 元素一样,在一个页面中也未限制 footer 元素的个数。同时,可以为 article 元素或 section 元素添加 footer 元素。

5.1.3　HTML5 语义化标签

　　除了结构性标签以外,HTML5 还新增了多个语义化标签。使用语义化标签更加有利于解析代码,同时增强了代码的可读性和可维护性。本节主要介绍一些主要的语义化标签。

1. < hgroup >标签

　　< hgroup >标签被用来对标题元素进行分组,一般用于一个标题和一个子标题(< h1 >~< h6 >),或者标题的组合。例如,下面的代码使用< hgroup >标签对< h1 >、< h2 >标题进行组合。

```
< hgroup >
    < h1 >欢迎来到程序员之家</h1 >
    < h2 >爱编程,爱生活!</h2 >
</hgroup >
< p >分享几段有趣的编程故事……</p >
```

2. < figure >标签

　　< figure >标签用于对元素进行组合,它规定独立的流内容(图像、图表、照片、代码等)。figure 元素的内容应该与主内容相关,同时元素的位置相对于主内容是独立的,如果被删除,不应对文档流产生影响。用户可以使用< figcaption >标签定义 figure 元素中的标题。例如,下面的代码定义了一个包括标题说明的图像组合。

```
< figure >
    < figcaption >美图集锦</figcaption > <! -- 定义 figure 元素中的标题 -->
    < img src = "images/01.png" alt = "图像 1">
    < img src = "images/02.png" alt = "图像 2">
</figure >
```

3. < time >标签

　　< time >标签定义公历的时间(24 小时制)或日期,时间和时区偏移是可选的。该元素能够以机器可读的方式对日期和时间进行编码,用户代理能够把生日提醒或排定的事件添加到用户日程表中,搜索引擎能够生成更智能的搜索结果。

　　time 元素是一个行内元素,没有默认的样式效果。< time >标签有两个可选的属性——datetime 和 pubdate,含义如表 5-1 所示。

表 5-1　< time >标签的可选属性

属　　性	描　　述
datetime	规定日期/时间,否则由元素的内容给定日期/时间
pubdate	指示 time 元素中的日期/时间是文档(或 article 元素)的发布日期

例如,下面的代码使用<time>标签分别定义时间和日期,代码运行的结果如图 5-2 所示。

```
<p>我们每天早上<time>6:00</time>起床</p>
<p>我在<time datetime="2018-10-01">国庆节</time>要去旅行</p>
```

我们每天早上6:00起床

我在 国庆节要去旅行

图 5-2　使用<time>标签定义时间和日期

4. <datalist>标签

视频讲解

  <datalist>标签定义选项列表,要与 input 元素配合使用。datalist 及其选项不会被显示出来,它仅仅是合法的输入值列表。请使用 input 元素的 list 属性来绑定<datalist>中的 id 属性。

  【例 5-2】　定义一个和 input 配合使用的选项列表。图 5-3～图 5-5 分别表示鼠标经过前、经过时和单击时 3 种状态的选项列表变化。

```
<!-- 定义选项列表,和 input 配合使用 -->
<input type="text" list='vallist'>
<datalist id='vallist'>
    <option value="html">html</option>
    <option value="css">css</option>
    <option value="js">js</option>
</datalist>
```

图 5-3　鼠标经过前　　　　图 5-4　鼠标经过时　　　　图 5-5　鼠标单击时

5. <details>标签

视频讲解

  <details>标签允许用户创建一个可展开/折叠的元件,让一段文字或标题包含一些隐藏的信息。在 details 元素中可通过配合使用<summary>标签为 details 定义标题。标题是可见的,在用户单击标题时会显示出 details。

  【例 5-3】　定义一个可展开/折叠的元件。图 5-6 和图 5-7 分别表示元件展开前后的变化。

```
<details>
    <summary>Google Nexus 6</summary>
    <p>商品详情:</p>
    <dl>
        <dt>屏幕</dt>
        <dd>5.96" 2560x1440 QHD AMOLED display (493 ppi)</dd>
        <dt>电池</dt>
        <dd>3220 mAh</dd>
        <dt>相机</dt>
        <dd>13MP rear-facing with optical image stabilization 2MP front-facing</dd>
```

```
        <dt>处理器</dt>
        <dd>Qualcomm® Snapdragon™ 805 processor</dd>
      </dl>
  </details>
```

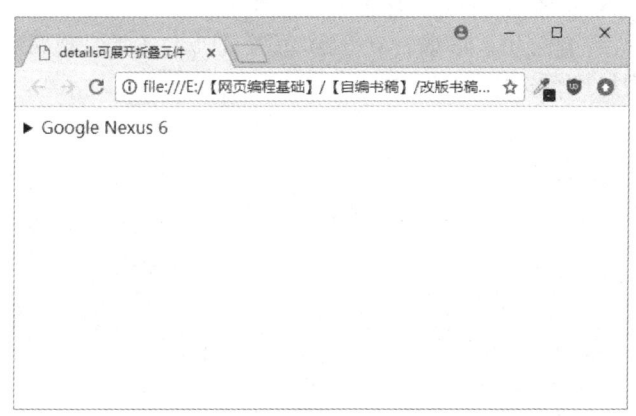

图 5-6　元件展开前的效果

图 5-7　元件展开后的效果

< details >标签有一个可选属性——open,用来规定在 HTML 页面上 details 元件默认为展开效果。例如,在例 5-3 中如果希望 details 元件默认为展开效果,则可以将< details >标签所在的代码改为:

```
<details open = "open">
```

或

```
<details open>
```

6. < dialog >标签

< dialog >标签定义对话框、确认框或窗口。< dialog >标签定义的对话框默认是不可见的,只有添加了 open 属性才能显示出来。

dialog 元素默认为绝对定位的块元素,且有黑色的边框。例如下面的代码用< dialog >标签定义了一个可见的对话框,在 Chrome 浏览器中的显示效果如图 5-8 所示。

```
< dialog open >您好!</dialog >
```

7. < address >标签

< address >标签定义文档作者/所有者的详细联系信息。如果 address 元素位于 body 元素内部,则它表示该文档作者/所有者的联系信息;如果 address 元素位于 article 元素内部,则它表示该文章作者/所有者的联系信息。address 元素的文本通常呈现为斜体。大多数浏览器会在该元素的前后添加换行。例如下面的代码定义了文档作者的信息,在 Chrome 浏览器中的效果如图 5-9 所示。

```
< address >
    作者: < a href = "mailto:zhangsan@example.com">张三</a>< br >
    网址: Example.com < br >
    电话: 010 - 12345678 < br >
    qq:1234567
</address >
```

图 5-8　dialog 元素的显示外观

作者: 张三
网址: Example.com
电话: 010-12345678
qq:1234567

图 5-9　< address >标签定义文档作者信息

注意:

(1) < address >标签一般不用于描述通信地址,除非通信地址是联系信息中的一部分。

(2) < address >标签通常被包含在< footer >标签中。

8. < meter >标签

< meter >标签定义度量衡,仅用于已知最大和最小值的度量,例如磁盘空间使用情况、查询结果。< meter >标签可用的属性值如表 5-2 所示。

表 5-2　< meter >标签的可选属性

属　　性	描　　述	属　　性	描　　述
form	规定 meter 元素所属的一个或多个表单	max	规定范围的最大值
		min	规定范围的最小值
hight	规定被视作高的值的范围	optimum	规定度量的优化值
low	规定被视作低的值的范围	value	必需。规定度量的当前值

< meter >标签中的尺度颜色主要分为绿、黄、红 3 种,具体效果与浏览器有关。< meter >标签的 max、min 属性定义在最两边,low 和 high 定义在中间,这样分成了 3 个区,即[min,low)、[low,high]、(high,max]。

最佳值 optimum 和 value 的不同决定了所显示颜色的不同。最佳值默认是 $1/2$(min+max)。< meter >标签改变颜色的规则如下:

(1) 和 optimum 值在同一个区间的 value 值,显示为绿色。

(2) 和 optimum 值不在同一个区间的 value 值,以 optimum 所在的区间为中心,依次向左、右两边的区间为黄色、红色。

【例 5-4】 定义一系列 meter 元件。其中不同的属性取值在 Chrome 浏览器中的效果如图 5-10 所示。

区间划分: [0,60], [60,90], [90,100]

最优60，值59，显示为黄色

最优60，值60，显示为绿色

最优60，值90，显示为绿色

最优60，值91，显示为黄色

最优60，值100，显示为黄色

最优59，值60，显示为绿色

最优59，值90，显示为黄色

最优59，值91，显示为红色

图 5-10　meter 元件中不同的属性取值及效果

```
<p>区间划分: [0,60],[60,90], [90,100]</p>
<p>最优 60,值 59,显示为黄色<meter min = "0" low = "60" high = "90" max = "100" optimum = "60"
value = "59"></meter></p>
<p>最优 60,值 60,显示为绿色<meter min = "0" low = "60" high = "90" max = "100" optimum = "60"
value = "60"></meter></p>
<p>最优 60,值 90,显示为绿色<meter min = "0" low = "60" high = "90" max = "100" optimum = "60"
value = "90"></meter></p>
<p>最优 60,值 91,显示为黄色<meter min = "0" low = "60" high = "90" max = "100" optimum = "60"
value = "91"></meter></p>
<p>最优 60,值 100,显示为黄色<meter min = "0" low = "60" high = "90" max = "100" optimum = "60"
value = "100"></meter></p>
<p>最优 59,值 60,显示为绿色<meter min = "0" low = "60" high = "90" max = "100" optimum = "59"
value = "60"></meter></p>
<p>最优 59,值 90,显示为黄色<meter min = "0" low = "60" high = "90" max = "100" optimum = "59"
value = "90"></meter></p>
<p>最优 59,值 91,显示为红色<meter min = "0" low = "60" high = "90" max = "100" optimum = "59"
value = "91"></meter></p>
```

注意：<meter>不能作为一个进度条来使用,进度条用<progress>标签来定义。

9. <progress>标签

<progress>定义进度条。通常,<progress>标签要结合 JavaScript 程序使用来显示任务的进度。在 CSS 样式定义中,<meter>标签和<progress>标签均支持宽度和高度设置,但不支持背景颜色的设置。<progress>标签有两个可选的属性——max 和 value,含义如表 5-3 所示。

表 5-3　<progress>标签的可选属性

属　　性	描　　述	属　　性	描　　述
max	规定任务一共需要多少工作	value	规定已经完成多少任务

【例 5-5】 定义一个进度条。在 Chrome 浏览器中的显示效果如图 5-11 所示。

```
<p>下载进度:</p>
<progress value = "33" max = "100"></progress>
<p>控制进度利用的是 value 这个属性,max 表示最大的长度</p>
```

注意：<progress>标签不适合用来表示度量衡（例如，磁盘空间使用情况或查询结果）。如需表示度量衡，请使用<meter>标签代替。

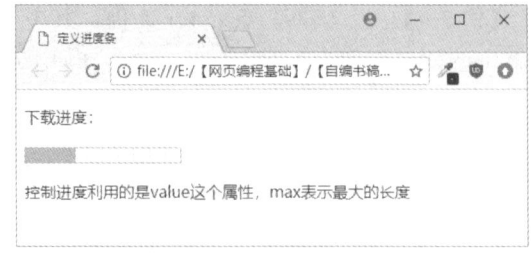

10. <mark>标签

<mark>标签定义带有记号的文本，可以高亮显示文档中的文字以达到醒目的效果，其默认为黄色背景。例如，下面的代码把

图 5-11　进度条效果

特定的两个词语"百科"高亮显示，对浏览器适当缩放后的效果如图 5-12 所示。

```
<p>百度百科是一部内容开放、自由的网络<mark>百科</mark>全书,旨在创造一个涵盖所有领域知识,服务所有互联网用户的中文知识性<mark>百科</mark>全书。在这里你可以参与词条编辑,分享贡献你的知识。</p>
```

百度百科是一部内容开放、自由的网络百科全书,旨在创造一个涵盖所有领域知识服务所有互联网用户的中文知识性百科全书。在这里你可以参与词条编辑,分享贡献你的知识。

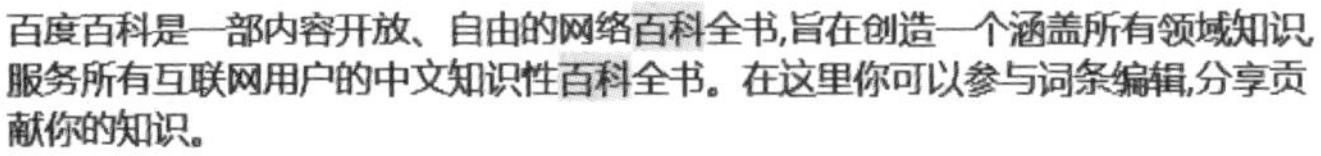

图 5-12　<mark>标签的高亮效果

5.1.4　HTML5 网页案例实践

1. 案例要求

利用常用的 HTML5 结构性标签制作一个如图 5-13 所示的网页布局效果。

图 5-13　HTML5 网页案例效果

2. 参考代码

参考代码文件名为 pra05-1. html 和 style. css。

pra05-1. html 的主要代码如下：

```
<!DOCTYPE html>
<html>
```

```
< head >
    < meta charset = "utf - 8">
    < title >HTML5 网页案例</title>
    < link href = "css/style.css" rel = "stylesheet" type = "text/css">
</head >
< body >
    <! -- 头部 -- >
    < header >
        < h1 >头部</h1 >
    </header >
    <! -- 导航 -- >
    < nav >
        < ul >
            < li id = "home"><a href = "♯">主页</a></li >
            < li id = "about"><a href = "♯">关于</a></li >
            < li id = "contact"><a href = "♯">联系我们</a></li >
        </ul >
    </nav >
    <! -- 版块 -- >
    < section >
        < h2 >我的文章</h2 >
        < article >
            < p >这是第一篇文章</p >
            < p >这是第二篇文章</p >
            < p >这是第三篇文章</p >
            < p >这是第四篇文章</p >
        </article >
    </section >
    <! -- 侧边栏 -- >
    < aside >
        < ul >
            < li ><a href = "♯"> HTML </a></li >
            < li ><a href = "♯"> CSS </a></li >
            < li ><a href = "♯"> JavaScript </a></li >
        </ul >
    </aside >
    <! -- 尾部 -- >
    < footer >
        < ul >
            < li ><a href = "♯">版权信息</a></li >
            < li ><a href = "♯">站点地图</a></li >
            < li ><a href = "♯">联系方式</a></li >
        </ul >
    </footer >
```

CSS 文件夹中 style. css 的代码如下：

```
@charset "utf - 8";
body, ul, li, h1, h2{margin:0;padding:0;}
li{
    list - style - type:none;
}
a{
    text - decoration: none;
```

```
        color: #FFF;
}、body {
      margin: 0 auto;
      width: 900px;
      background-color: #FFF;
      font: 100%/1.4 helvetica, arial, sans-serif;
}
header {
      background: #CCC;
      padding: 20px;
}
nav {
      float: left;
      width: 900px;
      height:50px;
      background-color: #999;
      line-height:50px;
}
nav li a {
      display: block;
      float: left;
      padding: 5px 10px;
}
section{
      float:left;
      width:660px;
      height:260px;
      background-color: #CCC;
}
article {
      float: left;
      width: 560px;
      margin: 0 0 0 30px;
      padding: 20px 0;
}
aside {
      float: right;
      width: 240px;
      height:260px;
      background-color: #AAA;
}
aside a{
      display:block;
      height:30px;
      line-height:30px;
      margin-left:50px;
      padding:20px;
}
footer {
      clear: both;
      background: #999;
      text-align: center;
      padding: 20px;
      height: 1%;
```

```
}
footer ul li {
    display: inline;
    margin:0 15px;
}
```

3. 案例改编及拓展

仿照以上案例,自行编写类似的 HTML5 网页效果。

5.2 CSS3 新增伪类和伪元素

CSS3 中新增的伪类和伪元素主要包括 3 类,第一类是以 first、last 和 only 为前缀的伪类(例如 first-of-type、last-of-type、only-of-type、first-child、last-child、only-child);第二类是以 nth 开头的伪类(例如 nth-of-type()、nth-last-of-type()、nth-child()、nth-last-child()等);第三类是其他伪类(例如 empty、not()、enabled、disabled、checked 等)以及一个伪元素 selection。本节最后通过一个案例实践来巩固相关的内容。

5.2.1 以 fisrt、last、only 为前缀的伪类

以 first、last 和 only 为前缀的伪类主要有 6 种,包括 first-of-type、last-of-type、only-of-type、first-child、last-child、only-child。

1. :first-of-type

:first-of-type 伪类匹配属于其父元素的特定类型的首个子元素的每个元素。例如,下面的代码指定父元素的首个 p 元素的背景色为红色。

```
p:first-of-type{ background-color:red; }
```

2. :last-of-type

:last-of-type 伪类匹配属于其父元素的特定类型的最后一个子元素的每个元素。例如,下面的代码指定父元素的最后一个 p 元素的背景色为蓝色。

```
p:last-of-type{ background-color:blue; }
```

3. :only-of-type

:only-of-type 伪类匹配属于其父元素的特定类型的唯一子元素的每个元素。例如,下面的代码指定属于父元素的特定类型的唯一子元素的每个 p 元素的背景色为红色。

```
p:only-of-type{ background-color:red; }
```

4. :first-child

:first-child 伪类用于选取属于其父元素的首个子元素的指定元素。例如,选择属于其父元素的首个子元素的每个 p 元素,并设置其背景颜色为黄色:

```
p:first-child{ background-color:yellow; }
```

5. :last-child

:last-child 伪类用于选取属于其父元素的最后一个子元素的指定元素。例如,选择属于其父元素的最后一个子元素的每个 p 元素,并设置其背景颜色为红色:

```
p:last - child{ background - color:red; }
```

6. :only-child

:only-child 伪类用于选取属于其父元素的唯一子元素的指定元素。例如,选择属于其父元素的唯一子元素的每个 p 元素,并设置其背景颜色为红色:

视频讲解

```
p:only - child{ background - color:red; }
```

【例 5-6】 应用本小节介绍的 6 种伪类,其中,为了看清楚父元素的范围,把相关的父元素设置为固定尺寸的黑色矩形框。在 Chrome 浏览器中的显示效果如图 5-14 所示。

```
body,ul,li{margin:0; padding:0;}
li{list - style - type:none;}
.container1{
    width:600px;
    margin:20px auto;
    border:1px solid black;
}
.container2{
    width:400px;
    margin:20px auto;
    border:1px solid black;
}
/* 选择父元素的首个 li 类型的子元素 */
li:first - of - type { background - color: pink; }

/* 选择父元素的最后一个 p 类型的子元素 */
p:last - of - type { background - color: blue; }

/* 选择父元素的唯一一个 h2 类型的子元素 */
h2:only - of - type { background - color: red; }

/* 选择父元素的首个子元素 p */
p:first - child { font - size: 35px; }

/* 选择父元素的最后一个子元素 span */
span:last - child { font - size: 30px;}

/* 选择父元素的唯一一个子元素 h3 */
h3:only - child { color: blue; }

< div class = "container1">
    <p>父元素的首个子元素 p 字体大小为 35px </p>
    < span>父元素的第二个元素为 span,也是首个 span 类型的子元素,未定义样式</span>
    < h2>父元素的唯一一个 h2 类型的子元素背景颜色为红色</h2>
    <p>父元素的最后一个 p 类型的子元素背景颜色为蓝色</p>
    < span>父元素的最后一个子元素 span 字体大小为 30px </span>
</div >
< ul class = "container1">
    < li>父元素的首个 li 类型的子元素背景颜色为粉色</li>
    < li>父元素的第二个元素,也是第二个 li 类型的子元素,未定义样式
        < ul class = "container2">
```

212

```
            <li>父元素的首个 li 类型的子元素背景颜色为粉色</li>
            <li>父元素的第二个元素,也是第二个 li 类型的子元素,未定义样式</li>
        </ul>
    </li>
</ul>
<div class = "container1">
    <h3>父元素的唯一一个子元素 h3 颜色为蓝色</h3>
</div>
```

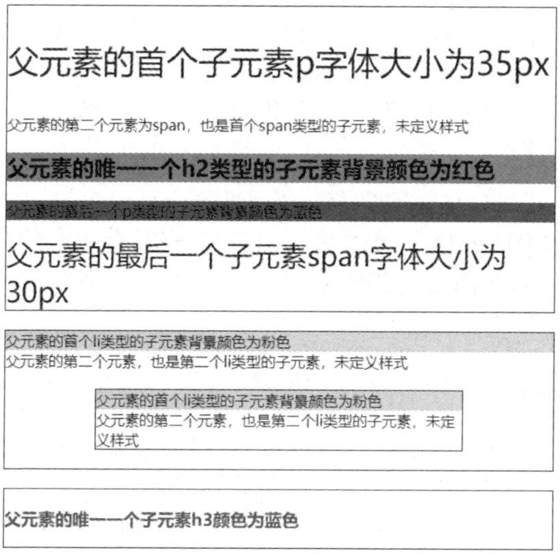

图 5-14　以 first、last、only 为前缀的伪类的应用效果

5.2.2　以 nth 为前缀的伪类

以 nth 为前缀的伪类主要有 4 种,包括 nth-of-type( )、nth-last-of-type( )、nth-child( )、nth-last-child( )。

1. :nth-of-type( )

:nth-of-type(n)伪类匹配同类型中的第 n 个同级兄弟元素,其中 n 可以是数字、关键词或公式。例如,下面的代码指定父元素的第二个 p 元素的背景色为红色。

```
p:nth - of - type(2){ background - color:red; }
```

odd 和 even 是可用于匹配下标是奇数或偶数的子元素的关键词(第一个子元素的下标是1)。下面的代码为奇数和偶数 p 元素指定两种不同的背景色。

```
p:nth - of - type(odd){ background: #F00; }
p:nth - of - type(even){ background: #00F; }
```

用户还可以使用公式($an+b$)作为参数,其中 a 代表一个循环的大小,n 是一个计数器(从 0 开始),b 是偏移量。下面的代码指定了下标是 3 的倍数的所有 p 元素的背景色为红色。

```
p:nth - of - type(3n + 0){ background:red; }
```

2. :nth-last-of-type( )

:nth-last-of-type(n)伪类匹配同类型中的倒数第 n 个同级兄弟元素,其中 n 可以是数字、关键词或公式。例如,下面的代码指定父元素的倒数第二个 p 元素的背景色为蓝色。

```
p:nth-last-of-type(2){ background-color:blue; }
```

:nth-last-of-type()同样可以使用 odd 和 even 关键词匹配下标是奇数或偶数的子元素,或者使用公式(an+b)作为参数。

3. :nth-child()

:nth-child(n)伪类匹配属于父元素的第 n 个子元素的指定元素,其中 n 可以是数字、关键词或公式。例如,下面的代码指定属于其父元素的第二个子元素的每个 p 元素的背景色为红色。

```
p:nth-child(2){ background-color:red; }
```

:nth-child()同样可以使用 odd 和 even 关键词匹配下标是奇数或偶数的子元素,或者使用公式(an+b)作为参数。

4. :nth-last-child()

:nth-last-child(n)伪类匹配属于父元素的倒数第 n 个子元素的指定元素,其中 n 可以是数字、关键词或公式。例如,下面的代码指定属于其父元素的倒数第二个子元素的每个 p 元素的背景色为蓝色。

```
p:nth-last-child(2){ background-color:blue; }
```

:nth-last-child()同样可以使用 odd 和 even 关键词匹配下标是奇数或偶数的子元素,或者使用公式(an+b)作为参数。

【例 5-7】 应用本小节介绍的 4 种伪类,其中,为了看清楚父元素的范围,把相关的父元素设置为固定尺寸的黑色矩形框。在 Chrome 浏览器中的显示效果如图 5-15 所示。

```
body,ul,li,h3,h4,p{margin:0; padding:0;}
li{list-style-type:none;}
.container{
    width:600px;
    margin:20px auto;
    border:1px solid black;
}
/* 选择父元素的第 2 个 li 类型的子元素 */
li:nth-of-type(2) { background-color: pink; }

/* 选择父元素的倒数第 2 个 p 类型的子元素 */
p:nth-last-of-type(2) { background-color: blue; }

/* 选择父元素的第 2 个子元素 p */
p:nth-child(2) { font-size: 20px; }

/* 选择父元素的倒数第 2 个子元素 span */
span:nth-last-child(2) { color:red;}

/* 选择父元素的子元素中下标为奇数的所有 h3 元素 */
h3:nth-child(odd){ background:gray; }

/* 选择父元素的子元素中下标为偶数的所有 h3 元素 */
h3:nth-child(even){ background:yellow ; }
```

```
/*选择父元素的子元素中下标是 3 的倍数的所有 h4 元素*/
h4:nth-child(3n+0){ background:red; }

<div class="container">
    <span>父元素的首个元素为 span,未定义样式</span>
    <p>父元素的第 2 个子元素 p 字体大小为 20px</p>
    <p>父元素的倒数第 2 个 p 类型的子元素背景颜色为蓝色</p>
    <p>父元素的最后一个 p 类型的子元素,未定义样式</p>
    <span>父元素的倒数第 2 子元素 span 颜色为红色</span>
    <span>父元素的最后一个子元素 span,未定义样式</span>
</div>
<ul class="container">
    <li>父元素的首个子元素,也是首个 li 类型的子元素,未定义样式</li>
    <li>父元素的第二个 li 类型的子元素背景颜色为粉色</li>
</ul>
<div class="container">
    <h3>第 1 个(奇数)标题 3,背景为灰色</h3>
    <h3>第 2 个(偶数)标题 3,背景为黄色</h3>
    <h3>第 3 个(奇数)标题 3,背景为灰色</h3>
    <h3>第 4 个(偶数)标题 3,背景为黄色</h3>
</div>
<div class="container">
    <h4>第 1 个标题 4</h4>
    <h4>第 2 个标题 4</h4>
    <h4>第 3 个标题 4,背景为红色</h4>
    <h4>第 4 个标题 4</h4>
    <h4>第 5 个标题 4</h4>
    <h4>第 6 个标题 4,背景为红色</h4>
    <h4>第 7 个标题 4</h4>
    <h4>第 8 个标题 4</h4>
    <h4>第 9 个标题 4,背景为红色</h4>
</div>
```

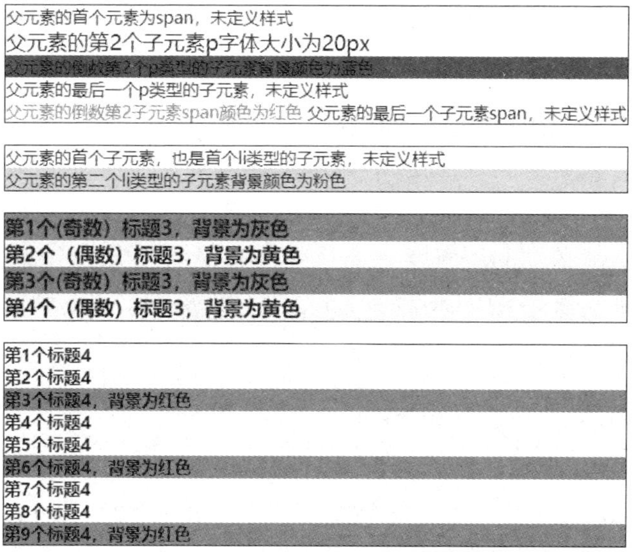

图 5-15　以 nth 为前缀的伪类的应用效果

5.2.3 其他伪类和伪元素

除了前面介绍的两大伪类以外,其他伪类主要有 5 种,包括 empty、not( )、enabled、disabled、checked。此外还有一种伪元素 selection。

1. :empty

:empty 伪类匹配没有子元素(包括文本节点)的每个元素。例如,下面的代码指定空的 p 元素的背景色为红色。

```
p:empty{ background - color:#F00;}
```

【例 5-8】 :empty 伪类应用示例。第二个段落是空段落,因此显示背景颜色为红色,而 h1 标题和其他段落不受影响,效果如图 5-16 所示。

```
p:empty {
    height:20px;
    background - color: #F00;
}

<h1>这是标题</h1>
<p>第一个段落。</p>
<p></p>
<p>第三个段落。</p>
```

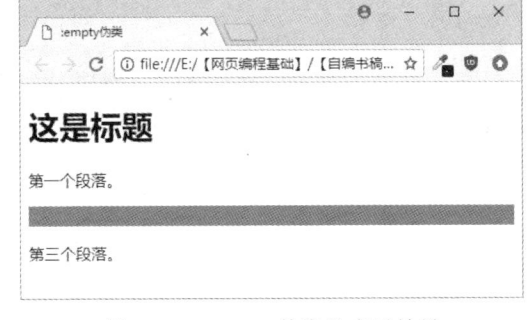

图 5-16 :empty 伪类的应用效果

值得注意的是,这里由于空段落中没有内容而默认高度为 0,因此有必要对它设置一个高度,否则无法看到背景颜色的效果。

2. :not( )

:not(selector)伪类匹配非指定元素/选择器的每个元素。例如,下面的代码指定非 p 元素的所有元素的字体颜色为蓝色。

```
:not(p){ color:#00F;}
```

又如,下面的代码指定除了最后一个子元素以外的段落字体大小为 30px。

```
p:not(:last - child){font - size:30px;}
```

3. :enabled

:enabled 伪类匹配每个已启用的元素(大多用在表单元素上)。例如,下面的代码为所有已启用的 input 元素设置背景色为绿色。

```
input:enabled{ background - color:#0F0; }
```

又如,下面的代码为所有 type="text"的已启用的 input 元素设置背景色为红色。

```
input[type = "text"]:enabled{ background - color: #F00; }
```

4. :disabled

:disabled 伪类匹配每个被禁用的元素(大多用在表单元素上)。例如,下面的代码为所有被禁用的 input 元素设置背景色为绿色。

```
input:disabled{ background - color:#0F0; }
```

又如，下面的代码为所有 type="text" 的被禁用的 input 元素设置背景色为红色。

```
input[type="text"]:disabled{ background-color: #F00; }
```

【例 5-9】 :enabled 和 :disabled 伪类应用示例。在该例中，所有被启用的文本框背景颜色为黄色，所有被禁用的文本框背景颜色为灰色，效果如图 5-17 所示。

```
input[type="text"]:enabled {
    background: #FF0;
}
input[type="text"]:disabled {
    background: #CCC;
}

<form action="">
    姓:<input type="text" value="孙"/>
    <br>
    名:<input type="text" value="悟空"/>
    <br>
    国:<input type="text" disabled="disabled" value="中国"/>
</form>
```

5. :checked

:checked 伪类匹配每个已被选中的 input 元素（只用于单选按钮和复选框）。例如，下面的代码为所有被选中的 input 元素设置背景色为红色。

姓:孙
名:悟空
国:中国

图 5-17　:enabled 和 :disabled 伪类的应用效果

```
input:checkd{ background-color: #F00; }
```

又如，下面的代码设置所有被选中的 input 元素的相邻 p 元素的背景颜色为粉色。

```
input:checked + p{background:pink;}
```

【例 5-10】 :checked 伪类应用示例。在该例中，当选择某一选项时会设置其后面的文字背景色为橙色。本例的初始效果如图 5-18 所示，选择某些选项后的效果如图 5-19 所示。

```
li{
    list-style-type:none;
    margin:20px;
}
input:checked + span{background-color: orange; }

<form action="">
    <h3>点击你喜欢的科学家</h3>
    <ul>
        <li>
            <input type="checkbox" name="scientist"/>
            <span>牛顿</span>
        </li>
        <li>
            <input type="checkbox" name="scientist"/>
            <span>爱因斯坦</span>
```

217

第 5 章

```
            </li>
            <li>
                < input type = "checkbox" name = "scientist"/>
                < span>居里夫人</span>
            </li>
            <li>
                < input type = "checkbox" name = "scientist"/>
                < span>华罗庚</span>
            </li>
        </ul>
    </form>
```

图 5-18　应用 :checked 伪类前的效果　　　　　图 5-19　应用 :checked 伪类后的效果

6. ::selection

::selection 伪元素匹配元素中被用户选中或处于高亮状态的部分。注意,只能向 ::selection 伪元素应用少量的 CSS 属性,例如 color、background、cursor 以及 outline。

【例 5-11】 ::selection 伪元素应用示例。当选择段落中的某些文本时会设置其文字背景色为蓝色,初始效果如图 5-20 所示,选择某些文本后的效果如图 5-21 所示。

```
        p::selection{ background - color:blue; }

<p>
    中国国际进口博览会即将在 11 月 5~10 日举行,各国食品企业参展商已跃跃欲
试。与中国消费升级需求息息相关的食品及农产品展区,成为本届进口博览会报名最火爆的展区,也是广大发展中国家企
业报名最积极的展区。
</p>
```

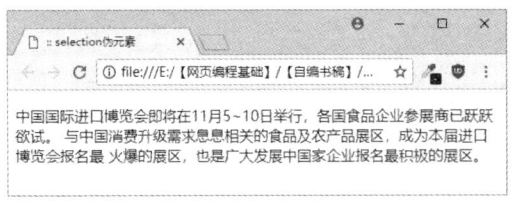

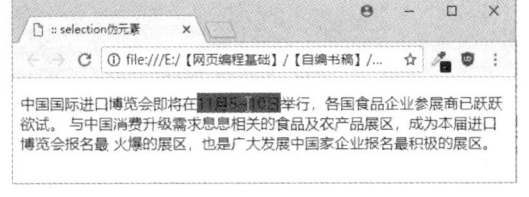

图 5-20　::selection 伪元素应用前的效果　　　　图 5-21　::selection 伪元素应用后的效果

5.2.4　CSS3 新增伪类案例实践

1. 案例要求

利用所学的知识,制作一个 Tab 选项卡页面效果,使得单击任意一个选项卡标签后都能切换到相应的内容。图 5-22 为页面初始效果,图 5-23 为鼠标悬停在第二个选项卡上时的效

果,图 5-24 为单击第二个选项卡后的切换效果。

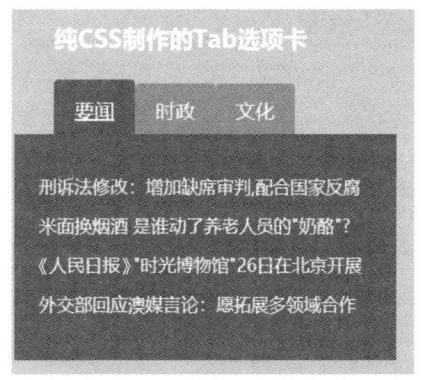

图 5-22　Tab 选项卡初始状态 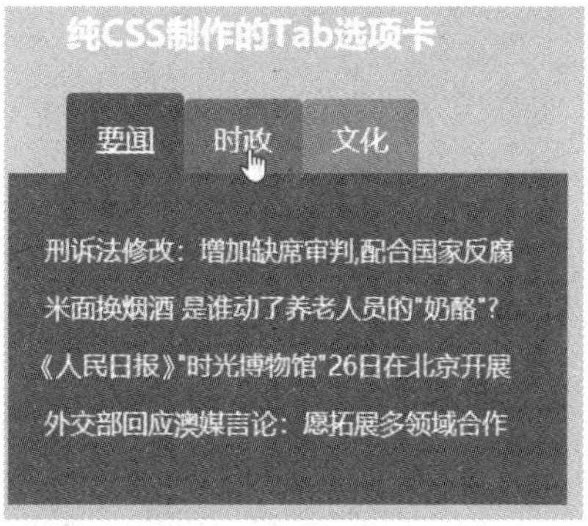　　　图 5-23　鼠标悬停在第二个选项卡上的效果

2. 思路提示

（1）可以使用与 3 个单选按钮(设置单选按钮隐藏)绑定的<label>标签制作本例上方的 3 个选项卡标签。

（2）通过改变单选按钮的:hover 状态下的相邻元素(<label>标签)的 CSS 样式(背景颜色、向上位移等)，实现相应的鼠标悬停效果。

（3）通过改变单选按钮的:checked 状态下的相邻元素(<label>标签)的 CSS 样式(背景颜色等)，以及关联元素(下方对应的 div 文本区块)的 CSS 样式(增加绝对定位的 z-index 值，使其显示在上方)，实现基本的 Tab 选项卡切换功能。

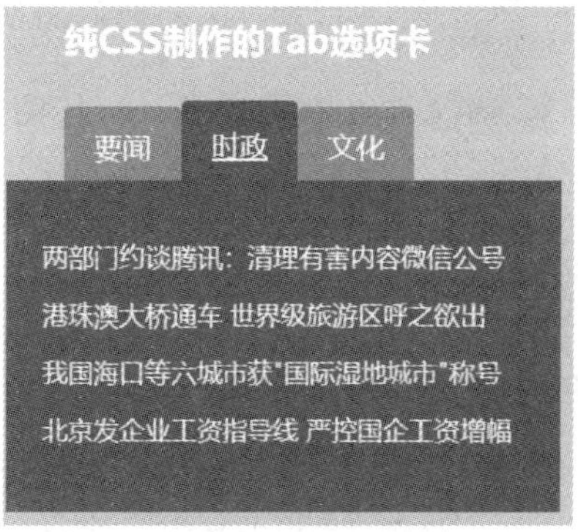

图 5-24　单击第二个选项卡的切换效果

3. 参考代码

参考代码文件名为 pra05-2. html 以及 style. css。

其中 pra05-2. html 的主要代码如下：

```html
<link href = "css/style.css" rel = "stylesheet" type = "text/css">

<h2>纯 CSS 制作的 Tab 选项卡</h2>
<ul>
    <li>
        <input type = "radio" name = 'tab' id = 'tab1' checked>
        <label for = "tab1">要闻</label>
        <div>
            <p>刑诉法修改：增加缺席审判,配合国家反腐</p>
            <p>米面换烟酒 是谁动了养老人员的"奶酪"?</p>
            <p>《人民日报》"时光博物馆"26 日在北京开展</p>
            <p>外交部回应澳媒言论：愿拓展多领域合作</p>
        </div>
    </li>
    <li>
        <input type = "radio" name = 'tab' id = 'tab2'>
        <label for = "tab2">时政</label>
```

```
            <div>
                <p>两部门约谈腾讯：清理有害内容微信公号</p>
                <p>港珠澳大桥通车 世界级旅游区呼之欲出</p>
                <p>我国海口等六城市获"国际湿地城市"称号</p>
                <p>北京发企业工资指导线 严控国企工资增幅</p>
            </div>
        </li>
        <li>
            <input type = "radio" name = 'tab' id = 'tab3'>
            <label for = "tab3">文化</label>
            <div>
                <p>《人民日报》：网络文学进入 2.0 时代</p>
                <p>丰子恺漫画展在京展出百余原作</p>
                <p>《人民日报》：流量明星为什么流不动了?</p>
                <p>"中国剧场"栏目正式亮相印尼国家电视台</p>
            </div>
        </li>
</ul>
```

CSS 文件夹中的 style.css 代码如下：

```
@charset "utf-8";
body, ul, li{margin:0;padding:0;}
body{
    background-color:#CCC;
    color:#FFF;
}
h2{
    margin:30px 0 30px 50px;
}
ul{
    position:relative;
    margin:0 0 0 50px;
}
li{
    list-style-type:none;
    float:left;
}
input{
    position:absolute;
    display:none;
}
label{
    display:block;
    width:82px;
    height:54px;
    background-color:#6A9E52;
    font-size:20px;
    line-height:54px;
    text-align:center;
    border-radius:5px 5px 0 0;
}
```

```
div{
    position: absolute;
    top:50px;
    left: - 40px;
    width: 340px;
    height: 175px;
    padding:25px;
    background - color: #376B1F;
}
p{
    margin:15px 0;
    font - size:18px;
}
label:hover{
    background - color: #508438;
    cursor:pointer;
}
input:checked + label{
    position:relative;
    top: - 4px;
    padding - top:3px;
    background - color: #376B1F;
    text - decoration:underline;
}
input:checked ~ div{
    z - index:2;
}
```

4. 案例改编及拓展

仿照以上案例,自行编写类似的选项卡切换效果。

5.3　CSS3 变形、过渡及动画

CSS3 新增的变形、过渡和动画是 3 种比较有意思的新特性,它们可以使开发者更轻松地实现网页元素的 2D 和 3D 变形、交互和动画。通过 CSS3 变形,可以对元素进行移动、缩放、转动、拉长或拉伸;通过 CSS3 过渡,可以在不使用 Flash 动画或 JavaScript 的情况下,当元素从一种样式变换为另一种样式时为元素添加效果,从而实现一定的交互功能;通过 CSS3 动画,能够创建动画,从而在许多网页中取代动画图片、Flash 动画以及 JavaScript。

5.3.1　变形

CSS3 中的变形(transform)属性允许修改 CSS 视觉格式模型的坐标空间,可应用于元素的 2D 和 3D 变形。这个属性允许将元素进行旋转、缩放、移动、倾斜等,可以使用一种或多种变形方法(例如 translate()、rotate()、scale()、skew() 和 matrix() 等)来实现。该属性的语法格式为:

```
transform:none|transform - functions(变形方法)
```

将各种变形结合使用会产生不同的效果,使用的顺序不同产生的效果是不一样的。

本节主要介绍 CSS3 中的 2D 变形,常用的 2D transform 方法如表 5-4 所示。

表 5-4　CSS3 中常用的 2D transform 方法

函　　数	描　　述
translate(x,y)	定义 2D 移动变形,沿着 X 和 Y 轴移动元素
translateX(n)	定义 2D 移动变形,沿着 X 轴移动元素
translateY(n)	定义 2D 移动变形,沿着 Y 轴移动元素
scale(x,y)	定义 2D 缩放变形,改变元素的宽度和高度
scaleX(n)	定义 2D 缩放变形,改变元素的宽度
scaleY(n)	定义 2D 缩放变形,改变元素的高度
rotate(angle)	定义 2D 旋转,在参数中规定角度(或圈数、弧度、梯度)
skew(x-angle,y-angle)	定义 2D 倾斜变形,沿着 X 和 Y 轴
skewX(angle)	定义 2D 倾斜变形,沿着 X 轴
skewY(angle)	定义 2D 倾斜变形,沿着 Y 轴

1. 移动(translate())

CSS3 transform 属性的 translate()方法可用于在页面上平移元素,水平方向与垂直方向均可指定偏移量。其语法格式为:

```
transform: translate(x [, y]);
```

其中,参数 x 表示水平方向 X 轴上的移动距离,参数 y 表示垂直方向 Y 轴上的移动距离。如果省略参数 y,则默认 Y 轴上的移动距离为 0。例如:

```
p{
transform: translate(10px, 20px);
}
```

上述代码表示段落元素 p 从初始位置往右移动 10px、往下移动 20px。

用户也可以单独使用 translateX()或 translateY()方法指定水平或垂直方向上的移动距离。

指定元素水平方向平移的语法格式为:

```
transform: translateX(x);
```

例如:

```
p{
transform: translateX(10px);
}
```

上述代码表示元素从左侧往右移动 10px。

指定元素垂直方向平移的语法格式为:

```
transform: translateY(y);
```

例如:

```
p{
transform: translateY(-10px);
}
```

上述代码表示元素往上移动 10px。

【例 5-12】 使用 CSS3 transform 属性的 translate() 方法对元素进行 2D 平移。其中两个 div 元素的尺寸相同,并使用了绝对定位的方法使两个元素在移动前的位置相同,第二个元素移动后在浏览器中的效果如图 5-25 所示。

```
div {
        position:absolute;
        width: 100px;
        height: 100px;
        background - color: yellow;
}
div # div2 {
        transform: translate(50px, 100px);
}

< div >此 div 元素没有移动</div >
< div id = "div2">此 div 元素向右移动了 50px,向下移动了 100px </div >
```

2. 缩放(scale())

CSS3 transform 属性的 scale() 方法可用于在页面上放大或缩小元素。其语法格式为:

```
transform: scale(x [, y]);
```

其中,参数 x 表示水平方向 X 轴上的缩放倍数,参数 y 表示垂直方向 Y 轴上的缩放倍数。如果省略参数 y,则默认 Y 轴上的缩放倍数与 X 轴相同。属性取值为 CSS 数值< number >,允许是整数或者浮点数,其中取值为 1 表示原始尺寸,没有进行缩放。例如:

```
p{
transform: scale(2,3);
}
```

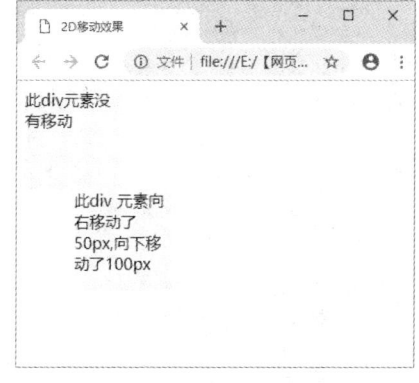

图 5-25　CSS3 2D 移动效果

上述代码表示段落元素 p 的宽度放大为原始尺寸的两倍,高度放大为原先的 3 倍。

用户也可以单独使用 scaleX() 或 scaleY() 方法指定水平或垂直方向上的缩放倍数。

指定元素水平方向缩放的语法格式为:

```
transform: scaleX(x);
```

例如:

```
p{
transform: scaleX(2);
}
```

上述代码表示元素的宽度放大为原来的两倍。

指定元素垂直方向缩放的语法格式为:

```
transform: scaleY(y);
```

例如:

```
p{
transform: scaleY(0.5);
}
```

上述代码表示元素的高度缩小为原来的 1/2。

【例 5-13】 使用 CSS3 transform 属性的 scale()方法对元素进行缩放,其中两个 div 元素的初始尺寸相同,第二个元素放大后在浏览器中的效果如图 5-26 所示。

```
div {
    width: 100px;
    height: 75px;
    background-color: yellow;
    border: 1px solid black;
}
div#div2 {
    margin: 120px;
    transform: scale(2, 4);
}
```

```
<div>此 div 元素没有缩放</div>
<div id="div2">此 div 元素水平放大 2 倍,垂直放大 4 倍</div>
```

图 5-26　CSS3 2D 缩放效果

3. 旋转(rotate())

CSS3 transform 属性的 rotate()方法可用于在页面上旋转元素。其语法格式为:

```
transform: rotate (<angle>);
```

参数<angle>表示元素顺时针旋转指定的角度,属性值为 CSS3 角度值,有 deg(角度)、turn(圈)、rad(弧度)、grad(梯度)4 种单位。例如:

```
p{
transform: rotate(90deg);
}
```

上述代码表示段落元素 p 从初始位置顺时针旋转 90°,其中 90deg 也可以用 0.25turn 或 1.57rad、100grad 表示。

如果填入负数,则表示元素逆时针旋转指定的角度。例如:

```
p{
transform: rotate(-30deg);
}
```

上述代码表示段落元素 p 从初始位置逆时针旋转 30°。

【例 5-14】 使用 CSS3 transform 属性的 rotate()方法对元素进行缩放,在浏览器中的效果如图 5-27 所示。

```
div {
    margin: 30px;
    width: 200px;
    height: 100px;
    background-color: yellow;
    transform: rotate(9deg);
```

```
}
```
```
<div>此元素顺时针旋转9度</div>
```

4. 倾斜(skew())

CSS3 transform 属性的 skew()方法可用于在页
面上倾斜元素。其语法格式为：

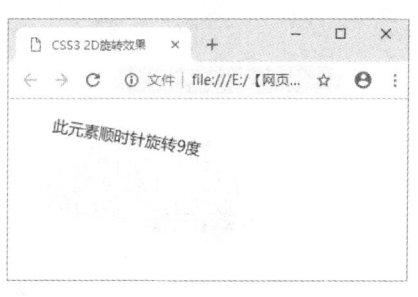

图 5-27　CSS3 2D 旋转效果

```
transform: skew(<angleX>[, <angleY>]);
```

其中，第一个参数<angleX>表示水平方向 X 轴上
的倾斜扭曲角度，第二个参数<angleY>表示垂直方向
Y 轴上的倾斜扭曲角度。如果省略第二个参数，则默
认值为 0。属性取值为 CSS3 角度值。例如：

```
p{
transform: skew(20deg,10deg);
}
```

上述代码表示将段落元素 p 横向倾斜 20°、纵向倾斜 10°。

用户也可以单独使用 skewX()或 skewY()方法指定水平或垂直方向上的翻转情况。

指定元素水平方向翻转的语法格式为：

```
transform: skewX(<angle>);
```

例如：

```
p{
transform: skewX(20deg);
}
```

上述代码表示将段落元素 p 横向倾斜 20°。

指定元素垂直方向翻转的语法格式为：

```
transform: skewY(<angle>);
```

例如：

```
p{
transform: skewY(10deg);
}
```

上述代码表示将段落元素 p 纵向倾斜 10°。

【例 5-15】　使用 CSS3 transform 属性的 slew()方法对元素进行倾斜，其中两个 div 元素
的初始尺寸相同，第二个元素倾斜后在浏览器中的效果如图 5-28 所示。

```
div {
    width: 200px;
    height: 100px;
    background-color: yellow;
    border: 1px solid black;
    margin: 50px;
}
div#div2 {
```

225

第5章

```
    transform: skew(30deg, 20deg);
}
```

```
<div>此 div 元素没有倾斜</div>
<div id="div2">此 div 元素水平倾斜 30 度,垂直倾斜 20 度。</div>
```

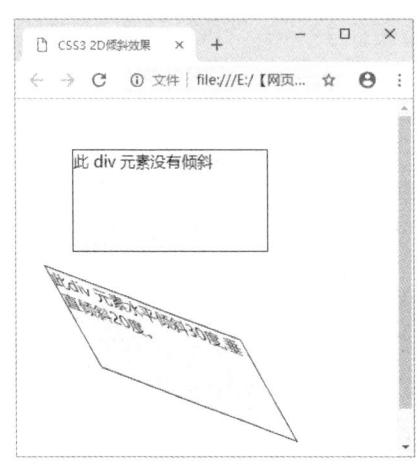

图 5-28　CSS3 2D 倾斜效果

5. 变形基准点的设置

在使用 transform 属性进行文字或图像变形的时候,是以元素的中心点为基准点进行的,使用 transform-origin 属性可以改变变形的基准点。对于 2D 变形来说,设置变形基准点的语法格式为:

transform - origin: x - axis y - axis

x-axis 表示基准点在元素水平方向上的位置,y-axis 表示基准点在垂直方向上的位置。它们的取值有 3 种方法,包括:

(1) 具体的长度值。

(2) 百分比。

(3) 表示位置的关键字。

* x-axis 可以指定的关键字:left、center、right。
* y-axis 可以指定的关键字:top、center、bottom。

注意:当只写一个长度值或百分比时,默认为 x-axis 的值,即只改变 X 轴方向的基准点;当只写一个关键字时,则默认另一个关键字为 center。

【**例 5-16**】 使用 CSS3 的变形基准点设计一个页面,其中两个 div 元素的初始尺寸和位置相同。在设置变形基准点前和添加变形基准点(代码中加粗的语句)后的效果变化如图 5-29 所示。

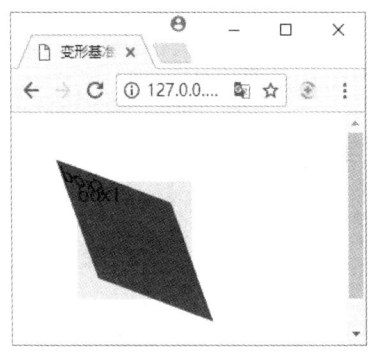 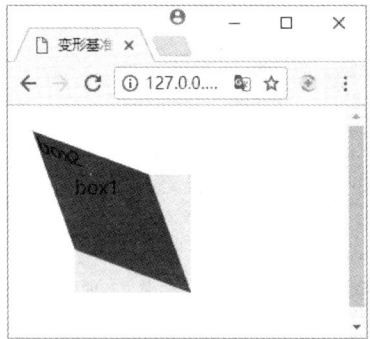

(a) 设置变形基准点前　　　　　　(b) 设置变形基准点(右下角)后

图 5-29　CSS3 变形基准点设置前后的效果变化

```
div {
    width: 100px;
    height: 100px;
    margin: 50px;
    position: absolute;
}
```

```
div#box1 {
    background-color:yellow;
}
div#box2{
    background-color: rgba(255,0,0,0.5);
    transform: skew(20deg,20deg);
    transform-origin:right bottom;
}

<div id = "box1"> box1 </div>
<div id = "box2"> box2 </div>
```

6. transform 的复合写法

可以对 transform 属性一次使用多个值,同时应用前面所介绍的各种变形方法,不同的值用空格隔开。例如,将例 5-16 中的代码:

```
transform: skew(20deg,20deg);
```

修改为:

```
transform:rotate(30deg) translate(100px,100px) scale(0.5) skew(30deg);
```

修改后的代码使用了 4 种变形方法,对 id 为 box2 的 div 元素同时进行了旋转 30°、X 轴和 Y 轴方向各位移 100px、缩小一半以及倾斜 30°这 4 种变形操作,修改后的效果如图 5-30 所示。

注意: 不能把 transform 的复合写法改为多行不同的 transform 代码,因为最后一行的 transform 定义会覆盖之前每一行的定义,即以最后一行为准。

5.3.2 过渡

CSS3 中的 transition(过渡)属性可以在指定时间内将元素从原始样式逐渐变化为新的样式,通常用于鼠标悬停在元素上发生动画事件。

图 5-30　对 box2 应用 4 种变形的效果

CSS3 过渡是元素从一种样式逐渐改变为另一种的效果。如果要实现这一点,一般需要规定以下两项内容:

(1) 规定应用过渡的 CSS 属性。

(2) 规定效果的时长。

例如,下面的代码可应用于宽度属性的过渡效果,时长为 2s。

```
div{
    transition: width 2s;
}
```

过渡效果开始于指定的 CSS 属性改变值时。CSS 属性改变的典型时间是鼠标指针位于元素上时。

说明: Internet Explorer 10、Firefox、Chrome 以及 Opera 支持 transition 属性;Safari 需要前缀-webkit-。Internet Explorer 9 以及更早的版本不支持 transition 属性;Chrome 25 以及更早的版本需要前缀-webkit-。

【例 5-17】 使用 CSS3 transition 属性设置 div 元素的宽度变化过渡效果。当鼠标指针放在 div 元素上时，其宽度在 2s 内从 100px 过渡为 300px。其宽度变化状态如图 5-31 所示。

```
div {
     width: 100px;
     height: 100px;
     background: yellow;
     transition: width 2s;
}
div:hover {
     width: 300px;
}
```

```
<div></div>
<p>鼠标指针放到上面的黄色 div 元素上，其宽度会在 2 秒内从 100px 变为 300px。</p>
```

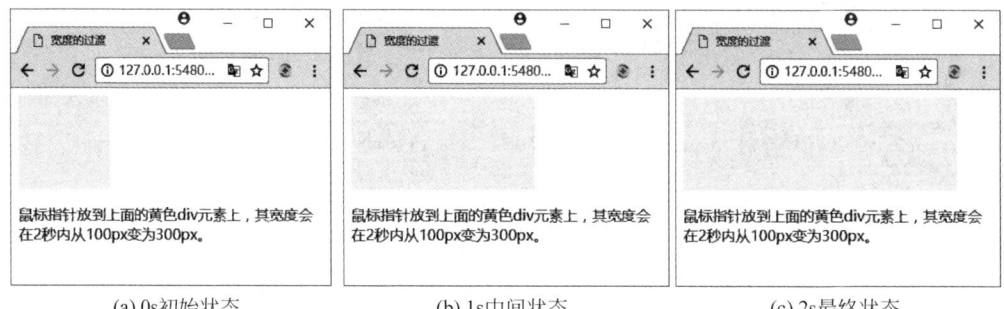

(a) 0s 初始状态　　　　　(b) 1s 中间状态　　　　　(c) 2s 最终状态

图 5-31　CSS3 宽度变化过渡的过程

说明： 当指针移出元素时，它会逐渐变回原来的样式。

本例中新的 width 属性样式定义在 :hover 伪类中，同时该伪类中只定义了过渡效果需要的新的 width 属性这样一个样式，因此可以在 transition 属性中省略 width 属性，但不能省略过渡时间，也不能把过渡时间定义为 0。在上面的实例中可以把代码：

```
transition: width 2s;
```

简写为：

```
transition: 2s;
```

如果需要向多个样式添加过渡效果，则可以添加多个属性，由逗号隔开。

【例 5-18】 使用 CSS3 transition 属性设置 div 元素的多种属性变化过渡效果，使其在鼠标悬停后 2s 内实现宽度、高度和旋转的变化。其属性变化状态如图 5-32 所示。

```
div {
     width: 100px;
     height: 100px;
     background: yellow;
     transition: width 2s, height 2s, transform 2s;
}
div:hover {
     width: 200px;
     height: 200px;
```

```
        transform: rotate(180deg);
}
```

请把鼠标指针放到黄色的 div 元素上,来查看过渡效果。

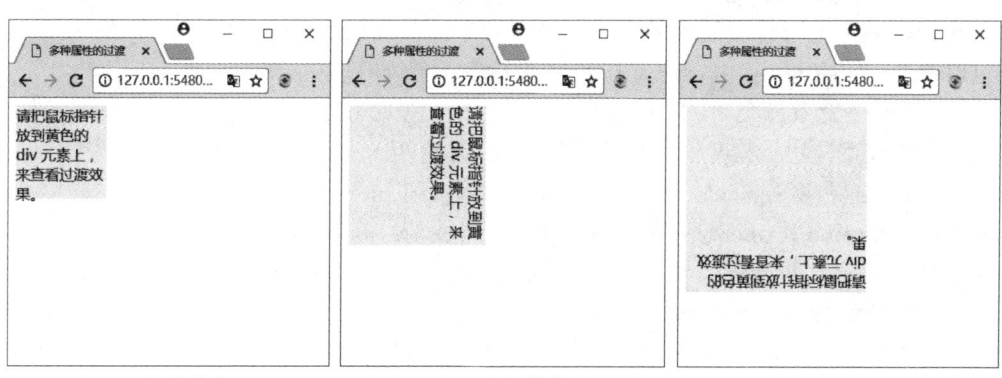

  (a) 0s初始状态   (b) 1s中间状态   (c) 2s最终状态

图 5-32 CSS3 多种属性变化过渡的过程

由于本例中过渡效果涉及的是:hover 伪类中的全部样式,且每种样式的过渡时间均为 2s,所以本例中的代码:

```
transition: width 2s, height 2s, transform 2s;
```

可以简写为:

```
transition: 2s;
```

完整的 transition(过渡)包含 5 种属性,如表 5-5 所示。

表 5-5 CSS3 中 transition 的相关属性

属 性	描 述
transition	简写属性,用于在一个属性中设置 4 个过渡属性
transition-property	规定应用过渡的 CSS 属性的名称
transition-duration	定义过渡效果花费的时间,默认是 0
transition-timing-function	规定过渡效果的时间曲线,默认是 "ease"
transition-delay	规定过渡效果何时开始,默认是 0

1. 过渡属性(transition-property)

在 CSS3 中 transition-property 属性用于指定需要发生过渡的 CSS 属性的名称,该属性通常需要与 transition-duration 属性配合使用,否则时长为 0,看不出过渡效果。其语法格式为:

transition‐property: none｜all｜property;

transition-property 属性的取值有以下 3 种形式。

(1) none:没有任何属性获得过渡效果。

(2) all:所有属性都获得过渡效果(默认值,即当省略 transition-property 属性时,有样式变化的所有属性都在指定的过渡持续时间内完成过渡)。

(3) property:设置过渡效果的 CSS 属性的名称。如果是多个属性,则以列表的形式出现,中间用逗号隔开。

例如,为段落元素 p 指定需要产生过渡效果的 CSS 属性的名称:

```
p{
    transition - property: width, height;
}
```

上述代码表示同时设置元素的宽度和高度发生过渡效果。

过渡属性 transition-property 支持的常见 CSS 属性如下。

(1) 颜色值:背景颜色 background-color、字体颜色 color、边框颜色 border-color 等。

(2) 长度或百分比:宽度 width、高度 height、外边距 margin、内边距 padding 等。

(3) 数值:透明度 opacity、字号 font-size、字体粗细 font-weight 等。

注意:transition-property 不能用在 display 属性值(none、block 等)的转化上,如果需要实现某元素从无到有的过渡效果,建议使用 visibility 属性的 hidden 和 visible 两个值来实现。

2. 过渡持续时间(transition-duration)

在 CSS3 中 transition-duration 属性用于指定过渡动画效果的持续时长,持续时间越长,过渡效果越慢。其语法格式为:

```
transition - duration: < time >;
```

该属性值的单位为秒或者毫秒。其默认状态为 0s,此时元素会瞬间从原始状态变成最终状态,无法显示动画过渡过程,因此不建议省略 transition-duration 属性的设置。

例如,为段落元素 p 指定过渡持续时间为 10s:

```
p{
    transition - duration: 10s;
}
```

3. 过渡速率函数(transition-timing-function)

在 CSS3 中 transition-timing-function 用于设置过渡速率函数。其语法格式为:

```
transition - timing - function:linear | ease | ease - in | ease - out | ease - in - out | cubic - bezier
```

transition-timing-function 属性的取值如下。

- linear:规定以相同速度开始至结束的过渡效果。该值等同于贝赛尔曲线(0.0,0.0,1.0,1.0)。
- ease:规定慢速开始,然后变快,再慢速结束的过渡效果。该值为默认值,等同于贝塞尔曲线(0.25,0.1,0.25,1.0)。
- ease-in:规定以慢速开始的过渡效果。该值等同于贝塞尔曲线(0.42,0,1.0,1.0)。
- ease-out:规定以慢速结束的过渡效果。该值等同于贝塞尔曲线(0,0,0.58,1.0)。
- ease-in-out:规定以慢速开始和结束的过渡效果。该值等同于贝塞尔曲线(0.42,0,0.58,1.0)。
- cubic-bezier:使用贝赛尔曲线函数自定义速度变化。

4. 过渡延迟时间(transition-delay)

在 CSS3 中 transition-delay 属性用于指定过渡动画延迟播放的时间,延迟时间越长,则动画越晚播放。其语法格式为:

```
transition - delay: < time >;
```

该属性值的单位为秒或者毫秒。其默认状态为 0s,表示不延迟,立刻播放动画效果。

例如,为段落元素 p 指定过渡延迟时间为 2s:

```
p{
    transition - delay: 2s;
}
```

5. 过渡复合属性（transition）

在 CSS3 中 transition 属性用于一次性指定所有的动画设置要求,它是一个复合属性。其声明顺序如下:

[transition - property] [transition - duration] [transition - timing - function] [transition - delay]

参数之间使用空格隔开即可,如有未声明的参数,取其默认值。需要注意的是,如果只提供了一个时间参数,无论其位置在何处均默认为 transition-duration 属性值。

例如,为段落元素 p 指定一系列过渡效果:

```
p{
    transition - property: background - color;
    transition - duration: 10s;
    transition - timing - function: ease - in;
    transition - delay: 2s;
}
```

使用复合属性 transition 可简写为:

```
p{transition: background-color 10s ease-in2s;}
```

用户还可以使用复合属性 transition 同时指定多种过渡,之间用逗号隔开即可。例如:

```
p{
    transition:
    background - color 10s ease - in 2s,
    color 10s ease - in 2s,
    width 10s ease - in 2s;
}
```

【例 5-19】 修改例 5-18,使其在鼠标悬停 1s 后开始执行过渡动画,并在 2s 内加速实现宽度、高度和旋转的变化。

```
div {
    width: 100px;
    height: 100px;
    background: yellow;
    transition: width 2s ease - in 1s, height 2s ease - in 1s, transform 2s ease - in 1s;
}
div:hover {
    width: 200px;
    height: 200px;
    transform: rotate(180deg);
}
```

请把鼠标指针放到黄色的 div 元素上,来查看过渡效果。

本例中的代码:

```
transition: width 2s ease - in 1s, height 2s ease - in 1s, transform 2s ease - in 1s;
```

231

也可以简写为：

```
transition: 2s ease-in 1s;
```

使用 CSS3 过渡效果的优点是比较方便，可以用较少的代码实现样式的过渡。其缺点如下：

（1）需要触发条件才能实现过渡，例如使用最常用的：hover 伪类对应的动作作为触发条件，而不能自动产生过渡效果。

（2）过渡效果只能一次性完成，不能指定多次。

（3）只能控制开始和结束的速率，不方便控制中间的过程。

CSS3 动画技术的提出能够较好地解决 CSS3 过渡中存在的这些问题，从而实现更多个性化的复杂动画效果。

5.3.3　动画

CSS3 可以创建动画（animation）效果。该动画可以自定义任意多个关键时间点的样式效果，浏览器将自动处理两个关键时间节点之间的渐变效果，所有的关键帧组合在一起形成更复杂的动画效果。在网页文档中使用它可取代 Flash 动画、动态图片和 JavaScript。

如果要创建 CSS3 动画，首先使用@keyframes 规则创建动画，然后把它捆绑到某个选择器。

在@keyframes 中规定某项 CSS 样式，就能创建由当前样式逐渐改为新样式的动画效果。例如：

```
@keyframes myfirst{
    from {background: red;}
    to {background: yellow;}
}
```

通过规定以下两项（至少）CSS3 动画属性即可将动画绑定到选择器。

• 规定动画的名称。

• 规定动画的时长。

例如，以下代码实现把 myfirst 动画捆绑到 div 元素，时长为 5s。

```
div{
    animation: myfirst 5s;
    -moz-animation: myfirst 5s;          /* Firefox */
    -webkit-animation: myfirst 5s;       /* Safari 和 Chrome */
    -o-animation: myfirst 5s;            /* Opera */
}
```

说明：必须定义动画的名称和时长。如果忽略时长，动画不会允许，因为默认值是 0。

【**例 5-20**】　创建 CSS 动画，使页面中的 div 元素在 5s 内背景颜色从红色变为黄色。

```
div {
    width: 100px;
    height: 100px;
    background: red;
    animation: myfirst 5s;
}
@keyframes myfirst {
```

```
        from {background:red;}
        to {background:yellow;}
    }

    <div></div>
```

与 animation 相关的属性有 10 种,如表 5-6 所示。

表 5-6　animation 的相关属性

属　　　性	描　　　述
@keyframes	规定动画
animation	所有动画属性的简写属性,除了 animation-play-state 属性以外
animation-name	规定 @keyframes 动画的名称
animation-duration	规定动画完成一个周期所花费的秒或毫秒,默认是 0
animation-timing-function	规定动画的速度曲线,默认是"ease"
animation-delay	规定动画何时开始,默认是 0
animation-iteration-count	规定动画被播放的次数,默认是 1
animation-direction	规定动画是否在下一周期逆向地播放,默认是"normal"
animation-play-state	规定动画是否正在运行或暂停,默认是"running"
animation-fill-mode	规定对象动画时间之外的状态

1. @keyframes 规则

帧(frame)是影像动画中最小单位的单幅影像画面,一帧就相当于一幅静止的画面,连续的帧可以形成动画效果。在 CSS3 中使用 @keyframes 规则定义一套动画效果中若干个关键帧的样式效果,其语法格式为:

```
@keyframes 动画名称{
    from{样式要求}
    to{样式要求}
}
```

其中,动画名称可以自定义,from 表示起始帧的样式,to 表示最终帧的样式。

如果需要更丰富的动画效果,可以使用百分比来表示时间刻度。百分比的数值必须从 0% 开始到 100% 结束,中间的时间百分比数值和数量都可以自定义。这里的 0% 相当于关键词 from 的效果,100% 相当于关键词 to 的效果。例如:

```
@keyframes myframe {
    0%{background-color:red;}
    25%{background-color:orange;}
    50%{background-color:yellow;}
    75%{background-color:green;}
    100%{background-color:blue;}
}
```

创建完成的动画必须指定时长并绑定到目标元素中方可生效。例如将刚才使用 @keyframes 创建的 myframe 动画应用到段落元素 p 上,写法如下:

```
p{
    animation: myframe 8s;
}
```

233

第 5 章

上述代码表示在 8s 的时间范围内让段落元素 p 进行名称为 myframe 的动画内容。这里使用了复合属性 animation 的简写形式，同时规定了动画名称与动画的持续时间。

2. 动画应用名称（animation-name）

在 CSS3 中 animation-name 属性专门用于指定需要发生的动画的名称。该属性值需要配合@keyframes 规则使用，因为这里的动画名称不可以自定义，必须是在@keyframes 规则中已声明的动画效果。

其语法格式为：

`animation - name: none| < identifier >;`

animation-name 属性的取值如下。

- none：不引用任何动画名称，该属性值为默认值。
- < identifier >：定义一个或多个动画名称，该名称必须来源于@keyframes 规则。

例如，为段落元素 p 指定前面设置的名称为 myframe 的动画效果：

```
p{
    animation - name:myframe;
}
```

由于默认情况下动画的持续时间为 0，此时看不到动画效果，必须配合 CSS3 Animation 动画中的 animation-duration 属性重新规定动画时间方可看到完整的动画效果。

3. 动画持续时间（animation-duration）

在 CSS3 中 animation-duration 属性用于指定动画效果的持续时长，持续时间越长，动画效果越慢。其语法格式为：

`animation - duration: < time >;`

该属性值的单位为秒或者毫秒。其默认状态为 0s，元素会瞬间从原始状态变成最终状态，无法显示动画过程，因此不建议省略 animation-duration 属性的设置。

例如，为段落元素 p 指定刚才的 myframe 动画时间为 10s。

```
p{
    animation - name:myframe;
    animation - duration: 10s;
}
```

4. 动画速率函数（animation-timing-function）

在 CSS3 中 animation-timing-function 用于设置动画速率函数。与之前介绍的 CSS3 Transition 动画中的 transition-timing-function 属性值类似，animation-timing-function 属性的取值如下。

- linear：线性动画，表示匀速动画效果。该值等同于贝塞尔曲线(0.0, 0.0, 1.0, 1.0)。
- ease：逐渐变慢。该值为默认值，等同于贝塞尔曲线(0.25,0.1,0.25,1.0)。
- ease-in：表示由慢到快的加速效果。该值等同于贝塞尔曲线(0.42, 0, 1.0, 1.0)。
- ease-out：表示由快到慢的减速效果。该值等同于贝塞尔曲线(0, 0, 0.58, 1.0)。
- ease-in-out：先加速再减速。该值为默认值，等同于贝塞尔曲线(0.42, 0, 0.58, 1.0)。
- cubic-bezier：使用贝塞尔曲线函数自定义速度变化。

5. 动画延迟时间（animation-delay）

在 CSS3 中 animation-delay 属性用于指定动画延迟播放的时间，延迟时间越长，则动画越晚播放。其语法格式为：

```
animation - delay: <time>;
```

该属性值的单位为秒或者毫秒。其默认状态为 0s，表示不延迟，立刻播放动画效果。

例如，为段落元素 p 指定动画延迟时间为 2s：

```
p{
    animation - delay: 2s;
}
```

6. 动画循环次数（animation-iteration-count）

在 CSS3 中 animation-iteration-count 属性用于设置动画的循环播放次数。其语法格式为：

```
animation - iteration - count: infinite| <number>;
```

animation-iteration-count 属性的取值如下。

* infinite：表示无限循环。
* <number>：用于规定动画循环播放的具体次数。该属性的默认值为 1，表示只播放一次动画效果。

例如，为段落元素 p 指定循环播放两次动画：

```
p{
    animation - iteration - count: 2;
}
```

7. 动画运动方向（animation-direction）

在 CSS3 中 animation-direction 属性用于指定循环播放动画的运动方向。其语法格式为：

```
animation - direction: normal | reverse | alternate | alternate - reverse;
```

animation-direction 属性的取值如下。

* normal：正常方向运行动画，该属性值是默认值。
* reverse：反方向运行动画。
* alternate：动画先正常运行再反向运行，并持续交替。
* alternate-reverse：动画先反向运行再正常运行，并持续交替。

例如，为段落元素 p 设置反向运动的动画效果：

```
p{
    animation - direction: reverse;
}
```

8. 动画之外状态（animation-fill-mode）

在 CSS3 中 animation-fill-mode 属性用于指定动画效果之外的元素状态。其语法格式为：

```
animation - fill - mode: none| forwards | backwards | both;
```

animation-fill-mode 属性的取值如下。

* none：不设置动画之外的元素状态，即动画开始和结束前均为原始状态，该属性值为默认值。
* forwards：设置动画开始前的状态为原始状态，动画结束后停在最后一帧（100%）的状态。

- backwards：设置动画开始前的状态为 0% 的状态，动画结束后回到原始状态。
- both：设置动画开始前的状态为 0% 的状态，动画结束后停在最后一帧（100%）的状态。

例如，为段落元素 p 指定动画结束后停在最后一帧：

```
p{
    animation - fill - mode: forwards;
}
```

注意：要使 animation-fill-mode 的属性设置有效，前提是 animation-iteration-count 的值不能为 infinite。

9. 动画运行状态（animation-play-state）

在 CSS3 中 animation-play-state 属性用于检索或设置动画运行状态。其语法格式为：

animation - play - state: running | paused;

animation-play-state 属性的取值如下。

- running：动画为运行状态，该属性值为默认值。
- paused：动画为暂停状态。

例如，当鼠标悬浮在段落元素 p 上时，暂停动画效果：

```
p:hover{
    animation - play - state: paused;
}
```

10. 动画复合属性（animation）

在 CSS3 中 animation 属性用于一次性指定所有的动画设置要求，它是一个复合属性。其声明常用的顺序如下：

[animation - name] [animation - duration] [animation - timing - function] [animation - delay] [animation - iteration - count] [animation - direction] [animation - fill - mode] [animation - play - state]

参数之间使用空格隔开即可，如有未声明的参数，取其默认值。需要注意的是，如果只提供了一个时间参数，无论其位置在何处均默认为 transition-duration 属性值。

例如，为段落元素 p 指定一系列动画效果：

```
p{
    animation - name: myAnimation;
    animation - duration: 10s;
    animation - timing - function: ease - in;
    animation - delay: 10s;
}
```

使用复合属性 animation 可简写为：

```
p{
    animation: myAnimation 10s ease - in 10s;
}
```

用户还可以使用复合属性 animation 同时指定多种动画，之间用逗号隔开即可。例如：

```
p{
    animation:
```

```
        myAnimation1 10s ease - in 10s,
        myAnimation2 10s ease - in 10s,
        myAnimation3 10s ease - in 10s;
    }
```

【例 5-21】 创建 CSS 动画,使页面中的 div 元素延迟 2s 后开始产生匀速动画,并在接下来的 5s 内每过 25％的时间产生一个关键帧;使背景颜色从红色依次变为黄色、蓝色、绿色、红色;运动的路径是相对偏移依次为(0px,0px)、(200px,0px)、(200px,200px)、(0px,200px)、(0px,0px),动画先正常运行再反向运行,并持续交替,无限循环,且当鼠标悬停在 div 元素上时动画暂停。其中几个关键帧及某一过渡时刻的截屏效果如图 5-33 所示。

```
        div {
            width: 100px;
            height: 100px;
            background: red;
            position: relative;
            animation: myfirst 5s linear 2s infinite alternate;
        }
        @keyframes myfirst {
            0 % {
                background:red;
                left:0px;
                top:0px;
            }
            25 % {
                background:yellow;
                left:200px;
                top:0px;
            }
            50 % {
                background:blue;
                left:200px;
                top:200px;
            }
            75 % {
                background:green;
                left:0px;
                top:200px;
            }
            100 % {
                background:red;
                left:0px;
                top:0px;
            }
        }
        div:hover{
            animation - play - state:paused;
        }

    < div ></ div >
```

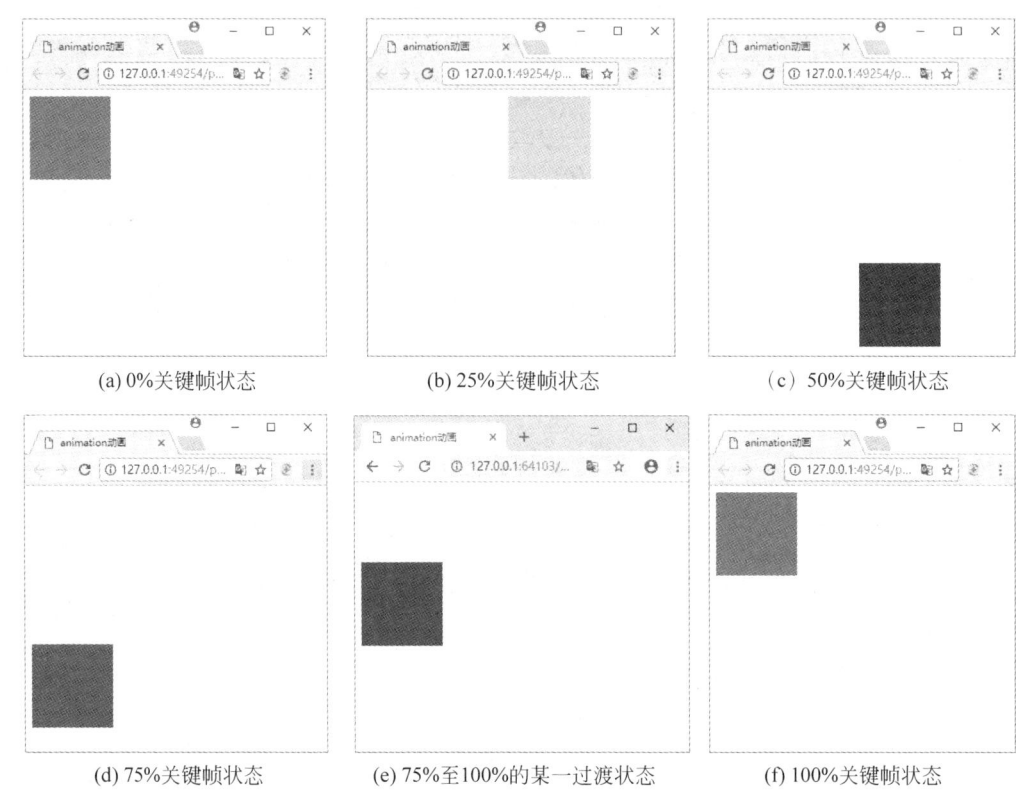

(a) 0%关键帧状态　　　　　(b) 25%关键帧状态　　　　　(c) 50%关键帧状态

(d) 75%关键帧状态　　　(e) 75%至100%的某一过渡状态　　　(f) 100%关键帧状态

图 5-33　CSS3 动画中几个关键帧及某一刻过渡状态

5.3.4　变形、过渡及动画案例实践

1. 案例要求

利用所学的知识制作一个系列图片无缝滚动的页面,使得一系列图片在特定的显示框中无缝循环向左滚动,且当鼠标悬停到显示框时暂停滚动,鼠标移开后继续滚动。无缝滚动过程中单次循环的初始状态和结束状态如图 5-34 所示,中间某一状态如图 5-35 所示。

图 5-34　图片无缝滚动的初始和结束状态

2. 思路提示

本例用到 4 幅图片,显示框最多完整显示两幅图片。

图 5-35　图片无缝滚动的中间某一状态

（1）为了一次最多只显示两幅图,定义显示框的宽度与两幅图的总宽度一致,并且设置其溢出属性（overflow）为隐藏。

（2）可将 4 幅图片放在一个横向浮动显示的无序列表中,在每个列表项中存放一幅图片。

（3）为了使某一次移动动画的最后一帧（100%）时能与初始显示状态一致,可在原来 4 幅图片列表的最后增加前两幅图片的列表。

（4）设置动画初始帧（0%）和结束帧（100%）的移动变形参数（结束帧的移动距离为 4 幅图片的总宽度）,实现向左移动效果,且结束帧与初始帧在页面中显示的都是前两幅图片的内容。

（5）通过设置循环次数为无限次（infinite）实现无缝滚动的效果。

（6）对显示框设置鼠标悬停时动画暂停效果。

3. 参考代码

参考代码文件名为 pra05-3.html。其主要代码如下:

```
<!DOCTYPE html>
<html>
<head>
    <meta charset = "utf-8">
    <title>图片无缝滚动</title>
    <style>
        * {margin:0;padding:0;}
        li{list-style:none;}
        i{font-style: normal;}
        #wrap{
            width:600px;
            height:200px;
            margin:50px auto;
            overflow:hidden;
        }
        #wrap ul{
            width:1800px;
            animation:move 10s infinite linear;
        }
        @keyframes move {
            0%{transform:translateX(0px);}
            100%{transform:translateX(-1200px);}
```

```
        }
        #wrap ul:hover{
            animation-play-state:paused;
        }
        ul li{
            float:left;
            width:300px;
            height:200px;
        }
        ul li img{
            width:100%;
            height:100%;
        }
    </style>
</head>
<body>
    <div id="wrap">
        <ul>
            <li><img src="images/01.png" alt=""></li>
            <li><img src="images/02.png" alt=""></li>
            <li><img src="images/03.png" alt=""></li>
            <li><img src="images/04.png" alt=""></li>
            <li><img src="images/01.png" alt=""></li>
            <li><img src="images/02.png" alt=""></li>
        </ul>
    </div>
</body>
</html>
```

4. 案例改编及拓展

仿照以上案例,自行编写类似的无缝滚动效果,例如左右循环滚动等。

5.4 CSS3 新增属性

CSS3 新增的属性(例如背景、颜色、倒影、遮罩等)允许开发者更灵活地对网页的图片和色彩样式进行设置,能轻松实现许多之前只有专业的图片处理软件才能进行的图片和色彩处理,使得网页前端工程师只需要使用较少的 CSS 轻量级代码,而不必求助于其他图片处理软件或脚本语言的辅助应用。

5.4.1 新增背景属性

CSS3 新增了 3 种背景效果,可用于定义背景图片或颜色的绘制区域、位置和尺寸。具体属性名称如表 5-7 所示。

表 5-7　CSS3 背景属性

属　　性	属 性 含 义	属　性　值
background-clip	设置背景的绘制区域	border-box｜padding-box｜content-box
background-origin	设置背景图片的定位	border-box｜padding-box｜content-box
background-size	设置背景图片的尺寸	<length>｜<percentage>｜cover｜contain

1. 背景裁剪（background-clip）

语法：background-clip：border-box｜padding-box｜content-box

说明：该属性用于裁剪元素的背景图片或颜色区域，使其只显示指定的区域内容。其中，属性值 border-box 表示背景被裁剪到边框盒；padding-box 表示背景被裁剪到内边距框；content-box 表示背景被裁剪到内容框。

初始值：border-box。

【例 5-22】 应用 background-clip 属性裁剪元素背景，在浏览器中的效果如图 5-36 所示。

```
div {
    float:left;
    margin: 20px;
    padding: 20px;
    height: 100px;
    width: 200px;
    border: 10px dashed #00F;
    background-color: #CCC;
    text-align: center;
}
.borderBox{background-clip:border-box;}
.paddingBox{background-clip:padding-box;}
.contentBox{background-clip:content-box;}

<h3>CSS3 背景裁剪的应用</h3>
<div class="borderBox">background-clip 属性值为 border-box 时,背景被裁剪到边框盒,包含边框区域</div>
<div class="paddingBox">background-clip 属性值为 padding-box 时,背景被裁剪到填充盒,包含填充区域</div>
<div class="contentBox">background-clip 属性值为 content-box 时,背景被裁剪到内容盒,包含边内容区域</div>
```

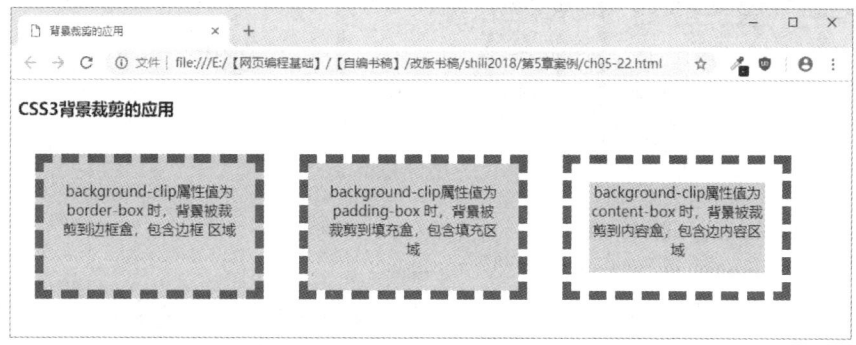

图 5-36　CSS3 背景裁剪

2. 背景定位（background-origin）

语法：background-origin：border-box｜padding-box｜content-box

说明：该属性规定 background-position 属性相对于什么位置来定位。其中，属性值 border-box 表示背景图像相对于边框盒来定位；padding-box 表示背景图像相对于内边距框来定位；content-box 表示背景图像相对于内容框来定位。

初始值：border-box。

注释：如果背景图像的 background-attachment 属性为"fixed"，则该属性没有效果。

【**例 5-23**】 应用 background-orgin 属性裁剪元素背景,在浏览器中的效果如图 5-37 所示。

```
div {
    float:left;
    margin: 20px;
    padding: 20px;
    height: 100px;
    width: 200px;
    border: 10px dashed #00F;
    background:url(images/bg_flower.gif) no-repeat;
    text-align: center;
}
.borderBox{background-origin:border-box;}
.paddingBox{background-origin:padding-box;}
.contentBox{background-origin:content-box;}

<h3>CSS3 背景定位的应用</h3>
<div class = "borderBox">background-origin 属性值为 border-box 时,定义背景图像相对于边框盒
来定位。</div>
<div class = "paddingBox">background-origin 属性值为 padding-box 时,定义背景图像相对于内边
距框来定位。</div>
<div class = "contentBox">background-origin 属性值为 content-box 时,定义背景图背景图像相对
于内容框来定位。</div>
```

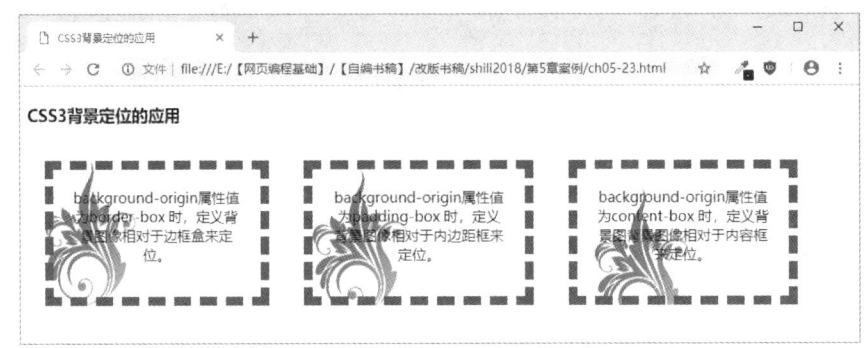

图 5-37　CSS3 背景定位

3. 背景尺寸(background-size)

语法:**background-size**:< **bg-size** >〔,< **bg-size** >〕;

说明:该属性规定背景图片的尺寸。在 CSS3 之前,背景图片的尺寸是由图片的实际尺寸决定的。< bg-size >参数表示背景图片的位置,有以下 5 种取值。

- < length >:使用长度值规定背景图像的大小,该值不可为负数。
- < percentage >:使用百分比规定背景图像的大小,该值不可为负数。
- auto:使用背景图像的真实大小。
- cover:将背景图像等比例缩放到完全覆盖容器。图像有可能与容器比例不一致,从而导致部分背景图像超出容器范围。
- contain:将背景图片等比例缩放到宽度或高度与容器保持一致。背景图像始终在容器中,不会超出容器的范围。

该属性允许包含 1~2 个参数,如果只有单个参数,则用于表示宽度的样式,高度默认为跟

随宽度等比例缩放。例如:

```
div {
    background – size: 200px;
    }
```

上述代码表示将块元素 div 的背景图片的宽度缩放为 200px,高度会随着宽度等比例缩放。

如果有两个参数,则第一个参数表示宽度,第二个参数表示高度。例如:

```
div {
    background – size: 200px 300px;
    }
```

上述代码表示将块元素 div 的背景图片的宽度缩放为 200px、高度缩放为 300px。

【例 5-24】 应用 background-size 属性定义元素背景尺寸,在浏览器中的效果如图 5-38 所示。

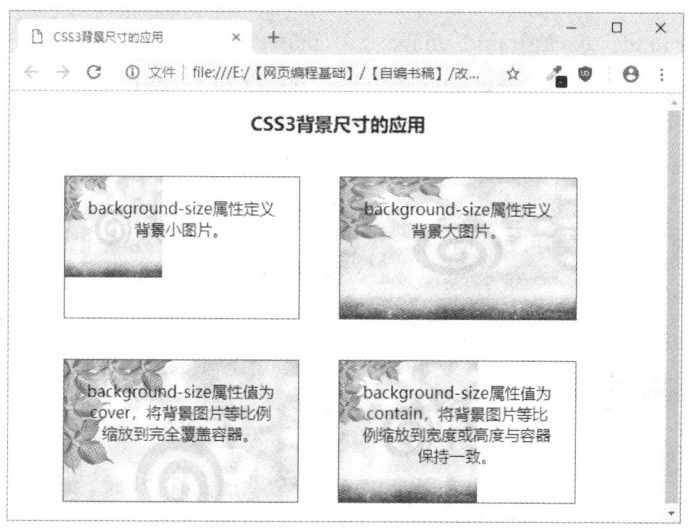

图 5-38　CSS3 背景尺寸

```
h3{text – align:center;}
#wrapper{
    width:600px;
    margin:20px auto;
}
#wrapper > div {
    float:left;
    margin: 20px;
    padding: 20px;
    width: 200px;
    height: 100px;
    border: 1px solid #00F;
    background: url(images/img – bg.jpg) no – repeat;
    text – align: center;
}
```

```
#wrapper > div.small{background - size:100px;}
#wrapper > div.large{background - size:240px 140px;}
#wrapper > div.cover{background - size:cover;}
#wrapper > div.contain{background - size:contain;}

<h3>CSS3 背景尺寸的应用</h3>
<div id = "wrapper">
    <div class = "small">background - size 属性定义背景小图片。</div>
    <div class = "large">background - size 属性定义背景大图片。</div>
    <div class = "cover">background - size 属性值为 cover,将背景图片等比例缩放到完全覆盖容
器。</div>
    <div class = "contain">background - size 属性值为 contain,将背景图片等比例缩放到宽度或高
度与容器保持一致。</div>
</div>
```

4. 背景(background)

在本书的 3.5.1 节已经介绍过背景的简写属性,下面补充介绍包括本节新增背景属性后完整的背景简写属性规则。

语法: background:background-image ‖ background-repeat ‖ background-position/background-size ‖ background-origin ‖ background-clip ‖ background-attachment ‖ background-color|inherit

注意: 简写属性中的背景尺寸(background-size)需要配合背景位置(background-position)来写,其格式为 background-position/background-size。

在 CSS3 中,对一个元素可以使用一张以上的背景图片,把不同背景图像放到一个块元素里,即 multiple backgrounds(多重背景图像)。除了使用逗号将图片分开以外,其代码与 CSS2 相同。第一个声明的图片定位在元素的顶部,即层 1,接下来的图片层列于下面。多重背景图像的语法格式为:

```
backgroud - image:url(top - image.jpg), url(middle - image.jpg),
url(bottom - image.jpg)
```

多重背景的实例效果如图 5-39 所示。

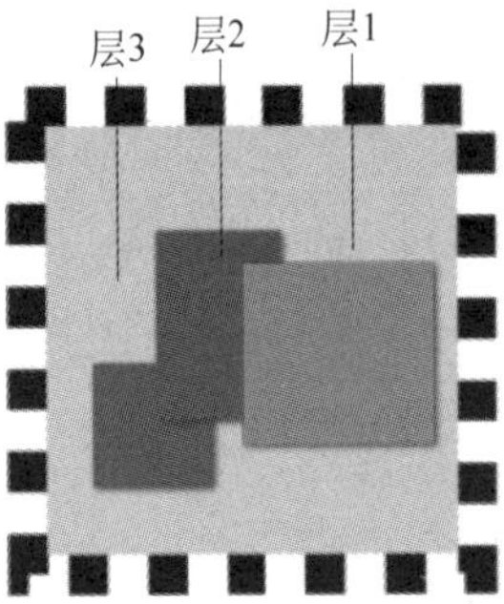

可以看到,使用 CSS3 中的 background 设置多个背景非常方便。

如果需要指定多背景图片及各自的其他背景属性,可在定义背景简写属性的时候使用逗号分隔每幅背景图的简写属性。例如下面的代码定义了 3 幅背景图片及各自的其他背景属性:

图 5-39 CSS3 多重背景图片

```
background:url("bg1.jpg") no - repeat 0 0/cover,
          url("bg2.jpg") no - repeat 200px 0/contain,
          url("bg3.jpg") no - repeat 400px 201px/300px 300px;
```

5.4.2 新增颜色属性

CSS3 新增的颜色属性主要包括 hsl()和 hsla()颜色、线性渐变和径向渐变 3 类。

hsl()和 hsla()对应的 HSL 色彩模式使用色调(H)、饱和度(S)、亮度(L)3 个颜色通道的变化表示颜色,反映了人类对颜色最直接的感知。

CSS3 渐变(Gradient)可以在两个或多个指定的颜色之间显示平稳的过渡。通过使用

CSS3 渐变,开发者不必像过去那样使用图像来实现这些效果,从而减少了下载的时间和带宽的使用。另外,渐变效果的元素在放大时看起来效果更好,因为渐变是由浏览器生成的。

CSS3 定义了两种类型的渐变,即线性渐变(Linear Gradients)和径向渐变(Radial Gradients)。

1. 新增 hsl()和 hsla()颜色

HSL 色彩模式是工业界的一种颜色标准,是通过对色调(H)、饱和度(S)、亮度(L)3 个颜色通道的变化以及它们相互之间的叠加来得到各式各样的颜色的。HSL 即是代表色调、饱和度、亮度 3 个通道的颜色,这个标准几乎包括了人类视力所能感知的所有颜色,是目前运用最广的颜色系统之一。

CSS3 新增的 hsl()颜色函数的语法格式为:

```
hsl(H,S,L)
```

其中 3 种参数的含义及取值范围如下。

- H:Hue(色调)。其取值范围是 0~360,代表的是人眼所能感知的颜色范围,这些颜色分布在一个平面的色相环上,取值范围是 0°~360°的圆心角,每个角度可以代表一种颜色。色调值的意义在于,用户可以在不改变光感的情况下通过旋转色相环来改变颜色。在实际应用中,用户需要记住色相环上的六大主色,用作基本参照(360°/0°:红;60°:黄;120°:绿;180°:青;240°:蓝;300°:洋红),它们在色相环上按照 60°圆心角的间隔排列。
- S:Saturation(饱和度)。其取值范围是 0.0%~100.0%,描述了相同色调、亮度下色彩纯度的变化。数值越大,颜色中的灰色越少,颜色越鲜艳,呈现一种从理性(灰度)到感性(纯色)的变化。
- L:Lightness(亮度)。其取值范围是 0.0%~100.0%,作用是控制色彩的明暗变化。其中,数值越小,色彩越暗,越接近于黑色;数值越大,色彩越亮,越接近于白色。

例如,用 CSS3 新增的 hsl()函数定义段落的背景色为红色,代码如下:

```
p{ background:hsl(360,100%,50%); }
```

hsla()函数比 hsl()函数多一个透明度参数,其中前 3 个参数的取值规则相同,最后一个参数表示不透明度,范围从 0 到 1,其中 0 表示全透明,1 表示不透明,中间的值表示两者之间的不透明度,例如 0.5 表示半透明。

CSS3 新增的 hsla()颜色函数的语法格式为:

```
hsla(H,S,L,A)
```

例如,下面的代码表示段落的背景色为半透明的蓝色。

```
p{ background:hsl(240,100%,50%,0.5); }
```

2. 线性渐变(linear-gradient())

CSS3 新增的 linear-gradient()用于创建一个表示两种或多种颜色线性渐变的图片。

CSS3 的线性渐变函数中至少需要定义两种颜色节点(color-stop)。颜色节点即需要呈现平稳过渡的颜色。同时,也可以设置一个起点和一个方向(或一个角度)。

例如,下面的代码实现了 div 元素的背景色为从红色到蓝色(从上到下渐变)的一个渐变色,效果如图 5-40 所示。

```
div{
    width:100px;
    height:100px;
    background - image:linear - gradient(red,blue);
}
```

图 5-40   div 元素的背景色
渐变(从上到下)

线性渐变的语法格式为：

```
background - image: linear - gradient(direction, < color - stop >, …, < color - stop >)
```

其中各参数的含义及取值范围如下：

(1) 第一个参数表示渐变角度,该参数可省略。其可以使用的取值范围如下：

- 一个表示角度的值(可用的单位包括 deg、rad、grad、turn),该值变大时颜色渐变的角度顺时针变化,减小时则逆时针变化。
- 表示方向的关键词：to left、to right、to bottom、to top、to left top、to top right、to bottom right、to left bottom。

(2) 后面的参数接受两个以上的一系列颜色节点(可使用之前学过的十六进制数、rgb()、rgba()、hsl()、hsla()等各种颜色值的表示方法),并且跟随着一个可选的终点位置(可以是一个百分比值或者是沿着渐变轴的长度值)。

【例 5-25】   演示几种不同形式的线性渐变,在浏览器中的效果如图 5-41 所示。

```
#wrap{
        width:580px;
        margin:20px auto;
}
p{
        float:left;
        width:250px;
        height:100px;
        margin:20px;
        color:#FFF;
        text - align:center;
}
#grad1{
        background: linear - gradient(to bottom right, red , blue);
}
#grad2{
        background: linear - gradient(30deg, red 0, red 50％, blue 50％, blue 100％);
}
#grad3{
     background: linear - gradient(to right, red,orange,yellow,green,blue, indigo,violet);
}
#grad4{
        background: linear - gradient(to right, rgba(255,0,0,0), rgba(255,0,0,1));
}

<div id = "wrap">
    <p id = "grad1">从左上角到右下角的线性渐变</p>
    <p id = "grad2">带有角度(30deg)的线性渐变<br>(通过颜色节点位置控制条纹效果)</p>
    <p id = "grad3">彩虹色的线性渐变</p>
    <p id = "grad4">带有透明度的线性渐变</p>
</div>
```

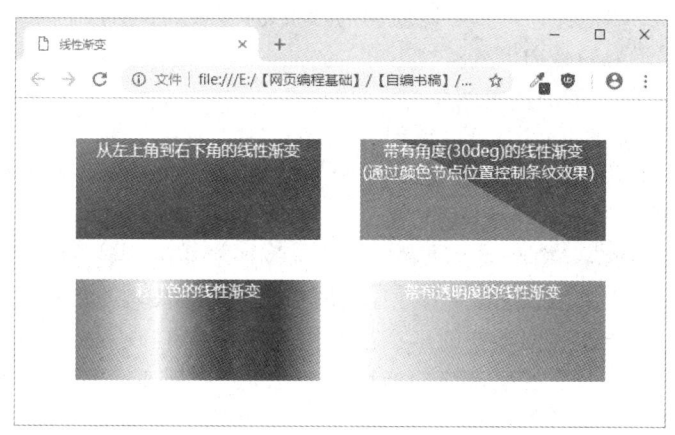

图 5-41　几种不同形式的线性渐变

3. 径向渐变(radial-gradient())

径向渐变和线性渐变的性质基本是一致的,都是属于颜色渐变图片的一种。径向渐变又不同于线性渐变,线性渐变是从"一个方向"向"另一个方向"的颜色渐变,而径向渐变是从"一个点"向四周的颜色渐变,其形状可以是圆形或椭圆形。

在 CSS3 的径向渐变函数中也至少定义两种颜色节点(color-stop)。颜色节点需要呈现平稳过渡的颜色,并跟随着一个可选的终点位置。同时,用户也可以指定渐变的中心位置(position)、形状(shape,圆形或椭圆形)、大小(size)。在默认情况下,渐变的中心是 center(表示在中心点),渐变的形状是 ellipse(表示椭圆形),渐变的大小是 farthest-corner(表示到最远的角落)。

图 5-42　div 元素背景色径向渐变

例如,下面的代码实现了 div 元素背景色为从中心点开始由红色到蓝色的一个径向渐变,效果如图 5-42 所示。

```
div{
    width:100px;
    height:100px;
    background - image: radial - gradient (red,blue);
}
```

径向渐变的语法格式为:

background - image: radial - gradient (<position><shape><size>, <color - stop>, …, <color - stop>)

其中各参数的含义及取值范围如下。

(1)<position>表示径向渐变中心点的位置,需要在各取值范围前加关键字 at,可以使用的取值范围如下。

- <percentage><percentage>：用百分比指定径向渐变圆心的横坐标值和纵坐标值,可以为负值。
- <length><length>：用长度值指定径向渐变圆心的横坐标值和纵坐标值,可以为负值。
- 表示中心位置的关键词：left、right、bottom、top、left top、top right、bottom right、left bottom。

（2）＜shape＞表示渐变的形状，可以使用的取值范围如下。

- circle：指定圆形的径向渐变。
- ellipse：指定椭圆形的径向渐变。

（3）＜size＞表示渐变的大小，可以使用的取值范围如下。

- ＜length＞＜length＞：用长度值指定径向椭圆形渐变的横轴半径和纵轴半径。如果是圆形渐变，则只能指定一个圆形半径。
- closest-side：指定径向渐变的半径长度为从圆心到离圆心最近的边。
- closest-corner：指定径向渐变的半径长度为从圆心到离圆心最近的角。
- farthest-side：指定径向渐变的半径长度为从圆心到离圆心最远的边。
- farthest-corner：指定径向渐变的半径长度为从圆心到离圆心最远的角。

（4）后面的参数接受两个以上的一系列颜色节点，可使用之前学过的十六进制数、rgb()、rgba()、hsl()、hsla()等各种颜色值的表示方法，每个节点的后面还可以用空格分隔的方式指定该节点距离渐变中心点的距离。

【例 5-26】 演示几种不同形式的径向渐变，在浏览器中的效果如图 5-43 所示。

```
#wrap{
    width:600px;
    margin:20px auto;
}
p{
    float:left;
    width:250px;
    height:100px;
    margin:20px;
    border:1px solid #000;
    color:#000;
    text-align:center;
    line-height:100px;
}
#grad1{
    background: radial-gradient(circle, yellow, red);
}
#grad2{
    background: radial-gradient(circle at 50px 50px, yellow, red);
}
#grad3{
    background: radial-gradient(closest-side circle at 50px 50px, yellow, red);
}
#grad4{
    background: radial-gradient(closest-side circle, yellow, orange, red, white);
}
#grad5{
    background: radial-gradient(100px 50px ellipse, transparent 40px, yellow 41px, red);
}
#grad6{
    background: radial-gradient(200px 100px ellipse, transparent 40px, yellow 41px, red 49px, transparent 50px),
    radial-gradient(16px circle,red 8px, transparent 16px);
}
```

```
< div id = "wrap">
    < p id = "grad1">简单的圆形渐变</p>
    < p id = "grad2">指定渐变起始点位置</p>
    < p id = "grad3">指定渐变终止点位置</p>
    < p id = "grad4">指定渐变颜色节点</p>
    < p id = "grad5">指定椭圆类型及大小的径向渐变</p>
    < p id = "grad6">可累加的径向渐变背景图</p>
</div>
```

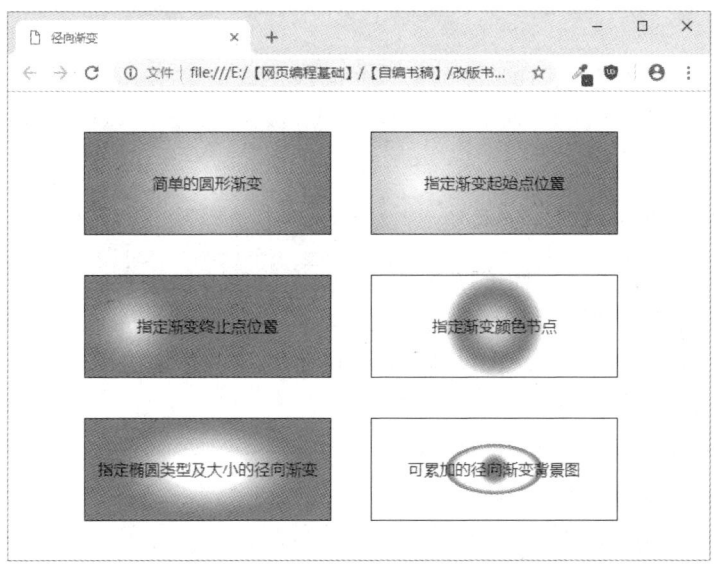

图 5-43　几种不同形式的径向渐变

4. 重复线性渐变(repeating-linear-gradient())和重复径向渐变(repeating-radial-gradient())

重复线性渐变(repeating-linear-gradient())是一个类似 linear-gradient()的函数,并且采用相同的参数,但是它会在所有方向上重复渐变以覆盖其整个容器。

例如,下面的代码实现了 div 元素背景色为从左下角开始由红色到蓝色的一个重复线性渐变,效果如图 5-44 所示。

```
div{
  width:100px;
  height:100px;
  background: repeating - linear - gradient(45deg,red 0px ,red 20px,blue 20px,blue 40px);
}
```

重复径向渐变(repeating-radial-gradient())和重复线性渐变的原理相同,它是一个类似 radial-gradient()的函数,其重复的原理也相同。

例如,下面的代码实现了 div 元素背景色为从中心点开始由红色到蓝色的一个重复径向渐变,效果如图 5-45 所示。

```
div{
  width:200px;
  height:200px;
  background: repeating - radial - gradient(red 0px ,red 20px,blue 20px,blue 40px);
}
```

图 5-44　重复线性渐变　　　　　　　图 5-45　重复径向渐变

每重复一次,线性渐变或径向渐变的彩色光圈的位置偏移基本线性渐变或径向渐变的长度(最后一个彩色光圈和第一个颜色的距离)的一个倍数,如果颜色值不同,将导致一个清晰的视觉过渡。

5.4.3　倒影

CSS3 新增的 box-reflect 属性可以在元素的一个特定方向设置倒影效果,但是这个属性仅仅支持 webkit 内核的浏览器,其完整的写法是-webkit-box-reflect。由于此属性是谷歌浏览器的私有属性,所以不建议在开发项目中大规模使用。

设置倒影属性的语法格式为:

- webkit - box - reflect:none │ <direction> <offset>? <mask - box - image>?

其中各参数的含义及取值范围如下。

(1) none 为 box-reflect 的默认值,表示无倒影效果。

(2) <direction> 表示 box-reflect 生成倒影的方向,主要包括以下几个值。

- above:表示生成的倒影在对象(原图)的上方。
- below:表示生成的倒影在对象(原图)的下方。
- left:表示生成的倒影在对象(原图)的左侧。
- right:表示生成的倒影在对象(原图)的右侧。

(3) <offset> 用来设置生成倒影与对象(原图)之间的间距,其取值可以是固定的像素值,也可以是百分比值。例如:

- 使用长度值来设置生成的倒影与原图之间的间距,只要是 CSS 中的长度单位都可以,此值可以使用负值。
- 使用百分比来设置生成的倒影与原图之间的间距,此值也可以使用负值。

(4) <mask-box-image> 用来设置倒影的遮罩效果,可以是背景图片,也可以是渐变生成的背景图像。

【例 5-27】　演示几种不同形式的 CSS3 倒影,在浏览器中的效果如图 5-46 所示。

```
ul,li{margin:0;padding:0}
h3{text - align:center;}
li{
    float:left;
    width:250px;
    list - style - type:none;
}
div{
```

```
            width:200px;
            height:119px;
            margin:20px auto;
            background:url('images/westlake.png') no-repeat center/cover;
        }
    #reflect1{
        -webkit-box-reflect: below;
    }
    #reflect2{
        -webkit-box-reflect: below 10px;
    }
    #reflect3{
        -webkit-box-reflect: below 0 linear-gradient(to bottom, rgba(255,255,255,0),
rgba(255,255,255,.9));
    }
    #reflect4{
        -webkit-box-reflect: right;
    }

<ul>
    <li>
        <h3>下倒影</h3>
        <div id="reflect1"></div>
    </li>
    <li>
        <h3>下倒影同时有偏移</h3>
        <div id="reflect2"></div>
    </li>
    <li>
        <h3>下倒影同时有线性渐变</h3>
        <div id="reflect3"></div>
    </li>
    <li>
        <h3>右倒影</h3>
        <div id="reflect4"></div>
    </li>
</ul>
```

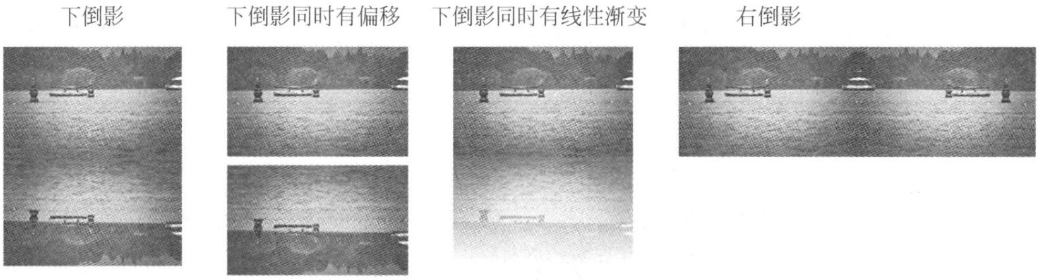

下倒影   下倒影同时有偏移   下倒影同时有线性渐变   右倒影

图 5-46   几种不同形式的 CSS3 倒影

5.4.4 遮罩

CSS3 遮罩(mask)是在 2008 年 4 月由苹果公司添加到 webkit 引擎中的。遮罩提供一种基于像素级别的,可以控制元素透明度的能力,类似于 PNG 24 位或 PNG 32 位中的 alpha 透明通道的效果。

　　遮罩的功能就是使用透明的图片或渐变遮罩元素的背景，允许部分或者完全隐藏一个元素的可见区域。遮罩 mask 与背景 background 的属性非常类似，除了没有 color 和 attachment 子属性，背景 background 剩下的其他子属性，mask 都有。

　　遮罩（mask）是一个复合属性，包括 mask-image、mask-mode、mask-repeat、mask-position、mask-clip、mask-origin、mask-size、mask-composite 这 8 个属性。各参数的意义如表 5-8 所示。

表 5-8　CSS3 遮罩属性

属　　性	属 性 含 义	属　　性　　值	默　认　值
mask-image	遮罩图片	必须是 PNG 格式的透明图片，或透明渐变	non
mask-repeat	遮罩平铺	repeat｜repeat-x｜repeat-y｜no-repeat｜inherit	repeat
mask-position	遮罩位置	<位置参数>｜｜<位置参数>	0 0
		或<长度参数>｜｜<长度参数>	
		或<百分比参数>｜｜<百分比参数>	
mask-clip	遮罩裁剪	border-box｜padding-box｜content-box	border-box
mask-origin	遮罩定位	border-box｜padding-box｜content-box	border-box
mask-size	遮罩尺寸		auto
mask-mode	遮罩模式（Firefox）	alpha｜luminance｜match-source 或者它们的组合	match-source
mask-composite	遮罩合成（Firefox）	add｜subtract｜intersect｜exclude	add

　　注意：IE 浏览器不支持遮罩属性，webkit 内核的浏览器（包括 Chrome、Safari、IOS、Android）需要添加 -webkit-前缀。需要特别注意的是，Firefox 浏览器也支持 -webkit-mask 属性。此外，只有 Firefox 支持 mask-mode 和 mask-composite 属性。

　　用户也可以根据需要直接从遮罩的复合属性（mask）逐个写出单个属性，遮罩复合属性的写法与 background 类似，mask 的语法格式为：

```
mask:mask-image||mask-repeat||mask-position/mask-size||mask-origin||mask-clip||mask-mode||mask-composite
```

　　【例 5-28】 演示几种不同形式的 CSS3 遮罩，其中遮罩前背景图和遮罩图片的效果如图 5-47 所示，在浏览器中的效果如图 5-48 所示。

```
ul,li{margin:0;padding:0}
h3{text-align:center;}
li{
    float:left;
    width:400px;
    list-style-type:none;
}
div{
    width:400px;
    height:264px;
    background:url('images/scene.png') no-repeat;
    -webkit-mask-image:url('images/star.png');
}
#mask1{
    -webkit-mask-image:url('images/star.png');
}
```

```
#mask2{
    -webkit-mask-image:url('images/star.png');
    -webkit-mask-size:50%;
    -webkit-mask-repeat:no-repeat;
    -webkit-mask-position:center;
}
#mask3{
    -webkit-mask:url('images/star.png') repeat center/25%;
}

<ul>
    <li>
        <h3>只添加遮罩图片</h3>
        <div id="mask1"></div>
    </li>
    <li>
        <h3>设置遮罩图片的大小、位置,且不重复</h3>
        <div id="mask2"></div>
    </li>
    <li>
        <h3>复合属性设置遮罩图片位置、大小,且重复</h3>
        <div id="mask3"></div>
    </li>
</ul>
```

(a) 背景图效果   (b) 遮罩图片效果(透明背景)

图 5-47　遮罩前的背景图和遮罩图片效果

只添加遮罩图片   设置遮罩图片的大小、位置,且不重复   复合属性设置遮罩图片位置、大小,且重复

图 5-48　几种不同形式的 CSS3 遮罩

5.4.5　CSS3 新增属性案例实践

1. 案例要求

利用所学的知识制作一个遮罩图片动画,使得两个颜色透明度线性渐变的心形遮罩图形分别从左上角和右上角向背景图片中部移动,并重合停止在中间。其中,遮罩前背景图和遮罩

图片的效果如图 5-49 所示,动画的初始状态如图 5-50 所示,中间某一状态如图 5-51 所示,结束状态如图 5-52 所示。

(a) 背景图效果　　　　　　　　　　(b) 遮罩图片效果(颜色透明度渐变)

图 5-49　遮罩前的背景图和遮罩图片效果

图 5-50　动画的初始状态

图 5-51　动画的某一中间状态　　　　　　　图 5-52　动画的结束状态

2. 思路提示

本例主要涉及遮罩和动画两个技术,素材是一幅背景图和一幅遮罩图。

(1)考虑到初始状态有两个遮罩效果,需要各用一幅相同位置和相同内容的背景图,分别为这两幅背景图在左上角和右上角添加遮罩图。

(2)两幅遮罩图设置动画效果为分别从左上角移动到右上角,并设置动画停止在背景图中间位置。

3. 参考代码

参考代码文件名为 pra05-4.html。其主要代码如下:

```
body{margin:0;padding:0;}
.img{
    position:relative;
    width:500px;
    height:400px;
    margin:0 auto;
}
.top-left,.top-right{
    position:absolute;
    width:500px;
    height:400px;
    left:0px;
    top:0px;
    background:url('images/scene.png') no-repeat;
}
.top-left{
    -webkit-mask:url('images/heart.png') no-repeat;
    animation:move1 3s 0.2s ease-out forwards;
}
.top-right{
    -webkit-mask:url('images/heart.png') right top no-repeat;
    animation:move2 3s 0.2s ease-out forwards;
}
@keyframes move1{
    0%{-webkit-mask:url('images/heart.png') left top no-repeat;}
    100%{-webkit-mask:url('images/heart.png') center no-repeat;}
}
@keyframes move2{
    0%{-webkit-mask:url('images/heart.png') right top no-repeat;}
    100%{-webkit-mask:url('images/heart.png') center no-repeat;}
}

<div class="img">
    <div class="top-left"></div>
    <div class="top-right"></div>
</div>
```

4. 案例改编及拓展

仿照以上案例,自行编写类似的遮罩动画等效果。

255

5.5 CSS3 弹性盒模型

2009 年,W3C 提出了一种新的方案——Flex 布局,可以简便、完整、响应式地实现各种页面布局,目前已得到所有现在浏览器的支持。Flex 是 Flexible Box 的缩写,翻译成中文就是"弹性盒子",用来为盒模型提供最大的灵活性。

CSS3 弹性盒是一种当页面需要适应不同的屏幕大小以及设备类型时确保元素拥有恰当的行为的布局方式。引入弹性盒布局模型的目的是提供一种更加有效的方式对一个容器中的子元素进行排列、对齐和分配空白空间。

5.5.1 基本弹性盒模型设置

弹性盒由弹性容器(flex container)和弹性项目(flex item)组成。任何一个容器都可以通过设置 display 属性的值为 flex 或 inline-flex 指定为 Flex 弹性布局中的弹性容器,其直接的子元素将自动成为弹性项目。定义弹性容器的基本格式为:

```
display:flex;              /* 将对象作为弹性伸缩盒显示 */
```
或
```
display:inline-flex;       /* 将对象作为内联块级弹性伸缩盒显示 */
```

在弹性容器内包含了一个或多个弹性项目。弹性项目通常在弹性盒内一行显示。在默认情况下,每个弹性容器只有一行弹性项目。当一个容器被设置为 Flex 布局以后,其子元素(弹性项目)的 float、clear 和 vertical-align 属性将失效。

【例 5-29】 基本弹性盒模型设置示例。该例中的加粗语句定义了<ul>标签为弹性容器,并使其直接子元素 li 成为弹性项目,默认的效果为弹性项目 li 在弹性容器 ul 内从左到右显示在同一行。在浏览器中的显示效果如图 5-53 所示。

```
ul,li{margin:0;padding:0}
li{list-style-type: none;}
ul{
    /* 弹性容器 */
    display:flex;
    width: 500px;
    height: 500px;
    margin:20px auto;
    border:1px solid red;
}
ul li{
    /* 弹性项目 */
    width: 100px;
    height:100px;
    background-color:pink;
    border:1px solid blue;
    font-size:50px;
    text-align:center;
    line-height:100px;
}
<ul>
```

```
   <li>1</li>
   <li>2</li>
   <li>3</li>
   <li>4</li>
   <li>5</li>
   <li>6</li>
</ul>
```

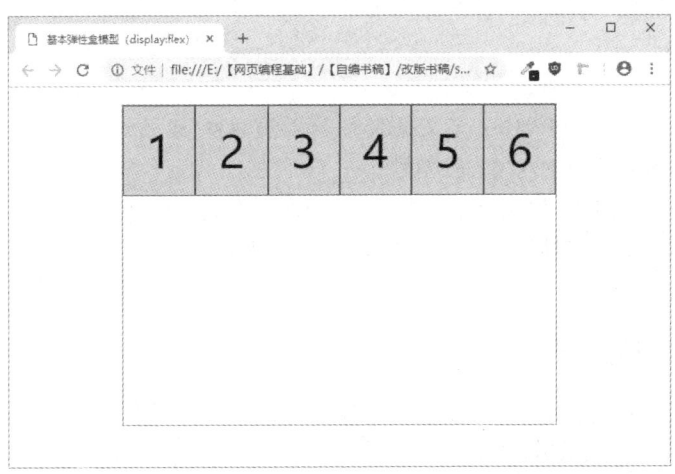

图 5-53　基本弹性盒模型(display:flex)设置效果

从效果图中可见,当 ul 设置为弹性容器后,li 不需要通过传统的浮动方法即可实现同一行显示,且每个 li 弹性项目的宽度被自动调整为适合在同一行内显示。

【例 5-30】　将例 5-29 中 ul 样式定义的 display:flex 改为 display:inline-flex,并且将"width:100px;"删除。结果显示弹性项目 li 在弹性容器 ul 内从左到右仍然在同一行,且弹性容器 ul 的实际宽度等于内部弹性项目 li 宽度的总和。此外,弹性容器 ul 没有在浏览器中水平居中,改为左对齐。在浏览器中的显示效果如图 5-54 所示。

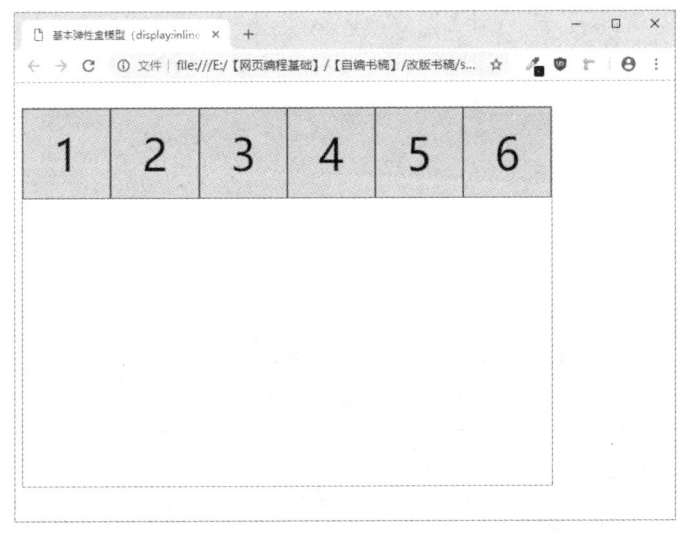

图 5-54　基本弹性盒模型(display:inline-flex)设置效果

下面是改变后 ul 的 CSS 样式代码,其中加粗部分为被改变的内容。

```
ul{
    /*弹性容器*/
    display:inline-flex;
    /*此处删除"width: 500px;"*/
    height: 500px;
    margin:20px auto;
    border:1px solid red;
}
```

inline-flex 与 flex 的区别如下:

(1) 在省略宽度的情况下,flex 定义的弹性容器宽度为其父元素的宽度,而 inline-flex 定义的弹性容器宽度为其中子元素的总宽度。

(2) inline-flex 与 inline-block 有类似的特性,即不支持 margin 属性的 auto 值。

注意:弹性容器外及弹性项目内是正常渲染的。弹性盒模型只定义了弹性项目如何在弹性容器内布局。

5.5.2 弹性容器相关属性

弹性容器(flex container)默认存在两根轴,即水平的主轴(main axis)和垂直的交叉轴(cross axis)。主轴的开始位置(与边框的交叉点)是 main start,结束位置是 main end;交叉轴的开始位置是 cross start,结束位置是 cross end。弹性项目(flex item)默认沿主轴排列。单个项目占据的主轴空间是 main size,占据的交叉轴空间是 cross size。弹性容器的结构示意图如图 5-55 所示。

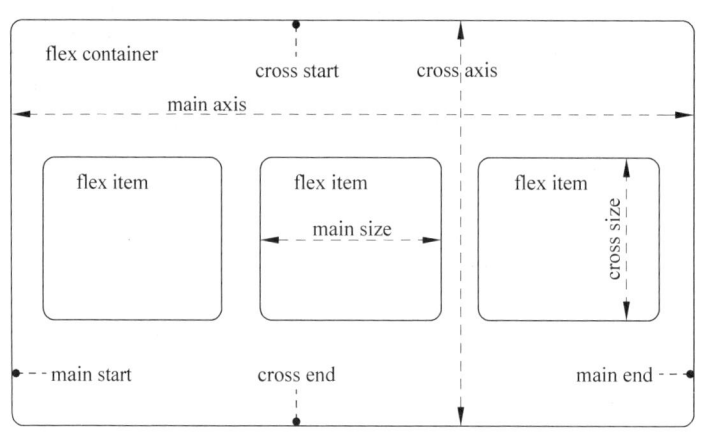

图 5-55 弹性容器的结构示意图

弹性容器的可用属性有 6 个,包括 flex-direction、flex-wrap、flex-flow、justify-content、align-items、align-content。各属性的含义如表 5-9 所示。

表 5-9 CSS3 弹性容器的属性

属　性	属 性 含 义	属 性 值	默认值
flex-direction	定义主轴的方向	row｜row-reverse｜column｜column-reverse	row
flex-wrap	容器内项目的换行方式	nowrap｜wrap｜wrap-reverse	nowrap
flex-flow	以上两个属性的简写方式	<flex-direction>｜｜<flex-wrap>	row nowrap

属　　性	属性含义	属　性　值	默认值
justify-content	定义项目在主轴上的对齐方式	flex-start | flex-end | center | space-between | space-around	flex-start
align-items	定义项目在交叉轴上如何对齐	flex-start|flex-end|center|baseline|stretch	stretch
align-content	定义了多根轴线的对齐方式。如果项目只有一根轴线,该属性不起作用	flex-start | flex-end | center | space-between | space-around|stretch	stretch

1. flex-direction 属性

flex-direction 属性用来定义弹性容器的主轴方向,有以下几种取值。

- row:设置主轴为水平方向,起点在左端,其中的弹性项目从左往右排列。该值为默认值。
- row-reverse:设置主轴为水平反方向,起点在右端,其中的弹性项目从右往左排列。
- column:设置主轴为竖直方向,起点在上边沿,其中的弹性项目从上到下排列。
- column-reverse:设置主轴为竖直反方向,起点在下边沿,其中的弹性项目从下到上排列。

【例 5-31】　为例 5-29 中的弹性容器 ul 添加 flex-direction 属性,并为弹性项目 li 增加 "line-height:100px;"的 CSS 属性。测试不同取值的效果,如图 5-56 所示。

下面是改变后 ul 和 li 的 CSS 样式代码,其中加粗部分为被改变的内容及对 flex-direction 属性不同取值的提示。

```
ul{
    /*弹性容器*/
    display:flex;
    width:500px;
    height:500px;
    margin:20px auto;
    border:1px solid red;
    /*可将下面的属性值改为 row-reverse、column、column-reverse,观察效果*/
    flex-direction:row;
}
ul li{
    /*弹性项目*/
    width: 100px;
    height:100px;
    line-height:100px;
    background-color:pink;
    border:1px solid blue;
    font-size:50px;
    text-align:center;
}
```

在图 5-56 中,主轴方向为竖直方向时弹性项目在弹性容器中放不下,出现了溢出现象。原因是在 li 元素的样式中除了定义高度(height)属性以外,还定义了行高(line-height)属性,正是由于行高属性不能像高度属性那样自动适应弹性容器的高度,从而产生了溢出。同理,如果弹性项目 li 的其他属性控制了其宽度,或者项目的数量足够多,导致在弹性容器 ul 中一行

259

第 5 章

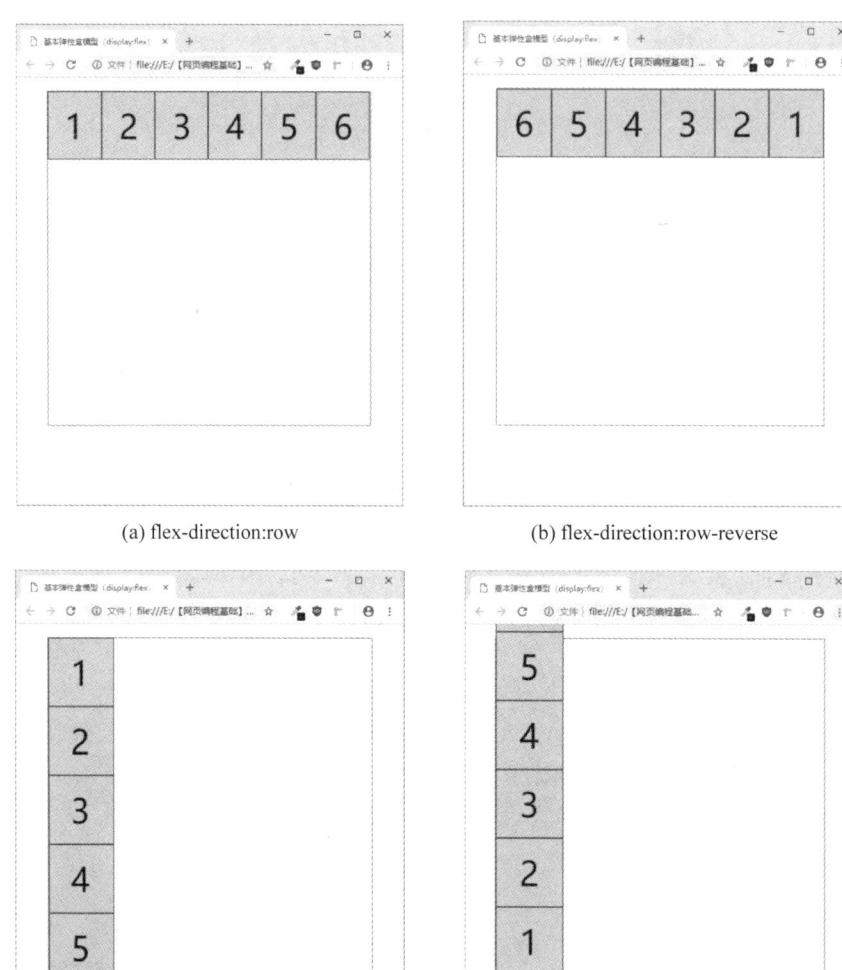

(a) flex-direction:row

(b) flex-direction:row-reverse

(c) flex-direction: column

(d) flex-direction: column-reverse

图 5-56　flex-direction 不同取值的效果

放不下,此时也会产生溢出现象。

2. flex-wrap 属性

flex-wrap 属性定义当弹性容器中的弹性项目沿着一条主轴的方向排不下时是否沿着交叉轴的方向换行,有以下几种取值。

- nowrap:不换行。该值为默认值。
- wrap:沿着交叉轴的方向换行。
- wrap-reverse:沿着交叉轴的反方向换行。

例如,为例 5-29 中的弹性容器 ul 添加 flex-wrap 属性,并测试除默认值(默认值 nowrap 的显示效果同图 5-53)外的两种取值的效果,如图 5-57 所示。

3. flex-flow 属性

flex-flow 属性为 flex-direction 和 flex-wrap 的复合属性,默认值为 row nowrap。

例如,为例 5-29 中的弹性容器 ul 添加 flex-flow 属性,并测试其中两种取值组合的效果,如图 5-58 所示。

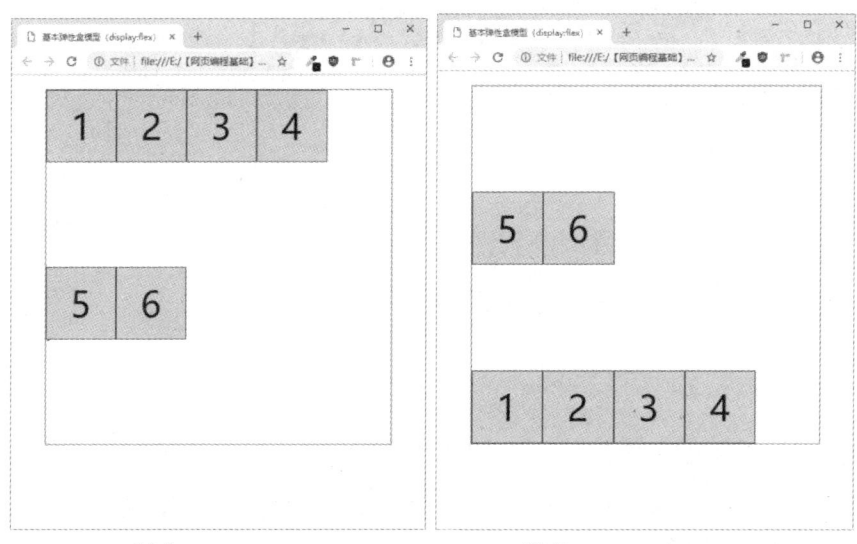

(a) flex-wrap: wrap

(b) flex-wrap: wrap-reverse

图 5-57　flex-wrap 不同取值的效果

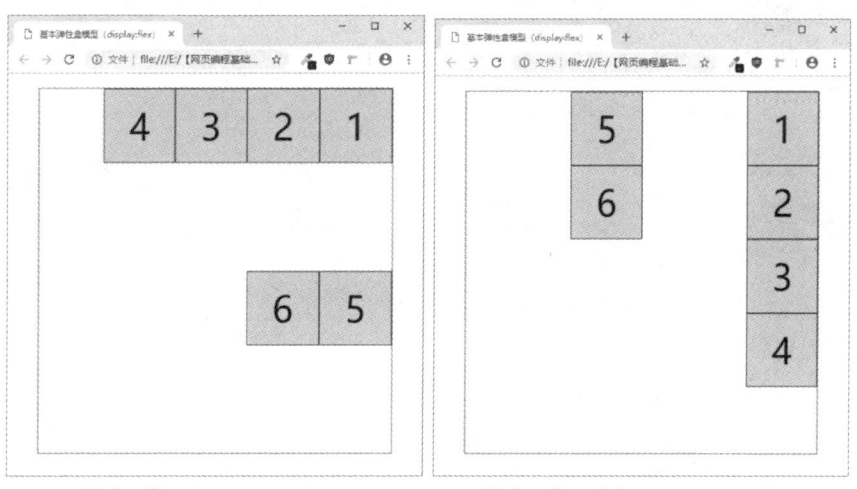

(a) flex-flow: row-reverse wrap

(b) flex-flow: column wrap-reverse

图 5-58　flex-flow 不同取值组合的效果

4. justify-content 属性

justify-content 属性定义弹性项目在主轴上的对齐方式,有以下几种取值。

- flex-start:弹性项目以主轴起点对齐。该值为默认值。
- flex-end:弹性项目以主轴终点对齐。
- center:弹性项目在主轴上居中对齐。
- space-between:弹性项目两端对齐,轴线之间的间隔平均分布。
- space-around:每个弹性项目两侧的间隔都相等。

例如,为例 5-29 中的弹性容器 ul 在添加 flex-wrap:wrap 属性的基础上再添加 flex-content 属性,并测试除默认值(默认值 flex-start 的显示效果同图 5-57 中的(a)图)外的 4 种取值的效果,如图 5-59 所示。

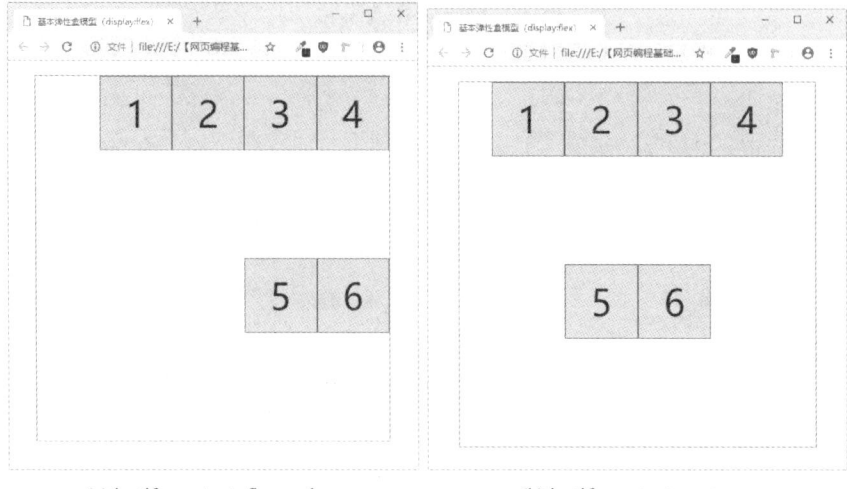

(a) justify-content: flex-end　　　　(b) justify-content: center

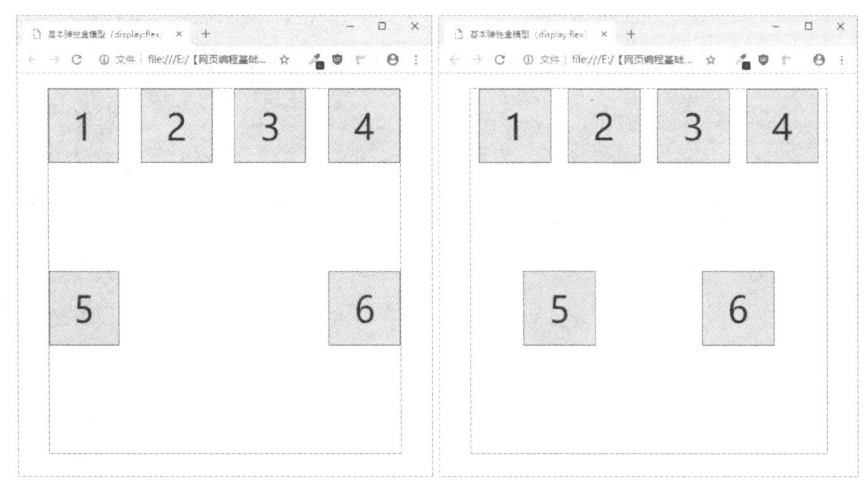

(c) justify-content: space-between　　　(d) justify-content: space-around

图 5-59　justify-content 不同取值的效果

5．align-items 属性

align-items 属性定义弹性项目在交叉轴上的对齐方式,该属性只适用于弹性项目单行排列的情况,有以下几种取值。

- stretch:当弹性项目没有定义高度时撑满交叉轴的空间。该值为默认值。
- flex-start:弹性项目以交叉轴的轴起点对齐。
- flex-end:弹性项目以交叉轴的轴终点对齐。
- center:弹性项目在交叉轴上居中对齐。
- baseline:弹性项目沿着基线对齐。

例如,为例 5-29 中的弹性项目删除高度(height:100px)属性,则弹性项目撑满交叉轴的空间,如图 5-60 所示。

图 5-60　弹性项目未定义高度时的默认效果

接着为 ul 添加 align-items 属性,并测试取值为 stretch(默认值)的显示效果同图 5-60,其他取值效果如图 5-61 所示。

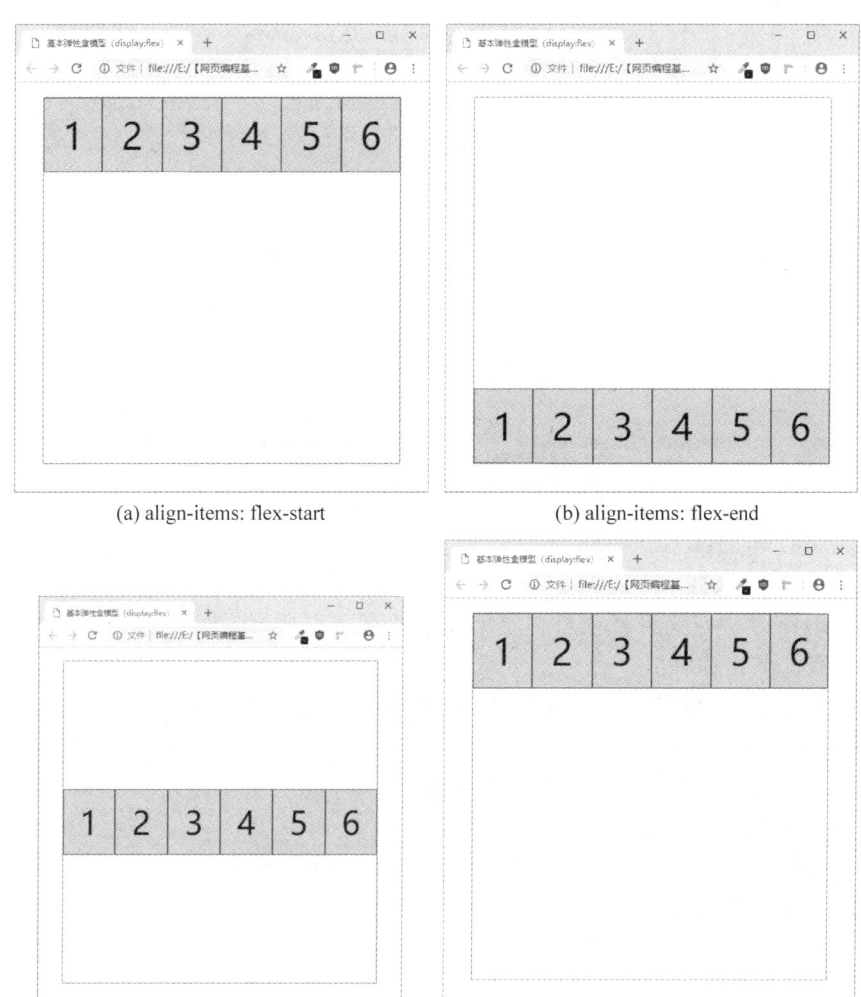

(a) align-items: flex-start   (b) align-items: flex-end

(c) align-items: center   (d) align-items: baseline

图 5-61 align-items 不同取值的效果

图 5-61 中的(d)图和(a)图效果一致,这是因为所有的弹性项目中文字的大小一致,基线位置相同,所以看起来 align-items: baseline 在交叉轴上的对齐方式与 align-items: flex-start 效果一致。

下面改变一个弹性项目中的文字大小,使其与其他弹性项目的初始基线不一致。在样式表中增加以下代码:

```
li:nth-child(3){
    font-size: 100px;
}
```

保存网页并重新加载后,分别测试 align-items 属性的值为 flex-start 和 baseline 的情况,在浏览器中的显示效果如图 5-62 所示。

当弹性项目文字的初始基线不一致时,会自动调整相关弹性项目的排列位置,使其沿着基

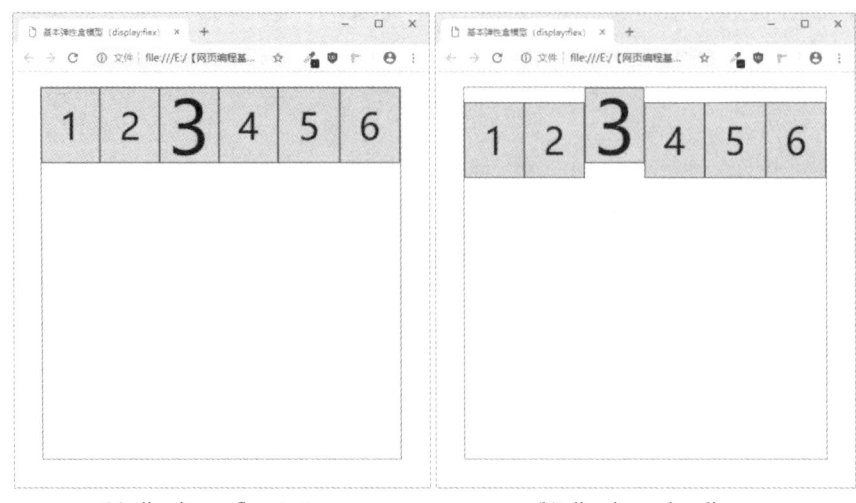

(a) align-items: flex-start   (b) align-items: baseline

图 5-62   弹性项目文字的初始基线不一致时 align-items 取不同值的效果

线对齐,如图 5-62 中的(b)图所示。

6. align-content 属性

align-content 属性定义弹性项目在交叉轴上的对齐方式,该属性只适用于弹性项目多行排列的情况,有以下几种取值。

- stretch:当弹性项目没有高度时撑满交叉轴的空间。该值为默认值。
- flex-start:弹性项目以交叉轴的轴起点对齐。
- flex-end:弹性项目以交叉轴的轴终点对齐。
- center:弹性项目在交叉轴上居中对齐。
- space-between:弹性项目两端对齐,轴线之间的间隔平均分布。
- space-around:每个弹性项目两侧的间隔都相等。

例如,为例 5-29 中的弹性容器 ul 添加 flex-wrap:wrap 属性,且在删除 li 的高度属性的基础上再添加 align-content 属性,并测试 6 种取值效果,如图 5-63 所示。

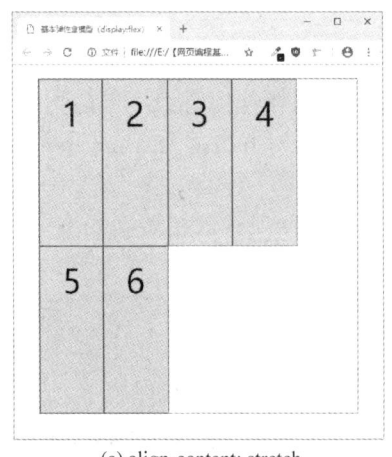
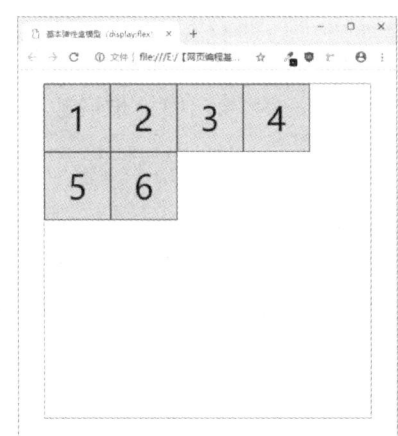

(a) align-content: stretch   (b) align-content: flex-start

图 5-63   align-content 不同取值的效果

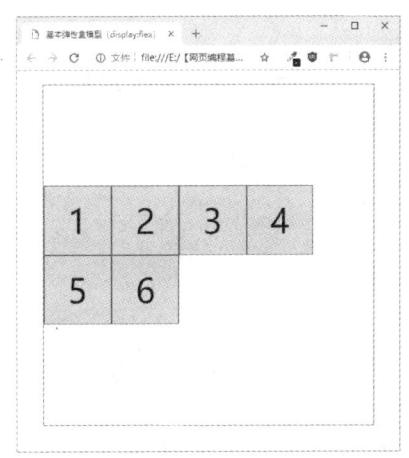

(c) align-content: flex-end　　　　　(d) align-content: center

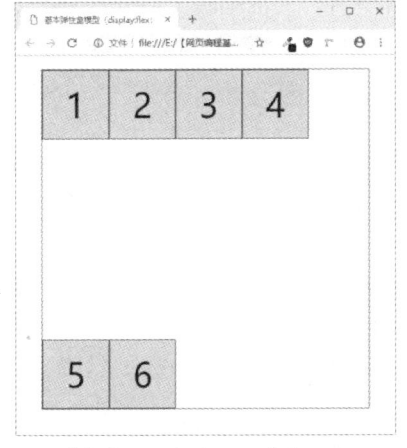 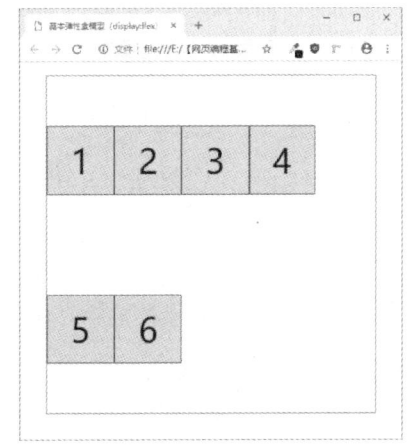

(e) align-content: space-between　　　　(f) align-content: space-around

图 5-63　（续）

5.5.3　弹性项目相关属性

弹性容器的相关属性定义整个容器内各弹性项目的总体排列规律,而弹性项目的相关属性可以指定特定弹性项目的具体属性。

弹性项目的可用属性有 6 个,包括 order、flex-grow、flex-shrink、flex-basis、flex、align-self。各属性的含义如表 5-10 所示。

表 5-10　CSS3 弹性项目属性

属　　　性	属 性 含 义	属　　性　　值	默认值
order	弹性项目的排列顺序	$<$ integer $>$	0
flex-grow	弹性项目的放大比例	$<$ number $>$	0
flex-shrink	弹性项目的缩小比例	$<$ number $>$	1
flex-basis	在分配多余空间之前项目占据的主轴空间(main size)	$<$ length $>$ | auto	auto
flex	flex-grow、flex-shrink、flex-basis 的简写	none | [$<$'flex-grow'$>$ $<$'flex-shrink'$>$? | | $<$'flex-basis'$>$]	0 1 auto
align-self	允许单个项目有与其他项目不一样的对齐方式,可覆盖 align-items 属性	auto | flex-start | flex-end | center | baseline | stretch	auto

1. order 属性

order 属性定义弹性项目的排列顺序。order 的属性值为整数形式,数值越小,排列越靠前。其可以使用负数,默认值为 0。

例如,在例 5-29 的样式表中增加以下代码:

```
li:nth - child(5){ order: -1; }
li:nth - child(1){ order: -2; }
li:nth - child(3){ order:2; }
```

图 5-64 改变弹性项目的排列顺序

保存网页并重新加载后,在浏览器中的显示效果如图 5-64 所示。

未改变 order 值前默认每个弹性项目的 order 值均为 0,本例中改变 3 个弹性项目的 order 值后,按 order 值从小到大重新排列了各弹性项目的顺序。重新排列后对应的原弹性项目序号分别为 1(order:-2)、5(order:-1)、2(order:0)、4(order:0)、6(order:0)、3(order:2)。在 order 值相同的情况下,仍按原始的顺序排列,例如本例中的 2(order:0)、4(order:0)、6(order:0)。

2. flex-grow 属性

flex-grow 属性指定在弹性容器存在剩余空间的情况下,弹性项目占用弹性容器剩余空间的分配比例。其默认为 0,即如果存在剩余空间,也不进行分配和放大。flex-grow 属性的值是数字,没有单位,且不支持负值。当某弹性项目的 flex-grow 属性值为 1 的时候,占用剩余空间的一份;当其中某弹性项目的 flex-grow 属性值为 2 的时候,所占用的剩余空间大小将是其他 flex-grow 属性值为 1 时弹性项目的两倍;其他数值依次类推。

例如,为例 5-29 中的弹性项目 li 删除宽度(width :100px)属性,则弹性项目的宽度由其中的内容决定,如图 5-65 所示。当再为其添加 flex-grow:1 的属性时,原弹性容器剩余的空间被每个弹性项目平均分配,如图 5-66 所示。

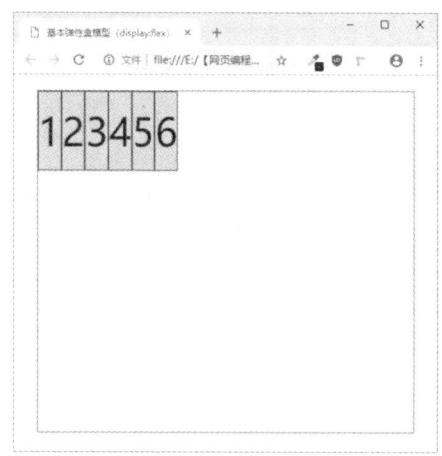

图 5-65 弹性项目未定义宽度

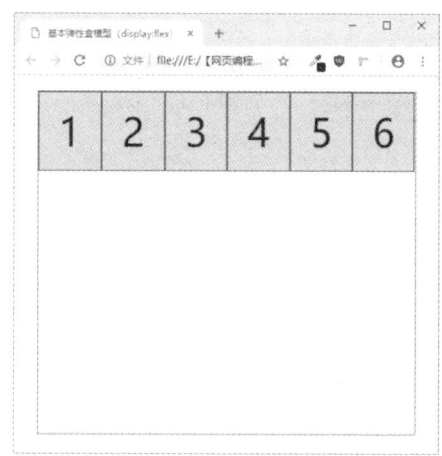

图 5-66 弹性项目定义 flex-grow:1

如果在样式表中增加以下代码：

```
li:nth-child(5){ flex-grow:2; }
```

并将弹性项目 li 样式中的 flex-grow 属性分别设置为 0 和 1 两种取值，在浏览器中的显示效果如图 5-67 所示。

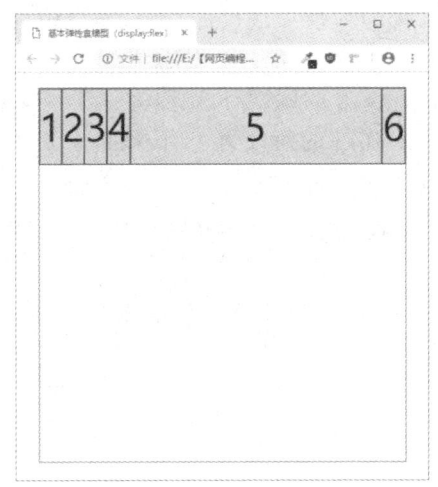

(a) li样式中flex-grow:0

(b) li样式中flex-grow:1

图 5-67　第 5 个弹性项目的 flew-grow 为 2

在图 5-67 所示的(a)图中，第 5 个弹性项目占用原弹性容器全部的剩余空间；在(b)图中，第 5 个弹性项目与其他每一个弹性项目占用原弹性容器剩余空间的比例是 2∶1。

再如，为例 5-29 中的弹性容器 ul 添加属性 flex-wrap：wrap，使弹性项目换行显示。然后为弹性项目 li 添加属性 flex-grow：1，则原弹性容器每行剩余的空间被该行每个弹性项目平均分配。添加 flex-grow：1 属性前后的效果如图 5-68 所示。

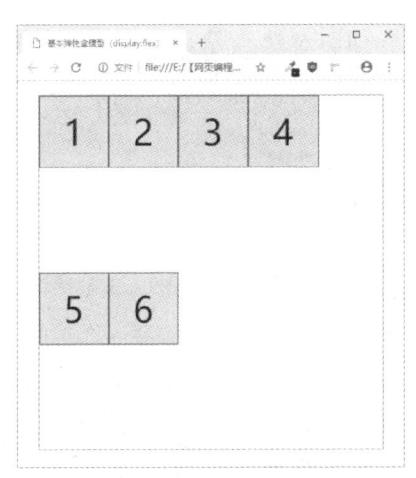

(a) 未设置flex-grow属性

(b) 设置li样式flex-grow: 1

图 5-68　换行时 flex-grow 设置前后的变化

3. flex-shrink 属性

flex-shrink 属性设置当弹性容器空间不够的时候，弹性项目自适应缩小空间的分配比例。

其默认为 1,即如果空间不够,该项目将统一缩小以适应弹性空间;当其中某弹性项目的 flex-shrink 属性值为 2 的时候,所缩小的比例将是其他 flex-shrink 属性值为 1 时弹性项目的两倍;其他数值依次类推。

弹性项目缩小的极限是弹性项目中内容占用的空间,即如果超过可能的极限值,弹性项目仍然会溢出到弹性容器之外。

当设置 flex-shrink 属性值为 0 时,将按原设置的弹性项目尺寸显示,不会因为弹性容器空间不够而进行缩小,此时如果弹性容器空间不够,也会发生溢出现象。

例如,为例 5-29 中的弹性项目 li 添加 flex-shrink:0 的属性时,则因为弹性容器空间不够,且弹性项目不会缩小而发生溢出;当把 flex-shrink 属性的值改为 1 时,则每个弹性项目等比例缩小以适应弹性容器的空间。两种情况的对比如图 5-69 所示。

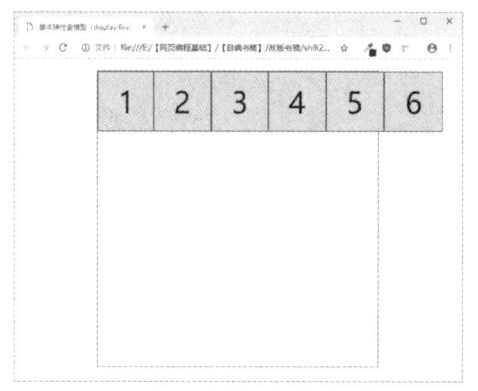 

(a) li 样式中 flex-shrink: 0   (b) li 样式中 flex-shrink: 1

图 5-69 弹性项目的 flex-shrink 属性

又如保持 li 样式中 flex-shrink 属性的值为 1,并在样式表中增加以下代码:

```
li:nth-child(5){ flex-shrink:3; }
```

保存网页并重新加载后,在浏览器中的显示效果如图 5-70 所示。

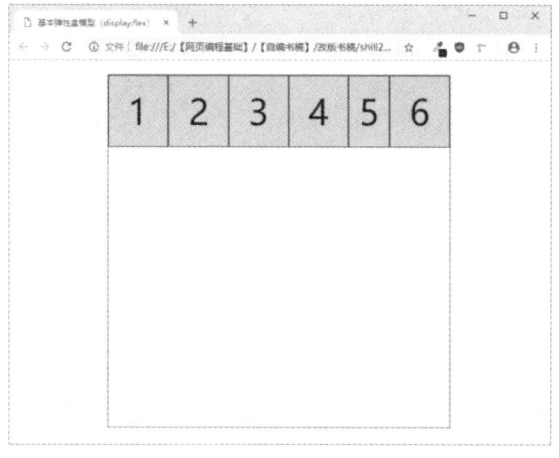

图 5-70 改变第 5 个弹性项目的 flex-shrink 属性

在图 5-70 中,第 5 个弹性项目与其他各弹性项目为适应弹性容器而缩小的比例是 3∶1。值得注意的是,由于弹性项目中的内容限定了该项目的最小尺寸,所以某项目的缩小比例也会有一个极限值,超过该极限的缩小比例是无效的。

4. flex-basis 属性

flex-basis 属性定义了在分配多余空间之前弹性项目占据的主轴空间(main size)。浏览器根据这个属性计算主轴是否有多余空间。它的默认值为 auto,即项目的本来大小。

例如,为例 5-29 中的弹性容器 ul 添加 flex-wrap:wrap 属性,且删除项目 li 的宽度属性时为 li 添加 flex-basis,并为其分别设置属性值为 auto 和 200px,两种情况的对比如图 5-71 所示。

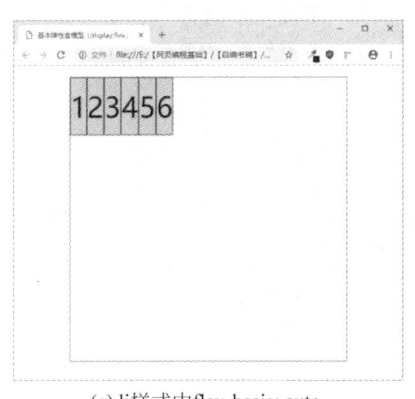 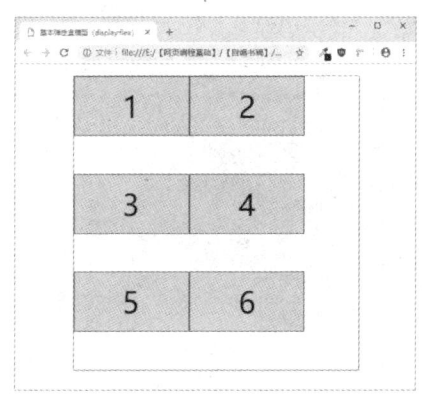

(a) li样式中flex-basis: auto   (b) li样式中flex-basis: 200px

图 5-71　弹性项目的 flex-basis 属性

当弹性项目 li 未设置宽度时,其 flex-basis 属性的值为 auto,则每个项目的宽度由其中的内容决定;而当 flex-basis 属性的值为具体长度值时,项目的宽度则为该指定的长度。

一般指定 flex-basis 属性的值为 auto,使其宽度暂由内容决定,再通过指定 flex-grow 属性为 1,使各弹性项目平分弹性容器中剩余的空间。

5. flex 属性

flex 是 flex-grow、flex-shrink 和 flex-basis 几个属性的简写,默认值 initial 可以表示为 0 1 auto。flex 属性的几种常用写法如下。

- flex：1 1 auto 或 flex:auto：这两种写法均代表 flex-grow、flex-shrink 和 flex-basis 几个属性值依次为 1、1 和 auto,可以使弹性项目自动缩放适应弹性容器的尺寸。
- flex：1 1 0% 或 flex：1：这两种写法均代表 flex-grow、flex-shrink 和 flex-basis 几个属性值依次为 1、1 和 0%,可以使父级主轴在计算剩余空间时忽略弹性项目子元素本身的宽度,从而实现等比分配。
- flex：0 0 auto 或 flex:none：这两种写法均代表 flex-grow、flex-shrink 和 flex-basis 几个属性值依次为 0、0 和 auto,可以使弹性项目不进行缩放。

如果想让元素仅仅使用它本身的宽度,例如按钮,则设置 flex：none,none 将会被解释为 0 0 auto;如果想要一个固定大小的元素,则设置 flex：0 0 <size>,例如 flex：0 0 60px;如果想让元素自动扩展到可以利用的空间,则设置 flex：auto;如果想实现各元素完全等比例分布,则设置 flex：1。

6. align-self 属性

align-self 属性允许单个项目有与其他项目不一样的对齐方式,可覆盖 align-items 属性。

align-self 属性定义单个项目在交叉轴上的对齐方式,有以下几种取值。

- stretch：当弹性项目没有定义高度时撑满交叉轴的空间。该值为默认值。

- flex-start：弹性项目以交叉轴的轴起点对齐。
- flex-end：弹性项目以交叉轴的轴终点对齐。
- center：弹性项目在交叉轴上居中对齐。
- baseline：弹性项目沿着基线对齐。

align-self 属性的默认值为 auto，表示继承父元素的 align-items 属性。如果没有父元素，则等同于 stretch。

例如，为例 5-29 中的弹性容器 ul 添加 flex-wrap：wrap 属性，且删除 li 的高度属性，并为第 5 个弹性项目设置 align-self 属性除 baseline 以外的 4 种取值，如图 5-72 所示。

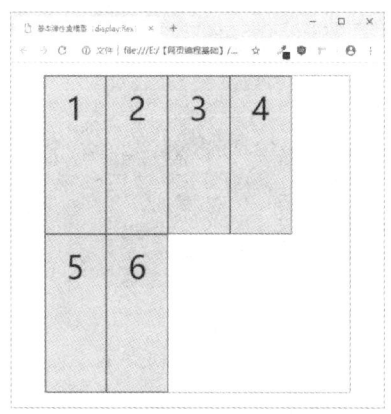

(a) li:nth-child(5){align-self: stretch; }

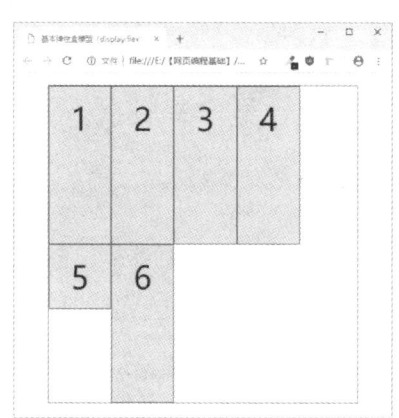

(b) li:nth-child(5){align-self: flex-start; }

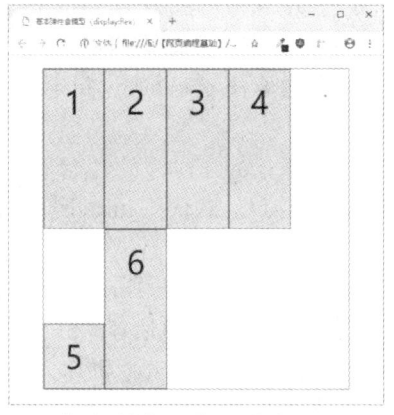

(c) li:nth-child(5){align-self: flex-end;}

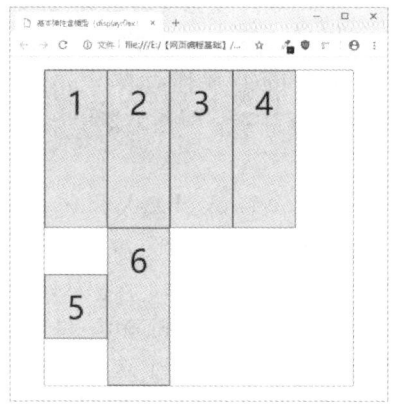

(d) li:nth-child(5){align-self: center; }

图 5-72　第 5 个弹性项目的 align-self 属性

最后，为 5 个弹性项目设置 align-self：baseline 及字号属性 font-size：100px，同时给第 6 个弹性项目也设置 align-self：baseline，代码如下：

```
li:nth-child(5){
    align-self:baseline;
    font-size: 100px;
}
li:nth-child(6){align-self:baseline;}
```

保存网页并重新加载后，在浏览器中的显示效果如图 5-73 所示。

注意：在设置了弹性容器和弹性项目的相关属性后，传统的 float 或 vertical-align 等属性

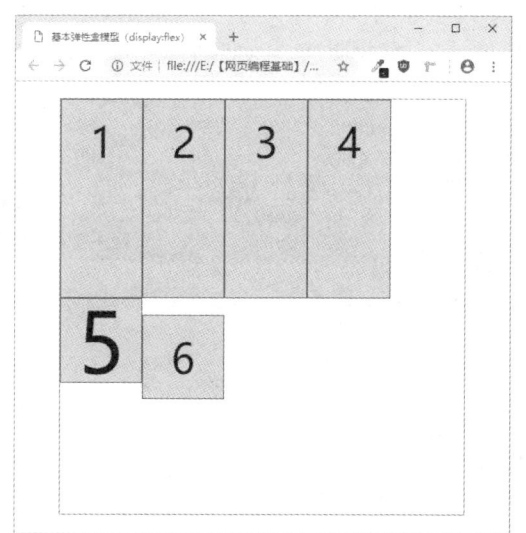

图 5-73 第 5、6 个弹性项目的 align-self 属性均为 baseline

设置对弹性项目会失效。

5.5.4 怪异盒模型

CSS 中的盒模型分为两种,即 W3C 标准盒模型和 IE 标准盒子模型(怪异盒模型)。大多数浏览器采用 W3C 标准模型,而 IE 中采用 Microsoft 自己的标准。

怪异模式是"部分浏览器在支持 W3C 标准的同时还保留了原来的解析模式",怪异模式主要表现在 IE 内核的浏览器。当不对 doctype 进行定义时,会触发怪异模式。

(1) 在标准模式下,一个块的总宽度= width + margin(左右) + padding(左右) + border(左右)。

(2) 在怪异模式下,一个块的总宽度= width + margin(左右)(即 width 已经包含了 padding 和 border 值)。

除了弹性盒模型以外,怪异盒模型也是一种比较实用的布局技术。CSS3 新增了 box-sizing 属性用来区分标准盒模型和怪异盒模型。box-sizing 的语法为:

box - sizing: content - box|border - box;

• box-sizing:content-box 定义元素使用标准盒模型。

这是由 CSS2.1 规定的标准盒模型宽度和高度行为。宽度和高度分别应用到元素的内容框。在宽度和高度之外绘制元素的内边距和边框。

• box-sizing:border-box 定义元素使用怪异盒模型。

在怪异盒模型中为元素设定的宽度和高度决定了元素的边框盒。也就是说,为元素指定的任何内边距和边框都将在已设定的宽度和高度内进行绘制。通过从已设定的宽度和高度分别减去边框和内边距才能得到内容的宽度和高度。

怪异盒模型一般用于模拟不正确支持 CSS 标准盒模型规范的浏览器的行为,或移动端布局。

box-sizing 属性允许以特定的方式定义匹配某个区域的特定元素。例如,需要并排放置两个带边框的框,可将 box-sizing 设置为"border-box"。利用怪异盒模型的特性使浏览器呈现出带有指定宽度和高度的框,并把边框和内边距放入框中。

271

第 5 章

【**例 5-32**】 利用怪异盒模型编写一个布局实例。使用 em 作为父元素的单位,利用怪异盒模型的原理定义带边框的子元素的宽度为父元素的 50%,在浏览器中的效果如图 5-74 所示。

```
ul,li{margin:0;padding:0}
li{list - style - type: none;}
ul{
    width:30em;
    margin:20px auto;
    flex - direction:row;
    }
ul li{
    float:left;
    box - sizing: border - box;
    width: 50%;
    background - color:pink;
    border:1px solid blue;
    font - size:50px;
    text - align:center;
}

< ul >
    < li >1</li >
    < li >2</li >
</ul >
```

图 5-74 利用怪异盒模型进行布局

在移动端布局中,em 是常用的盒子尺寸单位,px 是常用的边框尺寸单位。利用怪异盒模型可以通过百分比直接分配各盒子的比例,而不用换算各单位的关系及元素内容尺寸,因此它在移动端布局中使用较为方便,应用也较多。

5.5.5 动态计算 calc()

calc()函数用于动态计算长度值,格式为:

calc(< expression >)

其中,< expression >表示一个数学表达式,函数的计算结果将采用运算后的返回值。calc()函数有以下几个特点:

(1) 运算符前后都需要保留一个空格,例如 width: calc(100% - 10px)。

(2) 任何长度值都可以使用 calc()函数进行计算。

(3) calc()函数支持"+"、"-"、"*"、"/"运算,也可以加括号。

(4) calc()函数使用标准的数学运算优先级规则。

【例5-33】　利用calc()函数创建一个横跨屏幕的div,在div两边有50px的间隙。运行后测试不同的浏览器宽度效果,如图5-75所示。

```
body{margin:0;padding:0;}
p{text - align:center;}
♯box {
    margin:20px 50px;
    /＊盒子宽度为浏览器总宽度减div盒子的外边距、边框、内边距的总宽度＊/
    width: calc(100％ － 112px);
    border: 1px solid black;
    background - color: yellow;
    padding: 5px;
    text - align: center;
}

<p>创建一个横跨屏幕的div,div两边有50px的间隙: </p>
< div id = "box">横跨屏幕的div</div>
```

(a) 浏览器宽度较窄时　　　　　　　(b) 浏览器宽度较宽时

图 5-75　利用 calc() 函数创建横跨屏幕的 div

从图5-75中可见,不管浏览器的宽度如何调整,利用calc()函数都能使div元素在保持两边有50px外边距的基础上,随着浏览器的宽度变化而调整实际的宽度。

目前各主流浏览器对calc()函数的支持情况如表5-11所示。其中,表格中的数字表示支持该属性的第一个浏览器版本号,紧挨在-webkit-、-moz-或-o-前的数字为支持该前缀属性的第一个浏览器版本号。

表 5-11　各主流浏览器对 calc() 函数的支持

函数	Chrome	IE	Firefox	Safari	Opera
calc()	26.0	9.0	16.0	7.0	15.0
	19.0 -webkit-		4.0 -moz-	6.0 -webkit-	

在实际的开发中需要加上兼容性前缀,前缀加在calc前面。真正在计算的时候要根据所用的盒模型特点(标准盒模型或弹性盒模型等)把相关的距离都考虑进去,例如边框、内边距等。

5.5.6　弹性盒模型案例实践

1. 案例要求

利用所学的弹性盒模型、怪异盒模型等知识,制作一个如图5-76所示的页面布局效果。其中,每个白色的盒子都是一个链接模块。

2. 思路提示

本例主要涉及两个技术——弹性盒模型和怪异盒模型;其次,由于整体外观有4个圆角,

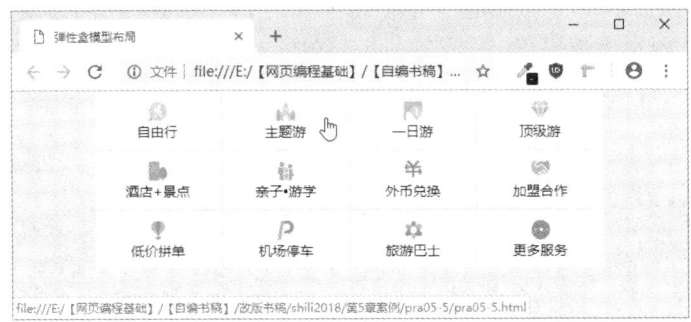

图 5-76　弹性盒模型布局

可对第 1、4、9、12 个列表项各设置一个特定位置的圆角；此外，素材是一幅包含多个矢量图形的背景图，还需要用到伪元素和精灵图技术。

（1）利用 12 个包含在链接 a 中的段落 p 作为列表项 li 中的内容定义各导航模块，利用弹性盒模型设置其排列方式和换行效果。

（2）利用怪异盒模型定义每个列表项的宽度、边框、填充等属性。

（3）对第 1、4、9、12 个列表项分别设置左上、右上、左下、右下圆角。

（4）利用背景属性和精灵图技术定义各列表项中段落 p 的::before 伪元素的背景图属性。

3. 参考代码

参考代码文件名为 pra05-5.html。其主要代码如下：

```
<!DOCTYPE html >
< html >
< head >
    < meta charset = "utf - 8">
    <title>弹性盒模型布局</title>
        <style>
            body,ul,li,p{margin:0;padding:0;}
            body{background - color:#EEE;}
            li{list - style:none;}
            .menu{
                display:flex;
                width: 520px;
                margin:0 auto;
                flex - flow:row wrap;
            }
            .menu li{
                box - sizing: border - box;
                width:130px;
                height: 60px;
                padding:10px;
                border:1px solid #EEE;
                background - color:#FFF;
                text - align:center;
            }
            a{
                display:block;
                width:100 % ;
```

```
            height:100%;
            text-decoration:none;
            color:#000;
            font-size:14px;
        }
        .menu li p::before{
            content:"";
            display:block;
            margin:0 auto;
            width:20px;
            height:20px;
            background:url("images/nav.png") no-repeat 0px -80px/20px 245px;
        }
        .menu li:nth-child(1){
            border-top-left-radius:5px;
        }
        .menu li:nth-child(4){
            border-top-right-radius:5px;
        }
        .menu li:nth-child(9){
            border-bottom-left-radius:5px;
        }
        .menu li:nth-child(12){
            border-bottom-right-radius:5px;
        }
        .menu li:nth-child(2) p::before{
            background-position:0px -100px;
        }
        .menu li:nth-child(3) p::before{
            background-position:0px -120px;
        }
        .menu li:nth-child(4) :before{
            background-position:0px -140px;
        }
        .menu li:nth-child(5) p::before{
            background-position:0px -160px;
        }
        .menu li:nth-child(6) p::before{
            background-position:0px -180px;
        }
        .menu li:nth-child(7) p::before{
            background-position:0px -200px;
        }
        .menu li:nth-child(8) p::before{
            background-position:0px -220px;
        }
        .menu li:nth-child(9) p::before{
            background-position:0px -0px;
        }
        .menu li:nth-child(10) p::before{
            background-position:0px -20px;
        }
        .menu li:nth-child(11) p::before{
            background-position:0px -40px;
```

```
                    }
           .menu li:nth - child(12) p::before{
                background - position:0px  - 60px;
           }
      </style>
</head>
< body >
     < ul class = "menu">
          <li>
                < a href = "">
                      <p>自由行</p>
                </a>
          </li>
          <li>
                < a href = "">
                      <p>主题游</p>
                </a>
          </li>
          <li>
                < a href = "">
                      <p>一日游</p>
                </a>
          </li>
          <li>
                < a href = "">
                      <p>顶级游</p>
                </a>
          </li>
          <li>
                < a href = "">
                      <p>酒店 + 景点</p>
                </a>
          </li>
          <li>
                < a href = "">
                      <p>亲子·游学</p>
                </a>
          </li>
          <li>
                < a href = "">
                      <p>外币兑换</p>
                </a>
          </li>
          <li>
                < a href = "">
                      <p>加盟合作</p>
                </a>
          </li>
          <li>
                < a href = "">
                      <p>低价拼单</p>
                </a>
          </li>
          < li >
```

```
                <a href = "">
                    <p>机场停车</p>
                </a>
            </li>
            <li>
                <a href = "">
                    <p>旅游巴士</p>
                </a>
            </li>
            <li>
                <a href = "">
                    <p>更多服务</p>
                </a>
            </li>
        </ul>
    </body>
</html>
```

4. 案例改编及拓展

仿照以上案例,自行编写类似的布局效果。

5.6　响应式布局和自适应布局

响应式布局是 Ethan Marcotte 在 2010 年 5 月提出的一个概念,简而言之,就是一个网站能够兼容多个终端——而不是为每个终端做一个特定的版本。这个概念是为解决移动互联网浏览而诞生的。

响应式布局可以为不同终端的用户提供更加舒适的界面和更好的用户体验,而且随着目前大屏幕移动设备的普及,用"大势所趋"来形容也不为过。随着越来越多的设计师采用这个技术,我们不仅看到很多的创新,还看到了一些成形的模式。

响应式布局和自适应布局是不同的两个概念。自适应是为了解决如何才能在不同大小的设备上呈现相同的网页。手机的屏幕比较小,宽度通常在 600px 以下,而个人计算机屏幕的像素一般在 1000px 以上,部分配置高的笔记本在 2000px 以上的也有。自适应布局的思想是使同一张网页自动适应不同大小的屏幕,使其能够根据屏幕的宽度自动调节网页的内容大小。在自适应布局的方案中,网页主体的内容和布局是没有变化的。但是,同样的内容要在大小迥异的屏幕上都呈现出满意的效果,并不是一件容易的事。

自适应暴露出一个问题:如果屏幕太小,即使网页能够根据屏幕大小进行适配,但是用户会感觉在小屏幕上查看,内容过于拥挤。响应式正是为了解决这个问题而衍生出的概念。它可以自动识别屏幕宽度并做出相应调整的网页设计,布局和展示的内容可能会有所变动。例如,当屏幕宽度大于 1300px 时,某网页的效果是 6 张图片并排在一行,如图 5-77 所示。

如果屏幕宽度在 600px 到 1300px 之间,则 6 张图片分成两行,如图 5-78 所示。

如果屏幕宽度在 400px 以下,则 6 张图片分成 3 行(由于版面有限,这里不再给出效果图)。

响应式布局的优点如下:

(1) 面对不同分辨率设备灵活性强。

(2) 能够快捷解决多设备显示适应问题。

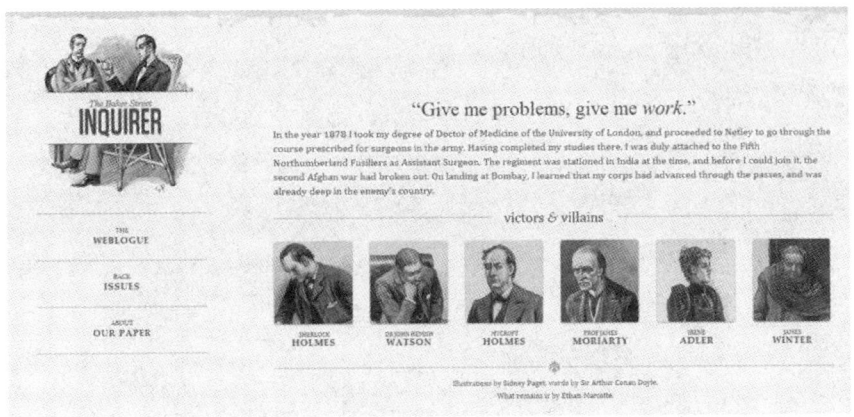

图 5-77　屏幕宽度大于 1300px 时

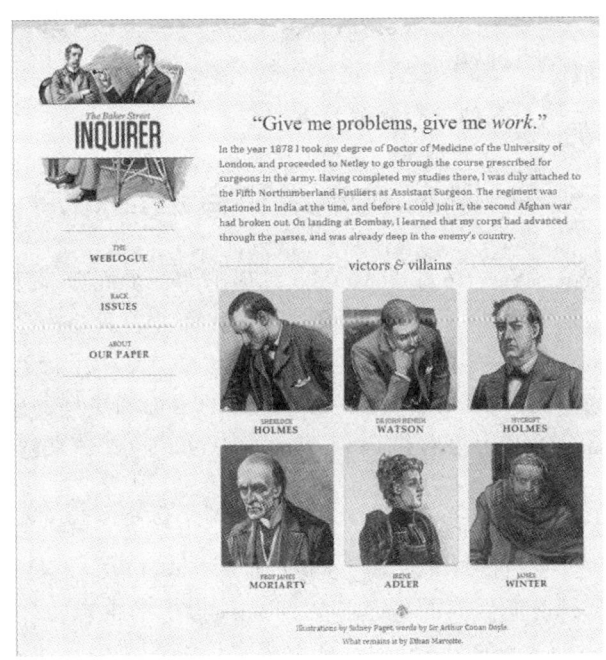

图 5-78　屏幕宽度在 600px 到 1300px 之间

但响应式布局也有一些缺点,例如:

(1) 兼容各种设备工作量大,效率低下。

(2) 代码累赘,会出现隐藏无用的元素,使加载时间加长。

(3) 其实这是一种折中性质的设计解决方案,因多方面因素影响而达不到最佳效果。

(4) 在一定程度上改变了网站原有的布局结构,会出现用户混淆的情况。

5.6.1　媒体查询

响应式布局的实现原理是根据媒体类型及屏幕尺寸的不同调用不同的 CSS 布局方案。通过媒体查询,既可以针对不同的媒体类型定义不同的样式,也可以针对不同的屏幕尺寸设置不同的样式,这在设计响应式布局的页面时是非常有用的。

媒体查询的关键字是 media。在网页内部样式表中使用媒体查询的格式为:

```
@media [not|only] mediatype [and] (media feature) {
    CSS - Code;
}
```

其中，mediatype 表示媒体类型，media feature 表示媒体特性。and、not、only 为表示"与"
"非""仅"3 种不同逻辑关系的关键字，在这些关键字前后必须要有空格。

目前常用的媒体类型（mediatype）如下。

- all：所有媒体类型。
- screen：彩屏设备。
- print：用于打印机和打印预览。
- speech：应用于屏幕阅读器等发声设备。

常用的媒体特性（media feature）如下。

- width：宽度。
- min-width：最小宽度。
- max-width：最大宽度。
- orientation：portrait：竖屏。
- orientation：landscape：横屏。

例如，以下代码表示当媒体为彩屏设备且屏幕尺寸在 400px 至 500px 之间时，.box 选择
器的样式定义为"margin：0 auto；"。

```
@media screen and (min - width:400px) and (max - width:500px) {
    .box {margin: 0 auto;}
}
```

为了简化代码及便于维护，一般建议针对不同的媒体使用不同的外部样式表，格式为：

```
< link rel = "stylesheet" type = "text/css" media = "[not|only] mediatype [and] (media feature) "
href = "mystylesheet.css"/>
```

例如，下面的代码定义了在不同的媒体查询条件下分别调用不同的外部 CSS 样式表
文件。

```
< link rel = "stylesheet" type = "text/css" media = "screen and (min - width: 800px" href = "A.css">
< link rel = " stylesheet" type = "text/css" media = "screen and (min - width: 600px) and (max -
width: 800px)" href = "B.css">
< link rel = "stylesheet" type = "text/css media = "screen and (max - width: 600px)" href = "C.css">
< link rel = "stylesheet" type = "text/css" media = "'all and (orientation:portrait) "' href =
"'portrait.css">
< link rel = "stylesheet" type = "text/css" media = "all and (orientation: landscape) " href =
"landscape.css">
< link rel = "stylesheet" type = "text/css" media = "print" href = "print.css" >
```

注意：根据就近原则，对同级别的样式来说，写在后面的样式定义比前面的样式定义优先
级高。为了避免媒体查询的样式定义失效，应当把媒体查询的相关样式定义写在其他样式定
义的后面。

5.6.2 视口

在移动设备上进行网页的重构或开发，还需要了解 viewport 的概念及与 viewport 有关的
< meta >标签的使用，才能更好地使网页适配或响应各种不同分辨率的移动设备。

手机浏览器是把页面放在一个虚拟的"窗口"(viewport)中,通常这个虚拟的"窗口"(viewport)比屏幕宽,这样就不用把每个网页挤到很小的窗口中,用户可以通过平移和缩放来看网页的不同部分。这个虚拟的"窗口"(viewport)翻译为中文称为"视口"(或"视区""视窗")。

使用< meta >标签可以对 viewport 进行定义,常见的格式为:

```
< meta name = "viewport" content = ""/>
```

这里 content 的属性值是使用逗号分隔的一系列属性赋值表达式,相关属性如下。

- width=[pixel_value | device-width]:其中,pixel_value 表示以像素为单位的数值,例如 width = 640;device-width 表示设备宽度的关键字,例如 width= device-width。
- height=[pixel_value | device-height]:其中,pixel_value 表示以像素为单位的数值,例如 height = 960;device-height 表示设备高度的关键字,例如 width= device-height。
- initial-scale:初始比例,例如 initial-scale=1。
- minimum-scale:允许缩放的最小比例,例如 minimum-scale=1。
- maximum-scale:允许缩放的最大比例,例如 maximum-scale=1。
- user-scalable:是否允许缩放(yes||no 或 1|0),例如 user-scalable=no。

1. 视口定义的常规写法

在实际使用中,视口定义代码 content 中的 height 属性用得较少,一般较完整的 viewport 定义形式如下:

```
< meta name = "viewport" content = "width = device - width, initial - scale = 1, minimum - scale = 1, maximum - scale = 1, user - scalable = no"/>
```

这行代码的意思是网页宽度默认等于屏幕宽度(width=device-width)、原始缩放比例为 1.0(initial-scale=1),即网页初始大小占屏幕面积的 100%,允许缩放的最小比例、最大比例均为 1,不允许缩放。

还有一种写法是只定义屏幕宽度和原始缩放比例的简化代码:

```
< meta name = "viewport" content = "width = device - width, initial - scale = 1"/>
```

2. 视口定义的兼容性写法

由于传统的 IE 浏览器对视口没有统一的渲染方式,可以使用以下方案进行兼容。

(1) Edge 模式:该模式告诉 IE 以最高级模式渲染文档,也就是任何 IE 版本都以当前版本所支持的最高级标准模式渲染,避免版本升级造成的影响。简单地说,就是什么版本 IE 就用什么版本的标准模式渲染。可在视口定义的基础上在 HTML 文件的 head 部分添加下面的兼容代码:

```
< meta http - equiv = "X - UA - Compatible" content = "IE = edge">
```

(2) 强制使用 Chrome Frame 渲染:该模式强制 IE 使用 Chrome Frame 渲染。相应的代码为:

```
< meta http - equiv = "X - UA - Compatible" content = "chrome = 1">
```

(3) 最佳的兼容模式方案为结合使用以上两种兼容方案。相应的代码为:

```
< meta http - equiv = "X - UA - Compatible" content = " IE = edge, chrome = 1">
```

5.6.3 自适应布局

为了避免内容过于拥挤,一般不在小屏幕设备上通过自适应布局直接套用大屏幕设备的布局方案。很多网站的解决方法是为不同的设备提供不同的网页,例如专门提供一个 mobile 版本,或者 iPhone / iPad 版本。

1. 自适应布局的尺寸单位

px 是传统布局最常用的尺寸单位,但由于以 px 单位定义的是固定的尺寸,不适用于自适应布局的需要。

%为一种较常用的继承父级尺寸的相对单位。由于 HTML 文件中 body 默认宽度为屏幕的宽度,但默认高度为 0(只能通过内容撑开高度),所以%也不适用于自适应布局中高度的定义。其次,虽然使用%作为宽度单位、px 作为高度单位可以实现宽度自适应的布局,但对图片等网页元素来说,不等比例的自适应会造成失真,从而影响用户体验。

em 和 rem 虽然都是相对单位,但 em 是相对于其父元素的字体大小,页面层级越深,em 的换算就越复杂。

rem(font size of the root element)是相对于根元素的字体大小的单位,它是 CSS3 引入的新单位。1rem 相当于 1 个 html 根标签的字体大小(html 根标签的字体大小默认为 16px)的单位,这就避开了很多层级关系。移动端新型浏览器对 rem 的兼容较好,rem 单位结合媒体查询等方法可以很方便地实现自适应布局。

【例 5-34】 定义 html 根标签的字体大小为 25px,div 元素的宽度和高度均为 10rem,即均为 250px。使用媒体查询,使屏幕宽度大于等于 500px 时改变 html 根标签的字体大小为 50px,同时 div 元素的大小(10rem)同步改变为 500px。两种不同屏幕宽度对应的显示效果如图 5-79 所示。

```
< html >
< head >
    < meta charset = "utf - 8">
    < title > rem 单位的使用</title>
    < style >
        body{margin:0;padding:0;}
        html{font - size:25px;}
        div{
            width:10rem;
            height: 10rem;
            background: pink;
        }
        @media screen and (min - width:500px){
        html{font - size:50px;}
        }
    </style>
</head>

< body >
    < div >使用 rem 单位定义的 div </div>
</body>
</html>
```

rem 是根据 html 的 font-size 大小来变化的,正是基于这一点,用户可以在每一个设备下根据设备的宽度设置对应的 html 字号,从而实现自适应布局。目前主要有两种调整字号的方

(a) 屏幕宽度小于500px

(b) 屏幕宽度大于等于500px

图 5-79　rem 单位结合媒体查询定义 div 尺寸

案,一种是通过媒体查询来调整字号,另一种则是使用 JavaScript 来调整 html 的字号。

2. 通过媒体查询调整 html 字号

为了实现适应不同目标设备的页面布局效果,可以先统计所开发的网站可能用到哪些主流的屏幕设备,然后针对那些设备去做媒体查询。例如下面的代码针对 5 种不同尺寸的屏幕分别设置了不同的 html 根标签字体大小,从而实现对使用 rem 单位布局的元素根据 5 种屏幕尺寸自动调节大小。

```
html {
    font - size: 20px;
}
@media only screen and (min - width: 401px){
    html {
        font - size: 25px ! important;
    }
}
@media only screen and (min - width: 428px){
    html {
        font - size: 26.75px ! important;
    }
}
@media only screen and (min - width: 481px){
    html {
        font - size: 30px ! important;
    }
}
@media only screen and (min - width: 569px){
    html {
        font - size: 35px ! important;
    }
}
@media only screen and (min - width: 641px){
    html {
```

```
        font-size: 40px !important;
    }
}
```

3. 使用 JavaScript 调整 html 字号

使用媒体查询的方法调整 html 的字号只能对指定的屏幕分辨率调整字号,不能对所有设备分辨率都能兼容适配。如果要适配所有设备分辨率,就要通过 JavaScript 代码去动态计算 html 根元素的 font-size。例如,下面的代码把屏幕的宽度 width 分为 10rem,则 html 根元素的 font-size 为屏幕宽度 width 除以 10,单位为 px。

```
<script>
    var html = document.querySelector('html');    //定义变量名 html 来保存 html 根元素对象
    changeRem();
                        //调用 changeRem()函数来动态计算 html 根元素的字体大小
    window.addEventListener('resize',changeRem);
                        //当监测到 resize 事件(改变浏览器大小)时再次调用 changeRem()函数

    //以下是 changeRem()函数定义代码
    function changeRem() {
        var width = html.getBoundingClientRect().width;    //获取设备宽度
        html.style.fontSize = width/10 + 'px';
                        //实现根据设备宽度动态计算 html 根元素的字号
    }
</script>
```

以上 JavaScript 代码中使用//符号对相关语句及功能块进行了注释,关于 JavaScript 的具体语法将在本书第 6 章进行详细介绍。

在实际应用中,只需要把以上的代码复制到网页 body 部分结束前的最后,即可对使用 rem 单位进行布局的网页实现对所有设备的自适应。

移动端网页自适应布局的基本原理是:首先根据移动端网页设计图的初始宽度计算 rem 与 px 的换算关系,然后将效果图中以 px 为单位的各布局元素的尺寸转换为以 rem 为单位的尺寸,加上适当的视口定义使视口与移动端屏幕的设备宽度一致,结合媒体查询或 JavaScript 代码根据实际的屏幕宽度自适应调整 html 根元素,从而实现以 rem 为单位的网页元素自适应布局的效果。

例如,有一张移动端网页设计图使用的初始宽度为 750px,使用上面的 JavaScript 代码把屏幕宽度分为 10rem,则此时 1rem 对应 75px。可将设计图中以 px 为单位的各元素尺寸除以 75,换算为 rem 单位。例如某元素在设计图中的宽度为 120px,则可用以下的代码转换为 rem 单位的宽度:

```
width:calc((120 / 75) * 1rem);
```

在做好这些准备工作以后,就可以使用第 4 章所学的 PC 端网页布局的基本原理实现移动端网页的自适应布局了。

5.7　移动端网页布局案例实战

视频讲解

本节以天猫网站首页的移动端布局为例,首先介绍相关的准备工作,包括使用 PC 端浏览器模拟移动端屏幕的方法、通用代码准备等,然后从几个大的步骤分解该案例移动端布局的主要过程。

特别提示：本案例综合性强，讲解系统，篇幅较长。由于版面有限，在此仅作为正版教材特别赠送资源。读者可自行扫码下载本节的图文资源。

5.8 习　　题

一、填空题

1. 请列出 HTML5 新增的 3 个结构性标签：_____、_____、_____。

2. CSS3 transform 属性的_____方法可用于在页面上放大或缩小元素。

3. 使用复合属性 transition 同时指定多种过渡，之间用_____隔开即可。

4. 在 background-size 属性中，将背景图像等比例缩放到完全覆盖容器的属性值是_____。

5. HSL 色彩模式是工业界的一种颜色标准，其中 H、S、L 分别表示_____、_____、_____。

二、选择题

1. 在 HTML5 中，(　　)标签用于组合标题元素。

    A. < group >　　　　　B. < header >　　　　C. < headings >　　　D. < hgroup >

2. (　　)标签在 HTML5 中用来定义导航。

    A. < section >　　　　B. < nav >　　　　　　C. < article >　　　　D. < aside >

3. 在 HTML5 中，(　　)标签用于对元素进行组合，规定独立的流内容(例如图像、图表、照片、代码等)。

    A. < figure >　　　　　B. < datalist >　　　　C. < details >　　　　D. < dialog >

4. 伪类(　　)匹配同类型中的第 n 个同级兄弟元素。

    A. nth-last-of-type( )　　　　　　　　　B. nth-last-child( )

    C. nth-of-type( )　　　　　　　　　　　D. nth-child( )

5. 下列选项中，(　　)CSS 样式能使下面代码中"第一段"文字在浏览器中显示为红色。

```
< div id = "wrap">
  < h3 >标题 3 </h3>
  < p >第一段</p>
  < p >第二段</p>
</div >
```

    A. p:first-of-type{ color:red; }　　　　　B. p:first-child{ color:red; }

    C. p:nth-of-type(2){ color:red; }　　　　D. p:nth-child(1){ color:red; }

6. 以下样式中定义 2D 倾斜变形的是(　　)。

    A. transform：translate(10px, 20px);　　　B. transform：scale(2,3);

    C. transform：rotate(90deg);　　　　　　　D. transform：skew(20deg,20deg);

7. 下列不属于 background-clip 属性值的是(　　)。

    A. border-box　　　　　　　　　　　　　B. content-box

    C. margin-box　　　　　　　　　　　　　D. padding-box

8. 下列样式中能正确定义线性渐变的是(　　)。

    A. background-color:linear-gradient(blue,red);

B. background:linear-gradient(blue,red);

C. background-color：radial-gradient(blue,red);

D. background：radial-gradient(blue,red);

9. justify-content 属性定义弹性项目在主轴上的对齐方式,其中能实现每个弹性项目两侧的间隔都相等的属性值是(　　　)。

A. flex-start　　　　　　B. center;　　　　　C. space-between　　D. space-around

10. 如果想实现弹性容器中各弹性项目完全等比例分布,则可设置弹性项目的属性是(　　　)。

A. flex：none　　　　B. flex：1　　　　C. flex：0 0 60px；　　D. flex：auto

三、判断题

1. 径向渐变是从"一个方向"向"另一个方向"的颜色渐变,而线性渐变是从"一个点"向四周的颜色渐变。(　　)

2. CSS3 中的倒影属性是谷歌浏览器的私有属性,可以在开发项目中大规模使用。(　　)

3. 遮罩的功能就是使用透明的图片或渐变遮罩元素的背景,允许部分或者完全隐藏一个元素的可见区域。(　　)

4. 当 ul 设置为弹性容器后,其子元素 li 不需要通过传统的浮动方法即可实现同一行显示。(　　)

5. 在省略宽度的情况下,flex 定义的弹性容器宽度为其中子元素的总宽度,而 inline-flex 定义的弹性容器宽度为其父元素的宽度。(　　)

6. 怪异盒模型的定义方法为"box-sizing：content-box;"。(　　)

7. 任何长度值都可以使用 calc() 函数进行计算。(　　)

8. 为了避免媒体查询的样式定义失效,应当把媒体查询的相关样式定义写在其他样式定义的后面。(　　)

9. 采用 em 作为布局的尺寸单位可以很方便地实现移动端新型浏览器的自适应布局。(　　)

10. rem 是根据 html 的 font-size 大小来变化的。(　　)

四、简答题

1. HTML5 的新增结构性标签有哪些?请指出它们的含义。

2. 以 nth 为前缀的伪类有哪几种?请指出它们的含义。

3. CSS3 有哪几大类新增的 2D 变形?

4. 简述 CSS3 中 background-clip 和 background-origin 的含义。它们都有哪些属性值?请简述各属性值的含义。

5. 简述弹性盒模型和怪异盒模型的含义及基本的定义语法。

6. 简述响应式布局和自适应布局的含义及其异同。

五、实践题

利用本章所学知识,为第 4 章习题中所制作的个人站点制作一个移动端的自适应布局首页。

第6章　使用 JavaScript 脚本

学习目标

- 了解 JavaScript 的来源、特点及功能
- 掌握在网页中使用 JavaScript 的方法
- 熟悉 JavaScript 的基本元素和基本语句
- 掌握使用 JavaScript 操作 HTML 标签属性及 CSS 样式的常用方法
- 掌握 JavaScript 条件语句和循环语句的使用方法
- 掌握 JavaScript 函数的定义和调用方法
- 掌握 JavaScript 中的对象操作语句及 JavaScript 中常见内置对象的使用方法
- 掌握 DOM 和 BOM 对象的概念、组成及操作方法
- 了解 HTML5 Web 存储的概念，熟悉 localStorage 本地存储的应用
- 通过相关案例，深入了解并掌握 JavaScript 在操作 HTML 页面、响应用户操作及验证数据等方面的应用

在前面的章节中介绍了用 HTML 语言添加页面元素，使用 CSS 添加和应用页面样式，以及 CSS 布局的方法。其中所使用的 HTML 及 CSS 这两种技术都有一个缺陷，即只能向用户提供一种静态的信息资源，而缺少动态的交互式的信息，也就是只能实现静态网页的编写。如果在静态网页的基础上能够在页面中嵌入一种能被浏览器所解释和运行的具有程序逻辑的语言，用来实现页面与用户的交互，这种嵌入在页面中的程序语言就称为脚本（Script）语言，而通过添加脚本语言编写出来的网页就是基于客户端技术的动态网页。

目前最常见的两种脚本语言是 VBScript 和 JavaScript。VBScript 是微软公司的产品，是 IE 浏览器默认的脚本语言，但是 Netscape 公司的 Navigator 浏览器并不支持 VBScript；JavaScript 是 Netscape 公司的产品，能被包括 IE 浏览器在内的大多数浏览器所支持，具有跨平台和浏览器的特点。JavaScript 也常被简称为 JS。

6.1　初识 JavaScript

6.1.1　JavaScript 简介

1995 年，JavaScript 作为 Netscape 浏览器的一部分首次发布，起初它并不叫 JavaScript，而是叫 LiveScript。自从 Sun 公司推出著名的 Java 语言之后，Netscape 公司引进了 Sun 公司有关 Java 的程序概念，将自己原有的 LiveScript 进行重新设计，并改名为 JavaScript。JavaScript 代码嵌套在 HTML 页面中，它把静态页面变成支持交互并响应事件的活页面。

1997 年，JavaScript 1.1 作为一个草案提交给欧洲计算机制造商协会（ECMA），并最终确

定出来新的语言标准,即 ECMAScript。此后,ECMAScript 成为 JavaScript 的实现基础,与 DOM(文档对象模型)、BOM(浏览器对象模型)共同组成了 JavaScript。

作为 JavaScript 语法基础的 ECMAScript,近几年来发展迅速,其中普及率最广的为 ECMAScript5,即 ES5,是 ECMAScript 的第五次修订,于 2009 年完成标准化,现在的浏览器已经相当于完全实现了这个标准。ECMAScript6 即 ES6,也称为 ES2015,是 ECMAScript 的第六次修订,于 2015 年完成,并且运用的范围逐渐开始扩大,因为其相对于 ES5 更加简洁,提高了开发速率,开发者也都在陆续进行使用。此后,ECMA 标准委员会在每年的 6 月份正式发布一次规范的修订,例如 ES7 就是 ES2016 规范,ES8 就是 ES2017 规范。

ECMAScript 作为一种语法规则和标准,是 JavaScript 三大组成中的核心;DOM 提供方法让 JavaScript 来操作 HTML 的标签节点;而 BOM 提供方法让 JavaScript 操作浏览器。

JavaScript 是一种通用的脚本编程语言,也是一种基于对象(Object)和事件驱动(Event Driven),并具有安全性能的脚本语言。JavaScript 的安全性表现在:它不允许用户访问本地硬盘,不允许对网络中的文本进行修改或删除,这样就能有效地防止数据丢失以及被恶意修改。

在数百万张页面中,JavaScript 被用来操作 HTML 页面、响应用户操作、验证数据等。

6.1.2 JavaScript 的使用

在网页中使用 JavaScript 的脚本代码有 3 种方法:一是在网页文件的< script ></ script >标签对中直接编写脚本程序文件;二是将脚本程序代码放置在一个单独的文件中,在网页文件中引用这个脚本程序文件;三是将脚本程序代码作为某个元素的事件属性或超链接的 herf 属性值。

1. 嵌入到< script ></ script >标签对

在网页中,最常用的定义脚本的方法是使用< script ></ script >标签对,并通过 type 属性来定义脚本语言。把 JavaScript 脚本插入 HTML 页面中的格式为:

```
< script type = "text/javascript">
   JavaScript 语言代码;
   JavaScript 语言代码;
      …
</script >
```

可以在< head ></ head >或< body ></ body >中的任何地方嵌入< script ></ script >标签对,在多数情况下应放到< head ></ head >中,这样可以使 JavaScript 程序代码先于其他代码被加载执行。

例如,下面是 JavaScript 语句输出的文字:

```
< script type = "text/javascript">
      for(i = 0;i < 3;i++)
      document.write("< p > Hello everyone!</ p >");
</ script >
```

document.write()是文档对象的输出函数,其功能是将括号中的字符或变量值输出到窗口。这段 JavaScript 代码利用 for 循环语句指定输出 HTML 文本的次数。如果把这段代码加入到网页的< head ></ head >中,就可以实现在网页其他内容之前输出 3 段相同文字的效果。

需要提醒的是,在< script type= "text/javascript">…</script >中的程序代码有大小写之

分,例如把 document.write() 写成 Document.write(),程序将无法正确执行。

视频讲解

用户还可以使用多个 < script ></script >标签对来嵌入多段 JavaScript 代码,不同的 JavaScript 代码之间可以互相访问,这和将所有的代码放在一对 < script ></script >之间的效果是一样的。

【例 6-1】 嵌入到 < script ></script >标签对示例。

新建一个网页,并在其中的 body 部分添加以下代码:

```
< script type = "text/javascript">
    var x = 3;
</script >
<p>这是一个 HTML 段落<p>
< script type = "text/javascript">
    document.write(x);
</script >
```

如果把上面的 JavaScript 代码进行合并,可将代码改写如下:

```
<p>这是一个 HTML 段落<p>
< script type = "text/javascript">
    var x = 3;
    document.write(x);
</script >
```

以上两段 body 中的代码实现的功能相同,都是先显示一个 HTML 格式的段落,再通过 JavaScript 输出变量 x 的值 3,在浏览器中的效果如图 6-1 所示。

注意:不支持 JavaScript 的浏览器会把脚本作为页面的内容来显示。为了防止这种情况发生,可以添加如下面所示的 HTML 注释标签。

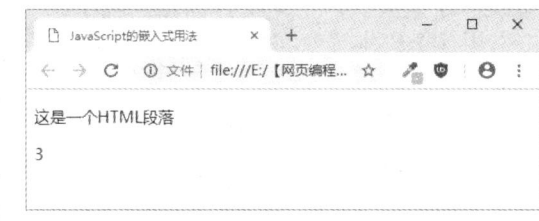

图 6-1 HTML 段落和 JavaScript 的变量输出

```
< script type = "text/javascript">
    <! --
        document.write("Hello World!");
    //-->
</script >
```

注释行末尾的两个斜杠是 JavaScript 的注释符号,它会阻止 JavaScript 编译器对这一行的编译。

提示:目前绝大部分浏览器的版本都已经支持 JavaScript,因此也可以不添加上面的 HTML 注释标签。此外,由于 JavaScript 已成为目前主流的 Web 前端脚本语言,所以在 < script ></script >标签对中也可以省略 type = "text/javascript" 的属性说明,即默认采用 JavaScript 的脚本语言,从而简化 JavaScript 代码的书写。

2. 引用外部脚本文件

有些时候,需要在若干个页面中运行相同的 JavaScript 代码,又不希望在每个页面中写相同的脚本。为了达到这个目的,可以将 JavaScript 写入一个外部文件之中,然后以 .js 为扩展名保存这个文件,最后把外部脚本文件指定给 < script >标签中的 src 属性,就可以使用这个外部文件了。引用外部脚本文件的格式为:

```
< head >
    …
    < script src = "脚本文件名.js"></script >
    …
</head >
```

src 属性定义.js 文件的 URL。如果使用 src 属性,则浏览器只使用外部文件中的脚本,并忽略任何位于< script ></srcipt >标签对之间的脚本。

脚本文件的扩展名为.js,内容是脚本,不能包含 HTML 标签。其格式为:

```
JavaScript 语言代码;                    //注释
JavaScript 语言代码;
    …
JavaScript 语言代码;
```

提示:可以把.js 文件放到网站目录中通常存放脚本的子目录中,这样更容易管理和维护。

视频讲解

【例 6-2】 引用外部脚本文件示例。

在某网站的根目录中建立一个名为 js 的文件夹,并在其中新建一个名为 script1.js 的文件,其内容为:

```
alert(new Date());               //以弹出对话框的形式显示浏览器所在计算机的时间
```

然后在某个网页(例如首页)的< head ></head >中添加如下语句:

```
< script src = "js/script1.js" ></script >
```

当在浏览器中打开本页面时,在页面内容显示之前先弹出一个显示当前时间的对话框,如图 6-2 所示。单击对话框上的"确定"按钮后才会看到 body 部分的内容,如图 6-3 所示。

图 6-2　先执行 head 部分所引用的外部脚本文件

图 6-3　单击对话框中的"确定"按钮后显示 body 部分内容

使用 JavaScript 脚本

3. 作为链接或事件属性

可以在 HTML 的超链接或表单的输入标签符内添加脚本,以响应输入的事件。用户可以通过超链接标签<a>的 href 属性调用 JavaScript 语句,例如:

```
< a href = "javascript:alert(new Date());">单击显示当前时间</a>
```

单击这个链接,浏览器将会执行 javascript:后面的脚本程序代码。

JavaScript 还扩展了标准的 HTML,为 HTML 标签增加了各种事件属性。例如,对于表单中的 button 元素,可以设置一个单击事件属性 onclick,对应的属性值就是一段 JavaScript 程序代码,表示单击这个按钮后所要调用的语句:

```
< input type = "button" value = "单击显示当前时间" onclick = "alert(new Date());"/>
```

视频讲解

由于 JavaScript 能被包括 IE 浏览器在内的大多数浏览器所支持,事件属性值中调用的 JavaScript 脚本可以省略 javascript:这一前缀。

【例 6-3】 为案例网站首页中的"注册"按钮编写 JavaScript 代码,以实现单击该按钮时在本窗口打开注册页面的功能。

按钮的代码如下:

```
< input type = "button" value = "注册" id = "reg" onclick = "window.open('reg/reg.html','_self')"/>
```

其中,window.open()是窗口对象的打开函数,其功能是根据页面地址、窗口名称、窗口特征打开一个窗口,或查找一个已命名的窗口。

6.1.3 JavaScript 代码规范

JavaScript 的主要代码规范如下:

1. 严格区分大小写

JavaScript 语言区分字符大小写,若两个字符串相同,大小写不同,则被认为是不同的字符串。JavaScript 语言的关键字也区分大小写,按语法要求应小写。

2. 英文输入法

所有内置 API 和符号都是英文输入法,也就是半角符号。

3. 书写格式

JavaScript 语言忽略语句间的空白,即语句间的空格、空行、缩进等。为了提高程序的可读性,应当使用这些格式,使程序更加清晰,可读性更高。例如,可以使用 Tab 键缩进,不同的语句应当换行。

4. 分号的使用

在 JavaScript 语言中完整的语句以分号结束。有些代码(比如循环结构或者选择结构的条件语句后面)不需要用分号,否则会改变原结构的执行路径。

例如,"if(a==1);"加上分号后,不论 a 的值是否为 1 都将执行条件语句后面的内容,条件测试失败。

5. 注释语句

注释语句一般用来对 JavaScript 的其他语句进行解释,从而提高其可读性,或者在进行程序调试的时候用于防止一些代码的执行。JavaScript 的注释语句可分为单行注释和多行注释两种。

单行注释以//开始,其格式为:

```
//注释内容
```

多行注释以/＊开头,以＊/结尾,其格式为:

```
/＊注释内容
  注释内容＊/
```

6.1.4　弹窗与调试

在通常情况下,如果 JavaScript 出现错误,是不会有提示信息的,这样开发者就无法找到代码错误的位置。用户可以使用 JavaScript 常见的弹窗功能及浏览器内置的调试工具对 JavaScript 代码中的变量及功能等进行断点检测,以发现程序中的语法错误或逻辑错误。JavaScript 中常用的弹窗与调试功能如下:

1. 警告框

警告框经常用于确保用户可以得到某些信息。当警告框出现后,用户需要单击"确定"按钮才能继续进行操作。其格式为:

```
window.alert("内容");
```

视频讲解

window.alert()方法也可以省略 window 对象,直接使用 alert()方法。

【例 6-4】　在 HTML 代码的<body>标签中加入 alert 警告框。

```
<body>
    <script>
        alert("你好,我是一个警告框!");
    </script>
</body>
```

在浏览器中打开该网页后将会弹出如图 6-4 所示的警告框。

图 6-4　警告框

2. 写到控制台

如果浏览器支持调试,用户可以使用 console.log()方法在浏览器中显示 JavaScript 值。通常,各主流浏览器中使用 F12 键或右键菜单中的"检查"命令来启用调试模式,并在调试窗口中单击 Console 菜单即可打开控制台。console.log()方法的格式为:

```
console.log("内容");
```

视频讲解

【例 6-5】　在 HTML 代码的<body>标签中加入 console.log()语句。

```
<body>
    <script>
        a = 5;
        b = 6;
        c = a + b;
        console.log(c);
    </script>
</body>
```

使用 JavaScript 脚本

在 Google 浏览器中打开该网页后,在控制台中看到输出的结果如图 6-5 所示。

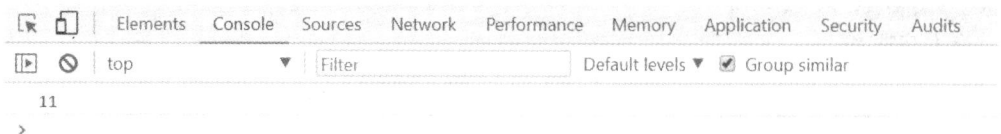

图 6-5　使用 console.log()方法在控制台输出

注意：console.log()方法有兼容性问题,用完之后一定要及时删除。

3. 确认框

确认框通常用于验证是否接受用户操作。当确认框弹出时,用户可以单击"确定"或者"取消"按钮来确定用户操作。如果单击"确定"按钮,确认框返回 true；如果单击"取消"按钮,确认框返回 false。其格式为：

```
window.confirm("提示文字", "默认值");
```

window.confirm()方法也可以省略 window 对象,直接使用 confirm()方法。

【例 6-6】　在 HTML 代码的< body >标签中加入 confirm 确认框。

```
< body >
    < script >
        var r = confirm("按下按钮");
        console.log(r);
    </script >
</body >
```

图 6-6　确认框

在 Google 浏览器中打开该网页后,将弹出如图 6-6 所示的确认框。当用户单击"确定"按钮或"取消"按钮后,可在控制台看到输出 true 或 false。

4. 提示框

提示框经常用于提示用户在进入页面前输入某个值。当提示框出现后,用户需要输入某个值,然后单击"确定"或"取消"按钮才能继续操作。如果用户单击"确定"按钮,那么返回值为输入的值；如果用户单击"取消"按钮,那么返回值为 null。其格式为：

```
window.prompt("提示文字", "默认值");
```

window.prompt()方法也可以省略 window 对象,直接使用 prompt()方法。

【例 6-7】　在 HTML 代码的< body >标签中加入 prompt 提示框。

```
< body >
    < script >
        var person = prompt("请输入你的名字","Harry Potter");
        console.log(person);
    </script >
</body >
```

在 Google 浏览器中打开该网页后,将弹出如图 6-7 所示的提示框。用户可以修改提示框中的内容并单击"确定"按钮,然后在控制台会看到提示框中的文本被输出。

图 6-7　提示框

6.1.5　获取元素及操作内容

使用 JavaScript 的相关方法可以获取 HTML 文档中的元素,并对其进行操作。其基本格式为:

获取元素.事件 = 行为;

注意:这里的点"."可以读作"的"。

例如:

```
document.getElementById('wrap').onclick = function(){
    alert("你单击了 wrap 元素!");
}
```

其中,document 为网页中的文档对象;getElementById 为获取元素的一种方法,其功能是通过 id 名来获取元素;onclick 为左键单击事件;function()及后面的{}表示函数,相关的功能代码放在{}里面。上面的代码表示当用户使用左键单击名为 wrap 的元素时,弹出内容为"你单击了 wrap 元素!"的警告框。

可以把上面这种形式的函数称为特定对象的单击事件函数,例如可以把上面的语句描述为"定义了 id 名为 wrap 对象的单击事件函数,其功能为弹出特定内容的警告框"。

注意:这里的"="号是赋值的意思,不是等于。

下面介绍 JavaScript 中获取元素及修改内容的常见方法。

1. 获取元素

JavaScript 中获取元素的几种常用方法如表 6-1 所示。

表 6-1　获取元素的常用方法

获取类型	格　式	说　明
常见元素	document. getElementById()	通过 id 获取,获取某一个元素。兼容所有的浏览器
	document. getElementsByClassName()	通过 class 类名获取,获取一组同类名的元素,可通过中括号和其中的下标获取组中的某个元素。不支持 IE8 及以下浏览器
	document. getElementsByTagName()	通过标签名获取,获取一组同标签名的元素,可通过中括号和其中的下标获取组中的某个元素。兼容所有浏览器
	document. getElementsByName()	通过 name 名称获取,获取一组元素,可通过中括号和其中的下标获取组中的某个元素。它很少用,兼容所有浏览器
	document. querySelector()	通过 CSS 选择器获取,获取第一个元素,id 选择器要加"#",class 类名选择器要加"."。支持 IE8 及以上浏览器
	document. querySelectorAll()	通过 CSS 选择器获取,获取所有满足这个选择器的一组元素,可通过中括号和其中的下标获取组中的某个元素。支持 IE8 及以上浏览器

续表

获取类型	格　　式	说　　　明
特殊元素	document. documentElement	＜html＞标签获取,例如"document. documentElement. title"表示获取网页＜html＞标签中的 title 属性
	document. head	＜head＞标签获取,例如"document. head. title"表示获取网页＜head＞标签中的 title 属性
	document. title	＜title＞标签获取,例如"document. title"表示获取网页中的＜title＞标签
	document. body	＜body＞标签获取,例如"document. body"表示获取网页中的＜body＞标签

视频讲解

【例 6-8】　编写一段与常用的 JavaScript 获取元素方法相关的网页测试代码,在 Chrome 浏览器中运行的效果如图 6-8 所示。打开浏览器控制台的 Console 面板后,可单击页面中的各元素,观察并分析 Console 面板中的输出效果。

主要代码如下:

```
< div id = "wrap"> id名为wrap的元素(单击时会在控制面板输出提示)
    < div class = "nav"> wrap中类名为nav的元素(单击时会在控制面板输出提示)</div>
    < div class = "nav"> wrap中类名为nav的元素</div>
</div>
< div id = "content"></div>
< p class = "child">段落1(单击时会在控制面板输出提示)</p>
< p class = "child">段落2(单击时会在控制面板输出提示)</p>
< p class = "child">段落3 </p>
< p class = "child">段落4 </p>
< p class = "child">段落5 </p>
< script >
    document.getElementById("wrap").onclick = function(){
        console.log("wrap");
    }
    document.getElementsByClassName("child")[0].onclick = function(){
        console.log("段落1");
    }
    document.getElementsByTagName("p")[1].onclick = function(){
        console.log("段落2");
    }
    document.querySelectorAll(" # wrap .nav")[0].onclick = function(){
        console.log("nav");
    }
</script >
```

单击页面中 id 名为 wrap 的元素所在的黑色框内的任意位置都会在 Console 面板中输出"wrap"的提示,单击第一个类名为 nav 的元素及前两个段落也会在 Console 面板中输出相关的提示。值得注意的是,当单击第一个类名为 nav 的元素时,会先后输出"nav"和"wrap"两个提示,这说明单击操作依次触发了当前元素及其父元素的单击事件。

说明:无论网页中有一个还是多个类名为 child 的元素,形如 getElementsByClassName ("child")方法的返回结果都是一个集合。如果要使用该集合中的某一个元素,则必须在后面用中括号的形式注明下标。其中,元素集合第一个元素的下标从 0 开始,后续元素的下标依次

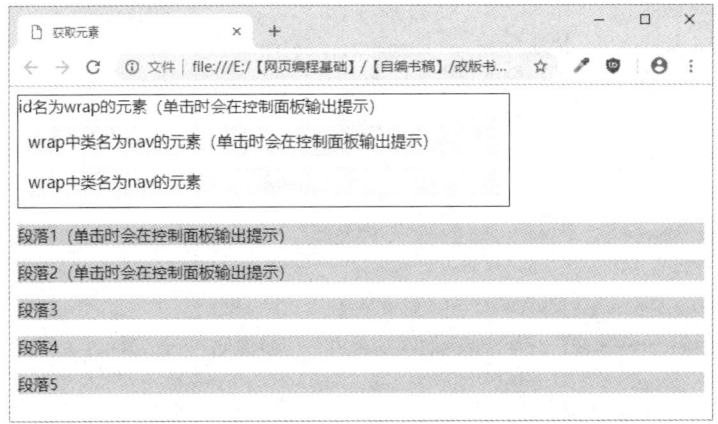

图 6-8　JavaScript 获取元素方法测试页面

加 1，例如 document. getElementsByClassName("child")[0]表示类名为 child 的元素集合中的第一个元素，而 document. getElementsByTagName("p")[1]表示标签名为 p 的元素集合中的第二个元素。

2. 操作内容

在使用 JavaScript 的相关方法获取 HTML 文档中的元素以后，可以对其进行后续的操作，包括改变元素中的内容。用户既可以编写相关事件的行为代码，也可以直接操作元素内容。常见的操作元素内容的方法如表 6-2 所示。

表 6-2　操作元素内容的常用方法

方 法 名 称	说 　 明
innerHTML	设置或获取位于对象起始和结束标签内的 HTML
innerText	设置或获取位于对象起始和结束标签内的文本
outerHTML	设置或获取对象及其内容的 HTML
outerText	设置(包括自身标签)或获取(不包括自身标签)对象的文本

【例 6-9】　编写一个与常用的 JavaScript 操作元素方法相关的网页，在 Chrome 浏览器中测试 JavaScript 代码部分加上前后的效果如图 6-9(a)、(b) 所示。

主要代码如下：

视频讲解

```
< div id = "wrap1" >< span >我是 wrap1 </span>我是 wrap1 </div >
< div id = "wrap2" >< span >我是 wrap2 </span>我是 wrap2 </div >
< div id = "wrap3" >< span >我是 wrap3 </span>我是 wrap3 </div >
< div id = "wrap4" >< span >我是 wrap4 </span>我是 wrap4 </div >
< script >
    //Console 面板输出：< span >我是 wrap1 </span>我是 wrap1
    console. log(document. getElementById("wrap1"). innerHTML);

    //Console 面板输出：我是 wrap2 我是 wrap2
    console. log(document. getElementById("wrap2"). innerText);

    //Console 面板输出：< div id = "wrap3" >< span >我是 wrap3 </span>我是 wrap3 </div >
    console. log(document. getElementById("wrap3"). outerHTML);
```

```
//Console 面板输出：我是 wrap4 我是 wrap4
console.log(document.getElementById("wrap4").outerText);

//body 中第一个元素被改为：<div id="wrap1"><p>改变 wrap1</p></div>
document.getElementById("wrap1").innerHTML = "<p>改变 wrap1</p>";

//body 中第二个元素被改为：<div id="wrap2">&lt;p&gt;改变 wrap2&lt;/p&gt;</div>
document.getElementById("wrap2").innerText = "<p>改变 wrap2</p>";

//body 中第三个元素被改为：<p>改变 wrap3</p>
document.getElementById("wrap3").outerHTML = "<p>改变 wrap3</p>";

//body 中第四个元素被改为文本："<p>改变 wrap4</p>"
document.getElementById("wrap4").outerText = "<p>改变 wrap4</p>";
</script>
```

(a) 加 JS 代码前

(b) 加 JS 代码后

图 6-9　常用的 JavaScript 操作元素方法

注意：低版本 Firefox 浏览器不支持 innerText，取而代之的是 textContent。

6.1.6 简单认识 DOM0 级事件

在进行项目开发时，开发人员经常需要考虑用户在使用产品时产生的各种各样的交互事件，例如鼠标事件、键盘事件等。这些事件都是前端 DOM（Document Object Model，文档对象模型）事件的组成部分，不同的 DOM 事件会有不同的触发条件和触发效果。本节主要介绍最传统，也是用得最多的 DOM0 级事件。

首先认识一下 DOM 的不同级别。针对不同级别的 DOM，DOM 事件的处理方式也是不一样的。

1. DOM 级别与 DOM 事件

DOM 级别一共可以分为 4 个级别，即 DOM0 级、DOM1 级、DOM2 级和 DOM3 级，而 DOM 事件分为 3 个级别，即 DOM0 级事件处理、DOM2 级事件处理和 DOM3 级事件处理，如图 6-10 所示。

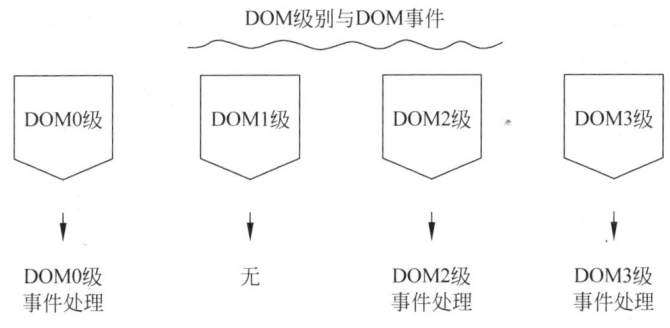

图 6-10　DOM 级别与 DOM 事件

从图 6-10 可见，除了 DOM1 级以外，其他各级都有相应的事件处理。这是因为 1 级 DOM 标准中并没有定义事件相关的内容，所以没有所谓的 1 级 DOM 事件模型。关于 DOM 级别这里不做详细的介绍，这里主要介绍 DOM0 级事件。

2. HTML 事件处理程序

在了解 DOM0 级事件之前，用户有必要先了解一下 HTML 事件处理程序，这也是最早的一种事件处理方式。代码举例如下：

```
< button type = "button" onclick = "showFn()"></button>
< script >
    function showFn() {
        alert('Hello World');
    }
</script >
```

以上通过直接在 HTML 代码里定义一个 onclick 的属性触发 showFn() 方法，这样的事件处理程序最大的缺点就是 HTML 与 JS 强耦合，用户一旦需要修改函数名就得修改两个地方。当然，其优点是不需要操作 DOM 来完成事件的绑定。

3. DOM0 级事件

DOM0 级事件就是将一个函数赋值给一个事件处理属性。例如，给网页中的 button 对象定义一个 id，通过 JS 获取到这个 id 的按钮，并将一个函数赋值给一个事件处理属性 onclick，这样的方法便是 DOM0 级处理事件的体现。用户可以通过给事件处理属性赋值 null 来解绑事件。JavaScript 中常见的基础事件如表 6-3 所示。

表 6-3　JavaScript 中常见的基础事件

事件类型	事 件 名 称	事 件 含 义
鼠标事件	onclick	左键单击
	ondblclick	左键双击
	onmouseover / onmouseenter(推荐使用)	鼠标移入
	onmouseout / onmouseleave(推荐使用)	鼠标移出
	onmousedown	鼠标按下
	onmousemove	鼠标移动
	onmouseup	鼠标抬起(鼠标松开)
	onmousetextmenu	右键单击
键盘事件	onkeydown / onkeypress	按键按下
	onkeyup	按键抬起
系统事件	onload	加载完成之后
	onerror	加载出错后
	onresize	窗口调整大小时
	onscroll	滚动时
表单事件	onfocus	获取焦点后
	onblur	失去焦点后
	onchange	改变内容后
	onreset	重置后
	onselect	选择后
	onsubmit	提交后

【例 6-10】　编写一个 DOM0 级事件的程序，当用户单击页面中的按钮时，将弹出一个内容为"Hello World"的警告框。在 Chrome 浏览器中运行的效果如图 6-11 所示。

```
< button id = "btn" type = "button">点击我</button>
< script >
    var btn = document.getElementById('btn');
    btn.onclick = function() {
        alert('Hello World');
    }
    // btn.onclick = null; 解绑事件
</script >
```

图 6-11　DOM0 级事件范例运行效果

在本例中,如果取消 JavaScript 程序最后一行代码中的注释符,会发现单击按钮不再弹出警告框,这是因为该行代码对按钮的单击事件进行了解绑。

DOM0 级事件处理程序的缺点在于一个处理程序无法同时绑定多个处理函数,例如用户还想在按钮单击事件上添加另外一个函数,只能使用 DOM2 级和 DOM 3 级事件处理程序来实现。关于 DOM2 级和 DOM 3 级事件处理程序的知识,本节不做展开。

6.1.7　定义变量

当一个元素需要被用到的时候,可以用一个变量来赋值需要获取的元素,并存储起来,这样当用户要去操作元素的时候,只需要通过变量操作即可,可以减少代码编写的复杂度,并增加易读性。如例 6-10 中通过"var btn = document. getElementById('btn');"代码定义了一个名为 btn 的变量,用来存储通过 id 名获取的按钮对象,这样就可以通过 btn 这一变量名来表示和操作该按钮对象。例如"btn. onclick"代表按钮的单击事件,可对其赋值相应的事件处理函数。

JavaScript 的变量定义具有动态性和弱类型的特点。所谓的动态性和弱类型,是指变量的类型需要在运行时才能确定,反之则是强类型的静态语言,例如 C。对于变量,必须明确变量的命名、变量的声明、变量的类型以及变量的作用域。

目前关于 JavaScript 变量定义的语法主要有 ES5 和 ES6 两个版本,其通用的定义形式为:

```
关键字 变量名 = 值;
```

在上面的格式中,ES5 中的关键字为 var,而 ES6 中的关键字为 let;变量名由设计者自行命名;"="表示把右边的值赋给左边的变量名。

1. 变量的命名

JavaScript 中变量的命名和其他计算机语言非常相似,主要规则如下:

(1) 变量名称严格区分大小写。

(2) 尽量把变量的名称与其代表的意思对应起来,做到见名知意。

(3) 不要使用中文变量名。

(4) 不能使用 JavaScript 中的关键字和保留字作为变量名。关键字是 JS 自带的,具有一定特殊含义的名称,例如 var、int、double、true 等;保留字是预留给新版本使用的关键字,例如 ECMA-262 第三版中保留字有 abstract、boolean、byte、char 等。

(5) 可以使用数字、字母、下画线"_"或美元符"＄",但不能以数字开头。

2. ES5 定义变量

在 ES5 中用来对变量作声明的关键字是 var,其语法为:

var 变量名称 1 [= 初始值 1] , 变量名称 2 [= 初始值 2] … ;

一个 var 可以声明多个变量,其间用","分隔。例如:

```
var x = 100,y = "125",xy = true,cost = 19.5;
```

在 JavaScript 中,{}内部,及 if、for 等关键字后面的区块都称为块级作用域。ES5 中关于变量有以下几个特点。

(1) 可以重复定义同一个变量名,而且是合法的、无害的,但后定义的变量特性会覆盖先定义的变量特性。

(2) 同一个变量名可以多次赋值,且每次赋的新值会覆盖掉之前的旧值。

（3）可以在代码块内修改在代码块之外声明的变量，例如：

```
var myVar = "Mike";
function fn(str){
    return myVar = "Alice " + str;
}
fn("dada");
console.log(myVar);          //Chrome 浏览器的 Console 面板中将输出"Alice dada"
```

（4）在代码块以外定义的变量在全局范围内都有效。

（5）存在声明提升（在声明某一变量之前使用这个变量也是有效的），例如：

```
myVar = "Mary";
var myVar;
console.log(myVar);          //Chrome 浏览器的 Console 面板中将输出"Mary"
```

（6）var 声明变量的三条规则：

- 不要把 var 语句放在代码块中。
- 不要把 var 语句放在循环体内。
- 每个函数都使用单一的 var 语句。

3. ES6 定义变量

在 ES6 中用来对变量和常量作声明的关键字是 let 和 const，其中 let 定义变量、const 定义常量，它们的语法都与 ES5 中定义变量的格式相同。与 var 不同的是，let 和 const 声明的变量只能在声明之后再使用，而 var 可以先赋值再声明。此外，let 和 const 声明的变量只在代码块（也就是块级作用域。关于 JavaScript 中作用域的概念，将在 6.6.4 节中详细介绍）中生效，具体表现为如下几个特点。

（1）变量只在 let 命令所在的代码块内有效。

（2）let 声明的变量是定义在块内，但这个变量也可以作用在这个块的子块中。

（3）用 let 声明变量时，不允许在相同的作用域内重复声明同一个变量。

（4）在同一个作用域不能和 var 声明同一个变量名。

（5）不存在声明提升，也就是说 let 声明的变量只有声明了才能使用。

注意：就算外层代码块已经用 var 声明了同一个变量名，在子块里面用 let 再次声明这个变量名，在这个子块里面也是不能提前使用的，这种现象称为暂时性死区（TDZ）。

（6）用 let 声明的变量块内和块外相同变量名互不影响。

注意：在一些不支持 ES6 的低版本浏览器中，例如 IE10 及以下，使用 let 定义变量会出现报错提示。

6.1.8 JS 基本应用案例实践

1. 案例要求

编写一个网页练习 JS 的基本应用，功能要求如下：

（1）初始网页界面如图 6-12(a)所示。

（2）测试鼠标分别移入 wrap1、离开 wrap1、移入 wrap2、离开 wrap2、离开 wrap2 后移入 wrap1 等各种情况，wrap1 和 wrap2 上的文字变化如图 6-12(b)~图 6-12(f)所示。

2. 思路提示

本例主要用到 DOM0 级事件中的鼠标移入（onmouseenter）和移出（onmouseleave）事件

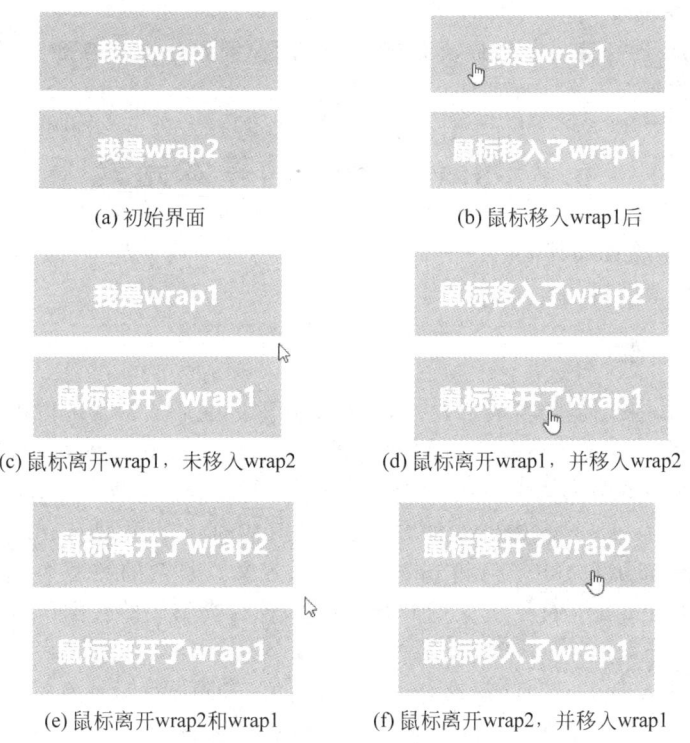

(a) 初始界面　　　　　　　　　(b) 鼠标移入wrap1后

(c) 鼠标离开wrap1，未移入wrap2　　(d) 鼠标离开wrap1，并移入wrap2

(e) 鼠标离开wrap2和wrap1　　　(f) 鼠标离开wrap2，并移入wrap1

图 6-12　JS 的基本应用案例

编程。

（1）获取两个块元素，并存到相应的变量名中。

（2）根据需求分别为 wrap1 和 wrap2 两个块元素编写鼠标移入和移出两个事件函数，共 4 个事件函数。

（3）建议完整地测试各种鼠标移入事件的效果，确保每个功能正确。

3. 参考代码

参考代码文件名为 pra06-1. html，主要代码如下：

```
< div id = "wrap1">我是 wrap1 </div >
< div id = "wrap2">我是 wrap2 </div >
< script >
    let oWrap1 = document.getElementById("wrap1"),
        oWrap2 = document.getElementById("wrap2");
        oWrap1.onmouseenter = function(){
            oWrap2.innerHTML = "鼠标移入了 wrap1";
        }
        oWrap1.onmouseleave = function(){
            oWrap2.innerHTML = "鼠标离开了 wrap1";
        }
        oWrap2.onmouseenter = function(){
            oWrap1.innerHTML = "鼠标移入了 wrap2";
        }
        oWrap2.onmouseleave = function(){
            oWrap1.innerHTML = "鼠标离开了 wrap2";
        }
</script >
```

使用 *JavaScript 脚本*

4. 案例改编及拓展

仿照以上案例,自行编写及拓展类似的网页功能,例如分别计算和显示鼠标移入 wrap1 和 wrap2 中的次数等。

6.2 JavaScript 的基本元素

JavaScript 脚本语言同其他语言一样,有它本身的基本数据类型、表达式和算术运算符,以及程序基本的框架结构。

6.2.1 数据类型

由于 JavaScript 采用弱类型的形式,所以一个数据的变量或常量可以不必首先作声明,也不需要在声明变量时显式地指明变量类型。通常,JavaScript 根据常量的表示形式或变量的赋值内容来确定相应的数据类型。

在 ES5 版本的 JavaScript 中有 6 种数据类型,其中基础的类型有 number(数值)、string(字符串)、boolean(布尔)、null(空)和 undefined(未定义),复杂的类型为 object(对象)。ES6 新增的数据类型为 symbol(符号)。在 JavaScript 的各种类型中的数据可以是常量,也可以是变量。

用户可以使用 typeof(变量名)或 typeof(常量值)来测试变量或常量的数据类型。注意,typeof 不是直接检测数据类型的,只能间接检测,在 JavaScript 中没有一个方法来判断数据类型。

1. number(数值)类型

数值类型的数据包括整型和实型两种形式。其中,整型只能是整数,可以为正数、0 或者负数。整型可以用十进制表示、八进制表示(以 0 开头)或十六进制表示(以 0x 开头),例如十进制的 15 可用八进制的"017"表示或十六进制的"0xF"表示(其中字母大小写均可)。实型也称浮点类型,即小数或浮点数,例如 12.34。实型也可用科学记数法表示,例如 $-1\,200\,000$ 可以表示为"$-1.2e+6$",其中字母"e"大小写均可,在科学记数法中表示"10 的幂"。

虽然在使用时可以把整数和实数当成不同的类型,但在实际上,JavaScript 将它们都视为实数类型。由于 JavaScript 很自然地隐藏了其间转换的具体细节,所以通常情况下开发者不需要考虑这个问题。有一个例外的情况是,当需要将一个实数转换为整数时,由于涉及四舍五入或是直接截取整数部分等不同的取整方法,这就需要考虑不同的算法或是直接使用所需的 JavaScript 函数。

数值类型中的 NaN 是一个特殊的数值类型值,表示非数字(Not a Number)。一般来说,当数据类型转换失败时会返回这个值,例如把字母 a 转换为数值时会返回 NaN,而 0/0 也会返回 NaN。此外,Infinity 和 $-$Infinity 也是数值类型的两个特殊的值,分别表示正无穷大和负无穷大,例如 1/0 会得到 Infinity,而 $-$1/0 会得到 $-$Infinity。

【例 6-11】 编写一个简单的数值类型测试实例。

body 部分的代码如下:

```
<script>
    var a = 1.5, b = 1/0, c = -1/0, d = 0/0;
    document.write("变量定义为: var a = 1.5, b = 1/0, c = -1/0, d = 0/0;<br/>");
    document.write("变量 a 的类型是: " + typeof(a) + ",值是: " + a + "<br/>");
    document.write("变量 b 的类型是: " + typeof(b) + ",值是: " + b + "<br/>");
```

```
        document.write("变量 c 的类型是: " + typeof(c) + ",值是: " + c + "<br/>");
        document.write("变量 d 的类型是: " + typeof(d) + ",值是: " + d + "<br/>");
        document.write("常量 3.14 的类型是: " + typeof(3.14));
</script>
```

其中,document.write 语句中的"+"号是字符串运算符,表示连接。根据变量的赋值情况,变量 a、b、c、d 在页面中的输出类型均为 number。此外,在代码中还测试了几种特殊结果的数值类型,例如 Infinity、-Infinity 及 NaN,并通过 typeof(3.14)测试了一个常量 3.14 的数据类型。测试结果如图 6-13 所示。

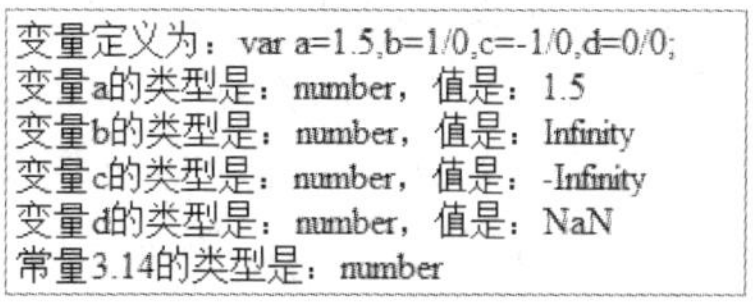

```
变量定义为: var a=1.5,b=1/0,c=-1/0,d=0/0;
变量a的类型是:  number,  值是:  1.5
变量b的类型是:  number,  值是:  Infinity
变量c的类型是:  number,  值是:  -Infinity
变量d的类型是:  number,  值是:  NaN
常量3.14的类型是:  number
```

图 6-13　数值类型测试实例

2. string(字符串)类型

字符串是用"(双引号)或'(单引号)括起来的字符或数值。例如"你好,张三!"或'你好,张三!'。如果字符串本身包含双引号,就用单引号括起该字符串,例如'你好,"张三"!'。反过来,如果字符串本身包含单引号,就用双引号括起该字符串,例如"你好,'张三'!"。

string 类型还包括几种字符字面量,如表 6-4 所示。

表 6-4　JavaScript 中的字符字面量

字　面　量	含　　义
\n	换行
\t	制表符
\b	空格
\r	回车
\f	换页符
\\	反斜杠
\'	单引号
\"	双引号
\0nnn	八进制代码 nnn 表示的字符(n 是 0 到 7 中的一个八进制数字)
\xnn	十六进制代码 nn 表示的字符(n 是 0 到 F 中的一个十六进制数字)
\unnnn	十六进制代码 nnnn 表示的 Unicode 字符(n 是 0 到 F 中的一个十六进制数字)

3. boolean(布尔)类型

布尔类型有两种取值——true 和 false (即两个 boolean 字面量)。布尔类型表示是非对错的概念,是条件语句和逻辑运算的基础。用户可以通过直接赋值的形式得到一个布尔类型的数据,例如:

```
let bFound = true, bLost = false;
```

在实际运算中,除了 undefined 类型以外,每一种数据类型都有与之对应的布尔值,如表 6-5 所示。

表 6-5　各数据类型对应的布尔值

数据类型	对应 true 的情况	对应 false 的情况
·boolean	true	false
string	任何非空字符串	空字符串("")
number	任何非零数字	0 和 NaN
object	任何对象	null

用户还可以通过比较或逻辑运算返回一个布尔类型的数据，相关的介绍可参看 6.2.3 节。

4. null(空)类型

任何变量被赋值为 null，都被当成 null 类型。在 JavaScript 中 typeof(null)返回的是 object，也就是说，JavaScript 把 null 作为一种特殊的值为空的对象。如果希望使用变量来存储对象，可将变量初始化为 null 类型，以便与其他数据类型区分。null 参与数值运算时其值自动转换为 0，例如 null+100 的结果为 100，null * 100 的结果为 0。

【**例 6-12**】 编写一个与空类型有关的测试实例。

其中 body 部分的代码如下：

```html
<form>
    <input id="button", type="button" value="按钮"/>
    <script>
        var e=null;
        document.write("<br/>变量定义为 var e=null;<br/>");
        document.write("变量 e 的类型是："+typeof(e)+"<br/>");
        f=e+100;
        document.write("执行语句 f=e+100;后<br/>");
        document.write("变量 f 的类型是："+typeof(f)+",值是："+f+"<br/>");
        g=e*0;
        document.write("执行语句 g=e*0;后<br/>");
        document.write("变量 g 的类型是："+typeof(g)+",值是："+g+"<br/>");
        e=document.getElementById("button");
        document.write('执行语句 e=document.getElementById("button");后<br/>');
        document.write("变量 e 的类型是："+typeof(e)+"<br/>");
        document.write("变量 e 的 value 属性是："+e.value);
    </script>
</form>
```

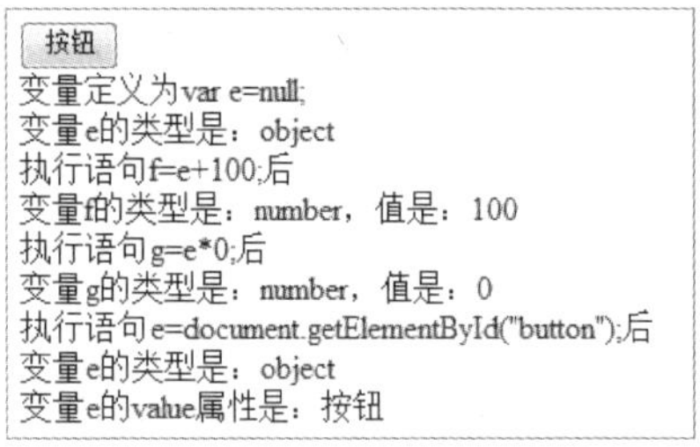

图 6-14 空类型测试实例

在上述代码中，变量 e 首先被赋值为 null，使用 typeof(e)测试出 e 的类型为 object。在其后的两次数值运算中，e 的值被自动转换为 0。在"e=document.getElementById("button");"语句中，变量 e 被用来存储表单中的一个按钮对象，其类型仍为 object，并通过点运算符获取其 value 值。测试结果如图 6-14 所示。

空对象的具体应用不多，但是从开发标准上来讲，在定义变量的时候，如果暂时不需要赋值，但是后面会表示一个对象，建议赋初始值 null。

5. undefined(未定义)类型

undefined 类型是指一个变量被创建后还没有赋以任何初值，这时该变量没有类型，被称为未定义的，在程序中直接使用会发生错误。undefined 参与任何数值计算时，其结果一定是 NaN。

【**例 6-13**】 编写一个与未定义类型有关的测试实例。

其中 body 部分的代码如下：

```html
<script>
    var h;
    document.write("变量定义为：var h;<br/>");
    document.write("变量 h 的类型是："+typeof(h)+",值是："+h+"<br/>");
```

```
    i = h;
    document.write("运行赋值语句: i = h;<br/>");
    document.write("变量 i 的类型是: " + typeof(i) + ",值是: " + i + "<br/>");
    j = 1 + i;
    document.write("1 + i 的结果是: " + j + "<br/>");
</script>
```

在上述代码中,未对变量 h 赋值,在页面中输出 h 的类型和值均为 undefined,其后执行"i＝h;"语句将未赋值的 h 赋值给变量 i,输出变量 i 的类型和值也都是 undefine,而 $1＋i$ 的结果是 NaN。测试结果如图 6-15 所示。

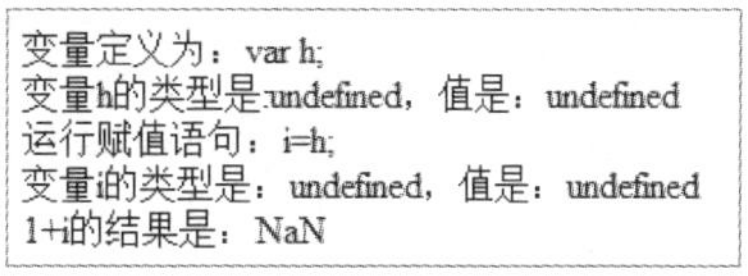

```
变量定义为: var h;
变量h的类型是: undefined, 值是: undefined
运行赋值语句: i=h;
变量的类型是: undefined, 值是: undefined
1+i的结果是: NaN
```

图 6-15　未定义类型测试实例

6. object(对象)类型

对象类型存储的是一个对象,对象可以实现对现实世界概念的抽象。JavaScript 对象指的是这样一类特殊的数据类型:它不仅可以保存一组不同类型的数据(属性),还可以包含有关处理这些数据的函数(方法)。

JavaScript 对象按类型可分为内置对象、浏览器对象和自定义对象。这里以内置对象中常用的数组类型为例介绍其基本的定义和使用方法,再对自定义对象基本的字面量格式定义和对象访问方法做一个初步的了解。

1) 数组的定义和访问

数组的定义和创建方法有很多种,比较简单的是使用方括号"[]"的语法直接创造一个数组,对其中的多个元素使用逗号分隔。数组中的元素可以使用各种类型的数据。例如下面的代码:

```
var Array1 = [];                                //创建了一个空数组
let Array2 = [2];                               //创建了一个仅包含数字类型元素"2"的数组
let Array3 = ["Tom","Mike","May"];              //以"Tom"、"Mike"、"May"3 个元素初始化一个数组
let Array4 = [["Tom",20],["Mike",18],["May",19]];      //创建一个二维数组
```

JavaScript 数组元素的访问是通过中括号中的数组下标来实现的,数组元素的下标是从 0 开始的。例如,对于前面定义的数组,可以使用下面的语句进行访问和改变:

```
Array1[0] = 1;              //数值 1 赋值给空数组 Array1 的第一个元素
Array1[1] = 2;              //数值 2 赋值给数组 Array1 的第二个元素
Array2[0] = 3;              //数组 Array2 的第一个元素(下标为 0)改变为数值 3
let Name = Array3[0];       //数组 Array3 的第一个元素("Tom")赋值给变量 Name
let Age = Array4 [0][1];    //二维数组 Array4 中下标为[0][1]的数据(20)赋值给变量 Age
```

2) 自定义对象字面量格式的定义

不管什么对象都可以拥有很多的属性和方法。对象的属性相当于一个隶属于该对象的变量,也可以用来存储任意数据类型的值。对象的方法相当于一个隶属于该对象的函数定义。

用户可以使用对象字面量的格式来定义一个对象。对象的字面量就是包围在一对花括号中的零或多个"属性:属性值"对以及方法函数定义列表。其中,属性和属性值用冒号分隔,不同的属性或方法函数之间用逗号分隔,格式为:

var 对象名 ＝{属性:属性值, …,属性:属性值,方法函数定义, …,方法函数定义};

或

let 对象名 = {属性:属性值, …,属性:属性值,方法函数定义, …,方法函数定义};

关于函数的相关用法将在 6.6 节介绍,这里以只包含对象属性值对的定义为例介绍自定义对象。例如:

```
let Person = {
    "name" : "Tom ",
    age:20
};
```

多个"属性:属性值"对之间用逗号分隔,属性名可加也可不加双引号。

3) 对象属性的使用

用户可以使用点运算符或"对象["属性名"]"的方法来使用对象的属性,格式为:

对象名.属性名

或

对象名["属性名"]

例如,对于前面定义的对象,可以使用下面的语句进行访问和改变:

```
Person.name = "Mike";      //对象 Person 的属性 name 改变为"Mike"
Person["age"] = 18;        //对象 Person 的属性 age 改变为数值 18
```

4) 对象方法的使用

JavaScript 的方法其实就是函数,例如 window 对象的关闭(close)方法、打开(open)方法等。方法只能在代码中使用,在使用时需要注意方法的参数和返回值。

用户可以使用点运算符访问一个对象中已存在的方法。例如,下面的代码就是对 JavaScript 中内置的 window 对象的 alert()方法的使用。

```
window.alert("Hello");
```

引用对象变量可以得到对象的属性与方法,有利于提高开发效率。对象在 JavaScript 中的应用非常广泛,本书 6.3 节将介绍 JavaScript 对浏览器对象的操作方法,6.7 节将进一步介绍 JavaScript 对象方法的使用、对象的操作语句、关键字及操作符,6.8 节将介绍 JavaScript 常用的内置对象和方法。

7. symbol(符号)类型

ES5 中包含 5 种原始类型,即字符串、数字、布尔值、null 和 undefined。ES6 中引入了第 6 种原始类型——symbol,表示独一无二的值。

ES5 的对象属性名都是字符串,很容易造成属性名冲突。例如,使用了一个他人提供的对象,想为这个对象添加新的方法,新方法的名字就有可能与现有方法产生冲突。如果有一种机制,保证每个属性的名字都是独一无二的,这样就从根本上防止了属性名冲突。这就是 ES6 引入 symbol 的原因。这就是说,对象的属性名可以有两种类型,一种是字符串,另一种是 symbol 类型。凡是属性名属于 symbol 类型,就都是独一无二的,可以保证不会与其他属性名产生冲突。关于 symbol 类型的具体用法,此处不作展开,有兴趣的读者可自行查阅相关的资料。

6.2.2 常量

JavaScript 的常量通常又称字面常量,它是不能改变的数据。在 ES5 中并没有命名常量的概念,通常所说的常量是指在代码中直接使用的值,例如 var a=0 及 var b="hi"语句中的 0 和"hi"即为常量。

在一些只支持 ES5 的低版本浏览器中,如果使用 const 关键字声明一个常量,例如 const pi=3.14,会报告语法错误。

在 ES6 中,const 是定义常量的关键字,其格式为:

`const 常量名 = 值;`

一旦使用了 const 声明,常量的值就不能改变。在 ES6 中用 const 定义常量有以下几个特点。

(1) 改变常量值不起作用,重新复制也不会生效。

(2) 和 let 一样只在自己的块级作用域内有效。

(3) 不可重复声明同一个常量名。

(4) 必须声明时就赋值,不能先声明,在后面用的时候再去赋值。

(5) 不会有常量提升。

(6) 块外和块内的相同常量名互不影响。

JavaScript 中常量的类型有 5 种,除了与 4 种常见的数据类型相对应的常量外,还有一种特殊字符常量。

1. 数值型常量

数值型常量包括整型常量和实型常量两种。其中,整型常量可以使用十六进制、八进制和十进制表示其值,这里的八进制数是以 0 开头的数,例如 020 代表十进制的 16;十六进制数是以 0x 开头的数,例如 0xF 代表十进制的 15。实型常量由整数部分加小数部分表示,例如 12.32、193.98 等。数值型常量可以使用科学或标准方法表示,例如 5E7、4e5 等。

2. 布尔型常量

布尔型常量只有两种状态,即 true、false。它主要用来说明或代表一种状态或标志,以说明操作流程。JavaScript 只能用 true 或 false 表示其状态,而不能用 1 或 0 来表示。

3. 字符串型常量

字符串型常量是使用单引号(')或双引号(")括起来的一个或多个字符,例如"Web Design and Programming"、"8794"、"zjcm330"等。

4. 空值

在 JavaScript 中有一个空值——null,表示什么也没有。如果试图引用没有定义的变量,则返回一个 null 值。

5. 特殊字符常量

和 C 语言一样,在 JavaScript 中同样有以反斜杠(\)开头的不可显示的特殊字符,它们也称为控制字符。常见的特殊字符如表 6-6 所示。

表 6-6　常见的 JavaScript 特殊字符

特 殊 字 符	功 能 说 明	特 殊 字 符	功 能 说 明
\b	表示退格	\t	表示 Tab 符号
\f	表示换页	\'	表示单引号
\n	表示换行	\"	表示双引号
\r	表示回车	\\	表示反斜线

使用 JavaScript 脚本

6.2.3 运算符和表达式

在定义完变量之后,可以对变量进行赋值、计算等一系列操作,这一过程通常由表达式来完成,可以说它是变量、常量和运算符的集合,因此表达式可以分为算术表达式、字符串表达式和布尔表达式。

运算符在表达式中的作用是将多个值关联起来以执行某些计算或对值进行比较。在 JavaScript 中有算术运算符、赋值运算符、比较运算符、逻辑运算符、条件运算符、位运算符、字符串运算符等。

运算符执行操作的那些数据称为操作数。例如,在表达式"2＋10"中加号"＋"是运算符,"2"和"10"是操作数。根据操作数的个数来分,JavaScript 中的运算符主要分为双目运算符和单目运算符。双目运算符在使用时需要两个操作数,运算符在中间,例如 1＋2、"Hello"＋"World"等;单目运算符在使用时需要一个操作数,运算符可在前或在后,例如－3、x＋＋等。

1. 算术运算符

算术运算符用于执行变量或值之间的算术运算。JavaScript 提供了 7 种算术运算符,如表 6-7 所示。

表 6-7　JavaScript 中的算术运算符(假设给定 $y=5$)

运算符	描　述	示　例	结　果
＋	加	$x=y+2$	7
－	减	$x=y-2$	$x=3$
*	乘	$x=y*2$	$x=10$
/	除	$x=y/2$	$x=2.5$
%	求余数(保留整数)	$x=y\%2$	$x=1$
++	累加	$x=++y$	$x=6$
——	递减	$x=--y$	$x=4$

2. 赋值运算符

赋值运算符用于给 JavaScript 变量赋值。JavaScript 提供了 6 种赋值运算符,如表 6-8 所示。

表 6-8　JavaScript 中的赋值运算符(假设给定 $x=10$、$y=5$)

运　算　符	示　例	等　价　于	结　果
=	$x=y$		$x=5$
+=	$x+=y$	$x=x+y$	$x=15$
-=	$x-=y$	$x=x-y$	$x=5$
*=	$x*=y$	$x=x*y$	$x=50$
/=	$x/=y$	$x=x/y$	$x=2$
%=	$x\%=y$	$x=x\%y$	$x=0$

3. 比较运算符

比较运算符用在比较表达式里,比较表达式的结果都是布尔类型的 true 或 false。JavaScript 提供了 8 种比较运算符,如表 6-9 所示。

表 6-9　JavaScript 中的比较运算符(假设给定 $x=5$)

运　算　符	描　　　述	示　　　例
==	等于	$x==5$ 或 $x=="5"$ 为 true
===	恒等于(值和类型)	$x===5$ 为 true; $x==="5"$ 为 false
!==	恒不等于(值和类型)	$x!=="5"$ 为 true; $x!==5$ 为 false
!=	不等于	$x!=8$ 为 true
>	大于	$x>8$ 为 false
<	小于	$x<8$ 为 true
>=	大于或等于	$x>=8$ 为 false
<=	小于或等于	$x<=8$ 为 true

用户可以在条件语句中使用比较运算符对值进行比较,然后根据结果采取行动。例如:

```
if (age<18) document.write("Too young");
```

在 6.4 节中将会介绍更多有关条件语句的知识。

4. 逻辑运算符

逻辑运算符用在逻辑表达式里,逻辑表达式的结果都是布尔类型的 true 或 false。JavaScript 提供了 3 种逻辑运算符,如表 6-10 所示。

表 6-10　JavaScript 中的逻辑运算符(假设给定 $x=6$、$y=3$)

运　算　符	描　　　述	示　　　例
&&	逻辑与	$(x<10\&\&y>1)$ 为 true
||	逻辑或	$(x==5\|\|y==5)$ 为 false
!	逻辑非	$!(x==y)$ 为 true

5. 条件运算符

JavaScript 提供的条件运算符有 3 个操作数,第一个是条件式,第二个是当条件式成立时传回的值,第三个是当条件式不成立时传回的值。条件运算符的格式为:

var varA = 条件式? valueB: valueC

当条件成立时,valueB 会被指定给 varA,否则 valueC 赋值给 A。例如:

greeting = (visitor == "PRES")?"Dear President ":"Dear ";

在该例中,如果变量 visitor 中的值是"PRES",则向变量 greeting 赋值"Dear President ",否则赋值"Dear"。

6. 位运算符

位运算符用来对操作数的每个二进制位作运算,因此,在对十进制或其他进制的数进行位运算时,都是先将各操作数转换为二进制数再进行位运算的。JavaScript 提供了 7 种位运算符,如表 6-11 所示。

表 6-11　JavaScript 中的位运算符

运　算　符	描　　　述	示　　　例
&	按位与	$(1\&3)$ 为 1
|	按位或	$(1\|3)$ 为 3
^	按位异或	$(1\sim3)$ 为 4

运　算　符	描　述	示　例
～	按位取反	(～0)为－1
<<	左移	(8<<2)为32
>>	有符号右移	(－8>>2)为－2
>>>	无符号右移	(8>>>2)为2

利用位运算符的某些特性可以实现一些特殊的应用,例如左移一位相当于乘 2,正数右移一位或负数有符号右移一位相当于除 2,等等。

7. 字符串运算符

JavaScript 提供了两个字符串运算符——＋(连接)和＋＝(连接后赋值),例如:

```
var txt1 = "What a very";
var txt2 = "nice day";
var txt3 = txt1 + txt2;
```

以上语句执行后,变量 txt3 的值为"What a verynice day"。又如:

```
var txtA = "Hello";
var txtB = " World!";
txtA += txtB;
```

以上语句执行后,变量 txtA 的值为"Hello World!"。

如果把其他类型的常量或变量与字符串用"＋"号作运算,JavaScript 会自动求出其他类型常量或变量的值,然后转换为字符串,并进行字符串的连接运算,例如:

```
i = 1;
a = "< h" + i + ">本行是 " + i + " 级标题</h" + i + ">";
```

以上语句执行后,变量 a 的值为"< h1 >本行是 1 级标题< h1 >"。

8. 其他运算符

除了上述 7 类运算符外,还有一些具有特殊功能的运算符,例如 delete、new、this 等,这些运算符将在后面章节中结合具体内容进行介绍。

6.2.4　数据类型转换

在 JavaScript 中数据类型转换一般分为两种,即显式类型转换和隐式类型转换。显式类型转换主要利用相关函数对数据类型进行强制性的转换,而隐式类型转换则通过一些运算符,利用 JS 弱变量类型的特点进行转换。

1. Number()

Number()函数用于把任意类型的值转换为数值。如果对象的值无法转换为数值,那么 Number()函数返回 NaN。Number()函数对不同类型值的转换结果如表 6-12 所示。

2. parseInt()和 parseFloat()

在使用表单时,经常将文本框中的字符串按照需要转换为整数和浮点数,这样的操作就要用到 parseInt()函数和 parseFloat()函数,它们可以分别将字符串转化为整型数和浮点数。

parseInt()的判断规则是从字符串的第一个字符开始判断,分为几种情况,如表 6-13 所示。

表 6-12　Number() 函数对不同类型值的转换结果

类　　型	转　换　结　果
数值	原来的值
字符串	如果可以解析为数值,则转换成相应的数值; 如果不可以解析为数值,返回 NaN
空字符串	转换为 0
布尔值	true 返回 1; false 返回 0
undefined	返回 NaN
null	返回 0
对象	返回 NaN,除非包含单个数据的数值
数组	只有当一个数组项为数值的时候返回的是本身值,其他的返回 NaN

表 6-13　parseInt() 函数的判断规则

参 数 特 点	返回值特点	举　　例
首字符不是数字	返回 NaN	parseInt("abc") 的返回值为 NaN
首字符是有效数字	依次往后判断每一个字符,直到遇到不是 有效数字字符时停止	parseInt("123abc") 的返回值为 123
进制数	转换成对应的数字	parseInt("0xA") 的返回值为 10
有小数点	停止转换	parseInt("9.6") 的返回值为 9

说明:parseInt() 也可以有第二个参数,该参数表示要解析的数字的基数,基数值介于 2~36。如果省略该参数或其值为 0,则数字将以 10 为基础来解析。如果它以"0x"或"0X"开头,将以 16 为基数。如果该参数小于 2 或者大于 36,则 parseInt() 将返回 NaN。

例如,parseInt("1f",16) 的返回值为 31。

parseFloat() 和 parsetInt() 的唯一区别是 parseFloat() 会解析第一个小数点,遇到第二个就停止。

例如,parseFloat("9.6.6") 的返回值为 9.6。

3. String() 和 Boolean()

String() 函数把对象的值转换为字符串,而 Boolean() 函数把对象的值转换为布尔值。

【例 6-14】　测试将不同的值转换为布尔值及以字符串的形式输出的结果。

```
<script>
    var test1 = Boolean(1);
    var test2 = Boolean(0);
    var test3 = Boolean(true);
    var test4 = Boolean(false);
    var test5 = 12345;
    console.log(test1,String(test1));
    console.log(test2,String(test2));
    console.log(test3,String(test3));
    console.log(test4,String(test4));
    console.log(test5,String(test5));
</script>
```

以上语句执行后,在 Chrome 浏览器的 Console 面板中的输出结果为:

```
true "true"
false "false"
true "true"
false "false"
12345 "12345"
```

4. 隐式类型转换

隐式类型转换又称为自动转换,主要利用 JS 中的运算符进行转换,常见的相关运算符及转换特点如表 6-14 所示。

表 6-14　隐式类型转换的相关运算符及特点

运　算　符	转　换　特　点	举　　例
＋	字符串和非字符串进行拼接运算时,转换成字符串; 拼接空字符串也可将非字符串转换成字符串类型	1＋"1"的值为"11",类型为 string
算术运算符	布尔值在做算术运算的时候,true＝1;false＝0	false＋1 的值为 1,类型为 number
－、*、/、%	可解析为数值的字符串在做"＋"以外的算术运算时,均得到数值类型	"15" * 1 的值为 15,类型为 number
!	取反类型转换,任何值取反之后都是布尔值	!"5"的值为 false,类型为 boolean
++、－－	加加和减减强制转换成数字(＋＝和－＝是拼接,不会转换数据类型)	let x ＝ "20"; let y ＝ x++;console. log(y,typeof y); 输出:20 "number"

6.3　操作浏览器对象属性及 CSS 样式

网页中的一个元素或节点对象属于 JavaScript 中的浏览器对象。浏览器对象初始就有许多属性或方法,这些属性和方法是 JavaScript 原本就赋给这个对象的。用户要做的就是操作这些属性或者方法,相关的操作分为读取和写两种。

6.3.1　操作对象属性

网页中的对象属性分为 HTML 的标签属性和 JavaScript 对象的属性。其中,HTML 的标签属性分为常规标签属性和自定义标签属性;JavaScript 对象的属性分为 JS 对象自身的属性和 JS 对象自定义属性。

1. 常规标签属性

常规标签属性是 HTML 语法中已定义过,有特定含义的属性,例如 id、class、style、title等。用户可以直接使用点(.)运算符操作常规标签属性,格式为:

元素.常规标签属性

【例 6-15】 测试使用点(.)运算符操作各种常规标签属性的方法。

```
< div id = "wrap" class = "text" title = "块元素的名字"></div >
< script >
    let oWrap = document.getElementById("wrap");
    console.log(oWrap.title);              //输出 title 属性
    console.log(oWrap.className);          //输出 class 属性
    oWrap.title = "块元素的新名字";          //设置 title 属性
    oWrap.className += " text1";           //设置额外的 class 属性
    console.log(oWrap.title);              //输出 title 属性
    console.log(oWrap.className);          //输出 class 属性
</script >
```

运行以上代码后,在 Chrome 浏览器控制台的 Elements 面板中可以看到 div 元素的代码改变为:

```
< div id = "wrap" class = "text text1" title = "块元素的新名字"></div >
```

其中,加粗部分为操作后产生变化的常规标签属性。

在 Console 面板中可以看到输出结果为:

块元素的名字

text

块元素的新名字

text text1

注意:一般的常规标签属性(例如 id、style、title 等)都可以在点运算符中直接使用该属性名来操作,但 class 属性要用 className 来操作。

2. 自定义标签属性

自定义标签属性是开发者用 setAttribute()方法自定义的,在 HTML 语法中原本没有的属性。设置自定义标签属性的格式为:

元素. setAttribute(自定义标签属性名,自定义标签属性值)

其中,属性名和属性值都是字符串类型的。

用户可以使用 getAttribute()方法获取自定义标签属性的值,格式为:

元素. getAttribute(自定义标签属性名)

【例 6-16】 测试自定义标签属性的定义和使用方法。

```
< div id = "wrap" class = "text" title = "块元素的名字"></div >
< script >
    let oWrap = document.getElementById("wrap");
    oWrap.setAttribute("flag","1");        //设置自定义标签属性 flag 的值为 1
    nFlag = oWrap.getAttribute("flag");    //获取自定义标签属性 flag 的值
    console.log(nFlag);                    //输出自定义标签属性 flag 的值
</script >
```

运行以上代码后,在 Chrome 浏览器控制台的 Elements 面板中可以看到 div 元素的代码改变为:

```
< div id = "wrap" class = "text" title = "块元素的名字" flag = "1"></div >
```

其中,加粗部分为操作后创建的自定义标签属性。

在 Console 面板中可以看到输出结果为:

1
---

3. JavaScript 对象自身的属性

JavaScript 对象自身的属性可通过 console.dir()方法在浏览器控制台中打印对象的所有属性和方法进行查看,其中打印出来的所有属性就是 JavaScript 对象自身的属性。

【例 6-17】 打印指定对象的所有自身属性和方法。

```
<div id="wrap" class="text" title="块元素的名字"></div>
<script>
    let oWrap = document.getElementById("wrap");
    console.dir(oWrap);           //打印对象的所有属性和方法
</script>
```

运行以上代码后,在 Console 面板中可以看到输出结果为:

▶ div#wrap.text

单击结果左侧的三角形按钮后,即可展开对应的树形结构,显示 id 名为"wrap"、类名为 text 的 div 元素的所有属性和方法,其中没有括号的属性为 JavaScript 对象自身的属性,有括号的则为 JavaScript 对象自身的方法。

4. JavaScript 对象自定义属性

JavaScript 对象自定义属性是开发者用点运算符(.)定义的 JavaScript 对象自身没有的属性。用户可以通过点(.)运算符定义一个 JavaScript 对象自定义属性,其原理为:如果点(.)运算符后面的属性名为常规标签属性,则直接对该常规标签属性进行操作;如果点(.)运算符后面的属性名不属于常规标签属性,则将其作为 JavaScript 对象的自定义属性。

在浏览器控制台的 Elements 面板中,可以观察到 JavaScript 自定义属性并不会出现在标签所在的 HTML 代码中,但通过 console.dir()方法可在 Console 面板中找到开发者定义的 JavaScript 对象自定义属性。

【例 6-18】 用点运算符定义 JavaScript 对象自身没有的属性,生成一个 JavaScript 对象自定义属性。该属性不会出现在 HTML 代码中,但可通过 console.dir()方法进行查看,还可以使用点运算符获取 JavaScript 对象自定义属性的值。

```
<div id="wrap" class="text" title="块元素的名字"></div>
<script>
    let oWrap = document.getElementById("wrap");
    oWrap.mood = "happy"          //设置 JS 对象自定义属性 mood 的值为"happy"
    console.dir(oWrap);           //打印对象的所有属性和方法
    console.dir(oWrap.mood);      //打印对象的自定义属性 mood 的值
</script>
```

运行以上代码后,在 Console 面板中可以看到输出结果为:

▶ div#wrap.text

happy

6.3.2 操作对象属性案例实践

1. 案例要求

编写一个网页练习操作对象属性的用法,实现发表留言的功能,要求如下:

(1) 初始网页界面如图 6-16(a)所示。

(2) 在文本区域中每输入文字并单击"提交"按钮后,会在下方出现留言内容,留言的发表过程示意如图 6-16(b)~(e)所示。

(a) 初始界面   (b) 第一次输入

(c) 第一次提交   (d) 第二次输入

(e) 第二次提交

图 6-16 留言发表过程示意

2. 思路提示

(1) 首先使用表单的文本区域和按钮设置网页初始界面的布局,同时模拟留言提交后的显示效果:用无序列表布局留言内容区,每条留言用一个 li 项进行显示。在确定样式符合预期后再把 ul 中的 li 元素进行删除或注释,使其初始状态为不含 li 项的无序列表(即没有留言内容)。

(2) 编写"提交"按钮的单击事件函数,功能为获取文本区域中的输入值,并将该值作为 <li> 标签对中的内容,把新创建出来的 li 标签字符串追加至 ul 的 innerHTML 属性中,实现在下方区域逐步追加显示新留言的功能。同时清空上方文本区域中的内容,为下一次输入内容作准备。

3. 参考代码

参考代码文件名为 pra06-2.html。

```
        * {margin:0;padding:0;}
        li{list - style:none;}
        #wrap{
            width:500px;
            margin:50px auto;
        }
        #wrap textarea{
            width:100%;
            height:150px;
        }
        #btn{
            float:right;
            width:100px;
            height:30px;
            cursor:pointer;
        }
        #lists{
            margin - top:50px;
        }
        #lists li{
            width:100%;
            margin - top:5px;
            line - height:30px;
            border - bottom:1px solid #000;
            text - indent:25px;
        }
<div id = "wrap">
    <textarea name = "" id = "text"></textarea>
    <input id = "btn" type = "button" value = "提交">
    <ul id = "lists">
        <!-- <li>留言内容</li> -->
    </ul>
</div>
<script>
    let oBtn = document.getElementById("btn"),
        oLists = document.getElementById("lists"),
        oText = document.getElementById("text");
        oBtn.onclick = function(){
            let oValue = oText.value;
            oLists.innerHTML += "<li>" + oValue + "</li>"
            oText.value = "";
        }
</script>
```

4. 案例改编及拓展

仿照以上案例,自行编写及拓展类似的网页功能,例如改变留言页面的外观及增加留言者的头像等功能。

6.3.3 操作 CSS 样式

定义元素样式的方法有操作外部样式、内部样式和内联样式 3 种。对外部样式表来说,单纯的 JavaScript 不能操作外部样式文件,因此不作考虑;对内部样式表来说,可以通过操作

< style >标签来改变内部样式;而操作内联样式是 JavaScript 操作元素样式较常用的方式,主要通过操作常规标签属性——style 的值来操作元素的内联样式。

另外还有一种方法是为元素设置或添加类名,从而加载预先定义好的类样式实现对元素样式的改变。所设置或添加的类名既可以在内部定义,也可以在外部样式表中定义。

1. 操作内部样式

由于内部样式通过 head 部分的< style >标签进行定义,所以可以使用 JavaScript 先获取< style >标签元素,并对其添加内容来操作内部样式。

【例 6-19】 操作内部样式示例。

一个已经定义了内部样式表的网页,其中有一个 id 名为 wrap 的< div >标签对象:

```
< div id = "wrap"></div>
```

则可以使用下面的方法设置该< div >标签对象的样式:宽、高均为 200px,且背景色为蓝色。

```
< script >
    let oStyle = document.getElementsByTagName("style")[0];
    oStyle.innerHTML += "♯wrap{width:200px;height:200px;background-color:blue;}";
</script>
```

需要注意的是,这种方法默认页面中至少已经存在一个< style >标签,如果没有< style >标签,则 JavaScript 中的 oStyle 变量为一个未定义的变量,从而无法运行与之相关的后续代码。

较完整的示例代码如下:

```
< style >

</style>

< div id = "wrap"></div>
< script >
  let oStyle = document.getElementsByTagName("style")[0];
  oStyle.innerHTML += "♯wrap{width:200px;height:200px;background-color:blue;}";
</script>
```

在浏览器开发者工具的 Elements 面板中查看实时运行的 HTML 代码,可以看到< style >标签中已经增加了内容为"♯wrap{width:200px;height:200px;background-color:blue;}"的内部样式定义。

关于操作内部样式的几点说明如下:

(1) 通过操作< style >标签内容(例如 innerHTML)来给元素定义样式。

(2) 对已经在< style >标签中具有样式的元素,若在不改变原有样式代码的基础上操作,建议使用"+="运算符,以添加新的样式。

(3) 不推荐使用此方式来操作元素样式。

2. 操作内联样式

1)操作单一样式属性

操作内联样式最常见的方法是逐一设置相关的属性,其格式为:

```
元素.style.属性 = 值;
```

【例 6-20】 操作内联样式示例。对一个 id 名为 wrap 的< div >标签对象,可以使用下面的方法设置其宽、高均为 200px,且背景色为蓝色。

```
<script>
    let oWrap = document.getElementById("wrap");
    oWrap.style.width = "200px";
    oWrap.style.height = "200px";
    oWrap.style.background = "blue";
</script>
```

在浏览器开发者工具的 Elements 面板中查看实时运行的 HTML 代码,可以看到< div > 标签中已经增加了内容为"style="width:200px; height:200px; background:blue;"的内联样式定义。

注意:对使用横线的分样式属性应使用驼峰写法,即分样式横线后面的首字母大写,并去掉连接横线。例如例 6-20 中 div 元素的背景颜色设置,若将操作 background 属性的语句改为操作 background-color 分样式,该行代码可改为:

```
oWrap.style.backgroundColor = "blue";
```

此外,在 CSS 中还有一些特殊的属性,例如 float(同时是 JavaScript 的保留字),这些情况也不能直接通过"元素.style.float"来使用。

对 float 属性操作的格式为:

obj.style.cssFloat

例如,可采用如下语句为例 6-20 中 id 名为 wrap 的 div 元素设置右浮动:

```
oWrap.style.cssFloat = "right";
```

2)操作多个样式属性

当需要一次操作元素的多个样式时,可以使用简化的语句,其格式为:

元素.style.cssText = "属性:属性值; 属性:属性值; …"

例如,可采用如下的简化语句定义例 6-20 中 id 名为 wrap 的 div 元素:

```
oWrap.style.cssText = "width:200px;height:200px;background-color:blue;";
```

3. 通过类名操作样式

用户可以通过给元素设置或添加类名的方式来操作样式,其格式为:

元素.calssName = "类名";

或

元素.calssName += " 类名";

其中,第一种格式为直接设置类名,第二种格式为通过拼接空格和类名的方式添加新的类名。例如,已经有一个定义右浮动属性的类:

```
.fr{ float:right;}
```

上面的类样式既可以定义在内部样式表,也可以定义在页面所引用的外部样式表中。

例如,可采用如下语句为例 6-20 中 id 名为 wrap 的 div 元素添加该类,使其实现右浮动。

```
oWrap.className += " fr";
```

由于实现的过程比较灵活、方便,通过添加类名操作元素样式是比较被推崇的一种方法,一般情况下优先考虑采用该方法来操作元素样式。

6.3.4 操作 CSS 样式案例实践

1. 案例要求

编写一个网页练习 CSS 样式的用法,实现两幅图片的单击切换功能,要求如下:

(1) 初始网页界面如图 6-17(a)所示。

(2) 当鼠标移到图片上时,鼠标形状变为手型,用左键单击后初始图片切换为另一幅图片,如图 6-17(b)所示。再次单击后恢复为初始图片,如图 6-17(a)所示。如此重复,实现图片的切换效果。

(a) 初始及偶数次单击后的网页图片　　　　　(b) 奇数次单击后的网页图片

图 6-17　两幅图片的单击切换

2. 思路提示

(1) 为了实现两幅图片的单击切换效果,可用绝对定位的方式把两幅图片放在同一个盒子的同一个位置中,并通过 CSS 样式中的“display:none;”使两幅图片自身的默认属性均不显示。

(2) 设置一个通用的类(.on),其 CSS 样式为“display:block;”,并为第一张图片设置初始类名为“on”,使第一幅图得以正常显示。

(3) 在 JavaScript 代码中首先用变量名获取两幅图片对象,并为其分别添加单击事件函数,功能均为单击时自身的类名为空(""),另一幅图片的类名为“on”,从而实现每次单击均隐藏当前图片,并显示另一图片的功能。

3. 参考代码

参考代码文件名为 pra06-3.html,主要代码如下:

```
* {margin:0;padding:0;}
#wrap{
    position: relative;
    width:600px;
    height:395px;
    margin:auto;
    border:2px solid #000;
    cursor: pointer;
}
#wrap img{
    position: absolute;
    display: none;
```

```
        }
        #wrap .on{
            display:block;
        }

<div id = "wrap">
    <img id = "img1" class = "on" src = "images/01.jpeg" alt = "">
    <img id = "img2" src = "images/02.jpeg" alt = "">
</div>
<script>
    let oImg1 = document.getElementById("img1"),
        oImg2 = document.getElementById("img2");
        //第一个图片的单击事件
        oImg1.onclick = function(){
            oImg1.className = "";
            oImg2.className = "on";
        }
        //第二个图片的单击事件
        oImg2.onclick = function(){
            oImg2.className = "";
            oImg1.className = "on";
        }
        /*
            单击图片让类名on消失,让图片隐藏,让第二个元素添加类名on
        */
</script>
```

4. 案例改编及拓展

仿照以上案例,自行编写及拓展类似的网页功能,例如实现多幅图片的切换等功能。

6.4 JavaScript 的条件语句

条件语句是基本的程序控制语句,通过判断某个条件是否成立,从给定的各种可能操作中选择一种执行。JavaScript 提供了 if 和 switch 两种条件语句,条件语句也可以嵌套。

判断是条件语句的第一步,也是代码流程控制的一个重要环节。通过条件判断的两种布尔值结果,可以决定后续的代码流程。在 JavaScript 中,一般认为有内容或存在的(值或对象,0 除外)进行判断时就是 true 值,而没有内容或不存在的("""、undefined、null 等)进行判断时就是 false 值,如表 6-15 所示。

表 6-15 JavaScript 的条件判断中为 true 或 false 的几种情况

类　　型	结果为 true	结果为 false
数值类	非 0 的值,例如 1、−1、.1 等	0
字符串类	有内容的字符串,例如"ABC"、" "、"0"等	空字符串,即""
boolean 类	true 或运算结果为真的表达式,例如 1 < 2	false 或运算结果为假的表达式,例如 1 > 2
特殊值		undefined、null、NaN 等
对象类	object 或 function 类型,包括空对象,例如[](空数组)、new String("")(空字符串)、{}(空对象)、function(){}(空函数)	

6.4.1 if 语句

if 语句有 3 种形式,分别用来实现单分支选择、双分支选择和多分支选择。

1. 单分支选择

如果希望指定的条件成立时执行代码,就可以使用单分支选择语句,其格式为:

```
if (条件)
{
条件成立时执行代码
}
```

【例 6-21】 实现单分支选择对应问候语的输出。

```
<script>
    //如果时间早于 10 点钟,则输出问候 "Good morning!"
    var d = new Date();          //创建一个时间对象,并获取当前系统时间
    var time = d.getHours();     //获取系统时间中的小时数
    if (time < 10)
    {
        document.write("<b> Good morning!</b>");
    }
</script>
```

2. 双分支选择

如果希望条件成立时执行一段代码,而条件不成立时执行另一段代码,那么可以使用双分支选择语句,其格式为:

```
if (条件)
{
条件成立时执行代码
}
else
{
条件不成立时执行代码
}
```

【例 6-22】 实现双分支选择对应问候语的输出。

```
<script>
    //如果时间早于 10 点钟,则输出问候 "Good morning!"
    //否则输出问候"Good day!"
    var d = new Date();
    var time = d.getHours();
    if (time < 10)
    {
        document.write("<b> Good morning!</b>");
    }
    else
    {
        document.write("<b> Good day!</b>");
    }
</script>
```

3. 多分支选择

当需要选择多套代码中的一套来运行时,可以使用多分支选择语句,其格式为:

使用 JavaScript 脚本

```
if (条件 1)
{
条件 1 成立时执行代码
}
else if (条件 2)
{
条件 2 成立时执行代码
}
else
{
条件 1 和条件 2 均不成立时执行代码
}
```

在其中还可以根据需要加入多个 else if 语句,其格式及意义可参照上面进行类推。

【例 6-23】 实现多分支选择对应问候语的输出。

```
< script >
    var d = new Date();
    var time = d.getHours();
    if (time < 11)
    {
        document.write("< b >早上好!</b>");
    }
    else if (time < 13)
    {
        document.write("< b >中午好!</b>");
    }
    else if(time < 17)
    {
        document.write("< b >下午好!</b>");
    }
    else
    {
        document.write("< b >晚上好!</b>");
    }
</script >
```

6.4.2 switch 语句

switch 语句用于将一个表达式的结果和多个值进行比较,并根据比较结果来选择执行的语句,其格式为:

```
switch(n)
{
    case 值 1:
        执行代码块 1
        break;
    case 值 2:
        执行代码块 2
        break;
    …
    case 值 n:
        执行代码块 n
        break;
    default:
```

```
        执行代码块 n + 1
    }
```

switch 后面的 *n* 可以是表达式,也可以(通常)是变量。表达式中的值会与 case 中的数值作比较,如果与某个 case 相匹配,那么其后的代码就会被执行。break 的作用是防止代码自动执行到下一行。default 语句是可选的,它匹配上面所有 case 语句定义的值以外的其他值,并执行其对应的代码块。

【例 6-24】 使用 switch 语句根据一个星期中不同的日子输出不同的信息。

```
<script>
        //根据一个星期中不同的日子输出不同的信息
        //注意:getDay()输出的 0 代表星期天,1 代表星期一,2 代表星期二,等等
        var d = new Date();
        theDay = d.getDay();
        switch (theDay)
        {
                case 5:
                        document.write("终于又到星期五了!");
                        break;
                case 6:
                        document.write("超爽的周六!");
                        break;
                case 0:
                        document.write("犯困的周日!");
                        break;
                default:
                        document.write("期待周末!");
        }
</script>
```

6.4.3 条件语句案例实践

1. 案例要求

编写一个网页练习条件语句的用法,实现多幅图片的单击轮播切换功能,要求如下:

(1) 初始网页界面如图 6-18(a)所示。

(2) 当鼠标移到左右的切换按钮上时,鼠标形状变为手形。每次鼠标左键单击右侧切换按钮后图片切换为下一幅图,如图 6-18(b)所示,直到显示最后一幅图后单击右侧切换按钮恢复第一幅图。每次鼠标左键单击左侧切换按钮后图片切换为上一幅图,如果当前图片为第一幅图则切换为最后一幅图,如图 6-18(c)所示。如果当前图片为第 10 幅图则单击左侧切换按钮后切换为第 9 幅图,如图 6-18(d)所示。如此重复,实现图片的单击轮播切换效果。

2. 思路提示

这里可以参考 6.3 节案例实践中单击鼠标切换两幅图的基本原理,即通过是否采用通用类(.on)决定图片显示与否。

(1) 由于图片较多,可以采用无序列表进行布局。初始状态所有的图片都是隐藏的(display:none;),并设置一个通用的类(.on),其 CSS 样式为"display:block;"。初始状态为第一幅图对应的 li 元素类名为"on",即只显示第一幅图。

(2) 可以使用两个字符串数组分别保存图片上方和下方的提示信息。

(3) 用一个类数组 aLi 获取并保存所有存放图片的 li 元素,用变量 *i* 保存当前显示的图片

(a) 初始网页界面   (b) 从初始页面单击右侧切换按钮

(c) 从初始页面单击左侧切换按钮   (d) 从第10幅图界面单击左侧切换按钮

图 6-18　多幅图片的单击轮播

在数组中的下标值(i 的初始值为 0)。

(4) 编写向右切换按钮的单击事件函数,功能为设置当前图片对应 li 的类名为空(隐藏当前列表图片),且变量 i 自加 1,当 i 大于或等于列表的长度 length 时,把 i 重置为 0,然后设置下标 i 对应的 li 类名为"on",即显示下一个列表及其中的图片。同时设置上方和下方文本对应元素的内容为对应字符串数组中的内容。

(5) 编写向左切换按钮的单击事件函数,功能与向右切换按钮类似,唯一不同的是每次变量 i 自减 1,当 i 小于或等于 0 时,把 i 设置为 length-1。

3. 参考代码

参考代码文件名为 pra06-4.html,主要代码如下:

```
* {margin:0;padding:0;}
li{list - style:none;}
i{font - style: normal;}
#wrap{
    position:relative;
    width:600px;
    height:400px;
    margin:50px auto;
}
.title,.num{
    position: absolute;
    width:100%;
    left:0;
    line - height:30px;
```

```css
            text - align: center;
            z - index:99;
            color: #FFF;
            background - color: rgba(0,0,0,.5);
        }
        .num{
            top:0;
        }
        .title{
            bottom:0;
        }
        ul li{
            position:absolute;
            display:none;
            top:0;
            left:0;
            width:100%;
            height:400px;
        }
        ul li.on{
            display:block;
        }
        ul li img{
            width:100%;
            height:100%;
            overflow:hidden;
        }
        .btn span{
            position: absolute;
            padding:15px 10px;
            color: #FFF;
            top:50%;
            background - color: rgba(0,0,0,.5);
            cursor:pointer;
        }
        .btn .left{
            left:0;
        }
        .btn .right{
            right:0;
        }
```

```html
<div id = "wrap">
    <div class = "num">西湖十景——第<i>一</i>站</div>
    <ul>
        <li class = "on"><img src = "images/01.png" alt = ""></li>
        <li><img src = "images/02.png" alt = ""></li>
        <li><img src = "images/03.png" alt = ""></li>
        <li><img src = "images/04.png" alt = ""></li>
        <li><img src = "images/05.png" alt = ""></li>
        <li><img src = "images/06.png" alt = ""></li>
        <li><img src = "images/07.png" alt = ""></li>
        <li><img src = "images/08.png" alt = ""></li>
        <li><img src = "images/09.png" alt = ""></li>
```

```
            < li >< img src = "images/10.png" alt = ""></li>
        </ul>
        < div class = "btn">
            < span class = "left"> &lt; </span>
            < span class = "right"> &gt; </span>
        </div>
        < div class = "title">断桥残雪</div>
    </div>
    < script >
        let aLi = document.getElementsByTagName("li"),          //获取全部列表项
            aSpan = document.getElementsByTagName("span"),      //获取两个按钮对象
            oTitle = document.getElementsByClassName("title")[0], //获取下方标题对象
            oI = document.getElementsByTagName("i")[0],         //获取上方序号文本对象
            length = aLi.length,                                //获取列表的长度
            i = 0,                                              //当前下标为 0
            arr1 = ["一","二","三","四","五","六","七","八","九","十"],
            arr2 = ["断桥残雪","南屏晚钟","花港观鱼","柳浪闻莺","双峰插云","三潭印月",
"雷锋塔","苏堤春晓","平湖秋月","曲院风荷"];
            aSpan[1].onclick = function(){   //向右切换按钮的单击事件函数
                aLi[i].className = "";        //隐藏当前列表项
                i++;
                if(i >= length){              //如果超出列表最大下标范围,则下标重置为 0
                    i = 0;
                }
                aLi[i].className = "on";   //显示下一个列表项
                oI.innerHTML = arr1[i];    //更新上方序号文本对象
                oTitle.innerHTML = arr2[i]; //更新下方标题对象
            }
            aSpan[0].onclick = function(){   //向左切换按钮的单击事件函数
                aLi[i].className = "";
                i--;
                if(i < 0){                    //如果超出列表最小下标范围,则下标设置为最后一项
                    i = length - 1;
                }
                aLi[i].className = "on";
                oI.innerHTML = arr1[i];
                oTitle.innerHTML = arr2[i];
            }
    </script>
```

4. 案例改编及拓展

仿照以上案例,自行编写及拓展类似的网页功能,例如实现多幅图片按一定的速度自动切换及鼠标悬停后暂停切换等功能。

6.5 JavaScript 的循环语句

循环语句用于在某条件成立时反复执行相同的语句(循环体)。在 JavaScript 中有 for、while 和 do…while 循环语句,另外还提供了用于跳出循环的 break 语句,以及用于终止当前循环并继续执行下一轮循环的 continue 语句。

6.5.1 for 循环语句

一般在脚本的运行次数已确定的情况下使用 for 循环,其格式为:

for (变量 = 开始值;变量< = 结束值;变量 = 变量 + 步长值)
{
　　　　需执行的代码
}

说明:以上格式中的步长值可以为负。如果步长值为负,需要调整 for 声明中的比较运算符。

【**例 6-25**】 for 循环语句示例。

下面代码中 i 的起始值为 1。每执行一次循环,i 的值就会累加一次 1,循环会一直运行下去,直到 i 等于 6 为止。

```
<script>
    for(let i = 1; i < = 6; i++)
    {
        document.write("< h" + i + ">本行是 " + i + " 级标题</h" + i + ">");
    }
</script>
```

例 6-25 的功能是利用 for 循环自动显示< h#>…</h#>标签的各级标题。其输出效果如图 6-19 所示。

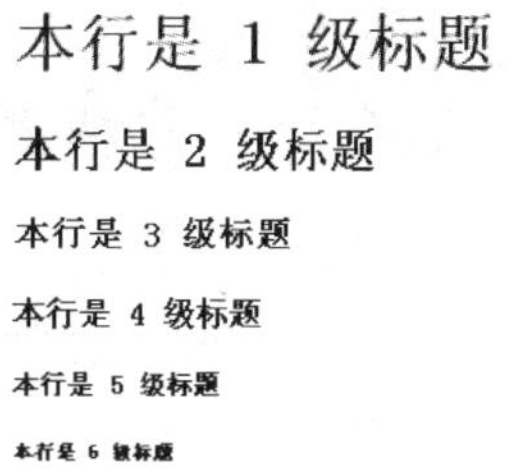

6.5.2 while 循环语句

while 循环用于在指定条件为 true 时循环执行代码,其格式为:

while (条件)
{
　　　　需执行的代码
}

本行是 1 级标题

本行是 2 级标题

本行是 3 级标题

本行是 4 级标题

本行是 5 级标题

本行是 6 级标题

图 6-19　利用 for 循环自动显示< h#>…</h#>标签的各级标题

【**例 6-26**】 将例 6-25 中的代码改为用 while 循环程序来实现,这个循环程序的参数 i 的起始值为 0。该程序会反复运行,直到 i 大于 6 为止。i 的步长值为 1。

```
<script>
    i = 1;
    while(i < = 6)
    {
        document.write("< h" + i + ">本行是 " + i + " 级标题</h" + i + ">");
        i++;
    }
</script>
```

while 循环和 for 循环类似。其不同之处在于,while 循环没有内置的计数器或更新表达式。如果希望控制语句或语句块的循环执行,不只是通过"运行该代码 n 次"这样简单的规则,而且还需要更复杂的规则,则应该用 while 循环。

注意:由于 while 循环没有显式的内置计数器变量,所以比其他类型的循环更容易产生无限循环。此外,由于不易发现循环条件是在何时何地被更新的,很容易编写一个实际上从不更新条件的 while 循环。因此,大家在编写 while 循环时应特别小心。

6.5.3 do…while 循环语句

do…while 循环是 while 循环的变体。该循环程序在初次运行时会首先执行一遍其中的代码,然后当指定的条件为 true 时它会继续这个循环,其格式为:

```
do
{
    需执行的代码
}
while(条件)
```

do…while 语句的循环体至少运行一次,因为它是在循环的末尾检查条件,而不是在开头。

【例 6-27】 将例 6-25 中的代码改为用 do…while 循环程序来实现。

```
<script>
    i = 0;
    do
    {
        i++;
        document.write("<h" + i + ">本行是 " + i + " 级标题</h" + i + ">");
    }
    while(i < 6)
</script>
```

6.5.4 break 和 continue 语句

在 JavaScript 中,当某些条件得到满足时,用 break 语句来中断一个循环的运行(注意,也用 break 语句退出一个 switch 块,参见条件语句中 switch 语句的格式说明)。如果是一个 for 循环,在更新计数器变量时使用 continue 语句越过余下的代码块而直接跳到循环的下一次重复中。

【例 6-28】 改写例 6-25,当 i 等于 4 时中断输出标题语句的循环。

```
<script>
    for(i = 1; i <= 6; i++)
    {
        if (i == 4){break;}          //当 i == 4 时结束循环
        document.write("<h" + i + ">本行是 " + i + " 级标题</h" + i + ">");
    }
</script>
```

程序运行效果如图 6-20 所示。

【例 6-29】 改写例 6-25,在循环的过程中不输出标题 2、4、6。运行效果如图 6-21 所示。

```
<script>
    for(i = 1; i <= 6; i++)
    {
        if (i % 2 == 0){continue;}
        document.write("<h" + i + ">本行是 " + i + " 级标题</h" + i + ">");
    }
</script>
```

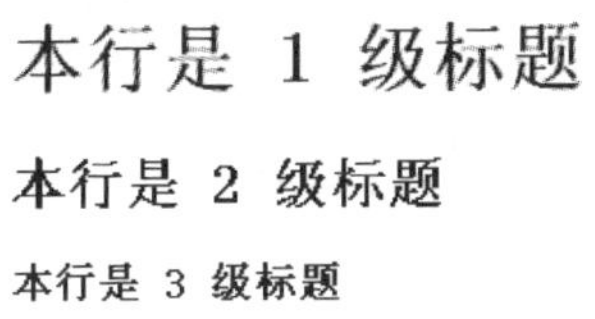

本行是 1 级标题

本行是 2 级标题

本行是 3 级标题

图 6-20　break 语句示例

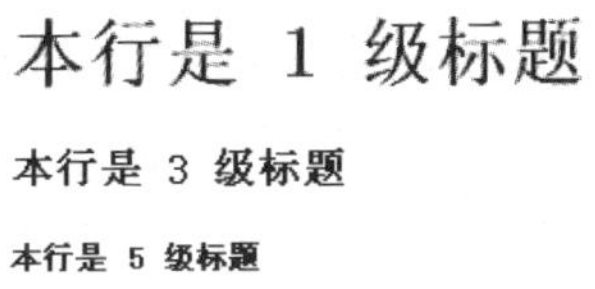

本行是 1 级标题

本行是 3 级标题

本行是 5 级标题

图 6-21　continue 语句示例

6.5.5　循环语句案例实践

1. 案例要求

编写一个网页练习循环语句的用法,实现选项卡的切换功能,要求如下:

(1) 初始网页界面如图 6-22(a)所示。

(2) 当鼠标移入某一选项卡时会出现选项卡的切换功能,相关选项卡的标题效果和下方列表内容都会进行改变,其中移入第 2 个选项卡时的效果如图 6-22(b)所示。

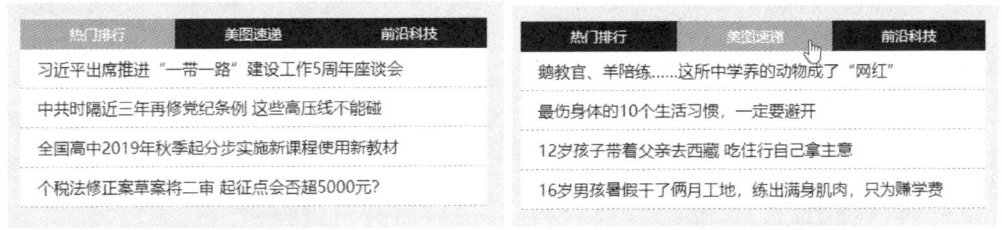

(a) 初始网页界面　　　　　　　　　　(b) 移入第2个选项卡

图 6-22　选项卡的切换

2. 思路提示

(1) 首先分析本页面的布局,可分为上、下两个部分。

- 上方为头部区,当前选中的选项卡标签可通过设置类名"on"实现与其他选项卡标签不同的样式外观(第一个选项卡标签设置初始类名为"on")。

- 下方为内容区,可分为 3 个内容列表,可用绝对定位的方式把每个内容列表放在同一个盒子的同一个位置中,并通过 CSS 样式中的"display: none;"使每个内容列表自身的默认属性均不显示。

- 设置一个通用的类(.onmove),其 CSS 样式为"display: block;",并为第一个内容列表设置初始类名为"onmove",使第一个内容列表得以正常显示。

(2) 由于移入每个选项卡的功能类同,可分别用两个类数组保存选项卡标签对象和内容区 ul 对象,并通过 for 循环设置每个选项卡标签对象的鼠标移入事件(onmouseenter)函数,使用 index 变量保存鼠标移入下一个选项卡前的选项卡对象数组和内容区 ul 对象数组的当前下标。循环体中鼠标移入事件的功能如下:

- 移入前显示的(下标为 index)选项卡标签和内容区 ul 类名均为空(""),以改变原有的选项卡标签外观,并隐藏原有的内容区。

- 修改 index 值为当前的选项卡数组对象下标(for 循环体的循环变量 i),即当前 i 为下次移入前的被选中数组对象下标。

- 设置当前选项卡标签类名为"on",内容区 ul 类名为"onmove",从而实现改变当前选项卡外观,并显示当前要显示的内容区。

3. 参考代码

参考代码文件名为 pra06-5.html，主要代码如下：

```css
body,ul,li,p{margin:0;padding:0;}
body{background-color:#EEE;}
li{list-style:none;}
a{text-decoration:none;}
#wrap{
    width:462px;
    height:160px;
    margin:50px auto;
}
#wrap .header{
    font-size:0;
}
.header span{
    display:inline-block;
    background-color:#000;
    padding:5px 49px;
    font-size:14px;
    color:#FFF;
    cursor:pointer;
}
.header span.on{
    background-color:#AAA;
    color:#FFF;
}
#wrap .content{
    position:relative;
}
.content ul{
    position:absolute;
    display:none;
    width:100%;
    top:0;
    left:0;
}
.content ul.onmove{
    display:block;
}
.content ul li{
    background-color:white;
    padding:8px 0 8px 5px;
    border-bottom:1px dashed #AAA;
    text-indent:12px;
}
```

```html
<div id="wrap">
    <div class="header">
        <span class="on">热门排行</span>
        <span>美图速递</span>
        <span>前沿科技</span>
    </div>
    <div class="content">
```

```
        <ul class = "onmove">
            <li>习近平出席推进"一带一路"建设工作 5 周年座谈会</li>
            <li>中共时隔近三年再修党纪条例 这些高压线不能碰</li>
            <li>全国高中 2019 年秋季起分步实施新课程使用新教材</li>
            <li>个税法修正案草案将二审 起征点会否超 5000 元?</li>
        </ul>
        <ul>
            <li>鹅教官、羊陪练……这所中学养的动物成了"网红"</li>
            <li>最伤身体的 10 个生活习惯,一定要避开</li>
            <li>12 岁孩子带着父亲去西藏 吃住行自己拿主意</li>
            <li>16 岁男孩暑假干了俩月工地,练出满身肌肉,只为赚学费</li>
        </ul>
        <ul>
            <li>谷歌 Waymo 黑科技: 在 VR 中训练自动驾驶 AI</li>
            <li>绿地 VR 看房产品一周体验人次超 3 千 房产 + VR 是噱头还是刚需</li>
            <li>沃尔玛申请虚拟商店专利 让用户通过 VR 购物</li>
            <li>各种语音识别大评测,让你见识科技的力量</li>
        </ul>
    </div>
</div>
<script>
  let aSpan = document.getElementsByTagName("span"),          //获取每个选项卡标签
      aUl = document.getElementsByTagName("ul"),              //获取每个内容列表标签
      index = 0;                                              //初始下标为 0
  for(let i = 0;i < aSpan.length;i++){
    aSpan[i].onmouseenter = function(){
        aSpan[index].className = "";
        aUl[index].className = "";
        index = i;
        aSpan[index].className = "on";
        aUl[index].className = "onmove";
    }
  }
</script>
```

4. 案例改编及拓展

仿照以上案例,自行编写及拓展类似的网页功能,例如实现不同形式的选项卡切换外观等。

6.6　使用 JavaScript 函数

在 JavaScript 中,函数是能够完成一定功能并可重复使用的代码块,这些代码只能被事件激活,或者在函数被调用时才会执行。

6.6.1　函数分类

JavaScript 中的函数主要分为两类,一类是函数声明(函数定义),另一类是函数表达式。

1. 函数声明和调用

JavaScript 函数一般在页面起始位置定义,即 head 部分。用户可以在页面中的任何位置调用脚本(如果函数嵌入到一个外部的.js 文件,那么甚至可以从其他的页面中调用),当函数执行完后会返回到调用它的位置,然后执行后续的程序语句。函数声明的格式为:

```
function 函数名() {
  函数体
}
```

函数名是调用函数时引用的名称，一般用能够描述函数实现功能的单词来命名，也可以使用多个单词组合命名。

例如，以下函数的功能是在浏览器的 Console 面板中输出"good!"：

```
function fn(){
    console.log("good!");
}
```

需要注意的是，函数被定义后，还需要被调用才能执行，或者通过事件进行激活。函数调用的格式为：

```
函数名();
```

例如要执行上面定义的函数，可在该函数声明以后通过以下语句进行调用：

```
fn();
```

函数通过事件激活的格式为：

```
对象名.事件名 = 函数名;
```

例如，每次单击文档调用一次上面定义的函数，可通过以下语句进行激活：

```
document.onclick = fn;
```

2. 函数表达式

在出现 function 关键字的各种语句中，除了符合函数声明格式的，其他形式都属于函数表达式。有些函数表达式可以通过事件调用直接运行函数体的功能，例如：

```
document.onclick = function(){
    console.log("good!");
}
```

上面的语句实现了每次单击文档后激活函数体中的输出语句。

另一些函数表达式则用变量名保存函数体的功能，类似于另一种形式的函数定义（被调用前函数体不能执行），例如：

```
let fun = function(){
    console.log("very good!");
}
```

上面语句的功能与前面函数声明实例的功能类似，其中 fun 相当于函数名，其调用的方法也是一样的，但调用语句必须用在该函数表达式之后。

函数表达式可以直接在后面加小括号自动执行。例如，下面的代码可以自动执行，在浏览器开发者工具的 Console 面板中输出"very good!"。

```
let fun = function(){
    console.log("very good!");
}();
```

当函数没有命名时为匿名函数，需要先为该函数整体加上括号，然后为后者加上括号才能

自动执行,例如:

```
(function(){
    console.log("very good!");
})();
```

把后面的括号放在函数整体括号内部的最后,也能实现同样的自动执行功能,即:

```
(function(){
    console.log("very good!");
}());
```

6.6.2　函数参数

在定义和调用函数时,可以向其传递值,这些值被称为参数。函数的参数分为形参、实参和不定参几种类型。

1. 形参

形参是函数定义时在括号中写的变量名,多个形参之间用逗号隔开。形参相当于在函数内部定义的变量,其有效范围是函数内部。形参声明的格式为:

```
//多个形参之间用逗号隔开
function 函数名(形参名1,形参名2) {
    函数体
}
```

例如,以下定义了有两个形参的加法函数:

```
function add(x,y){
    let sum = x + y;
    console.log(sum);
}
```

注意:(1)形参可通过调用语句中与之对应的实参进行赋值。

(2)形参用到的变量名可以在函数体中使用,且不会与在函数外面定义的同名变量相冲突。

2. 实参

实参是函数调用或函数自动执行时括号中传入的实际参数(即真正使用的变量值)。实参与形参的位置有一一对应的关系,多个实参用逗号隔开。实参使用的格式为:

```
函数名(实参值1,实参值2)        //多个实参之间用逗号隔开
```

由于JavaScript的弱类型特点,可以用各种类型的数据作为实参的取值,用户还可以使用已赋值的变量或一个表达式。

【例6-30】　实参示例。其中一个实参为常量,另一个实参为已赋值的变量。

```
function add(x,y){
    let sum = x + y;
    console.log(sum);
}
a = 5;
add(a,6);          //实参a为已赋值的变量
```

代码运行的结果是在Console面板中输出"11"。

3. 不定参

当要定义的函数参数不确定时可以使用不定参。不定参的关键字是arguments,它不需

要在函数后面的小括号中添加形参,只需要在函数体中使用 arguments 对象加下标的方式即可取得实参。

【例 6-31】 通过使用不定参的方法定义一个参数个数不确定的加法函数,且在调用该加法函数的时候可以任意设置实参的个数和数值。

```
function add(){
  let sum = 0;
  let length = arguments.length;
  for(let i = 0;i < length;i++){
      sum += arguments[i];
  }
  console.log(sum);
}
add(1,3,5,7,9);
```

代码运行的结果是在 Console 面板中输出"25"。

注意:不定参是函数内部的伪数组,用于存储所有的实参集合(无论函数定义时是否存在形参,也不受形参个数的影响)。

6.6.3 返回语句

当需要函数产生一个返回值,并将该值返回调用它的地方时,可以通过使用返回语句(return)实现。在使用 return 语句时,函数会停止执行,并返回指定的值。

【例 6-32】 为例 6-31 中的加法函数添加一个返回值。

```
function add(){
      let sum = 0;
      let length = arguments.length;
      for(let i = 0;i < length;i++){
          sum += arguments[i];
      }
      return sum;
}
let result1 = add(1,3,5,7,9);
let result2 = add(100,123,456);
console.log(result1,result2);
```

代码运行的结果是在 Console 面板中输出"25 679"。

通过对函数添加返回值,可以对不同的实参产生不同的返回值,并根据需要加以使用。

注意:当 return 没有返回值的时候,返回的是 undefined。

6.6.4 变量的作用域

在 JavaScript 中有一个被称为变量作用域(Scope)的特性。作用域是在运行时代码中的某些特定部分中变量的可访问性。换句话说,变量作用域决定了代码区块中变量的可见性。

在 ES5 中,用 var 定义的变量根据是否定义在函数体外分别对应两种类型的作用域,即全局作用域和局部作用域。在 ES6 中,用 let、const 定义的变量(常量)对应的是块作用域。

1. 全局作用域和局部作用域

在同一个网页文档中,所有< script >标签对的范围都属于全局作用域。在函数体之外,并在< script >标签内用 var 声明的变量就是全局变量。全局变量可以在包括其他作用域的全局作用域中被访问和修改。

在 ES5 中，一个函数体就是一个新的局部作用域。在函数内部用 var 定义的变量就是局部变量。局部变量的有效访问范围在当前函数所对应的局部作用域内。

每个作用域定义的变量只能供当前作用域和下属作用域调用。当用户在某处使用某个变量时会先从自身作用域查找，如果有则使用，如果没有则往上一层作用域查找，如果直到 script 作用域还没找到，就会报错，这就是作用域链。

函数外部作用域不能访问局部作用域中的局部变量。此外，每个函数有不同的局部作用域，相应的局部变量在其他函数中是不可以访问的（当一个函数要访问另一个函数变量的时候，可通过传递参数来实现）。

局部变量都应该在函数体内用保留字 var 声明，以保证随着函数执行完毕，局部变量的内容也会被回收；否则一旦函数执行完毕，那些没有用 var 声明的局部变量就会变成全局变量。

注意：在任意作用域中，如果不使用 var 关键字产生没有定义过的变量，则这个变量就相当于全局变量，但在实际开发中不建议这样操作。

【例 6-33】 全局变量和局部变量示例，其运行效果如图 6-23 所示。

```
<!DOCTYPE html>
<html>
<head>
    <meta charset = "utf-8">
    <title>全局变量和局部变量</title>
    <script type = "text/javascript">
        var msg = "全局变量";
        function show() {
            msg = "变量 1";            //由于没有用 var 定义,全局变量 msg 的值被改变
            var msg2 = "变量 2";
            console.log("msg = " + msg);
            console.log("msg2 = " + msg2);}
    </script>
</head>
<body>
    <script type = "text/javascript">
        show();
        alert("msg = " + msg);
    </script>
</body>
</html>
```

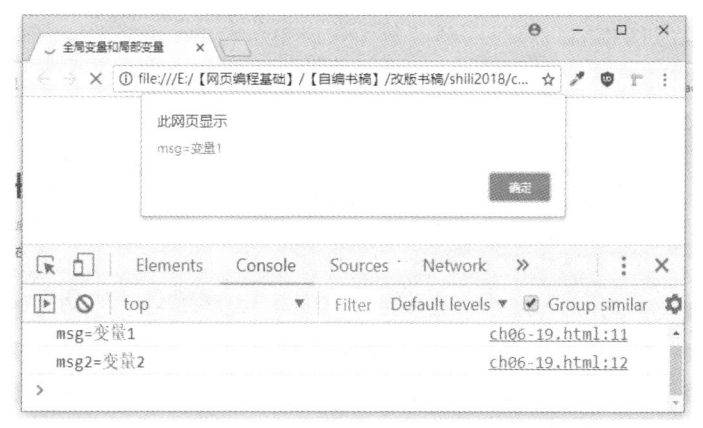

图 6-23　全局变量和局部变量示例

在函数作用域或全局作用域中通过 var 声明的变量,不管是在哪里声明的,都会被当成在当前作用域顶部声明的变量,这称为变量提升。注意,提升变量的声明并不会把赋值也提升上来,没有赋值的变量初始值就是 undefined。

【例 6-34】 修改例 6-33,在 show( )函数内最后增加对 msg 变量的声明,其他主体内容不变。

函数的代码改为(加粗部分为新增内容):

```
function show() {
    msg = "变量 1";
    var msg2 = "变量 2";
    console.log("msg = " + msg);
    console.log("msg2 = " + msg2);
    var msg;
}
```

这样在 show( )函数内 msg 为局部变量,该变量定义在函数代码的最后,但会被当成在函数局部作用域顶部声明的变量,即实现了变量提升,因此不影响局部作用域中的赋值,同时也不会修改全局作用域中同名的全局变量 msg 的值。修改后的运行效果如图 6-24 所示。

图 6-24　变量提升示例 1

【例 6-35】 修改例 6-34,在 show( )函数内删除第一行 msg 变量的赋值,其他内容不变。
函数的代码改为:

```
function show() {
    var msg2 = "变量 2";
    console.log("msg = " + msg);
    console.log("msg2 = " + msg2);
    var msg;
}
```

这样在 show( )函数内 msg 虽然实现了变量提升,使其为函数局部作用域中的局部变量,但由于没有赋值,局部变量 msg 的初始值就是 undefined,同时也不会影响到全局作用域中同名的全局变量 msg 的值。修改后的运行效果如图 6-25 所示。

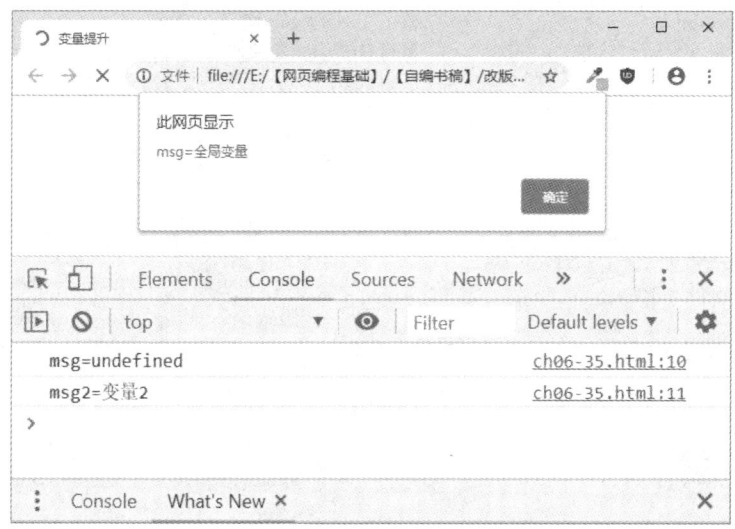

图 6-25　变量提升示例 2

2. 块作用域

在 ES6 中,let、const 不仅仅在声明变量和常量方面与 ES5 有所区别,它们还有支持块作用域的机制。对使用 let 和 const 定义的变量(或常量)而言,块作用域是一个由{ }包含起来的区域。if 语句、switch 语句和 for 语句里面的{ }也属于块作用域。

结合不同的作用域概念,var、let、const 的区别主要如下:

(1) var 定义的变量,没有块的概念,可以跨块访问,不能跨函数访问。

(2) let 定义的变量,只能在块作用域里访问,不能跨块访问,也不能跨函数访问。

(3) const 用来定义常量,在使用时必须初始化(即必须赋值),只能在块作用域里访问,而且不能修改。

【例 6-36】　结合不同的作用域概念,编写一个测试 var、let、const 区别的页面。运行原始代码后,在 Chrome 浏览器的 Console 面板中的输出结果如图 6-26(a)所示;若取消加粗部分能引起报错的相关语句注释,例如取消第一条"// c = 4;　　//报错,常量不能被修改"语句最前面的注释符(即测试第一条报错语句),则会产生相应的报错信息,如图 6-26(b)所示。

```
< script type = "text/javascript">
    //块作用域
    {
        var a = 1;
        let b = 2;
        const c = 3;
        //c = 4;          //报错,常量不能被修改
        var aa;
        let bb;
        //const cc;        //报错,常量未初始化
        console.log(a);    //1
        console.log(b);    //2
        console.log(c);    //3
        console.log(aa);   //undefined
        console.log(bb);   //undefined
    }
```

337

第 6 章

使用 JavaScript 脚本

```
console.log(a);                    //输出 1,a 为 var 定义的变量,不受块作用域的限制
//console.log(b);                  //报错,b 为 let 定义的变量,只能在块作用域里访问
//console.log(c);                  //报错,c 为 const 定义的常量,只能在块作用域里访问

//局部作用域(函数作用域)
(function A() {
    var d = 5;
    let e = 6;
    const f = 7;
    console.log(d);                //5
    console.log(e);                //6(在同一个{}中,也属于同一个块,可以正常访问到)
    console.log(f);                //7(在同一个{}中,也属于同一个块,可以正常访问到)
})();
//console.log(d);                  //报错,d 为函数中定义的局部变量
//console.log(e);                  //报错,e 为函数中用 let 定义的变量,不能跨函数访问
//console.log(f);                  //报错,f 为函数中用 const 定义的常量,不能跨函数访问
</script>
```

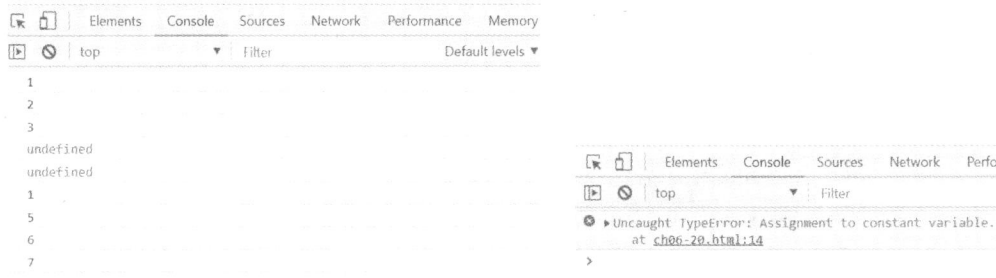

(a)原始代码运行后的结果   (b)测试第一条报错语句后的结果

图 6-26   测试 var、let、const 的区别

6.6.5   JS 函数案例实践

1. 案例要求

编写一个网页练习 JS 函数的用法,实现星级评分功能,使用的素材如图 6-27(a)所示。要求如下:

(1)初始网页界面如图 6-27(b)所示。

(2)当鼠标移到某一星星图片上时,从第一个星星到当前星星图片都会变亮,如图 6-27(c)所示,移开后恢复之前的星星变亮效果。

(3)当在某一星星图片上单击时,从第一个星星到当前星星图片都会变亮,且移开后固定为当前的星星变亮效果。

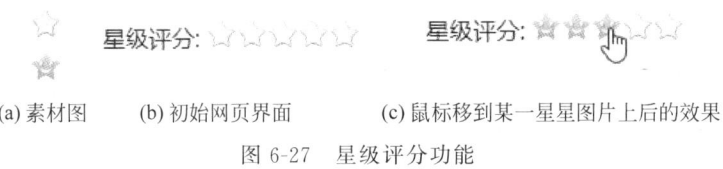

(a)素材图   (b)初始网页界面   (c)鼠标移到某一星图片上后的效果

图 6-27   星级评分功能

2. 思路提示

(1)由于 5 个星星图案的效果有相同的特点,可使用包含 5 个列表项的无序列表定义星

星图案布局效果。结合素材图的特点,可使用精灵图技术定义每个列表项 li 的子元素(类名为"star")尺寸与一个星星图片大致相同,并定义初始背景图属性使其显示素材图中上方的灰色星星图案。再定义一个类名为"on"的样式,样式的功能为改变背景图的位置属性,使应用该样式的列表项 li 的子元素背景图可视区域显示素材图中下方橙色的星星图案。

（2）用一个类数组 aStar 获取并保存所有使用星星素材背景图的 li 元素中类名为"star"的子元素。由于鼠标经过每个星星图片时,从第一个星星到当前星星图片都会变亮,可把这一功能设置为一个形参为 x 的通用函数 fun(x),其中 x 代表 aStar 类数组中的特定下标。在 fun(x) 函数体中,通过一个循环设置下标小于等于 x 的 aStart 数组中的对象类名为"star on"(即下标为 x 及前面的星星变亮),其他对象类名为"star"(即下标为 x 后面的星星变暗)。

（3）定义一个名为 score 的变量保存当前的评分情况,初始值为 -1。通过循环定义 aStar 类数组中的每个元素的"onmouseenter"和"onclick"事件函数,及整个列表对象的"onmouseleave"事件函数。

- 对 aStar[i]对象,"onmouseenter"事件函数的功能为调用 fun(i)函数,即移入某个星星图片时点亮下标为 i 及之前的所有星星。
- 对 aStar[i]对象,"onclick"事件函数的功能为设置 score＝i,即单击某个星星图片时改变当前评分变量的值。
- 对 aStar 所在的整个列表对象,"onmouseleave"事件函数的功能是调用 fun(score)函数,即离开所有星星图片时点亮下标为评分值(评分值由初始值及某个星星图片的单击事件改变)及之前的所有星星。

3. 参考代码

参考代码文件名为 pra06-6. html,主要代码如下:

```
<!DOCTYPE html>
<html>
<head>
    <meta charset = "utf-8">
    <title>星级评分</title>
    <style>
        * {margin:0;padding:0;}
        #wrap{
            width:200px;
            margin:50px auto;
        }
        .title{
            width:75px;
            font-weight:normal;
        }
        ul{
            display:inline-block;
            vertical-align:middle;
        }
        li{
            list-style-type:none;
            float:left;
            margin-right:2px;
        }
        .star{
            display:block;
```

```
                width:19px;
                height:23px;
                background:url("images/star.png") no-repeat;
                cursor:pointer;
            }
            li.on{
                background-position:0 -28px;
            }
        </style>
    </head>
    <body>
        <div id="wrap">
            <b class="title">星级评分:</b>
            <ul>
                <li>
                    <span class="star"></span>
                </li>
                <li>
                    <span class="star"></span>
                </li>
                <li>
                    <span class="star"></span>
                </li>
                <li>
                    <span class="star"></span>
                </li>
                <li>
                    <span class="star"></span>
                </li>
            </ul>
        </div>
        <script>
            let aStar = document.getElementsByClassName("star"),
                oUl = document.getElementsByTagName("ul")[0],
                length = aStar.length,
                score = -1;
            for(let i = 0;i < length;i++){
                aStar[i].onmouseenter = function(){
                    fun(i);
                }
                aStar[i].onclick = function(){
                    score = i;
                }
                oUl.onmouseleave = function(){
                    fun(score);
                }
            }
            function fun(x){
                for(let j = 0;j < length;j++){
                    aStar[j].className = j <= x? "star on":"star";
                }
            }
        </script>
    </body>
```

4. 案例改编及拓展

仿照以上案例,自行编写及拓展类似的网页功能。

6.7 JavaScript 对象的操作语句

在 JavaScript 中,大多数事物都是对象,从作为核心功能的字符串和数组到建立在 JavaScript 之上的浏览器 API。用户还可以自定义对象,将相关的函数和变量封装打包成便捷的数据容器。JavaScript 是基于对象(Object-Based)的编程语言。通过对象的结构层次来访问对象,并调用对象的操作方法,可以大大简化 JavaScript 程序的设计,并提供直观、模块化的方式进行脚本程序开发。

在 6.2.1 节已经介绍过 JavaScript 自定义对象基本的字面量格式定义和基本用法。本节主要介绍 JavaScript 对象常用的操作语句、关键字及操作符。

6.7.1 with 语句

从前面的介绍中可以看到,要使用一个对象的属性或者方法,就必须使用"对象名.属性(方法)"的形式,这在需要集中使用一个对象时很不方便,不仅容易出错,而且增加了代码的长度。幸运的是,JavaScript 提供了一种机制来简化这种操作,这个机制就是 with 语句。with 语句的基本格式为:

```
with (对象名称)
{
    语句段;
}
```

如果一段连续的程序代码中多次使用到了某个对象的许多属性和方法,那么只要在 with 关键字后的小括号中写出这个对象的名称,然后就可以在随后的大括号中的执行语句里直接引用该对象的属性名或方法名,而不必在每个属性和方法名前都加上对象实例名和点(.)。

例如,在下面的例子中,请注意 Math 的重复使用:

```
x = Math.cos(2 * Math.PI) + Math.sin(Math.LN10);
y = Math.tan(15 * Math.E);
```

当使用 with 语句时,代码变得更短且更易读:

```
with (Math) {
    x = cos(2 * PI) + sin(LN10);
    y = tan(15 * E);
}
```

6.7.2 for…in 语句

for…in 语句的基本格式为:

```
for(变量 in 对象)
{
    语句段;
}
```

该语句的功能是对某个对象的所有属性进行循环操作,即将一个对象的所有属性名逐一赋值给一个变量,而不需要事先知道对象属性的个数。

【例 6-37】 定义一个名为 student 的对象,并用 for…in 语句将其属性和属性值显示出来。运行效果如图 6-28 所示。

```
<p>可用 for…in 语句将对象中的属性和属性值显示出来。</p>
<script type = "text/javascript">
    let student = {
        name:"Tom",
        gender:"male",
        age:18
    };
    for(let key in student){
        document.write("student." + key + " = " + student[key] + "<br/>");
    }
</script>
```

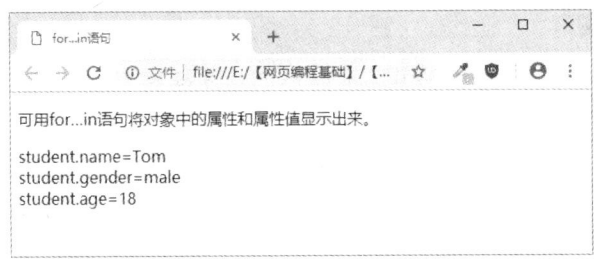

图 6-28　for…in 语句实例

6.7.3　对象关键字及操作符

1. this 关键字

this 是对当前对象的引用,在 JavaScript 中由于对象的引用是多层次、多方位的,往往一个对象的引用又需要对另一个对象的引用,而另一个对象有可能又要引用另一个对象,这样可能会造成混乱,最后用户自己也不知道现在引用的是哪一个对象,为此 JavaScript 提供了一个用于将对象指定为当前对象的关键字 this。

this 对象返回"当前"对象。在不同的地方,this 代表不同的对象。如果在 JavaScript 的"主程序"中(不在任何 function 中,也不在任何事件处理程序中)使用 this,它就代表 window 对象;如果在 with 语句块中使用 this,它就代表 with 所指定的对象;如果在事件处理程序中使用 this,它就代表发生事件的对象;当函数作为对象里的方法被调用时,它们的 this 是调用该函数的对象。

【例 6-38】 this 对象示例。其中的 this 代表 window 对象。

```
<script>
    //在 JavaScript 的"主程序"中使用 this,它就代表 window 对象
    console.log(this === window);       //输出 true

    a = 37;
    console.log(window.a);              //37
    console.log(this.a);               //37

    this.b = "JS";
```

```
        console.log(window.b)                    //"JS"
        console.log(b)                           //"JS"
    </script>
```

【例 6-39】 this 对象示例。其中 f 为 o 对象的方法,当 o.f() 被调用时,函数内的 this 将绑定到 o 对象。

```
var o = {
  prop: 37,
  f: function() {
    return this.prop;
  }
};
console.log(o.f());                     //logs 37
```

2. new 关键字

在 JavaScript 中对象的功能已经非常强大,更强大的是设计人员可以按照需求来创建自己的对象,以满足某一特定的要求。使用 new 关键字可以创建指定对象的一个实例,其创建对象实例的格式为:

对象实例名 = new 对象名(参数表);

例如,下面的代码创建了一个表示当前系统时间的对象实例。

```
var today = new Date();
```

3. in 关键字

in 关键字可以判断对象是否存在某个属性,格式为:

"属性名" in 对象名;

【例 6-40】 in 关键字应用示例。加粗部分的代码判断 person 对象中是否存在 age 属性,并输出判断结果。

```
let person = {
    name: "Tom",
    age:18
};
console.log("age" in person);           //true
```

4. delete 操作符

用 delete 操作符可以删除对象的属性,格式为:

delete 对象名.属性名;

【例 6-41】 delete 操作符应用示例。加粗部分的代码删除了 person 对象中的 marry 属性。

```
let person = {
    name: "Tom",
    age:18,
    marry:false
};
console.log(person);              //{name: "Tom", age: 18, marry: false}
delete person.marry;
console.log(person);              //{name: "Tom", age: 18}
```

6.8　JavaScript 常用内置对象

JavaScript 的内置对象是嵌入在系统中的一组共享代码,它是由系统开发商根据 Web 应用程序的需要,对一些常用的操作代码进行优化得来的。JavaScript 的常用内置对象包括数组对象、字符串对象、数学对象和日期对象。

JavaScript 中提供的内置对象按使用方式可分为两种情况:一种是动态对象,在引用它的属性和方法时都必须使用 new 关键字创建一个对象实例,然后使用"对象实例名.成员名"的格式来访问其属性和方法;另一种是静态对象,在引用该对象的属性和方法时不需要使用 new 关键字创建对象实例,直接使用"对象名.成员"的格式来访问其属性和方法。

6.8.1　数组对象

数组(Array)对象用来在单独的变量名中存储一系列的值。在 JavaScript 中,数组(Array)是一组变量的有序集合,可以通过数组索引来引用其中的一个变量。每个数组都有一定的长度,表示其中所包含元素的个数,元素的索引总是从 0 开始,并且最大值等于数组长度减 1。

1. 数组对象的创建

Array 对象是动态对象,需要在创建对象实例后才能引用它的属性或方法。通常有 3 种方法可以创建数组对象,其格式为:

```
var 数组对象名 = new Array(数组列表);
var 数组对象名 = Array(数组列表);
var 数组对象名 = [数组列表];
```

其中,第 3 种方法即 6.2.1 节介绍过的基本定义方法,括号中的数组列表可以为空,也可以为逗号分隔的多个值列表。

2. 数组对象的属性

数组对象的属性主要是 length,它用于获得数组中元素的个数,即数组中最大下标加 1。

3. 数组对象的方法

数组对象提供了许多方法用于对象本身的操作。Array 对象中的常见方法如表 6-16 所示。

表 6-16　Array 对象中的常用方法

使用语法	描述
数组对象名.sort(function)	在不指定参数时,对于数组中的元素按字典顺序排列;在指定参数时,所指定的参数是一个排序函数。排序方法改变数组本身,返回值同改变后的数组
数组对象名.reverse()	颠倒数组中元素的顺序。该方法改变数组本身,返回值同改变后的数组

数组对象名.concat(array$_1$,…,array$_n$)	用于连接两个或多个数组。该方法不会改变现有的数组,而仅仅会返回被连接数组的一个副本。例如:
	
	var arr = ["x","y","z"];
	arr.concat("a","b","c");
	
	将返回包括 6 个字母元素的数组,而 arr 本身不受影响

Array.isArray(obj)	用于判断一个对象是否为数组。如果对象是数组,返回 true,否则返回 false。其中,obj 表示要判断的对象

使 用 语 法	描 述
数组对象名.join(string)	将数组中的所有元素合并为一个字符串,之间用 string 参数分隔。当省略参数时,使用逗号作为分隔符
数组对象名.slice(start,end)	返回数组对象的一个子集,索引从 start 开始(包括 start)到 end 结束(不包括 end),原有数组不受影响。例如:
	[1,2,3,4,5,6].slice(1,4)将得到[2,3,4]
	当 start 或者 end 为负数时,则使用它们加上 length 后的值。例如:
	[1,2,3,4,5,6].slice(-4,-1)将得到[3,4,5]
	如果 end 小于等于 start,则返回空数组
数组对象名.splice(index,howmany,item1,…,itemX)	splice()方法用于插入、删除或替换数组的元素,然后返回被删除的项目。其中,index 为整数,规定添加/删除项目的位置,使用负数可从数组结尾处规定位置;howmany 为要删除项目的数量,如果设置为 0,则不会删除项目;从第 3 个参数开始为可选项目列表,表示从删除的位置开始向数组添加的新项目。
	注意:这种方法会改变原始数组。
	例如:
	a = ["html","css","js"]; b = a.splice(-2,1,"CSS3");
	则 a 的新值为["html","CSS3","js"],b 为["css"]
数组对象名.toString()	把数组转换为字符串,并返回结果,返回值与没有参数的 join()方法返回的字符串相同

【例 6-42】 根据需要对数组进行顺序或倒序排列。

```
<script>
    var nameList = new Array("Tom","Mike","Alice","Jhon","Tenny");
    //保存提示框的输入信息
    var order = prompt("输入 1 则顺序排列,输入 -1 则倒序排列",1);
    if(order == 1){          //当输入 1 时顺序排列
        //对数组 nameList 进行排序
        nameList.sort();

        //使用 join()方法将数组转换为字符串,并输出
        document.write(nameList.join("<br/>"));
    }
    else if(order == -1){    //当输入 -1 时倒序排列
        //对数组 nameList 进行排序
        nameList.sort();

        //对排序后的数组 nameList 进行反转
        nameList.reverse();

        //使用 join()方法将数组转换为字符串,并输出
        document.write(nameList.join("<br/>"));
    }
```

345

第 6 章

```
    else{
        document.write("此输入值无效!");
    }
</script>
```

在上述脚本代码中,首先定义了一个数组 nameList,用于保存名单;接着定义了变量 order,用于保存用户在提示框中输入的值,提示框的初始状态如图 6-29 所示。

图 6-29　提示框的初始状态

用户在提示框中输入的值将用在 if 语句的判断条件之中。第一个 if 语句将判断变量 order 的值是否为 1,若为 1,则用户想按字母表的顺序排列数组。在所执行的代码中 sort( )方法对数组进行排序,join( )方法将数组转换为字符串,最后输出的结果如图 6-30 所示。

在接下来的 if 语句中,将判断用户的输入是否为 −1,若为 −1,则用户想按字母表的顺序反序排列数组中的元素。在所执行的代码中首先 sort( )方法对数组进行排序,然后 reverse( )方法对数组进行反转,最后 join( )方法将数组转换为字符串,输出的结果如图 6-31 所示。

如果变量 order 的值既不是 1,也不是 −1,则输出错误提示信息,如图 6-32 所示。

图 6-30　顺序排列

图 6-31　倒序排列

图 6-32　输入无效

6.8.2　字符串对象

字符串(String)作为 JavaScript 中的一种单独的数据类型,也对应于一种内置的对象——String 对象。通过 String 对象的属性和方法能够方便地对字符串进行各种处理。因为文本处理是实际开发中最常见的,所以掌握好文本处理的方法是非常重要的。

String 对象是动态对象,需要在创建对象实例后才能引用它的属性或方法。通常有 3 种方法可以创建字符串对象,其格式为:

```
字符串变量名 = new String("字符串");
字符串变量名 = String("字符串");
字符串变量名 = "字符串";
```

用户还可以把用单引号或双引号引起来的一个字符串当作一个字符串对象来看待,即可以直接在某个字符串后面加上点(.)去调用 String 对象的属性或方法。

1. 字符串对象的属性

每个字符串对象仅有一个属性,即 length 属性。它表示字符串对象中字符的个数,是一个只读属性,不能被修改。需要注意的是,length 属性计算的是 Unicode 字符的个数,所以一个中文单字和一个英文字母的长度都是 1。例如:

```
var txt = "Hello World!";
var txt2 = "你好!"
document.write(txt.length)          //输出 12
document.write(txt2.length)         //输出 3
```

2. 字符串对象的方法

字符串对象的方法主要用于搜索和提取字符串中的字符、转换字符的大小写,以及控制字符串在 Web 页面中的显示效果等,所有的字符串方法都不会改变原字符串。有关字符串对象自身处理的方法如表 6-17 所示。

表 6-17   字符串对象自身处理的方法

使 用 语 法	描 述
字符串对象名. indexOf (character, fromIndex)	返回从左边第 fromIndex 个字符起向右查找字符 character 第一次出现的位置。左边第一个字符的位置为 0。若找不到,则返回 −1。例如: "hello,world!".indexOf("hello")将返回 0; "xyzxyz".indexOf("x",1)将返回 3
字符串对象名. lastIndexOf (character, fromIndex)	返回从右边第 fromIndex 个字符起向左查找字符 character 第一次出现的位置。若找不到,则返回 −1
字符串对象名.chartAt(position)	返回指定字符串对象的第 position 个字符。例如: "xyz".charAt(1)返回"y"
字符串对象名. charCodeAt (position)	返回指定字符串对象的第 position 个字符的 Unicode 值。例如: "xyz". charCodeAt (1)返回"y"的 Unicode 码 121
String. fromCharCode(numX,numX,…, numX)	该方法是 String 的静态方法,字符串中的每个字符都由单独的数字 Unicode 编码指定。例如: String.fromCharCode(65,66,67)返回"ABC"
字符串对象名.substring(start,end)	返回字符串对象中起始位置为 start、结束位置为 end(不包括 end)的子字符串。如果省略 end 这一可选参数,那么返回的子串会一直到字符串的结尾。如果 start 比 end 大,那么该方法在提取子串之前会先交换这两个参数
字符串对象名.slice(start,end)	slice()方法和 substring()方法的用法一样,都是从左往右截取字符串,不同的是 start 和 end 可以为负值,负值规定从字符串尾部开始算起的位置,但 start 的值必须比 end 的值小才能进行有效的截取
字符串对象名.split(separator,howmany)	用于把一个字符串分割成字符串数组。其中,separator 为字符串或正则表达式,表示从该参数指定的地方分割字符串对象;howmany 参数为可选参数,该参数可指定返回的数组的最大长度

有关字符串对象在页面中的外观处理的方法如表 6-18 所示。
字符串对象的其他处理方法如表 6-19 所示。

表 6-18　字符串外观处理的方法

使 用 语 法	描　　述
字符串对象名.big()	用大字体显示字符串对象中的字符
字符串对象名.small()	用小字体显示字符串对象中的字符
字符串对象名.italics()	用斜体字显示字符串对象中的字符
字符串对象名.bold()	用粗体字显示字符串对象中的字符
字符串对象名.blink()	使字符串对象中的字符闪烁显示
字符串对象名.fixed()	以打字机文本显示字符串对象
字符串对象名.sub()	把指定字符串用下标形式表示
字符串对象名.fontsize(size)	使用指定的尺寸来显示字符串对象
字符串对象名.fontcolor(color)	使用指定的颜色来显示字符串对象

表 6-19　字符串对象的其他处理方法

使 用 语 法	描　　述
字符串对象名.concat(字符串)	连接两个或多个字符串,返回连接后的字符串
字符串对象名.anchor(字符串)	为字符串对象的内容两边加上 HTML 的定位锚点标签,如同 <a name="字符串">字符串对象实例</a>。例如： var txt = "Hello world!" txt2 = txt.anchor("myanchor")) //txt2 的值为<a name = "myanchor"> Hello world!</a>
字符串对象名.link(字符串)	为字符串对象创建一个超链接,如同<a href="字符串">字符串对象实例</a>
字符串对象名.toUpperCase()	把字符串对象转换为大写
字符串对象名.toLowerCase()	把字符串对象转换为小写
字符串对象名.toLocaleUpperCase()	按照本地方式把字符串转换为大写。由于只有几种语言(例如土耳其语)具有地方特有的大小写映射,所以该方法的返回值通常与 toUpperCase()一样
字符串对象名.to LocaleLowerCase()	按照本地方式把字符串转换为小写。由于只有几种语言(例如土耳其语)具有地方特有的大小写映射,所以该方法的返回值通常与 toLowerCase()一样

【例 6-43】　验证表单的用户名和密码。

要求：

(1) 用户名长度为 6~18 位,只能使用数字和字母,且必须以字母开头。

(2) 密码长度不小于 6,只能使用数字和字母,且不能全部是字母或数字。

```
< div id = "box">
    < h2 >注册</h2 >
    < form name = "reg" method = "post" action = "reg_success.html">
        < input type = "text" name = "user" placeholder = "请输入您的用户名">
        < p class = "tip"></p>
        < input type = "password" name = "pwd" class = "first" placeholder = "请输入您的密码">
        < p class = "tip"></p>
        < input id = "sub" type = "submit" value = "提交">
```

```
        </form>
    </div>
    <script>
        //用户名 user: 6～18 位,数字和字母,必须以字母开头
        function checkUser(){
            let str = document.reg.user.value;
            let n = str.length;
            let oTip = document.getElementsByClassName("tip")[0];
            if(n<6||n>18){
                oTip.innerText = "用户名长度必须为 6 到 18 位!"
                return false;
            }
            let x = str.charCodeAt(0);                    //获取字符串首字母的 Unicode 值
            if(x<65||(x>90&&x<97)||x>122){    //首字母在英文大小写字母的范围以外
                oTip.innerText = "用户名必须以英文字母开头!";
                return false;
            }
            for(let i = 1;i<n;i++){
                x = str.charCodeAt(i);
                if(x<48||(x>57&&x<65)||(x>90&&x<97)||x>122){
                    oTip.innerText = "用户名首字符后的有效符号为数字、英文字母";
                    return false;
                }
            }
            oTip.innerText = "";
            return true;
        }

        //密码 pwd: 长度不小于 6,只能使用数字和字母,不能全部是字母或数字
        function checkPwd(){
            let str = document.reg.pwd.value;
            let n = str.length;
            let oTip = document.getElementsByClassName("tip")[1];
            if(n<6){
                oTip.innerText = "密码长度不能小于 6 位!";
                return false;
            }
            let x,letN = 0,numN = 0;
            for(let i = 0;i<n;i++){
                x = str.charCodeAt(i);
                if(x<48||(x>57&&x<65)||(x>90&&x<97)||x>122){
                    oTip.innerText = "密码的有效符号为数字、英文字母";
                    return false;
                }
                else if((x>=65&&x<=90)||(x>=97)&&(x<=122))
                    letN++;
                else
                    numN++;
            }
            if((letN === 0)||(numN === 0)){
                oTip.innerText = "密码不能全部是字母或数字!";
                return false;
            }
            else{
```

```
                oTip. innerText = "";
                return true;
            }
        }
    document. reg. onsubmit = function validateForm(){
            if(checkUser()&&checkPwd())
                return true;
            else
                return false;
        }
    </script>
```

本例进行表单验证的主要原理大致如下：

（1）使用字符串对象的 length 属性和 charCodeAt()方法对用户名和密码的长度及输入的内容是否为字母或数字进行判断，并将错误输入的提示信息显示在对应的输入框下方。

（2）判断是否为字母或数字时，需要结合字母或数字的 Unicode 码取值范围。

（3）对表单 input 控件中的输入信息可以采用形如"document. 表单名. 控件名. value"的形式进行获取。

（4）表单验证功能可以通过表单对象的 onsubmit 事件函数判断用户名和密码的验证是否都已通过，如果通过则进行正常的表单数据提交，否则在显示相关错误提示的同时不允许进行表单数据的提交。

（5）表单验证函数 validateForm()采用对用户名和密码两个验证函数的与运算，其效果为先验证用户名，当用户名通过验证后再验证密码。

表单的初始界面及几种用户名、密码输入验证的效果如图 6-33 所示。

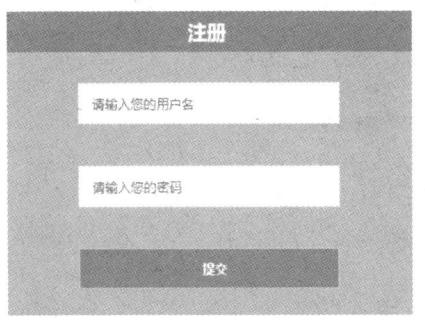

(a) 表单注册初始界面

(b) 用户名长度不符合要求

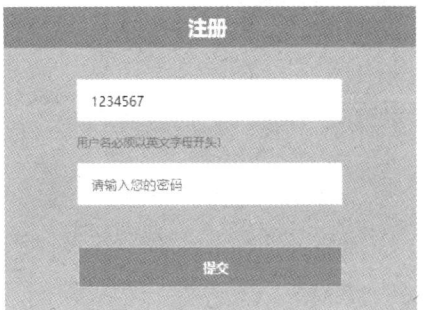

(c) 用户名开头不是英文字母

(d) 密码长度不符合要求

图 6-33　表单验证的几种情况

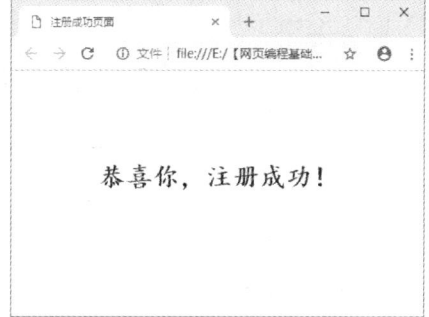

(e) 密码全部是字母或数字　　　　　　　　(f) 验证通过后打开后续页面

图 6-33　（续）

6.8.3　数学对象

数学（Math）对象提供了一些基本的数学函数和常数。数学对象是静态对象，不能创建，只能调用其属性和方法。

通常把数学对象中的数字常数作为数学对象的属性，把数学对象中的函数作为数学对象的方法。

1. 数学对象的属性

与其他对象属性不同的是，数学对象中的属性是只读的，因为它们代表的是常数。Math 对象中的常用属性如表 6-20 所示。

表 6-20　Math 对象中的常用属性

使 用 语 法	描　　述
Math.E	欧拉常数（e）（＝2.7182）
Math.LN2	2 的自然对数（＝0.69315）
Math.LN10	10 的自然对数（＝2.30259）
Math.LOG2E	以 2 为底 e 的对数（＝1.44269）
Math.LOG10E	以 10 为底 e 的对数（＝0.4349）
Math.PI	圆周率 π（＝3.1415926）
Math.SQRT1_2	1/2（即 0.5）的平方根（＝0.7071）
Math.SQRT2	2 的平方根（＝1.4142）

数学对象的常量和函数与其他对象一样，是区分大小写的。

2. 数学对象的方法

Math 对象中的常用方法如表 6-21 所示。

表 6-21　Math 对象中的常用方法

使 用 语 法	描　　述
Math.sin(x)	返回 x 的正弦
Math.cos(x)	返回 x 的余弦
Math.tan(x)	返回 x 的正切，x 以弧度表示
Math.asin(x)	返回 x 的反正弦，x 为 $-1\sim1$，返回值为 $-\pi/2\sim\pi/2$
Math.acos(x)	返回 x 的反余弦，x 为 $-1\sim1$，返回值为 $0\sim\pi$

使用 JavaScript 脚本

使用语法	描　　述
Math. atan(x)	返回 x 的反正切,返回值为 $-\pi/2\sim\pi/2$
Math. exp(x)	返回 e 的 x 次幂
Math. log(x)	返回 x 的自然对数(以 e 为底)
Math. pow(x,y)	幂运算,返回以 x 为底、y 为指数的幂
Math. round(x)	将一个小数四舍五入为整数,例如 Math. round(2.5)返回 3,但 Math. round(-2.5)返回 -2
Math. floor(x)	返回小于等于 x 的最大整数
Math. ceil(x)	返回大于等于 x 的最小整数
Math. trunc(x)	舍去 x 的小数部分,返回整数部分
Math. sqrt(x)	返回 x 的平方根,x 必须大于 0
Math. abs(x)	返回 x 的绝对值
Math. random()	返回一个 0~1(包括 0,但不包括 1)的随机小数
Math. max(value1,value2,⋯,valueN)	返回参数列表中最大的一个值
Math. min(value1,value2,⋯,valueN)	返回参数列表中最小的一个值

说明:在数学对象中,函数的参数均为浮点型,且三角函数中的参数为弧度值。

【例 6-44】 用 JavaScript 实现在案例网站的首页中随机播放背景音乐。

在 body 部分的最后添加以下代码:

```
< script >
    let c = new Array();
    c[0] = "rsc/ad1s.mp3";
    c[1] = "rsc/pgy.mp3";
    c[2] = "rsc/xrxq.mp3";
    c[3] = "rsc/xyc.mp3";       //需要在网站根目录下添加相应的目录及音乐素材
    let ran = Math.random();    //生成一个随机小数

    //通过计算生成一个随机的数组下标
    let mp3Choice = Math.floor(ran * c.length);

    //利用随机的数组下标生成随机的背景音乐代码字符串
    let vismid = '< embed src = ' + c[mp3Choice] + ' hidden = "true" autostart = "true" loop = "true"/>';

    //在网页的最后调用代码字符串,随机播放背景音乐
    document.write(vismid);
</script >
```

6.8.4　日期对象

日期(Data)对象用于处理日期和时间。日期对象是 JavaScript 中非常重要的对象。

1. 日期对象的创建

必须通过 new 关键字来创建 Date 对象实例,可以使用表示时间的参数来初始化一个 Date 对象。其一般格式为:

var 日期实例名 = new Date([参数表]);

在上面的格式中,如果不指定参数,会创建一个表示当前系统时间的对象实例。例如:

```
var today = new Date();
alert(today);
```

上面的代码创建了一个日期对象实例 today，用来获取系统当前时间，第二行按照预定义的格式输出了表示当前日期的字符串。

在 new Date()语句中，如果指定参数，则根据参数的形式有以下 5 种创建方法：

```
new Date("month dd,yyyy hh:mm:ss");
new Date("month dd,yyyy");
new Date(yyyy,mth,dd,hh,mm,ss);
new Date(yyyy,mth,dd);
new Date(ms);
```

需要注意最后一种形式，参数表示的是需要创建的时间和 GMT 时间 1970 年 1 月 1 日之间相差的毫秒数。

各种参数的含义如下。

- month：用英文表示的月份名称，从 January 到 December。
- mth：用整数表示的月份，从 0(1 月)到 11(12 月)。
- dd：表示一个月中的第几天，从 1 到 31。
- yyyy：四位数表示的年份。
- hh：小时数，从 0(午夜)到 23(晚 11 点)。
- mm：分钟数，从 0 到 59 的整数。
- ss：秒数，从 0 到 59 的整数。
- ms：毫秒数，为大于等于 0 的整数。

下面是使用上述参数形式创建日期对象的例子。

```
new Date("May 12,2007 17:18:32");
new Date("May 12,2007");
new Date(2007,4,12,17,18,32);
new Date(2007,4,12);
new Date(1178899200000);
```

上面的代码用各种形式创建了一个日期对象，都表示 2007 年 5 月 12 日这一天，其中第 1、3、5 这 3 种方式还指定了是当天的 17 时 18 分 32 秒，其余的都表示 0 时 0 分 0 秒。

2. 日期对象的方法

Date 对象没有提供直接访问的属性，只有获取日期、时间，设置日期、时间，以及格式转换的方法。

1) 获取日期、时间的方法

Date 对象中可以获取的日期、时间包括年、月、日、星期几、时、分、秒等。表 6-22 显示了 Date 对象中用来获取日期、时间的主要方法。

表 6-22　Date 对象中用来获取日期、时间的方法

使 用 语 法	描　　　　述
日期实例名.getFullYear()	以四位数字返回年(例如 2007、2008)
日期实例名.getYear()	根据浏览器不同，以两位或者四位数字返回年
日期实例名.getMonth()	返回用整数表示的月份，1 月~12 月，但从 0 开始表示，0 表示 1 月份
日期实例名.getDate()	返回月中的某日，1~31

使用语法	描　　　述
日期实例名.getDay()	返回星期几,0(星期日)～6(星期六)
日期实例名.getHours()	返回小时数,0～23
日期实例名.getMinutes()	返回分钟数,0～59
日期实例名.getSeconds()	返回秒数,0～59
日期实例名.getMilliseconds()	返回秒中的毫秒数,0～999
日期实例名.getTime()	返回从 GMT 时间 1970 年 1 月 1 日起经过的毫秒数

【例 6-45】 为案例网站首页中的显示日历部分的单元格添加 JavaScript 代码,使其显示当前的日期和问候语。

下面是首页中日历显示部分的 HTML 代码。

```
< div id = "calendar">
    < p class = "dat"></p>
    < p class = "dat"></p>
    < p class = "greet"></p>
</div >
```

这里预留 3 段内容暂时未填写的段落,并通过 JavaScript 代码获取及填入当前的日期和问候语。下面是相关的 JavaScript 代码。

```
//获取日期及显示问候语
let aDate = document.querySelectorAll(" # calendar p"),
    str1,str2,str3;
let d = new Date();
let day = ["星期日","星期一","星期二","星期三","星期四","星期五","星期六"];
let time = d.getHours();
str1 = d.getFullYear() + "年" + (d.getMonth() + 1) + "月" + d.getDate() + "日";
str2 = day[d.getDay()];
if (time < 11){
    str3 = "早上好!";
}else if (time < 13){
    str3 = "中午好!";
}else if(time < 17){
    str3 = "下午好!";
}else{
    str3 = "晚上好!";
}
aDate[0].innerText = str1;
aDate[1].innerText = str2;
aDate[2].innerText = str3;
```

JavaScript 代码主要实现 3 段文字的输出。第 1 段为系统当前的年、月、日信息,第 2 段为星期几的信息,第 3 段根据当前的小时数显示不同的问候语。其中,第 2 段使用一个数组来存储不同的中文星期几的信息,并使用当前系统时间的对象实例 d 的 getDay()方法作为数组下标,实现了中文星期几信息的输出;第 3 段信息是利用了 6.4.1 节中 if 语句的最后一个例子的原理实现的。

各行文字的输出样式由两个样式类.dat 和.greet 控制。某次运行此单元格代码在浏览器中的显示效果如图 6-34 所示。

图 6-34　案例网站首页中的日历效果

2) 设置日期、时间的方法

Date 对象中可以设置的日期、时间包括年、月、日、星期几、时、分、秒等。表 6-23 显示了 Date 对象中用来设置日期、时间的主要方法。

表 6-23　Date 对象中用于设置日期、时间的方法

使 用 语 法	描　　述
日期实例名.setFullYear(yyyy)	设置 Date 对象中的年份(四位数字)
日期实例名.setYear(yy)	设置 Date 对象中的年份(两位或四位数字)
日期实例名.setMonth(mth,day)	第一个参数为必需的参数,设置 Date 对象中的月份(0~11);第二个参数为可选参数,表示一个月中某一天的数值
日期实例名.setDate(dd)	设置 Date 对象中月的某一天(1~31)
日期实例名.setHours(hh)	设置 Date 对象中的小时(0~23)
日期实例名.setMinutes(mm)	设置 Date 对象中的分钟(0~59)
日期实例名.setSeconds(ss)	设置 Date 对象中的秒钟(0~59)
日期实例名.setMilliseconds(ms)	设置 Date 对象中的毫秒(0~999)
日期实例名.setTime(ms)	设置日期为从 GMT 时间 1970 年 1 月 1 日起经过参数所指定毫秒后的时间

注意:出于安全方面的考虑,Web 页面上的 JavaScript 程序无法修改用户计算机上的当前日期和时间。

【例 6-46】　通过 setMonth()方法把对象 d 的月字段设置为 0(1 月),把天字段设置为 20。

```
<script>
    var d = new Date();
    d.setMonth(0,20);
    document.write(d);
</script>
```

在某次测试中,输出的结果如图 6-35 所示。

从输出结果中可以看到,月份和天数的格式被固定为 Jan 20,时间和年份的信息从当前的系统时间中获取,而星期几的结果则由系统时间的年份和 1 月 20 日共同确定。

图 6-35　设置月字段和天字段

需要注意的是,Date 对象并没有与 getDay()方法直接对应的 set 方法。当年、月、日已经确定后,星期几就已经自动确定了。

3) 格式转换的方法

Date 对象中格式转换的主要方法如表 6-24 所示。

表 6-24　Date 对象中用于格式转换的方法

使 用 语 法	描　　述
Date.parse(string)	静态方法,将合法的描述日期的字符串转换为日期对象并返回
Date.UTC(yyyy,mth,dd,hh,mm,ss,ms)	静态方法,将日期统一转换为自 GMT 时间 1970 年 1 月 1 日起经过的毫秒数
日期实例名.toLocaleString()	将 Date 对象转换为字符串,以用户计算机上设置的时间格式显示日期和时间

使用 JavaScript 脚本

使 用 语 法	描　　述
日期实例名.toString()	将 Date 对象转换为字符串,以用户本地时区显示日期和时间(是 Date 对象转换为字符串的默认规则)
日期实例名.toGMTString()	将 Date 对象转换为字符串,以 GMT 格式显示日期和时间

6.9　DOM 对象及操作

文档对象模型(DOM)是 HTML 和 XML 文档的编程接口。它提供了对文档的结构化的表述,并定义了一种方式可以从程序中对该结构进行访问,从而改变文档的结构、样式和内容。DOM 将文档解析为一个由节点和对象(包含属性和方法的对象)组成的结构集合。简而言之,它会将 Web 页面与脚本或程序语言连接起来。

6.9.1　HTML DOM 简介

一个 Web 页面是一个文档,这个文档可以在浏览器窗口或作为 HTML 源代码显示出来,但这两个情况都是同一份文档。文档对象模型(DOM)提供了对同一份文档的另一种表现、存储和操作的方式。DOM 是 Web 页面的完全面向对象表述,它能够使用 JavaScript 等脚本语言进行修改。

W3C DOM 和 WHATWG DOM 标准在绝大多数现代浏览器中都有对 DOM 的基本实现。许多浏览器提供了对 W3C 标准的扩展,所以用户在使用时必须要注意,文档可能会在多种浏览器上使用不同的 DOM 来访问。

HTML DOM 定义了访问和操作 HTML 文档的标准方法。DOM 将 HTML 文档表达为树结构。这种方式将文档中的各节点按照父子从属关系连接起来,使所有节点构成一个整体,相当于建立一个文档内容的关系数据库。它们之间的层次结构关系可以通过一个树形图表示出来,如图 6-36 所示。

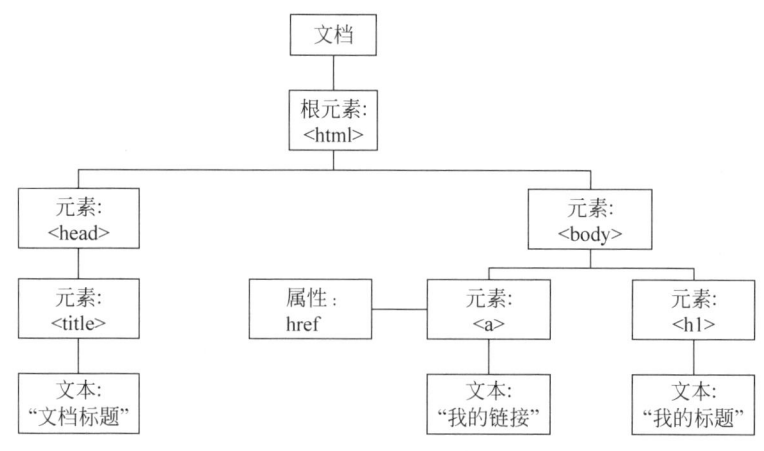

图 6-36　HTML DOM 树

在 HTML DOM 树结构中,文档(document)对象代表浏览器窗口中装载的整个 HTML 文档,是 DOM 中的最高级。HTML 页面的每一部分都是由节点组成的,节点的类型主要有 3 种,即元素节点、文本节点、属性节点。从图 6-36 中可以看出属性节点属于元素节点的分支,一般不常考虑。

6.9.2　HTML 中的节点类型

HTML 页面中的所有内容都会体现在 DOM 文档树中,要理解这种结构,对构成它的每种节点(node)就要先有了解。DOM 是被视为节点树的 HTML。根据 HTML DOM 标准,HTML 文档中的所有内容都是节点。

- 整个文档是一个文档节点。
- 每个 HTML 元素是元素节点。
- HTML 元素内的文本是文本节点。
- 每个 HTML 属性是属性节点。
- 注释是注释节点。

表 6-25 是与 HTML 有关的节点的基本类别,以及各类别的 3 种基本属性(nodeType、nodeName、nodeValue)的值。其中,nodeType 用不同的数字表示节点类型;nodeName 返回节点名称;nodeValue 返回一个字符串,为当前节点本身的文本值(注意,只有文本节点和注释节点才返回文本值,属性节点返回属性值,其他的都返回 null)。

表 6-25　HTML 中的节点

节 点 类 型	nodeType	nodeName	nodeValue
元素节点	1	标签名(大写)	null
属性节点	2	属性名	属性值
文本节点	3	#text	文本内容
注释节点	8	#comment	注释内容
文档节点	9	#document	null
文档类型节点	10	doctype 的名称	null
文档片段节点	11	#document-fragment	null

完整的 DOM 节点类型有 12 种,其中 nodeType 为 4、5、6、7、12 的 5 种节点是针对 XML 文档而言的,在 HTML 中并未出现,这里不再一一列出。

1. 元素节点

元素节点(element)对应网页的 HTML 标签元素。元素节点的 nodeType 值是 1,nodeName 值是大写的标签名,nodeValue 值是 null。

以 body 元素为例,以下代码可以在浏览器开发者工具的 Console 面板中输出 body 元素的 nodeType、nodeName 和 nodeValue 值。

```
<script>
console.log(document.body.nodeType,document.body.nodeName,document.body.nodeValue);
</script>
```

代码运行的输出结果为"1 "BODY" null"。

2. 属性节点

属性节点(attribute)对应网页中 HTML 标签的属性,它只存在于元素的 attributes 属性中,并不是 DOM 文档树的一部分。属性节点的 nodeType 值是 2,nodeName 值是属性名,nodeValue 值是属性值。

例如,下面代码中的 div 元素有 id="test"的属性。

```
< div id = "test"></div >
< script >
    var attr = test.attributes.id;
    console.log(attr.nodeType,attr.nodeName,attr.nodeValue) ;
</script >
```

代码运行的输出结果为"2 "id" "test""。

3. 文本节点

文本节点(text)代表网页中的 HTML 标签内容。文本节点的 nodeType 值是 3，nodeName 值是"♯text"，nodeValue 值是标签内容值。

例如，下面代码中的 div 元素内容为"测试"。

```
< div id = "test">测试</div >
< script >
    var txt = test.firstChild;
    console.log(txt.nodeType,txt.nodeName,txt.nodeValue);
</script >
```

代码运行的输出结果为"3 "♯text" "测试""。

4. 注释节点

注释节点(comment)表示网页中的 HTML 注释。注释节点的 nodeType 值为 8，nodeName 值为"♯comment"，nodeValue 值为注释的内容。

例如，下面的代码在 id 为 myDiv 的 div 元素中存在一个"<! --我是注释内容-->"。

```
< div id = "myDiv"><! -- 我是注释内容 --></div >
< script >
    var com = myDiv.firstChild;          //获取 myDiv 的第一个子节点
    console.log(com.nodeType,com.nodeName,com.nodeValue);
</script >
```

代码运行的输出结果为"8 "♯comment" "我是注释内容""。

5. 文档节点

文档节点(document)表示 HTML 文档，也称为根节点，它指向 document 对象。文档节点的 nodeType 值为 9，nodeName 值为"♯document"，nodeValue 值为 null。

例如，下面的代码输出了文档节点的 3 种基本属性值。

```
< script >
    console.log(document.nodeType,document.nodeName,document.nodeValue);
</script >
```

代码运行的输出结果为"9 "♯document" null"。

6. 文档类型节点

文档类型节点(DocumentType)包含了与文档的 doctype 有关的所有信息。文档类型节点的 nodeType 值为 10，nodeName 值为 doctype 的名称，nodeValue 值为 null。

例如，下面的代码定义了一个 HTML 文档，并输出文档类型节点的 3 种基本属性值。

```
<! DOCTYPE html >
< html lang = "en">
< head >
```

```
            < meta charset = "utf - 8">
            < title > Document </ title >
    </ head >
    < body >
            < script >
                    var nodeDocumentType = document.firstChild;
                console. log ( nodeDocumentType. nodeType, nodeDocumentType. nodeName, nodeDocumentType.
            nodeValue);
            </ script >
    </ body >
    </ html >
```

代码运行的输出结果为"10 "html" null"。

7. 文档片段节点

文档片段节点(DocumentFragment)在文档中没有对应的标签,是一种轻量级的文档,可以包含和控制节点,但不会像完整的文档那样占用额外的资源。该节点的 nodeType 值为 11,nodeName 值为"♯document-fragment",nodeValue 值为 null。

例如,下面的代码创建了一个文档片段节点,并输出文档片段节点的 3 种基本属性值。

```
< script >
        var nodeDocumentFragment = document.createDocumentFragment();          //创建一个文档片段
console. log(nodeDocumentFragment. nodeType, nodeDocumentFragment. nodeName, nodeDocumentFragment.
nodeValue);
</ script >
```

代码运行的输出结果为"11 "♯document-fragment" null"。

DOM 和 HTML 源代码的区别主要有两个方面:

(1) DOM 可被客户端和 JavaScript 修改。

(2) 浏览器会自动修复部分源代码错误。

HTML DOM 中经常被使用的 3 种节点类型是 element(元素节点)、text(文本节点)及 comment(注释节点)。

6.9.3 DOM 节点的访问

DOM 树上的每个元素节点都是一个对象,代表了该页面上的某个 HTML 元素。每个节点都知道自己与其他跟自己直接相邻的节点之间的关系,而且还包含着关于自身的大量信息。一个元素的相邻节点分为三大类,即子节点、父节点和兄弟节点,用户可以通过相关的节点访问属性对它们进行访问。

1. 子节点

对一个元素的子节点访问主要分为 3 类,即子节点集合的访问、第一个子节点的访问和最后一个子节点的访问。

1) 子节点集合的访问

在 JavaScript 中对子节点集合访问的属性有 childNodes 和 children 两种(只读属性),格式分别为 ele. childNodes 和 ele. children,其中 ele 表示元素名称。

- ele. childNodes:获取第一级子节点的列表集合。该集合包括元素节点和文本节点,文档中的空格和换行符都会默认为文本节点。
- ele. children:获取第一级元素类型的子节点的列表集合。

用户可以使用从 0 开始的下标访问 childNodes 和 children 两种属性返回的子节点集合中的某个节点。

【例 6-47】 分别用 childNodes 和 children 两种属性访问 id 名为 box 的元素子节点集合及两个集合中下标为 0 的第一个节点，在 Chrome 浏览器开发者工具的 Console 面板中输出结果如图 6-37 所示。

```html
<div id="box">
    第一行文字
    <p>第一段文字</p>
    第二行文字
    <p>第二段文字</p>
    第三行文字
</div>
<script>
    var oBox = document.getElementById("box");
    console.log(oBox.childNodes);
    console.log(oBox.children);
    console.log(oBox.childNodes[0]);
    console.log(oBox.children[0]);
</script>
```

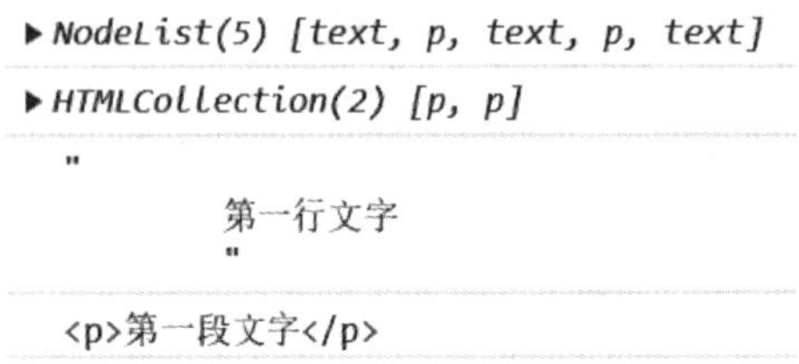

▶ *NodeList(5) [text, p, text, p, text]*

▶ *HTMLCollection(2) [p, p]*

```
"
      第一行文字
"
```

```
<p>第一段文字</p>
```

图 6-37　用 childNodes 和 children 两种属性访问
　　　　子节点集合

由图 6-37 可见，由 childNodes[0]属性获取的 id 名为 box 的元素子节点的第一个节点是文本节点，其内容包括 HTML 文档中内容为"第一行文字"的字符串及该字符串前后共 3 行中的空格。

2）第一个子节点的访问

在 JavaScript 中对第一个子节点访问的属性有 firstChild 和 firstElementChild 两种（只读属性），格式分别为 ele. firstChild 和 ele. firstElementChild，其中 ele 表示元素名称。

- ele. firstChild：获取第一个子节点，可以是元素节点或文本节点。
- ele. firstElementChild：获取第一个元素类型的子节点。

【例 6-48】 分别用 firstChild 和 firstElementChild 两种属性访问 id 名为 box 的元素子节点，在 Chrome 浏览器开发者工具的 Console 面板中输出结果如图 6-38 所示。

```html
<div id="box">
    第一行文字
    <p>第一段文字</p>
    第二行文字
    <p>第二段文字</p>
</div>
<script>
    var oBox = document.getElementById("box");
    console.log(oBox.firstChild);
    console.log(oBox.firstElementChild);
</script>
```

3）最后一个子节点的访问

在 JavaScript 中对最后一个子节点访问的属性有 lastChild 和 lastElementChild 两种（只读属性），格式分别为 ele. lastChild 和 ele. lastElementChild，其中 ele 表示元素名称。

- ele. lastChild：获取最后一个子节点，可以是元素节点或文本节点。
- ele. lastElementChild：获取最后一个元素类型的子节点。

【例 6-49】 分别用 lastChild 和 lastElementChild 两种属性访问 id 名为 box 的元素子节点，在 Chrome 浏览器开发者工具的 Console 面板中输出结果如图 6-39 所示。

```
< div id = "box">
    第一行文字
    <p>第一段文字</p>
    第二行文字
    <p>第二段文字</p>
</div>
< script >
    var oBox = document.getElementById("box");
    console.log(oBox.lastChild);
    console.log(oBox.lastElementChild);
</script>
```

```
"
第一行文字
"

<p>第一段文字</p>
```

```
▶ #text

<p>第二段文字</p>
```

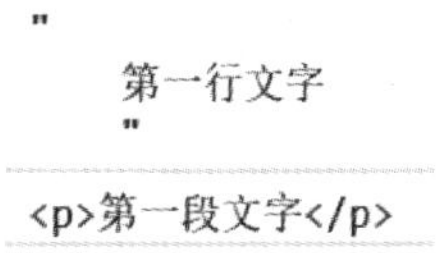

图 6-38 用 firstChild 和 firstElementChild 两种
属性访问第一个子节点

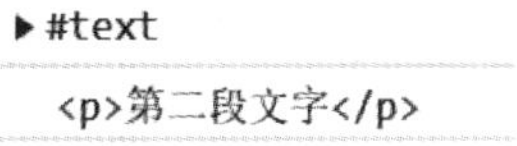

图 6-39 用 lastChild 和 lastElementChild 两种
属性访问最后一个子节点

在图 6-39 中用 lastChild 属性访问 oBox 元素节点的最后一个子节点为文本节点，该文件节点的 nodeValue 值为一个回车符，即 HTML 文件中最后一个子元素节点 p 后面的换行符。

2. 父节点

对一个元素的父节点访问主要分为两类，即获取父节点（parentNode）和获取最近定位父级节点（offsetParent），格式分别为 ele. parentNode 和 ele. offsetParent，其中 ele 表示元素名称。

- ele. parentNode：获取父节点，父节点的位置与定位属性无关。
- ele. offsetParent：获取离当前元素最近的一个有定位属性的父节点，如果没有定位父级，默认为 body。

【例 6-50】 分别用 parentNode 和 offsetParent 两种属性访问 id 名为 content 的元素父节点和最近定位父级节点，在 Chrome 浏览器开发者工具的 Console 面板中输出结果如图 6-40 所示。

```
< div id = "wrap" style = "position:relative">
    < div id = "box">
        < p id = "content">
            文章内容
        </p>
    </div>
</div>
< script >
    var oP = document.getElementById("content");
    console.log(oP.parentNode);
    console.log(oP.offsetParent);
</script>
```

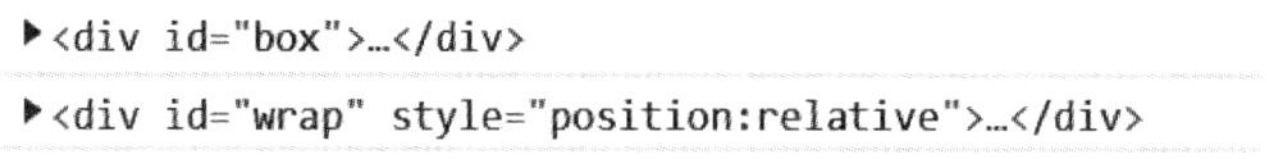

```
▶<div id="box">…</div>
▶<div id="wrap" style="position:relative">…</div>
```

图 6-40　用 parentNode 和 offsetParent 两种属性访问父节点

3. 兄弟节点

对一个元素的兄弟节点访问主要分为两类,即获取下一个兄弟节点和获取上一个兄弟节点。

1) 下一个兄弟节点的访问

在 JavaScript 中对下一个兄弟节点集合访问的属性有 nextSibling 和 nextElementSibling 两种(只读属性),格式分别为 ele. nextSibling 和 ele. nextElementSibling,其中 ele 表示元素名称。

- ele. nextSibling:获取下一个兄弟节点,可以是元素节点或文本节点。
- ele. nextElementSibling:获取下一个元素类型的兄弟节点。

【**例 6-51**】　分别用 nextSibling 和 nextElementSibling 两种属性访问 id 名为 p1 的元素兄弟节点,在 Chrome 浏览器开发者工具的 Console 面板中输出结果如图 6-41 所示。

```html
<div>
    第一行文字
    <p id="p1">第一段文字</p>
    第二行文字
    <p>第二段文字</p>
</div>
<script>
    var oP1 = document.getElementById("p1");
    console.log(oP1.nextSibling);
    console.log(oP1.nextElementSibling);
</script>
```

2) 上一个兄弟节点的访问

在 JavaScript 中对上一个兄弟节点集合访问的属性有 previousSibling 和 previousElementSibling 两种(只读属性),格式分别为 ele. previousSibling 和 ele. previousElementSibling,其中 ele 表示元素名称。

- ele. previousSibling:获取上一个兄弟节点,可以是元素节点或文本节点。
- ele. previousElementSibling:获取上一个元素类型的兄弟节点。

【**例 6-52**】　分别用 previousSibling 和 previousElementSibling 两种属性访问 id 名为 p2 的元素兄弟节点,在 Chrome 浏览器开发者工具的 Console 面板中输出结果如图 6-42 所示。

```html
<div>
    第一行文字
    <p id="p1">第一段文字</p>
    第二行文字
    <p id="p2">第二段文字</p>
</div>
<script>
    var oP2 = document.getElementById("p2");
    console.log(oP2.previousSibling);
    console.log(oP2.previousElementSibling);
</script>
```

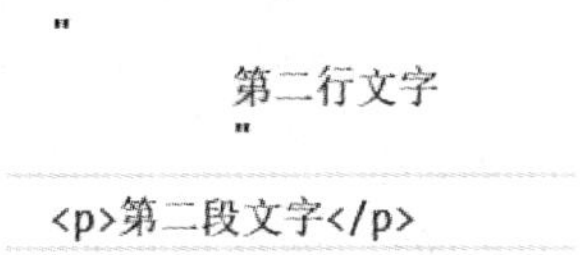

```
"
   第二行文字
"
```

```
<p>第二段文字</p>
```

图 6-41 用 nextSibling 和 nextElementSibling
两种属性访问兄弟节点

```
"
   第二行文字
"
```

```
<p id="p1">第一段文字</p>
```

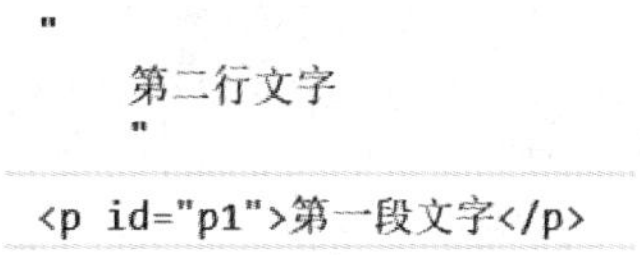

图 6-42 用 previousSibling 和 previousElementSibling
两种属性访问兄弟节点

6.9.4 DOM 节点的操作

DOM 节点的操作包括增、删、改、查(其中查找节点的方法在 6.1.5 节已有详细的介绍),在增加节点之前需要获取或创建新的节点。

1. 创建节点

创建节点的方法主要包括创建元素节点、创建文本节点,以及复制节点 3 种操作。

1) 创建元素节点

创建元素节点的方法为 createElement(),该方法通过指定名称创建一个元素节点。创建元素节点的格式为:

document.createElement(nodename);

其中,nodename 为字符串类型的参数,代表创建元素的名称。

例如,下面的代码创建了一个由"H1"名称指定的标题元素节点。

```
var btn = document.createElement("H1");
```

2) 创建文本节点

创建文本节点的方法为 createTextNode()。创建文本节点的格式为

document.createTextNode(text)

其中,text 为字符串类型的参数,代表文本节点中的文本。

例如,下面的代码创建了一个文本节点。

```
var txt = document.createTextNode("Hello World");
```

3) 复制节点

复制节点的方法为 cloneNode(),用于创建指定的节点的精确副本,可以复制节点的所有属性以及它们的值。复制节点的格式为:

node.cloneNode(deep)

其中,node 代表被复制的节点,deep 为一个可选的布尔值类型的参数。如果参数为 true,还将递归复制当前节点的所有子孙节点;如果参数为 flase,则只复制当前节点。其默认参数为 false。

【例 6-53】 分别用参数为 true 和默认参数两种方式复制 class 为 List 的 ul 元素节点,在 Chrome 浏览器开发者工具的 Console 面板中输出结果如图 6-43 所示。

```
< ul class = "List">
    < li >Coffee </li >
    < li style = "color:red"> Tea </li >
</ul>
```

363

第6章

使用 JavaScript 脚本

```
<script>
    var oList = document.querySelector("ul.List"),
        clnLi1 = oList.cloneNode(true),
        clnLi2 = oList.cloneNode();
    console.log(clnLi1);
    console.log(clnLi2);
</script>
```

```
▼<ul class="List">
  <li>Coffee</li>
  <li style="color:red">Tea</li>
</ul>

<ul class="List"></ul>
```

图 6-43　用参数为 true 和默认参数两种
方式复制节点

2. 元素节点操作

元素节点操作主要包括插入、删除和替换节点 3 类，这些操作的共同点是必须通过父元素节点调用相关的方法来对子元素进行增、删、改等操作。

1）在已有节点后插入

在已有节点后插入一个新节点的方法为 appendChild()。其格式为：

`parent.appendChild(newnode)`

其中，parent 代表允许插入节点的父节点，newnode 为需要插入的节点对象参数。

【例 6-54】　设计一个列表页面，使得单击按钮后创建一个新的列表项节点，并插入到已有的列表项节点后面，如图 6-44 所示。

```
<ul id="list">
    <li>HTML5</li>
    <li>CSS3</li>
</ul>
<button>插入列表项"JavaScript"</button>
<script>
    let oList = document.getElementById("list"),
        oBtn = document.getElementsByTagName("button")[0];
    oBtn.onclick = function(){
        let newItem = document.createElement("LI"),
            textnode = document.createTextNode("JavaScript");
        newItem.appendChild(textnode);
        oList.appendChild(newItem);
        this.disabled = true;          //使用一次后禁用该按钮
    }
</script>
```

(a) 插入节点前

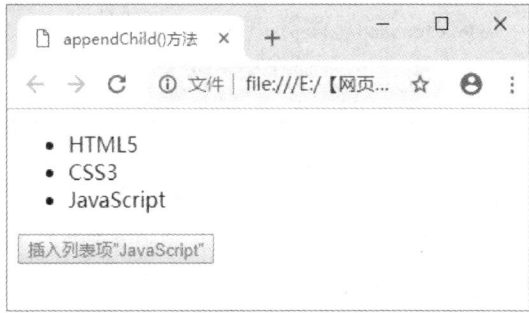

(b) 插入节点后

图 6-44　在已有子节点后插入节点

在本例中插入列表项新节点的过程为：首先创建一个 LI 节点，然后创建一个文本节点，接着向这个 LI 节点中插入文本子节点，并在 UL 列表节点的所有子节点的最后插入此 LI 子节点。

2）在已有节点前插入节点

在指定的节点前插入一个新的子节点的方法为 insertBefore()。其格式为：

parent.insertBefore(newnode,existingnode)

其中，parent 代表允许插入节点的父节点，newnode 为需要插入的节点对象，existingnode 为在其之前插入新节点的子节点。

【例 6-55】 修改例 6-54 的列表页面，使得单击按钮后创建一个新的列表项节点，并插入到已有的列表项节点的前面，如图 6-45 所示。

```html
<ul id = "list">
    <li>CSS3</li>
    <li>JavaScript</li>
</ul>
<button>插入列表项"HTML5"</button>
<script>
    let oList = document.getElementById("list"),
        oBtn = document.getElementsByTagName("button")[0];
    oBtn.onclick = function(){
        let newItem = document.createElement("LI"),
            textnode = document.createTextNode("HTML5");
        newItem.appendChild(textnode);
        oList.insertBefore(newItem,oList.children[0]);
        this.disabled = true;          //使用一次后禁用该按钮
    }
</script>
```

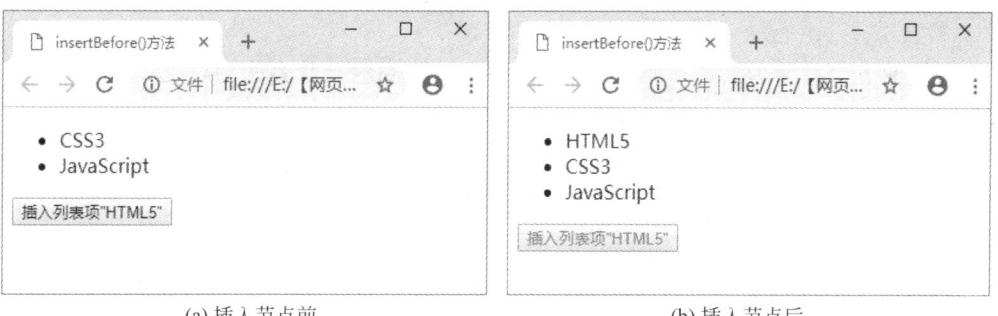

(a) 插入节点前　　　　　　　　　　　　　　(b) 插入节点后

图 6-45　在指定的子节点前插入节点

3）删除一个节点

删除一个节点的方法为 removeChild()。其功能为删除父节点中指定的一个子节点，格式为：

parent.removeChild(node)

其中，parent 代表父节点，node 为需要被删除的子节点。如果删除成功，此方法可返回被删除的节点；如果失败，则返回 null。

【例 6-56】 修改例 6-54 的列表页面，使得单击按钮后删除 4 个列表项中的第 3 个列表项,如图 6-46 所示。

```
< ul id = "list">
    < li > HTML5 </li >
    < li > CSS3 </li >
    < li > ES5 </li >
    < li > JavaScript </li >
</ul >
< button>删除列表项"ES5"</button >
< script >
    let oList = document.getElementById("list"),
        oBtn = document.getElementsByTagName("button")[0];
    oBtn.onclick = function(){
        oList.removeChild(oList.children[2]);
        this.disabled = true;          //使用一次后禁用该按钮
    }
</script >
```

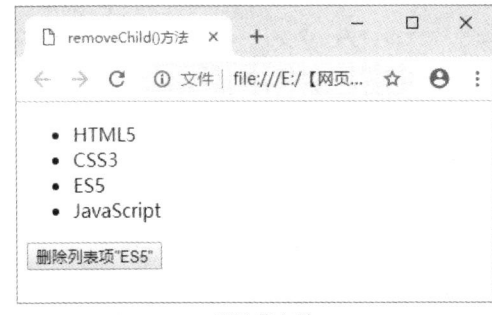
(a) 删除节点前

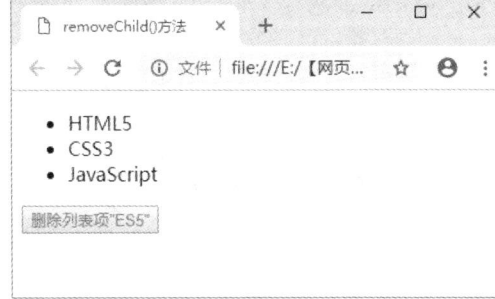
(b) 删除节点后

图 6-46　删除节点

4）替换节点

将指定的节点替换为新的节点的方法为 replaceChild()。其格式为：

parent. replaceChild(newnode,oldnode)

其中,parent 代表允许插入节点的父节点；newnode 为需要插入的新节点对象,这个新节点可以是文档中某个已存在的节点,也可以创建新的节点；oldnode 为需要被移除的节点对象。

【**例 6-57**】　修改例 6-54 的列表页面,使得单击按钮后将第一个列表项中的内容进行替换,如图 6-47 所示。

```
< ul id = "list">
    < li > HTML5 </li >
    < li > CSS3 </li >
    < li > JavaScript </li >
</ul >
< button>替换第一个列表项</button >
< script >
    let oItem = document.getElementById("list"). children[0],
        oBtn = document.getElementsByTagName("button")[0];
    oBtn.onclick = function(){
        let textnode = document.createTextNode("H5");
```

```
            oItem.replaceChild(textnode,oItem.firstChild);
            this.disabled = true;          //使用一次后禁用该按钮
        }
    </script>
```

(a) 替换节点前

(b) 替换节点后

图 6-47   替换节点

在本例中替换节点的过程为：首先创建一个新的文本节点，然后替换首个列表项中的首个子节点。这里用文本节点 H5 替换文本节点 HTML5，而不是整个 li 元素，这是替换节点的另一种方法。

3. 属性节点操作

属性节点操作主要包括属性节点的获取、创建和添加 3 类操作。

1）获取属性节点

获取属性节点的方法为 getAttributeNode（）。该方法从当前元素中通过名称获取属性节点，其格式为：

```
element.getAttributeNode(attributename)
```

其中，element 代表当前元素节点，attributename 为属性名称。

【例 6-58】   对 id 名为 box 的元素节点通过名称 title 获取属性节点。在 Chrome 浏览器开发者工具的 Console 面板中输出该属性节点及节点的 3 种基本属性，结果如图 6-48 所示。

```
<div id="box" title="top"></div>
<script>
    var t = document.getElementById("box");
    var idAttr = t.getAttributeNode("title");
    console.log(idAttr);
    console.log(idAttr.nodeType);
    console.log(idAttr.nodeName);
    console.log(idAttr.nodeValue);
</script>
```

2）创建属性节点

创建属性节点的方法为 createAttribute（）。该方法用于创建一个指定名称的属性，并返回新的属性节点对象。其格式为：

```
document.createAttribute(attributename)
```

其中，attributename 为要创建的属性名称。

【例 6-59】   创建一个名称为 class 的属性节点，并对其赋值。在 Chrome 浏览器开发者工

使用 JavaScript 脚本

具的 Console 面板中输出该属性节点,结果如图 6-49 所示。

```
<script>
    var att = document.createAttribute("class");
    att.nodeValue = "democlass";
    console.log(att);
</script>
```

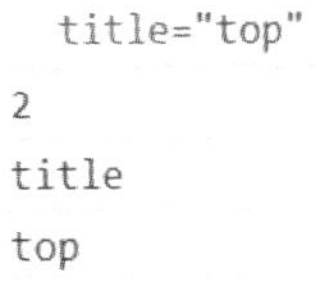

```
title="top"
2
title
top
```

```
class="democlass"
```

图 6-48 用 getAttributeNode()
方法获取属性节点

图 6-49 用 createAttribute()
方法创建属性节点

3) 添加属性节点

添加属性节点的方法为 setAttributeNode()。该方法用于添加指定的属性节点。如果元素中已经存在指定名称的属性,那么该属性将被新属性替代;如果新属性替代了已有的属性,则返回被替代的属性,否则返回 null。其格式为:

```
element.setAttributeNode(attributenode)
```

其中,element 代表当前元素节点,attributename 为属性名称。

【例 6-60】 实现单击按钮后为 id 为 box 的元素节点添加名称为 class 的属性节点,并对其赋值,从而改变元素节点样式。添加属性节点前后的变化如图 6-50 所示。分别单击两次按钮后在 Chrome 浏览器开发者工具的 Console 面板中的输出结果如图 6-51 所示。

```
div{
    width:200px;
    height:50px;
    border:1px solid #CCC;
    margin - bottom: 20px;
    font - size:14px;
}
.democlass{
    color:red;
    font - size:30px;
}
<div id = "box"> box 盒子</div>
<button>添加属性节点</button>
<script>
    let oDiv = document.getElementById("box"),
        oBtn = document.getElementsByTagName("button")[0],
        att = document.createAttribute("class");
    att.value = "democlass";
    oBtn.onclick = function(){
        let divSetAttr = oDiv.setAttributeNode(att);    //添加属性节点
        console.log(divSetAttr);                        //输出添加属性节点方法的返回值
    }
</script>
```

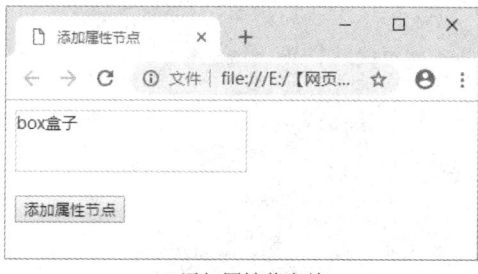 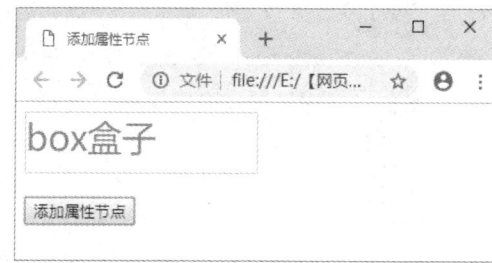

(a) 添加属性节点前　　　　　　　　(b) 添加属性节点后

图 6-50　添加属性节点

null

null　　　class="democlass"

(a) 第一次单击　　　　　　(b) 第二次单击

图 6-51　两次单击"添加属性节点"按钮后 Console 面板的输出

由图 6-51 可见,第一次单击"添加属性节点"按钮前,元素中未存在指定名称的属性,执行 setAttributeNode() 方法的返回值为 null;而第二次单击"添加属性节点"按钮前,元素中已经存在指定名称的属性,执行 setAttributeNode() 方法的返回值为被替代的属性节点。因此,可以用不同的返回值来判断该属性节点是否第一次添加到当前的元素节点。

6.9.5　DOM 对象案例实践

1. 案例要求

编写一个网页练习 DOM 对象中节点的操作,实现节点的添加和删除功能,要求如下:

(1) 初始网页界面如图 6-52(a) 所示。

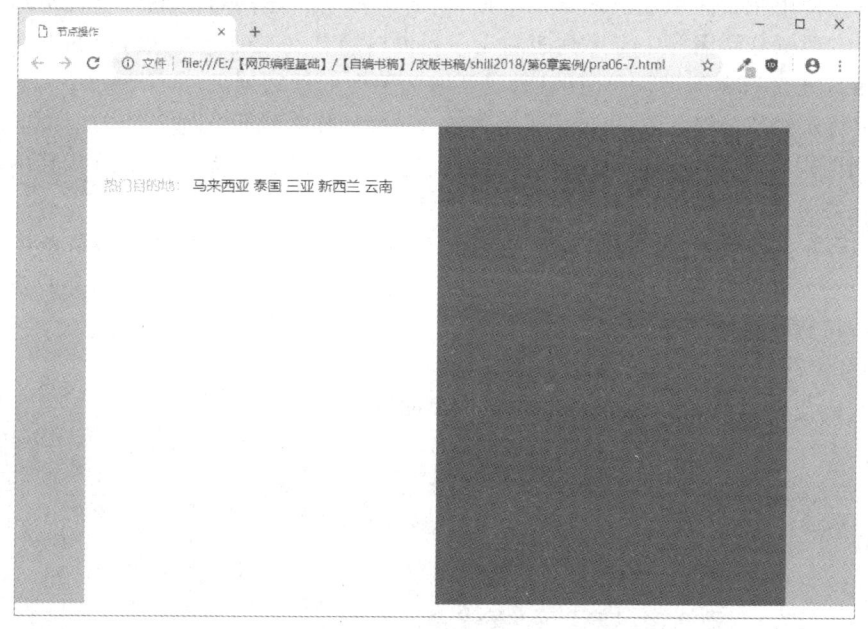

(a) 初始网页界面

图 6-52　节点的添加和删除

使用 JavaScript 脚本

(b) 单击目的地可添加节点，单击"X"可删除节点

图 6-52　（续）

（2）单击左侧某一个目的地名称，同时在左侧和右侧下方添加该目的地，添加多个目的地后的效果如图 6-52(b)所示。

（3）单击图 6-52(b)左侧下方某一目的地旁边的"X"符号时，将同时删除自身及右侧同名的目的地。

2. 思路提示

（1）首先使用左右两个盒子来布局页面，同时模拟添加热门目的地后左右两侧添加的元素效果：左右两侧分别用一个有序列表和无序列表布局节点。确定样式符合预期后再把两侧代码中的 li 元素进行删除或注释，使其初始状态为不含 li 项的列表（即未添加节点）。

（2）编写左侧超链接元素的单击事件函数，功能为当左侧下方列表的文本中还没有与当前文本相同的内容时，分别为左右两侧的节点创建并添加特定结构的 li 节点。其中右侧节点可通过对左侧节点复制及删除多余的子元素得到。

（3）编写左侧节点中"X"符号元素的单击事件函数，功能为先找到右侧节点中文本与当前节点的上一兄弟节点中文本相同的节点，在删除右侧对应的节点后，通过调用自身父节点的删除节点方法删除自身节点。

3. 参考代码

参考代码文件名为 pra06-7.html，主要代码如下：

```
* {
    margin: 0;
    padding: 0;
}
body {
    font: 16px/1.5 'Microsoft Yahei';
}
.clearfix:after {
```

```css
        content: '';
        display: block;
        clear: both;
    }
    .fl {
        float: left;
    }
    .fr {
        float: right;
    }
    #wrap {
        height: 580px;
        background: linear-gradient(180deg, #8CC1DE, #F9A886);
        overflow: hidden;
    }
    #wrap .container {
        width: 800px;
        margin: 50px auto;
    }
    #wrap .container .target {
        width: 50%;
        background-color: #FFF;
        line-height: 2;
        min-height: 550px;
    }
    #wrap .container .target p {
        margin: 50px 20px 0;
        color: #F9A886;
    }
    #wrap .container .target a {
        background-color: #FFF;
        text-decoration: none;
        color: #000;
    }
    #wrap .container .target a:hover {
        color: red;
    }
    #wrap .container .target ol li {
        list-style: none;
        font-style: normal;
        display: inline-block;
        margin: 10px 0 0 20px;
        padding: 0 5px;
        color: #999;
        border: 1px solid #CCC;
    }
    #wrap .container .target ol li:hover i {
        color: red;
        cursor: pointer;
    }
    #wrap .container .target ol li span {
        padding-right: 5px;
    }
    #wrap .container .target ol li i {
```

```css
            padding: 0 5px;
            border-left: 1px solid #CCC;
        }
        #wrap .container .show {
            width: 50%;
            min-height: 550px;
            background-color: rgba(0,0,0,0.5);
        }
        #wrap .container .show ul {
            margin-top: 50px;
        }
        #wrap .container .show ul li {
            list-style: none;
            font-style: normal;
            display: inline-block;
            margin: 20px;
            padding: 5px;
            border: 1px solid #CCC;
            color: #FFF;
        }
```

```html
<div id="wrap">
    <div class="container clearfix">
        <div class="target fl">
            <p>
                热门目的地:
                <a href="javascript:void(0);">马来西亚</a>
                <a href="javascript:void(0);">泰国</a>
                <a href="javascript:void(0);">三亚</a>
                <a href="javascript:void(0);">新西兰</a>
                <a href="javascript:void(0);">云南</a>
            </p>
            <ol class="clearfix" onselectstart="return false">
                <!-- <li><span>马来西亚</span><i>x</i></li> -->

            </ol>
        </div>
        <div class="show fr">
            <ul class="clearfix">
                <!-- <li><span>马来西亚</span></li> -->
            </ul>
        </div>
    </div>
</div>
<script>
    var aA = document.getElementsByTagName('a');
    var OL = document.getElementsByTagName('ol')[0];
    var UL = document.getElementsByTagName('Ul')[0];
    var show_li = UL.getElementsByTagName('li');

    for(var i = 0; i < aA.length; i++){
        aA[i].onclick = function(){
            if(OL.children){
                for(var e = 0; e < OL.children.length; e++){
```

```
                    //OL.children[e].children[0].innerHTML 如果存在和 a 相同的值
                    //就中断函数执行
                    if(OL.children[e].children[0].innerHTML == this.innerHTML){
                        return;
                    }
                }
            }
            var oLi = document.createElement('li');
            var oSpan = document.createElement('span');
            var oI = document.createElement('i');

            oSpan.innerHTML = this.innerHTML;
            oI.innerHTML = 'x';
            oI.onclick = cancel;
            oLi.appendChild(oSpan);                      //oSpan 插入 li 内部
            oLi.appendChild(oI);                         //oI 插入 li 内部
            OL.appendChild(oLi);                         //oLi 插入 OL 内部

            var clone_li = oLi.cloneNode(true);          //复制 li
            clone_li.removeChild(clone_li.children[1]);  //移除 oI
            UL.appendChild(clone_li);

        }
    }
    function cancel(){                                   //删除
        for(var i = 0;i < show_li.length;i++){
            if(this.previousSibling.innerHTML == show_li[i].children[0].innerHTML ){
                show_li[i].parentNode.removeChild(show_li[i]);     //删除右边的 li
                var l_li = this.parentNode;
                l_li.parentNode.removeChild(l_li);       //删除左边的 li
            }
        }
    }
}
</script>
```

4. 案例改编及拓展

仿照以上案例,自行编写及拓展类似的网页功能。

6.10　BOM 对象及操作

6.10.1　BOM 简介

BOM(Browser Object Model)即浏览器对象模型,它使 JavaScript 有能力与浏览器“对话”。BOM 提供了独立于内容而与浏览器窗口进行交互的对象。BOM 由一系列相关的对象构成,并且每个对象都提供了很多方法与属性。window 对象是 BOM 的顶层对象,其他对象都是该对象的子对象。浏览器对象的层次结构如图 6-53 所示。

window 对象表示浏览器窗口。所有 JavaScript 全局对象、函数以及变量均自动成为 window 对象的成员。全局变量是 window 对象的属性,全局函数是 window 对象的方法。HTML DOM 的 document 也是 window 对象的属性之一。在 BOM 对象的层次结构中其他常用的对象还有 location、history 和 navigator。

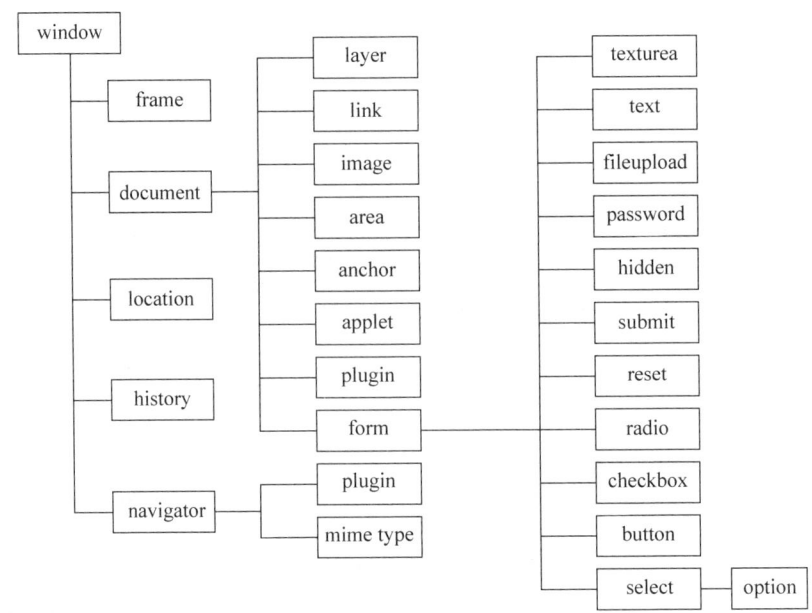

图 6-53 浏览器 BOM 对象的层次结构

6.10.2 窗口对象

BOM 主要用于管理窗口与窗口之间的通信,因此核心的对象是窗口(window)对象。window 对象处于整个从属关系的最高级,它代表整个浏览器的窗口,并提供了处理窗口的方法和属性。在 JavaScript 中,对 window 对象的属性和方法的引用可以省略"window."这个前缀,例如 window.alert("hello!")可直接写成 alert("hello!")。

1. window 对象的方法

window 对象的常用方法如表 6-26 所示。

表 6-26 window 对象的常用方法

使 用 语 法	描　　述
window.alert(text)	显示带有一段消息和一个"确定"按钮的警告框,参数为警告信息
window.confirm(text)	显示带有一段消息以及"确定"按钮和"取消"按钮的对话框,参数为确认信息
window.prompt(text,defaultText)	显示可提示用户输入的对话框,参数为提示信息和默认值
window.open(URL,name,features,replace)	根据页面地址、窗口名称、窗口特征打开一个窗口,或查找一个已命名的窗口
window.close()	关闭当前浏览器窗口
window.setTimeout(code,millisec)	在指定的毫秒数后调用函数或表达式
window.clearTimeout(id_of_settimeout)	取消由 setTimeout() 方法设置的定时操作,其中参数必须是由 setTimeout() 返回的 ID 值。
window.setInterval(code,millisec)	按照指定的周期(以毫秒计)来调用函数或计算表达式

【例 6-61】 案例网站的首页如图 6-54 所示,为左侧的"登录"按钮添加 JavaScript 代码,单击该按钮后在本窗口中打开一个提示登录成功的欢迎页面,而该页面在一个指定的时间后又返回网站首页。

index.html 中"登录"按钮的代码如下:

```
< input type = "button" value = "登录" id = "login">
```

图 6-54　案例网站首页界面

在 index.html 的 body 部分添加如下 JavaScript 代码：

```
//单击"登录"按钮打开新窗口
let oLogin = document.getElementById("login");
oLogin.onclick = function(){
window.open("reg/login.html","_self");
}
```

其次在网站根目录的 reg 文件夹中新建一个名为 login.html 的网页，在其主要内容区编辑欢迎文字，并在 body 部分添加如下 JavaScript 代码：

```
function forward(){
    window.open("../index.html","_self");
}
setTimeout('forward()', 5000);     //在 5s 后调用 forward()函数，返回首页
```

用浏览器打开 index.html，并单击"登录"按钮，运行效果如图 6-55 所示。

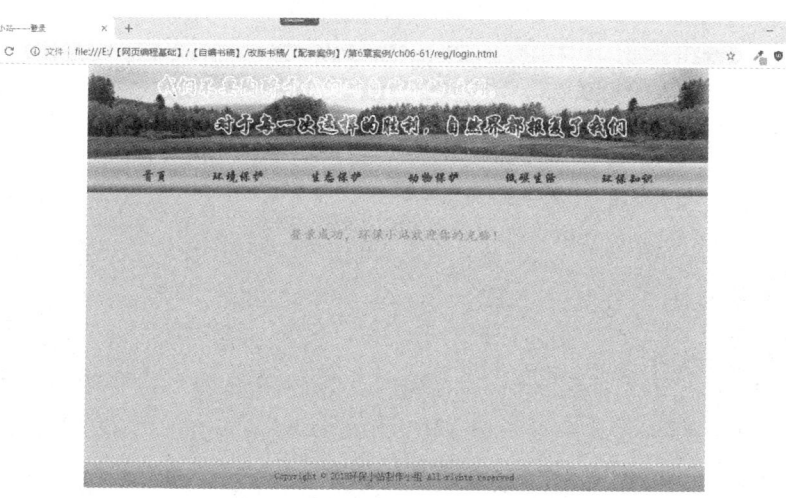

图 6-55　用"登录"按钮打开的欢迎页面

使用 JavaScript 脚本

图 6-55 所示的"登录"界面显示 5s 后会自动返回图 6-54 所示的网站首页。

2. window 对象的属性

window 对象的常用属性如表 6-27 所示。

表 6-27　window 对象的常用属性

使 用 语 法	描　　述
window. closed	返回 true 或 false,表示 window 对象对应的窗口是否关闭
window. opener	返回打开当前窗口的 window 对象
window. defaultstatus	设置和返回窗口状态栏中默认显示的文本内容,也就是在没有任何操作的情况下状态栏上所显示的文本内容
window. status	设置和返回窗口状态栏中当前正显示的文本内容
window. screenTop	返回窗口左上角顶点在屏幕上的垂直位置
window. screenLeft	返回窗口左上角顶点在屏幕上的水平位置

【例 6-62】　修改例 6-61 中静态的登录欢迎页面 login. html,使该页面在打开的同时自动打开一个新的提示窗口,并在该窗口中加载网页 information. html。当 login. html 页面被卸载时(关闭浏览器窗口或浏览器窗口导航到另外一个网页文件,例如 5s 后自动返回首页),检查 information. html 网页文件所在的窗口是否被关闭,如果没有关闭,则关闭 information. html 网页文件所在的窗口。

首先在 reg 文件夹中新建一个名为 information. html 的网页,其主要代码如下:

```
      p{
            height:200px;
            line - height:200px;
            text - align:center;
            font - family: "楷体";
            font - size: 20px;
            color:#F30;
      }

<p>保护环境,是我们共同的责任!</p>
```

然后修改 login. html 中 body 部分的 JavaScript 代码如下:

```
function forward(){
      window. open("../index. html","_self");
}
setTimeout('forward()', 5000);
let child = window. open("information. html","_blank","top = 0, left = 0, width = 350, height = 200,
toolbar = no");          //打开子窗口
function closeChild() //closeChild()函数的功能为若子窗口未被关闭,则关闭子窗口
{
      if(!child. closed)
      {
            child. close();
      }
}
```

最后修改 login. html 中的< body >标签代码如下:

```
< body onunload = "closeChild()">
```

在浏览器中打开 login. html 页面的初始效果如图 6-56 所示。

图 6-56　自动打开和关闭提示窗口的初始界面

6.10.3　文档对象

文档(document)对象代表浏览器窗口中装载的整个 HTML 文档,可用来访问页面中的所有元素,例如标题、背景、使用的语言。document 对象是 window 对象的一个属性,可通过 window. document 属性来访问。

1. document 对象的属性

document 对象的常用属性如表 6-28 所示。

表 6-28　document 对象的常用属性

使　用　语　法	描　　　述
document. title	返回当前文档的标题(HTML title 元素中的文本)
document. lastModified	返回文档最后被修改的日期和时间
document. URL	返回当前文档的 URL
document. cookie	设置或查询与当前文档相关的所有 cookie
document. bgColor	定义文档的背景色
document. fgColor	定义文档的前景色
document. location	保存文档所有的页面地址信息
document. alinkColor	定义激活链接的颜色
document. linkColor	定义链接的颜色
document. vlinkColor	定义已浏览过的链接的颜色

2. document 对象的方法

document 对象的常用方法如表 6-29 所示。

表 6-29　document 对象的常用方法

使　用　语　法	描　　　述
document. write (exp1, exp2, exp3,…)	向文档写入 HTML 表达式或 JavaScript 代码,可列出多个参数,它们将被按顺序追加到文档中
document. writeln(exp1,exp2, exp3,…)	该方法与 write()方法的作用相同,可在每个表达式后写一个换行符

使用 JavaScript 脚本

使用语法	描述
document. open (mimetype, replace)	该方法将擦除当前 HTML 文档的内容,开始一个新的文档。它有两个可选参数,其中 mimetype 规定正在写的文档的类型,默认值是 text/html;而 replace 参数设置后,可引起新文档从父文档继承历史条目
document. close()	可关闭一个由 document. open()方法打开的输出流,并显示选定的数据

注意:调用 open()方法打开一个新文档并且用 write()方法设置文档内容后,必须记住用 close()方法关闭文档,并迫使其内容显示出来。

【例 6-63】 利用 document 对象的几个属性和方法修改页面效果及内容。网页初始效果如图 6-57 所示。

```
<p><a href="#">单击改变网页的几种颜色属性</a></p>
<form>
    <input type="button" value="单击显示新文档内容"/>
</form>
<script>
    let oA = document.getElementsByTagName("a")[0],
        oInput = document.getElementsByTagName("input")[0];
    oA.onclick = function(){
        changecolor();
    }
    oInput.onclick = function(){
        newDoc();
    }
    function changecolor()
    {
        document.bgColor = "blue";
        document.fgColor = "red";
        document.linkColor = "gray";
        document.alinkColor = "yellow";
        document.vlinkColor = "#00FF00";
    }
    function newDoc()
    {
        document.open();
        document.write("<p>新文档内容</p>");
        document.close();
    }
</script>
```

单击链接后,调用 changecolor()函数,利用 document 对象的属性改变文档的背景色和前景色、超链接的颜色、激活链接的颜色以及浏览过的链接的颜色。单击链接后的效果如图 6-58 所示。

单击按钮后调用 newDoc()函数,利用 document 对象的 open()、write()和 close()方法擦除原 HTML 页面中的内容,并显

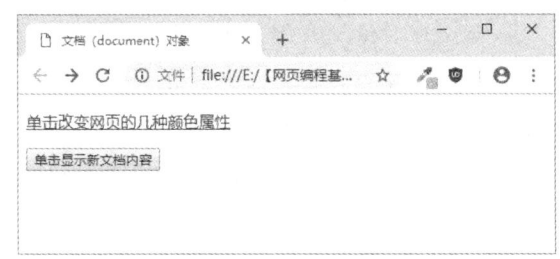

图 6-57 网页初始效果

示新的内容。单击按钮后的效果如图 6-59 所示。

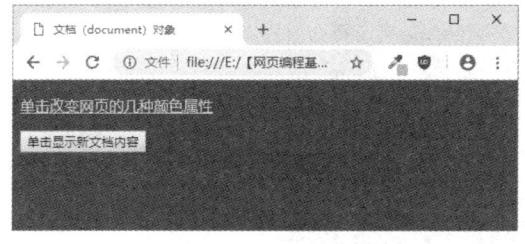
图 6-58 单击链接后的效果

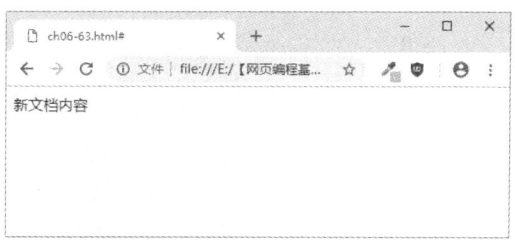
图 6-59 单击按钮后的效果

6.10.4 位置对象

位置(location)对象是由 JavaScript runtime engine 自动创建的,包含有关当前 URL 的信息。location 对象是 window 对象的一个部分,可通过 window. location 属性访问和改变当前的 URL 地址。

【例 6-64】 利用 window. location 属性来访问和改变当前的 URL 地址,页面一和页面二的页面结构和功能类似。

其中,页面一(01. html)的主体代码如下:

```
< div id = "wrap">
    < h3 >页面一</h3 >
    < input type = "button" onclick = "currLocation()" value = "显示当前的 URL">
    < input type = "button" onclick = "newLocation()" value = "改变 URL 至页面二">
</div >

< script >
    let oInput = document.getElementsByTagName("input");
    oInput[0]. onclick = function(){
        alert(window. location);
    }
    oInput[1]. onclick = function(){
        window. location = "02.html";
    }
</script >
```

页面一的初始效果如图 6-60 所示。单击第一个按钮和第二个按钮后的效果分别如图 6-61 和图 6-62 所示。

图 6-60 页面一的初始效果

图 6-61 单击第一个按钮后

图 6-62　单击第二个按钮后

1. location 对象的属性

location 对象的常用属性如表 6-30 所示。

表 6-30　location 对象的常用属性

使 用 语 法	描　　述
location. protocol	设置或返回当前 URL 的协议
location. host	设置或返回当前 URL 的主机名称和端口号
location. port	设置或返回当前 URL 的端口部分
location. pathname	设置或返回当前 URL 的路径部分
location. hash	设置或返回从井号(♯)开始的 URL(锚)
location. search	设置或返回从问号(?)开始的 URL(查询部分)
location. hostname	设置或返回当前 URL 的主机名
location. href	设置或返回完整的 URL

例如，假设当前的 URL 是"http://example. com:1234/test/test. html♯part2"，则 location. protocol 返回 http:；location. host 返回 example. com:1234；location. port 返回 1234；location. pathname 返回/test/test. html；location. hash 返回♯part2；location. hostname 返回 example. com；location. href 返回"http://example. com:1234/test/test. html♯part2"。

假设当前的 URL 是"http://example. com/tiy/t. asp? f = hdom _ loc _ search"，则 location. search 返回? f=hdom_loc_search。

location 的 8 个属性都是可读写的，但是只有 href 与 hash 的写才有意义。例如改变 location. href 会重新定位到一个 URL，而修改 location. hash 会跳到当前页面中的 anchor(< a id="name">或者< div id="id">等)名字的标签(如果有)，而且页面不会被重新加载。

2. location 对象的方法

location 对象的常用方法如表 6-31 所示。

表 6-31　location 对象的常用方法

使 用 语 法	描　　述
location. assign(URL)	加载新的文档。这种方式会将新地址放到浏览器历史栈中，意味着转到新页面后单击"后退"按钮仍可以回到该页面
location. reload(force)	重新加载当前文档。 当无参数或参数为 false 时，若文档未改变，则从缓存中装载文档；若文档已改变，则从服务器上重新下载该文档。 当参数为 true 时，无论文档是否改变，都将从服务器上重新下载该文档

使 用 语 法	描　　述
location. replace(URL)	用新的文档替换当前文档。新的 URL 将覆盖 history 对象中的当前记录,也就是说跳转到新页面后单击"后退"按钮不能回到该页面。目前 IE、Chrome 只是简单的跳转,只有 Firefox 会删除本页面的历史记录

6.10.5　历史对象

历史(history)对象是由 JavaScript runtime engine 自动创建的,由一系列的 URL 组成。这些 URL 是用户在一个浏览器窗口内已访问的 URL。

history 对象最初设计用来表示窗口的浏览历史,但出于隐私方面的原因,history 对象不再允许脚本访问已经访问过的实际 URL。唯一保持使用的功能只有 back()、forward() 和 go() 方法。

1. history 对象的属性

history 的主要属性是 length,其语法为 history. length,它返回浏览器历史列表中的 URL 数量。

说明：IE 6 和 Opera 9 以 0 开始,而 Firefox 1.5 以 1 开始。

2. history 对象的方法

history 对象的常用方法如表 6-32 所示。

表 6-32　history 对象的常用方法

使 用 语 法	描　　述
history. back()	加载历史列表中的前一个 URL(如果存在)。 调用该方法的效果等价于单击"后退"按钮或调 history. go(−1)
history. forward()	加载历史列表中的下一个 URL。 调用该方法的效果等价于单击"前进"按钮或调用 history. go(1)
history. go(number|URL)	URL 参数使用的是要访问的 URL 或 URL 的子串,而 number 参数使用的是要访问的 URL 在 history 的 URL 列表中的相对位置(−1 为上一个页面,1 为下一个页面)

【例 6-65】　编写 first. html 及 second. html 两个页面,用 history 对象的不同方法来模仿浏览器的"前进"和"后退"按钮。

其中,first. html 的代码为:

```
<p>history 方法的一个实例: </p>
<p>先单击< a href = "second.html">链接页面</a>,再单击该页面上的"后退"按钮,回到本页面。</p>
<p>再单击当前页面中的"前进"按钮又可回到前面链接的页面</p>
<form>
    < input type = "button" value = "后退"/>
    < input type = "button" value = "前进"/>
</form>
<script>
    let aInput = document.getElementsByTagName("input");
    aInput[0].onclick = function() {
        history.back();
    };
```

381

```
        aInput[1].onclick = function() {
            history.forward();
        };
    </script>
```

代码运行效果如图 6-63 所示。

second.html 的主要代码为:

```
<p>history 对象方法的另一实例:</p>
<form>
    <input type = "button" value = "后退"/>
    <input type = "button" value = "前进"/>
</form>
<script>
    let aInput = document.getElementsByTagName("input");
    aInput[0].onclick = function() {
        history.go(-1);
    };
    aInput[1].onclick = function() {
        history.go(1);
    };
</script>
```

第二个实例的效果如图 6-64 所示。

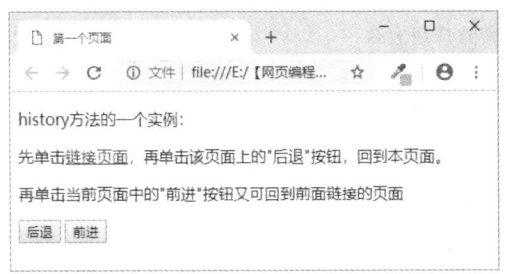

图 6-63　history 对象的方法实例一

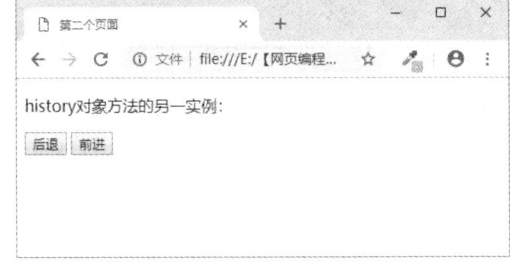

图 6-64　history 对象的方法实例二

6.10.6　浏览器信息对象

浏览器信息(navigator)对象包含有关客户端浏览器的信息。navigator 对象包含的属性描述了正在使用的浏览器。用户可以使用这些属性进行平台专用的配置。

目前没有应用于 navigator 对象的公开标准,不过所有浏览器都支持该对象。

1. navigator 对象的属性

navigator 对象的常用属性如表 6-33 所示。

表 6-33　navigator 对象的常用属性

使 用 语 法	描　　述
navigator.appCodeName	返回浏览器的代码名
navigator.appMinorVersion	返回浏览器的次级版本
navigator.appName	返回浏览器的名称
navigator.appVersion	返回浏览器的平台和版本信息

使 用 语 法	描　述
navigator. browserLanguage	返回当前浏览器的语言
navigator. cookieEnabled	返回指明浏览器中是否启用 cookie 的布尔值
navigator. onLine	返回指明系统是否处于脱机模式的布尔值
navigator. platform	返回运行浏览器的操作系统平台
navigator. systemLanguage	返回 OS 使用的默认语言
navigator. userAgent	返回由客户机发送服务器的 user-agent 头部的值
navigator. userLanguage	返回 OS 的自然语言设置

2. navigator 对象的方法

navigator 对象的方法有两个,如表 6-34 所示。

表 6-34　navigator 对象的常用方法

使 用 语 法	描　述
navigator. javaEnabled( )	规定浏览器是否启用 Java
navigator. taintEnabled( )	规定浏览器是否启用数据污点(data tainting)

【例 6-66】 应用 navigator 对象获取浏览器信息,使用某一版本的 Chrome 浏览器测试的结果如图 6-65 所示。

```
<p>浏览器代码名称: <span></span></p>
<p>浏览器名称: <span></span></p>
<p>浏览器代码版本号: <span></span></p>
<p>操作系统平台: <span></span></p>
<p>支持 Java?: <span></span></p>
<p>用户代理: <span></span></p>

<script>
    let aSpan = document.getElementsByTagName("span");
    aSpan[0].innerHTML = navigator.appCodeName;
    aSpan[1].innerHTML = navigator.appName;
    aSpan[2].innerHTML = navigator.appVersion;
    aSpan[3].innerHTML = navigator.platform;
    aSpan[4].innerHTML = navigator.javaEnabled();
    aSpan[5].innerHTML = navigator.userAgent;
</script>
```

图 6-65　通过 navigator 对象获取浏览器信息

第6章

使用 JavaScript 脚本

从图 6-65 可见,通过 navigator 对象获取的部分浏览器信息并不准确。这里以代表浏览器代码名的 appCodeName 属性为例,在所有以 Netscape 代码为基础的浏览器中,它的值是"Mozilla"。为了兼容起见,在 Microsoft 的浏览器中,它的值也是"Mozilla",并且在 Safari 浏览器的 Console 里运行 navigator. appCodeName 得出的结果还是"Mozilla"。所以,IE、Chrome、Safari 等浏览器返回的都是"Mozilla"。

在判断不同浏览器时,用得最多(也可以说相对更准确)的属性是 userAgent,它声明了浏览器用于 HTTP 请求的用户代理头的值。但由于各家浏览器厂商都想让自己的浏览器被其他的兼容,所以会或多或少地加上一些其他的信息在里面。

6.11　localStorage 对象及操作

6.11.1　HTML5 Web 存储简介

使用 HTML5 可以在本地存储用户的浏览数据。在早些时候,本地存储使用的是 Cookie,Cookie 的大小限制在 4KB 左右,并且每次请求一个新的页面时 Cookie 都会随着 HTTP 事务一起被发送过去,这样无形中浪费了带宽,不适合存储业务数据。Web 存储需要更加安全、快速的方法。HTML5 Web 存储是一个比 Cookie 更好的本地存储方式,可以在本地存储用户的浏览数据,而无须被保存在服务器上;并且可以存储大量的数据,而不影响网站的性能。但 Cookie 也是不可或缺的,Cookie 的作用是与服务器进行交互,作为 HTTP 规范的一部分存在,而 HTML Web 存储仅仅是为了在本地"存储"数据。

内置到 HTML5 中的 Web 存储对象有两种类型,即 sessionStorage(会话存储)和 localStorage(本地存储)对象。两者的区别是一个作为临时保存,另一个作为长期保存。

sessionStorage 对象负责存储一个会话期内需要保存的数据。这里的会话(session)是用户在浏览网站时从打开浏览器访问网站开始到退出网站关闭浏览器为止所经过的时间,也就是用户访问这个网站所花费的时间。如果用户关闭了页面或浏览器,则会销毁数据。因此,sessionStorage 不是一种持久化的本地存储,仅仅是会话级别的存储。

localStorage 对象将数据保存在客户端本地的硬件设备中(例如硬盘等),存储的数据没有时间限制。即使当 Web 页面或浏览器关闭时仍会保持数据的存储,下次打开浏览器访问网页时仍然可以继续使用。当然,这还取决于为此用户的浏览器设置的存储量。

所有最新的浏览器版本均支持 HTML5 Web 存储特性,这些浏览器包括 Firefox、Chrome、Safari、Opera 和 Internet Explorer。除了 Opera Mini 之外,其他移动浏览器也提供了对 HTML5 Web 存储的支持。

为了检查浏览器对 Web 存储的支持情况,可以使用一个简单的条件语句查看 HTML5 存储对象是否已经定义。如果已经定义,就可以放心地进行 Web 存储脚本的编写;如果未定义,而数据存储又是必需的,则需要采用一种备选方法,例如 JavaScript Cookie。下面的代码显示了一种简单的浏览器对 Storage 对象支持情况的检查方式。

```
if(window.localStorage){
    alert("您的浏览器支持 localStorage!");
}else{
    alert("您的浏览器暂不支持 localStorage!");
}
```

sessionStorage 和 localStorage 对象具有相同的方法和属性,考虑到实用性,下面主要介绍 localStorage 对象的用法。

6.11.2 localStorage 对象的基本用法

HTML5 localStorage 对象是 window 对象的一个属性,因此通常写成 window. localStorage,也可以省略 window 对象直接写为 localStorage。它提供了几种简单、易用的方法实现 Web 数据本地存储的功能。这些方法支持设置一个"键/值"对,提供了基于键来检索某个值的方法,允许清除所有的"键/值"对,也可以删除某个特定的"键/值"对。

1. 保存数据

使用 localStorage 保存数据,需要调用该对象的 setItem()方法,格式为:

```
localStorage. setItem(key,value);
```

其中,参数 key 表示"键",为保存数据的名称;参数 value 表示"值",为保存数据的值,因此这条语句可设置一个"键/值"对。参数 key 和 value 都只能使用字符串形式。

例如,下面是保存用户姓名的"键/值"对"name/Tom"的代码:

```
localStorage. setItem("name","Tom");
```

localStorage 是一个普通对象,任何对象的操作都适用。用户可把 setItem()方法中的第一个参数作为 localStorage 对象的一个属性,把第二个参数作为相应的属性值,用点(.)运算符或中括号([ ])的形式定义该"键/值"对。例如,上面的代码可以改写为:

```
localStorage.name = "Tom";
```

或

```
localStorage["name"] = "Tom";
```

2. 获取数据

使用 localStorage 获取已保存的数据,需要调用该对象的 getItem()方法,格式为:

```
localStorage.getItem(key)
```

其中,参数 key 为 localStorage 对象中某个"键/值"对中的"键",即数据名称;返回值为该"键"对应的"值",即指定名称的数据值。如果指定的"键"不存在,则返回 null。

例如,下面的代码用变量 value 获取 localStorage 对象中数据名称为"name"的数据值:

```
let value = localStorage.getItem("name");
```

或

```
let value = localStorage.name;
```

或

```
let value = localStorage["name"];
```

3. 复杂结构数据的存取

由于 localStorage 对象中只允许字符串形式的"键/值"对,如果要存取数组或对象等复杂结

使用 JavaScript 脚本

构的数据,必须使用 JSON 对象(JSON 是 JavaScript Object Notation 的缩写,是将 JavaScript 中的对象作为文本形式保存时使用的一种格式)的方法进行转换。首先通过 JSON. stringify()方法将数据转换为一个字符串,再保存到 localStorage 对象中;在检索数据时可以使用 JSON. parse()方法对所检索的数据进行转换,此时它会返回原始状态的对象或数据。

下面的代码将一个数组存储为字符串,并将该字符串存储到 localStorage 对象中名为"name"的键值中。

```
let arrName = new Array("Tom","Jerry","Mike");
let strName = JSON.stringify(arrName);          //转换为字符串形式
localStorage.setItem("name",strName);           //保存转换后的数据
```

可以通过下面的代码从 localStorage 对象中取出"name"的键值,并转换为原始的数组形式。

```
let nameValue = localStorage.getItem("name");   //取出转换后的数据
nameValue = JSON.parse(nameValue);              //转换回原始数据
```

4. 清除数据

可以全部清除或按需清除 localStorage 对象中存储的数据。其中,全部清除采用 clear()方法,格式为:

```
localStorage.clear();
```

按需清除采用 removeItem()方法,格式为:

```
localStorage. removeItem(key) ;
```

例如,下面的代码可清除 localStorage 对象中数据名称为"name"的"键/值"对:

```
localStorage.removeItem("name");
```

5. 读取多条数据信息

利用 localStorage 对象中的 length 属性和 key()方法可以方便地读取多条数据信息。其中,length 属性的作用是获取 localStorage 对象存储的数据量,格式为:

```
localStorage.length
```

key()方法的作用是通过指定索引变化获取对应的存储数据,格式为:

```
localStorage.key(i)
```

其中,参数 i 代表下标,即 localStorage 对象中各"键/值"对中的索引编号。用户可通过 JavaScript 的循环语句,利用 length 属性和 key()方法中 i 参数的变化遍历 localStorage 对象中的数据。

【例 6-67】 应用 localStorage 对象按需保存、显示和清除相关数据信息,初始页面及保存、显示、清除操作的效果如图 6-66 所示。

```
fieldset{
    width:600px;
    margin:30px auto;
}

<fieldset>
    <legend>localStorage 数据保存</legend>
```

```html
    <p>
        key:< input type = "text" id = "saveKey">
        value:< input type = "text" id = "value">
    </p>
    < button >数据保存</button>
</fieldset >
< fieldset >
    < legend > localStorage 数据显示</legend >
    < p id = "result"></p>
</fieldset >
< fieldset >
    < legend > localStorage 数据清除</legend >
    < p > key:< input type = "text" id = "clearKey"></p>
    < p id = "result"></p>
    < button >按需清除</button>
    < button >全部清除</button>
</fieldset >
< script >
    let saveKey = document. getElementById("saveKey"),
        oValue = document. getElementById("value"),
        oResult = document. getElementById("result"),
        clearKey = document. getElementById("clearKey"),
        aBtn = document. getElementsByTagName("button");
    read();
    aBtn[0]. onclick = function(){
        let key = saveKey. value;
        let value = oValue. value;
        localStorage. setItem(key, value);
        read();
    }
    aBtn[1]. onclick = function(){
        let key = clearKey. value;
        if(localStorage. key)
            localStorage. removeItem(key);
        read();
    }
    aBtn[2]. onclick = function() {
        localStorage. clear();
        oResult. innerHTML = "";
    }
    function read() {
        let n = localStorage. length;
        oResult. innerHTML = "";
        for(let i = 0; i < n; i++){
            let key = localStorage. key(i);
            let value = localStorage. getItem(key);
            oResult. innerHTML += "key: " + key + " , value: " + value + "< br >";
        }
    }
</script >
```

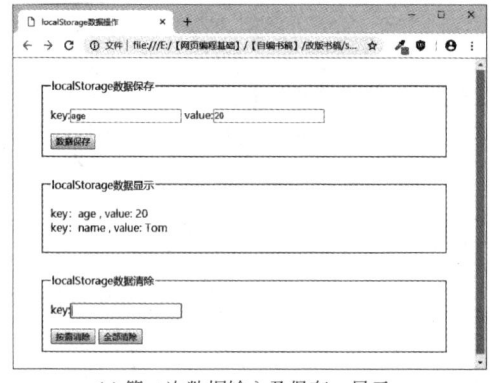

(a) 初始效果

(b) 第一次数据输入及保存、显示

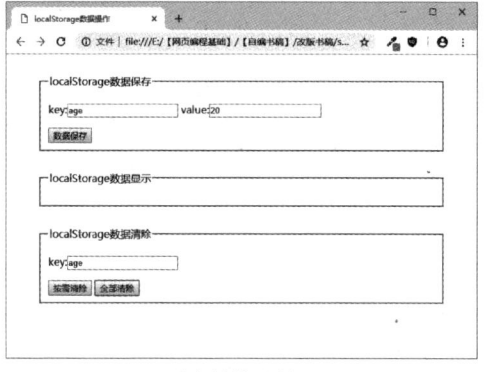

(c) 第二次数据输入及保存、显示

(d) 按需清除及显示

(e) 全部清除及显示

图 6-66   localStorage 数据操作

localStorage 对象存储的数据特点是在被清除前数据不会过期,即不会因为关闭浏览器或重启计算机而损失其中的数据。因此,只要未全部清除 localStorage 对象中的数据,下次打开例 6-67 的页面时还会在数据显示区显示 localStorage 对象中所有的"键/值"对。

注意:localStorage 存储的数据是不能跨浏览器共用的,一个浏览器只能读取各自浏览器的数据,储存空间为 5MB。

6.11.3 本地存储案例实践

1. 案例要求

利用 localStorage 对象的本地存储功能编写一个客户端模拟聊天室页面,要求如下:

（1）聊天室初始界面如图 6-67(a)所示。

（2）单击右上方的加号按钮可以显示输入框，如图 6-67(b)所示。

（3）单击左上方的头像图标可以切换头像效果，如图 6-67(c)所示。

（4）输入留言内容，并单击"发表"按钮，可在下方留言区显示相关头像及留言内容，如图 6-67(d)所示。

（5）可多次重复步骤(3)和步骤(4)，继续添加留言内容，如图 6-67(e)、(f)所示。

图 6-67　客户端模拟聊天室

2. 思路提示

（1）首先把聊天室页面分为上、下两个部分来布局，其中上方包括左边的头像图片、中间的文本框和"发表"按钮，以及右边的加号按钮。初始时中间部分为隐藏状态（display：none；）。下方使用一个无序列表布局留言内容，确定样式符合预期后再把其中的 li 元素进行删除或注释，使其初始状态为不含 li 项的列表。

（2）编写右侧加号按钮的单击事件函数，功能为显示中间的文本框和"发表"按钮。

（3）编写左侧图片对象的单击事件函数，功能为图片对象的 src 属性在两个图片路径字符串之间切换（可通过一个布尔类型的变量判断不同的状态）。

（4）编写"发表"按钮的单击事件函数，功能为若本地存储变量中还没有相关的键，则先创建一个本地存储的"键/值"对，其中"值"为预设好的 HTML 格式字符串的<li>标签及其中的当前图片和当前留言文本框中的内容；否则按同样的格式在该"键/值"对中追加当前的留言内容。

3. 参考代码

参考代码文件名为 pra06-8.html，主要代码如下：

```html
<link rel="stylesheet" type="text/css" href="css/style.css"/>

<div id="wrap">
    <div class="topbar">
        <img class='fl' src="images/01.jpg" width='35' alt="">
        <div class="inputText fl">
            <input class='fl' type="text" placeholder="请输入内容">
            <button class='fl'>发表</button>
        </div>
        <span class='fr'>+</span>
    </div>
    <ul>
    <!-- 列表项的结构
    <li class='clearfix'>
        <img src="images/01.jpg" width="35" class="fl">
        <p class="fl"> hello </p>
    </li>
    -->
    </ul>
</div>
<script>
    let oWrap = document.getElementById('wrap'),
        oSpan = oWrap.getElementsByTagName('span')[0],
        oInpTex = oWrap.getElementsByClassName('inputText')[0],
        oButton = oWrap.getElementsByTagName('button')[0],
        oImg = oWrap.getElementsByTagName('img')[0],
        oInp = oWrap.getElementsByTagName('input')[0],
        oUl = oWrap.getElementsByTagName('ul')[0],
        onoff = true,
        arr = ['images/01.jpg','images/02.jpg'];
    oImg.src = arr[0];
    oSpan.onclick = function(){
        oInpTex.style.display = 'block';
    }
    //获取头像
    oImg.onclick = function(){
        if(onoff){
            oImg.src = arr[1];

        }else{
            oImg.src = arr[0];
        }
        onoff = !onoff;
    }
    if(localStorage.oLi) {
        oUl.innerHTML = window.localStorage.oLi;
```

```
        oInp.innerHTML = '';
    }
    //发表
    oButton.onclick = function(){
        if(localStorage.oLi){
            localStorage.oLi += '< li class = "clearfix">' + '< img src = ' + oImg.src +
' width = "35"/>' + '< p >' + oInp.value + '</p>' + '</li>';
        }
        else{
            localStorage.setItem('oLi','< li class = "clearfix">' + '< img src = ' + oImg.src + '
width = "35"/>' + '< p >' + oInp.value + '</p>' + '</li>');
        }
        oUl.innerHTML = window.localStorage.oLi;
        oInp.innerHTML = '';
    }
</script>
```

4. 案例改编及拓展

仿照以上案例,自行编写及拓展类似的网页功能。

6.12　Web 交互开发案例实战

本节以网页版的"打地鼠"为例,介绍 Web 模块化交互开发的基本过程,包括总体的案例要求及流程设计、页面布局、功能分解及实现等,并逐步实现一个基于 JavaScript 的 Web 游戏交互开发综合案例。

1. 案例流程设计

本案例为经典的"打地鼠"网页版小游戏,页面初始效果如图 6-68(a)所示。地鼠按一定的速度随机从不同的格子中出现,移动锤子形状的鼠标至地鼠出现的格子上并单击左键以"打击"并消除"地鼠",在规定的时间内计算打中的"地鼠"个数及消除"地鼠"的命中率,如图 6-68(b)所示,并在游戏结束后显示相关数据,如图 6-68(c)所示。基本要求如下:

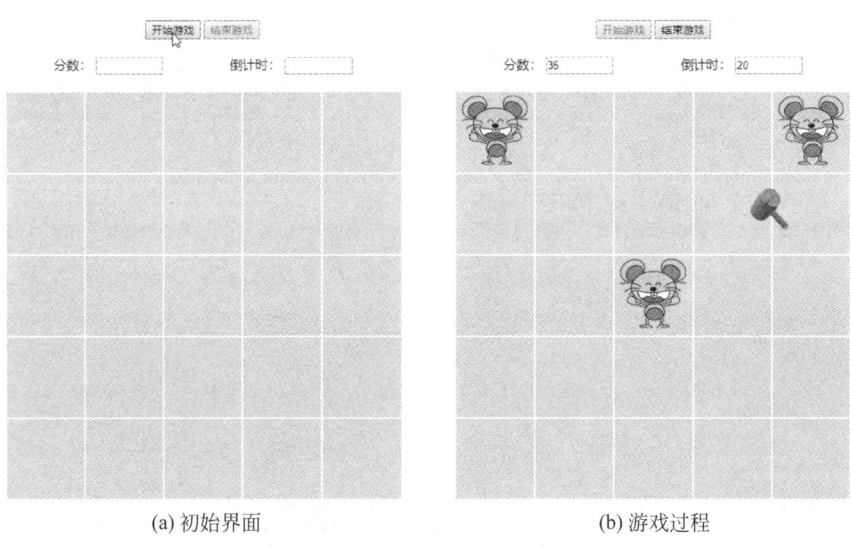

(a) 初始界面　　　　　　　　　　　(b) 游戏过程

图 6-68　游戏界面

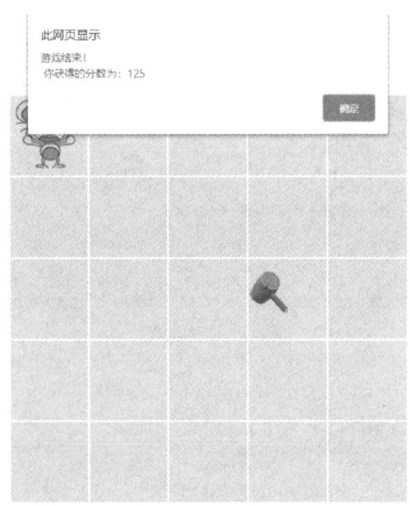

(c) 游戏结果

图 6-68 （续）

（1）单击"开始游戏"按钮游戏开始，否则将提示"请单击开始游戏"字样。

（2）游戏开始后分数显示重置为"0"，倒计时开始（默认为 30s）。

（3）地鼠图片不断显示、隐藏，玩家可单击鼠标左键进行游戏（打中地鼠加分，打不中减分）。

（4）当倒计时结束或者玩家主动单击"结束游戏"按钮时，游戏结束并显示游戏结果。

2. 页面布局

页面布局分为 3 个部分，即第一行的两个按钮；第二行的提示信息；以及下面 5 行 5 列的表格，其中表格的单元格背景颜色同"地鼠"图片的背景颜色，表格上的光标图片为背景透明的"锤子"图片。在案例文件夹（pra06-9）下新建 images 文件夹，并在其中存放两张图片素材。在案例文件夹中新建名为 pra06-9.html 的网页，页面布局主体代码如下：

```
body{
    margin:0;
    font - family: "Microsoft YaHei",serif;
    font - size:16px;
}
#wrap {
    width:550px;
    margin:10px auto 0;
    text - align:center;
}
#inform {
    margin:20px 0;
}
#score{
    width:80px;
    margin - right:80px;
}
#remtime{
    width:80px;
}
```

```css
    table {
        margin:0 auto;
        cursor:url("images/hammer.png"),auto;
    }
    td {
        width:95px;
        height:95px;
        background: #00FF33;
    }
```

```html
<div id = "wrap">
    <input type = "button" id = "start" value = "开始游戏"/>
    <input type = "button" id = "over" value = "结束游戏"/>
    <form id = "inform">
        <label>分数：</label>
        <input type = "text" id = "score">
        <label>倒计时：</label>
        <input type = "text" id = "remtime">
    </form>
    <table>
        <tr><td></td>
            <td></td>
            <td></td>
            <td></td>
            <td></td>
        </tr>
        <tr>
            <td></td>
            <td></td>
            <td></td>
            <td></td>
            <td></td>
        </tr>
        <tr>
            <td></td>
            <td></td>
            <td></td>
            <td></td>
            <td></td>
        </tr>
        <tr>
            <td></td>
            <td></td>
            <td></td>
            <td></td>
            <td></td>
        </tr>
        <tr>
            <td></td>
            <td></td>
            <td></td>
            <td></td>
            <td></td>
        </tr>
    </table>
</div>
```

3. 变量初始化及"开始游戏"功能的实现

变量初始化包括用合适的变量名获取按钮、文本框、单元格等网页相关元素及游戏中需要计算和保存的各种状态值,例如分数、倒计时等。

"开始游戏"的功能主要包括按特定的时间间隔在各单元格中随机出现及消除"地鼠"图片。

在网页 body 部分的最后添加下面的 JavaScript 代码,可实现变量的初始化及"开始游戏"的功能。

```html
<script>
    //获取网页的各相关元素
    let oStart = document.getElementById("start"),
        oOver = document.getElementById("over"),
        oScore = document.getElementById("score"),
        oRemtime = document.getElementById("remtime"),
        aTd = document.getElementsByTagName("td"),
        len = aTd.length;

    //游戏变量初始化
    let playing = false,                    //游戏是否开始
        score = 0,                          //分数初始化
        countDown = 30,                     //倒计时初始化
        perScore = 5,                       //单次加减的分数
        interId = null,                     //指定 setInterval()的变量
        timeId = null;                      //指定 setTimeout()的变量

    oStart.disabled = false;                //"开始游戏"按钮可用
    oOver.disabled = true;                  //"结束游戏"按钮不可用

    //通过"开始游戏"按钮手动开始游戏
    oStart.onclick = function(){
        playing = true;                     //游戏开始
        oStart.disabled = true;             //"开始游戏"按钮不可用
        oOver.disabled = false;             //"结束游戏"按钮可用
        show();                             //调用随机显示"地鼠"的函数
        interId = setInterval(show,1000);   //随后每隔 1s 显示一次
        oScore.value = score;               //显示分数
    }

    //随机循环显示"地鼠"图片的函数
    function show(){
        if(playing){
            let current = Math.floor(Math.random() * 25);
            aTd[current].innerHTML = '<img src = "images/mouse.png">';

            //使用 setTimeout()实现 3s 后清除"地鼠"图片
            setTimeout(function(){
                aTd[current].innerHTML = "";
            },3000);
        }
    }
</script>
```

4. 单元格单击事件功能的实现

单元格单击事件功能如下：

（1）判断游戏是否开始，如未开始则出现提示信息。

（2）如果游戏已开始，则根据所单击的单元格中是否有"地鼠"图片计算得分情况，并更新表单文本框中的相关信息。

在 script 部分添加下面的代码，可实现单元格单击事件功能。

```
//各单元格单击事件函数,判断是否点中"地鼠",计算得分
for(let i = 0;i < len;i++){
    aTd[i].onclick = function(){
        if(playing === false){
            alert("请单击开始游戏!");
            return;
        }
        else{
            if(aTd[i].innerHTML != ""){          //打中"地鼠"
                score += perScore;               //加分
                aTd[i].innerHTML = "";           //清除"地鼠"
            }else{                               //未打中"地鼠"
                score -= perScore;               //减分
            }
            oScore.value = score;                //更新分数
        }
    }
}
```

5. 倒计时及游戏结束功能的实现

倒计时的触发条件是开始游戏，因此需要在开始游戏的函数中添加一个倒计时的功能，可以在开始游戏后调用一个单独的倒计时函数。

倒计时函数的功能如下：

（1）实时更新时间。

（2）在剩余时间为 0 时调用游戏结束函数。

游戏结束函数的功能如下：

（1）停止计时。

（2）清除所有"地鼠"图片。

（3）恢复游戏变量初始值。

首先在"开始游戏"按钮的单击事件函数最后添加一行调用倒计时函数的代码（即下面代码中的加粗部分）。

```
//通过"开始游戏"按钮手动开始游戏
oStart.onclick = function(){
    playing = true;                            //游戏开始
    oStart.disabled = true;                    //"开始游戏"按钮不可用
    oOver.disabled = false;                    //"结束游戏"按钮可用
    show();                                    //调用随机显示"地鼠"的函数
    interId = setInterval(show,1000);          //随后每隔 1s 显示一次
    oScore.value = score;                      //显示分数
    timeShow();                                //游戏倒计时
}
```

使用 JavaScript 脚本

其次在 script 部分添加下面的相关函数代码。

```javascript
//显示当前倒计时所剩时间的函数
function timeShow(){
    oRemtime.value = countDown;
    if(countDown === 0){
        GameOver();
        return;
    }else{
        countDown = countDown - 1;
        timeId = setTimeout("timeShow()",1000);
    }
}

//游戏结束函数
function GameOver(){
    timeStop();                        //调用停止计时函数
    clearMouse();                      //调用清除"地鼠"图片函数
    alert("游戏结束!\n 你获得的分数为: " + score);
    playing = false;                   //游戏结束
    score = 0;                         //分数初始化
    countDown = 30;                    //倒计时初始化
    oStart.disabled = false;           //"开始游戏"按钮可用
    oOver.disabled = true;             //"结束游戏"按钮不可用
}

//停止所有计时函数
function timeStop() {
    clearInterval(interId);
    clearTimeout(timeId);
}

//清除所有"地鼠"图片的函数
function clearMouse(){
    for(let i = 0;i < len;i++){
        aTd[i].innerHTML = "";
    }
}
```

在倒计时结束前,也可以通过单击"结束游戏"按钮手动结束游戏。这里只需要用"结束游戏"按钮的单击事件调用游戏结束函数即可,即在 script 部分添加下面的代码。

```javascript
//手动结束游戏
oOver.onclick = function() {
    GameOver();
}
```

这样各模块分工明确,开发和修改的效率较高,同时便于后续的按需调用及功能拓展。

6. 代码优化及功能拓展

通过前面模块化的设计流程已经实现了一个完整的网页交互游戏功能,但仔细观察代码结构,发现还有一些可以优化的地方。例如在开头的游戏变量初始化及游戏结束的恢复变量初始值部分有多行相同的代码,这些相同的变量赋值代码可以封装到一个独立的初始化函数中,并在需要用到的地方进行调用即可。这样封装的好处是既可以简化代码结构,又可以在变量初始值需求有变化时直接修改函数代码,而不必像封装前那样逐一修改相关代码。

读者还可以在已有的基础上自行练习功能拓展,例如增加难度选择功能、优化游戏界面、改变游戏结束的提示方式等,以改善用户体验,同时提高自我的实践开发能力。

6.13　习　　题

一、填空题

1. 在引用外部脚本文件时,需要通过< script >标签中的_____属性来指定文件的路径。

2. 可以使用 document 对象的_____和_____方法分别通过 id 名和类名获取 HTML 文档中的元素。

3. 在 ES5 版本的 JavaScript 中有 6 种数据类型,分别是_____、_____、_____、_____、_____和_____。

4. 在 JavaScript 中定义函数所使用的关键字是_____。

5. 在 JavaScript 中用于将对象指定为当前对象的关键字是_____。

6. 文档对象模型和浏览器对象模型的英文简称分别是_____和_____。

二、选择题

1. 在 HTML 中嵌入 JavaScript,应该使用的标签是(　　)。
    A. < script ></ script >
    B. < head ></ head >
    C. < body ></ body >
    D. <! --…//-->

2. (　　)标签不是注释。
    A. <! --
    B. / *
    C. //
    D. < span >

3. 下列选项中,(　　)不属于 JavaScript 的弹窗与调试方法。
    A. alert()
    B. console. log()
    C. document. write()
    D. prompt()

4. (　　)不是表单事件。
    A. onload
    B. onfocus
    C. onsubmit
    D. onchange

5. 在下列数据类型转换的方法中,不能转换为数值的方法是(　　)。
    A. Number()
    B. parseInt()
    C. Boolean()
    D. parseFloat()

6. 下面不属于 JavaScript 对象关键字的是(　　)。
    A. this
    B. var
    C. new
    D. in

7. history 从属于 window,下列能访问前一页面的方法是(　　)。
    A. back(−1)
    B. back(1)
    C. forward(1)
    D. go(−1)

8. JavaScript 脚本语言可以从 HTML 文档中分离出来而成为独立的文件,其默认的文件扩展名是(　　)。
    A. .jav
    B. . sc
    C. .js
    D. . jas

9. 下面不属于 JavaScript 常量类型的是(　　)。
    A. 字符型常量
    B. 数值型常量
    C. 布尔型常量
    D. 对象型常量

10. 下面关于 ES6 的变量命名规则的说法不正确的是(　　)。
    A. 第一个字符必须是字母或数字
    B. 后续字母可以是字母、数字、下画线或美元符

C. 名字不能和关键字同名

D. 在声明的作用域内必须唯一

11. 下列写"Hello World"的正确 JavaScript 语法是(　　)。

A. document. write("Hello World")　　　　B. "Hello World"

C. response. write("Hello World")　　　　D. ("Hello World")

12. 下列引用名为"xxx. js"的外部脚本的正确语法是(　　)。

A. < script src="xxx. js">　　　　　　B. < script href="xxx. js">

C. < script name="xxx. js">

13. 在下面 DOM 节点访问的格式中,只能访问到元素节点的是(　　)。

A. ele. childNodes　　B. ele. children　　C. ele. firstChild　　D. ele. lastChild

14. 在下面创建数组对象的方法中,不正确的是(　　)。

A. var nameList=new Array("Tom","Mike","Alice","Jhon","Tenny");

B. var nameList= Array("Tom","Mike","Alice","Jhon","Tenny");

C. var nameList=["Tom","Mike","Alice","Jhon","Tenny"];

D. var nameList={"Tom","Mike","Alice","Jhon","Tenny"};

15. 在下面使用 localStorage 保存数据的方法中,不正确的是(　　)。

A. localStorage. setItem("age","20");

B. localStorage. setItem("age",20);

C. localStorage. age="20";

D. localStorage["age"]="20";

三、判断题

1. 可使用"//"符号来标注 JavaScript 中的单行注释语句。(　　)

2. 可用 windows 对象的 aler()方法输入字符串。(　　)

3. 在 JavaScript 中用 var 声明多个变量时,不同的变量间用";"分隔。(　　)

4. onblur 事件是在一个表单中的选择框、文本框得到焦点时发生的。(　　)

5. 文档(document)对象代表浏览器窗口中装载的整个 HTML 文档,是 DOM 中的最高级。(　　)

四、简答题

1. 在网页中使用 JavaScript 的脚本代码有哪几种方法? 请举例说明。

2. 简述全局作用域、局部作用域和块作用域的概念及特点。

3. 简述 Cookie、sessionStorage 和 localStorage 的作用和特点。

五、实践题

利用本章所学的知识查找相关代码,为前几章习题中所制作的个人站点应用 JavaScript 添加网页特效及交互功能。

操作要求:

(1)在网站首页添加一个显示当前日期和时间的简单日历,可根据系统的当前时间显示不同的欢迎词,例如"早上好""晚上好"等。

(2)为网站首页增加"添加到收藏夹"及"设为首页"两个功能文本。

(3)为网站首页或其他页面添加图片轮播等常见特效。

(4)参考互联网上的常见 JavaScript 网站特效和交互设计,自行添加一些新的功能,例如跟随鼠标的图形,或站内搜索、互动小游戏等。

第 7 章

图 形 绘 制

学习目标

- 了解 Canvas 的概念
- 熟悉 Canvas 绘图相关知识和坐标系统
- 掌握 Canvas 的使用方法
- 掌握 Canvas 绘图 API 的使用
- 掌握 Canvas 动画的实现方法
- 通过相关的范例及综合案例实践深入了解并掌握 Canvas 绘图技术及其在动画设计中的应用

7.1 初识 Canvas

Canvas 即画布，它是在 HTML5 加入的元素，用于像素图形的绘制。

在 Canvas 出现之前，页面中的图形绘制需要使用插件实现，例如 Flash 和 SVG(Scalable Vector Graphics，可伸缩矢量图形)，或者通过复杂的 JavaScript 代码来实现。

在页面中加入 Canvas 元素后，用户便可以通过 JavaScript 自由地控制它，在其中添加图片、线条以及文字，也可以在里面绘图，甚至还可以加入高级动画。

网页中的元素都需要浏览器的支持才能正常使用，目前几乎所有较新版本的浏览器都支持 Canvas。Canvas 是在 HTML5 才添加的新元素，一些旧版本的浏览器并不会向上支持 Canvas，表 7-1 列出了常用浏览器支持 Canvas 的最低版本。

表 7-1 Canvas 的常用浏览器支持情况

浏览器	Chrome	Firefox	IE	Opera	Safari
最低版本	4.0	2.0	9.0	9.0	3.1

7.2 Canvas 的坐标系统

Canvas(画布)作为图形容器，在页面中表现为一个矩形区域，其 2D 环境的坐标系统延续 Web 页面的坐标系统，默认坐标原点(0,0)在画布左上角，向右为 X 轴正向，向下为 Y 轴正向，如图 7-1 中的左图所示。

在 Canvas 中除了坐标系统外，还经常使用到角度度量。在 Canvas 中默认 X 轴正向为 0°，顺时针的角度为正值，逆时针的角度为负值，如图 7-1 中的右图所示。

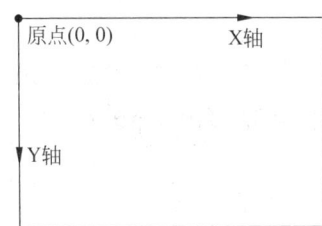 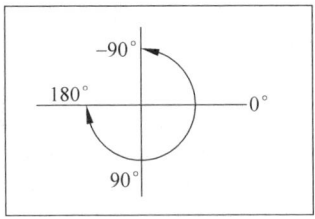

图 7-1　Canvas 默认坐标系统图

7.3　添加 Canvas 元素

使用 Canvas 的第一步是在 Web 页面中添加一个 Canvas。添加 Canvas 很简单，只需要在 < body >标签内添加一个< canvas >标签就可以了，代码如下：

```
< canvas id = "myCanvas" width = "300" height = "300">
    您的浏览器不支持 Canvas。
</canvas>
```

标签中间的文字是当浏览器不支持 Canvas 时显示的文本。

对 Canvas 元素的所有操作都要通过脚本代码实现，为了便于在 JavaScript 中更好地操作 Canvas，通常给< canvas >标签添加 id 属性，通过 id 可以快速、准确地找到 Canvas。

Canvas 是一个矩形区域，其默认高度、宽度为 300px、150px，通常情况下用户需要重新设置 Canvas 的大小，以用于不同的图形绘制。需要注意的是，在网页设计中会把样式交给 CSS，但 Canvas 的高度和宽度设置比较特殊，如果将其交给 CSS，实际上是对 Canvas 的默认大小进行拉伸、压缩，会造成绘制的图形比例失调。因此，设置 Canvas 的高度和宽度要在 HTML 标签中设置，例如上面的代码所示，或者通过 JavaScript 对 Canvas 对象的 width 和 height 属性进行赋值。除了高度和宽度以外，Canvas 的其他样式都可以交由 CSS 设置。

7.4　Canvas 绘制环境

在 HTML 中添加了 Canvas 之后，用户就可以开始准备绘图了，不过在绘图之前还需要了解一下 Context 对象。

每个 Canvas 元素都包含一个 HTML5 内建的 Context 对象，通常称为绘制环境或者上下文，用户通过它可以访问绘图 API。如果要获取 Canvas 中的绘制环境，只需要通过 Canvas 对象调用 getContext()方法即可，格式为：

canvas.getContext(绘制的类型)

getContext()方法只有一个参数，用于指定绘制类型。字符串类型数据的取值有以下 3 种：

- "2d"为二维环境，这是最常用的类型，本章中使用的就是这个值。
- "experimental-webgl"为试验版三维环境。
- "webgl"为三维环境，在进行三维绘制时需要设置成这个值。

使用 Canvas 绘制图形，首先要获取其绘制环境 Context，然后在绘制环境中执行动作，最后将这些动作应用到绘制环境中。

下面的代码实现了一个典型的绘制过程：

```
var canvas = document.getElementById("myCanvas");
var context = canvas.getContext("2d");
context.strokeStyle = "#FF0000";
context.rect(20,20,100,50);
context.stroke();
```

以上代码首先通过 id 获得 Canvas 对象，并获得该 Canvas 的 2D 绘制环境，然后执行动作，设置笔触颜色为红色，创建一个从（20,20）位置开始填充的宽 100、高 50 的矩形路径，最后将矩形路径进行描边，从而获得红色矩形边框的图形。

7.5　绘图 API

Canvas（画布）是一个图形容器，是图形的载体，其本身并不具备绘制能力，必须通过绘图 API 实现图形绘制。Canvas API 就是用来在 Canvas 中进行图形/图像设置、绘制以及变换的一系列属性和方法。Canvas API 的功能非常强大，可以实现各类应用程序，这里只介绍一些基础知识和常见的绘图应用，限于篇幅，无法详细介绍 API 中的每一个属性和方法。API 的参考手册可以很方便地在网络上获得，如果大家有兴趣，可以查阅 HTML5 Canvas 参考手册，了解更多的内容。

下面从路径、渐变色、图形变换、绘制环境保存、图像和文本绘制几个方面介绍 Canvas API，并且在最后介绍了 Canvas 动画的制作方法。

7.5.1　绘制路径

路径是一系列点以及点之间的连线，使用路径可以在 Canvas 上绘制各种不同的形状。

在 Canvas 中有各种方法可以绘制矩形、圆弧、直线、曲线等不同的路径，表 7-2 中列出了绘制路径的一些常用属性和方法。

表 7-2　Canvas 的常用属性和方法

属性和方法	说　　明
lineWidth	笔触（描边）宽度，默认值为 1.0
fillStyle	填充颜色，默认值为黑色
strokeStyle	笔触（描边）颜色，默认值为黑色
beginPath()	起始一条路径，或重置当前路径
closePath()	将路径从当前点到起始点进行闭合
moveTo(x,y)	把路径移动到画布中的指定点，不创建路径
lineTo(x,y)	在画布中创建从当前点到指定点（x,y）的直线路径
rect(x,y,width,height)	在（x,y）位置创建一个矩形路径，宽度为 width、高度为 height
arc(x,y,r,startAngle,endAngle[, anticlockwise])	以（x,y）为圆心，r 为半径，从 startAngle 角度开始到 endAngle 创建弧线路径
arcTo(x1,y1,x2,y2,r)	在（x1,y1）和（x2,y2）两点间创建半径为 r 的弧线路径
quadraticCurveTo(cpx,cpy,x,y)	在当前点和（x,y）之间以（cpx,cpy）为控点创建二次贝塞尔曲线路径
bezierCurveTo（cp1x，cp1y，cp2x，cp2y，x,y）	在当前点和（x,y）之间以（cpx1,cpy1）和（cpx1,cpy1）为控点创建三次贝塞尔曲线

属性和方法	说　明
stroke( )	使用 strokeStyle 的值对当前路径进行描边
fill( )	使用 fillStyle 的值对当前路径区域进行填充
clearRect(x,y,width,height)	清除指定的矩形区域
fillRect(x,y,width,height)	填充指定的矩形区域
clip( )	从原始画布剪切任意形状和尺寸的区域
save( )	将当前环境状态保存到堆栈中
restore( )	从堆栈中恢复最后保存的环境状态

使用这些属性和方法可以在 Canvas 中实现各种各样的图形。

【例 7-1】　一个简单的通过路径绘制表情图的例子。

其主要代码如下：

```
#c1{
    border:solid 1px;
}

<canvas id = "c1" width = "200" height = "200"></canvas>
<script>
    var c1 = document.getElementById("c1")
    var context = c1.getContext("2d")
    //绘制圆脸路径并填充
    context.beginPath()
    context.fillStyle = "#FF9900"
    context.arc(100,100,70,0,Math.PI * 2)
    context.fill()
    //绘制眼睛并填充
    context.beginPath()
    context.fillStyle = "#000000"
    context.arc(70,100,10,0,Math.PI * 2)
    context.arc(130,100,10,0,Math.PI * 2)
    context.fill()
    //绘制眉毛并描边
    context.beginPath()
    context.strokeStyle = "black"
    context.lineWidth = 5                //描边线的宽度为 5px
    context.moveTo(55,85)
    context.lineTo(80,75)
    context.moveTo(145,85)
    context.lineTo(120,75)
    context.stroke()
    //绘制嘴巴并填充
    context.beginPath()
    context.moveTo(130,125)
    context.lineTo(70,125)
    context.arc(100,125,30,0,Math.PI)
    context.fill()
</script>
```

这段代码首先获取 Canvas 及其绘制环境 Context,然后通过 beginPath()将表情分为脸形、眼睛、眉毛、嘴巴 4 个路径分别进行填充或描边,绘制的图形如图 7-2 所示。在绘制过程中代码语句的顺序并不是固定不变的,例如脸形部分的 4 个语句中的 context. fillStyle＝"♯FF9900"可以放在 context. fill()之前的任意位置而不会影响绘制的图像。Canvas 上的颜色值用 CSS 颜色值的字符串来表示。

在 Canvas 环境中只有一个当前路径,当绘制过程中需要建立不同的路径时,需要调用 beginPath()方法开始一个新的路径,closePath()结束路径并将该路径闭合。例如上例中,当需要对表情的不同部位分别绘制时需要调用 beginPath()方法,该方法执行之后的图形绘制不会影响到前面的图形。

图 7-2　通过简单路径绘制的表情图

7.5.2　渐变色的使用

渐变色是两个以上颜色按照顺序进行渐变变化的预定义颜色,与 CSS 颜色一样,它可以作为一些属性的值使用。例 7-1 中的 fillStyle 和 strokeStyle 属性使用的是普通 CSS 颜色,也可以使用渐变色。

渐变色根据颜色渐变方式不同,分为线性渐变和径向渐变两种。线性渐变是以直线为轴线,颜色从起点向终点线性变化的渐变色。线性渐变色根据起点和终点的位置不同,可以实现不同的渐变方向效果。径向渐变是颜色从起始环到终止环进行放射性变化的渐变色。

渐变色需要先创建渐变色对象,然后设置渐变色对象中的颜色分布,之后才能作为颜色属性值使用。渐变色对象的创建很方便,由绘制环境调用 createLinearGradient()方法可以创建线性渐变色对象,代码如下:

```
var lineGrad = context.createLinearGradient(x0,y0,x1,y1)
```

其中,参数(x0,y0)是线性渐变色的起始点坐标,(x1,y1)是终点坐标。

调用 createRadialGradient()方法可以创建径向渐变色对象,代码如下:

```
var radialGrad = context.createRadialGradient(x0,y0, r0,x1, y1,r1)
```

其中,参数(x0,y0)是径向渐变色起始环的圆心点坐标,r0 是起始环的半径,(x1,y1)是终止环的圆心坐标,r1 为终止环的半径。

渐变颜色需要在至少两种颜色之间进行逐渐变化,在 Canvas 中提供了添加渐变颜色的方法 addColorStop(),以线性渐变色对象为例,代码如下:

```
lineGrad.addColorStop(stop,color)
```

其中,stop 用来指定位置比例,取值范围为 0~1,0 代表起点,1 代表终点;color 是颜色值,可以使用 CSS 颜色的字符串形式。

【例 7-2】　常见的渐变填充方式效果示例。

主要代码如下:

```
< canvas id = "c1" width = "600" height = "100"></canvas >
< script >
    var c1 = document.getElementById("c1")
    var context = c1.getContext("2d")
```

```
    //水平线性渐变
    var linearGrad1 = context.createLinearGradient(0, 0, 100, 0)
    linearGrad1.addColorStop(0, "#666666")
    linearGrad1.addColorStop(0.5, "#FFFFFF")
    linearGrad1.addColorStop(1, "#999999")
    context.fillStyle = linearGrad1
    context.fillRect(0, 0, 100, 100)
    //垂直线性渐变
    var linearGrad2 = context.createLinearGradient(100, 0, 100, 100)
    linearGrad2.addColorStop(0, "#666666")
    linearGrad2.addColorStop(0.5, "#FFFFFF")
    linearGrad2.addColorStop(1, "#999999")
    context.fillStyle = linearGrad2
    context.fillRect(100, 0, 100, 100)
    //斜线线性渐变
    var linearGrad3 = context.createLinearGradient(200, 0, 300, 100)
    linearGrad3.addColorStop(0, "#666666")
    linearGrad3.addColorStop(0.5, "#FFFFFF")
    linearGrad3.addColorStop(1, "#999999")
    context.fillStyle = linearGrad3
    context.fillRect(200, 0, 100, 100)
    //同心径向渐变
    var radialGrad = context.createRadialGradient(360, 50, 0, 360, 50, 50)
    radialGrad.addColorStop(0, "#666666")
    radialGrad.addColorStop(0.5, "#FFFFFF")
    radialGrad.addColorStop(1, "#999999")
    context.fillStyle = radialGrad
    context.arc(360, 50, 50, 0, Math.PI * 2)
    context.fill()
    //不同心径向渐变
    context.beginPath()
    var radialGrad1 = context.createRadialGradient(480, 25, 0, 480, 50, 50)
    radialGrad1.addColorStop(0, "#666666")
    radialGrad1.addColorStop(0.5, "#FFFFFF")
    radialGrad1.addColorStop(1, "#999999")
    context.fillStyle = radialGrad1
    context.arc(480, 50, 50, 0, Math.PI * 2)
    context.fill()
    //渐变范围外的填充
    context.fillRect(560, 0, 40, 100)
</script>
```

上面的代码创建了 3 个线性渐变颜色对象,方向分别为水平、垂直和对角线方向,分别填充 3 个矩形,如图 7-3 中左侧的 3 个矩形区域所示。在代码中还创建了两个径向渐变颜色对象,第一个径向渐变色的起始环和终止环圆心相同,而第二个径向渐变色的起始环和终止环圆心不同,填充的效果如图 7-3 中的两个圆所示。

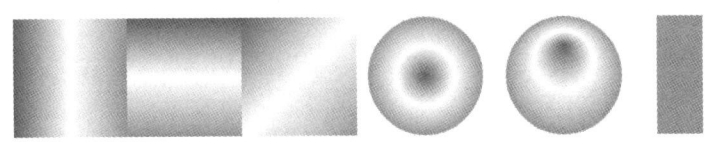

图 7-3　渐变填充图

渐变色的颜色渐变是在给定的两个起点和终点之间进行,在给定的范围之外,颜色是最近的起点或终点的颜色。例如上面代码中最后的 context.fillRect(560,0,40,100)获得的矩形区域,颜色是不同心径向渐变中距离最近的终点颜色值"♯999999",其显示效果如图 7-3 中最右侧的矩形区域所示。

7.5.3 图形变换

在例 7-1 中绘制了一个表情,当需要在画布中绘制多个相同表情的时候,需要将绘制代码转换成一个函数,以方便重复绘制。

【例 7-3】 把例 7-1 中的绘制代码转换为一个函数,通过调用函数实现绘制。

JavaScript 代码部分修改如下:

```javascript
var c1 = document.getElementById("c1")
var context = c1.getContext("2d")
drawFace(context)
function drawFace(context){
    context.beginPath()
    context.fillStyle = "♯FF9900"
    context.arc(100,100,70,0,Math.PI * 2)
    context.fill()

    context.beginPath()
    context.fillStyle = "♯000000"
    context.arc(70,100,10,0,Math.PI * 2)
    context.arc(130,100,10,0,Math.PI * 2)
    context.fill()

    context.beginPath()
    context.strokeStyle = "black"
    context.lineWidth = 5
    context.moveTo(55,85)
    context.lineTo(80,75)
    context.moveTo(145,85)
    context.lineTo(120,75)
    context.stroke()

    context.beginPath()
    context.moveTo(130,125)
    context.lineTo(70,125)
    context.arc(100,125,30,0,Math.PI)
    context.fill()
}
```

drawFace()函数中包括了表情图形的所有绘制代码,用户直接调用该函数就可以将图形绘制出来。

但是该函数只能在给定的位置绘制预定大小的表情,这样使用函数意义不大。如果能够灵活地调用函数在任意位置绘制不同大小、不同角度的表情,那么 drawFace()函数的代码重用的功能才有意义。

在 Canvas API 中提供了一系列对当前绘制环境进行变换的方法,可以实现缩放、旋转、移动等变换功能,如表 7-3 所示。

表 7-3　Canvas 常用的变换方法

方　　法	说　　明
scale(scaleX,scaleY)	将当前绘制环境的尺寸进行缩放，scaleX 为 X 轴缩放倍数，scaleY 为 Y 轴缩放倍数
rotate(angle)	将当前绘制环境进行旋转，angle 为旋转的弧度
translate(x,y)	将当前绘制环境的坐标原点移动到(x,y)位置
transform(a,b,c,d,e,f)	将当前绘制环境按照转换矩阵进行转换
setTransform(a,b,c,d,e,f)	将当前转换重置为单位矩阵

有了这些变换方法，用户就可以将表情在 Canvas 中随意绘制。

【例 7-4】　将例 7-3 中的 drawFace()函数调用代码进行修改，在画布上绘制 4 个不同的表情，其绘制结果如图 7-4 所示。

将代码修改如下：

```
context.save()
context.scale(0.5,0.5)
drawFace(context)
context.restore()

context.save()
context.translate(80,0)
context.scale(0.6,0.4)
drawFace(context)
context.restore()

context.save()
context.translate(100,100)
context.rotate(Math.PI/2)
context.scale(0.5,0.5)
drawFace(context)
context.restore()

context.save()
context.translate(150,50)
context.scale(0.5,0.5)
context.transform(0.5,1,-0.5,1,0,0)
drawFace(context)
context.restore()
```

图 7-4　表情变换图

通过上面的代码可以发现，4 个表情的位置很难确定，这是因为所有的变换都是以坐标系统的原点为参考点进行的：scale()是以 X 轴和 Y 轴为中心分别进行缩放，rotate()是绕原点进行旋转，transform()是以坐标系统原点为参考点进行倾斜、缩放和移动。这就要求用户在创建图形的时候首先确定合适的图形变换参考点。以例 7-3 中的 drawFace()绘制表情为例，将原点(0,0)作为表情的中心点重新绘制表情，这样图形的变换会以表情中心点为参考点对称进行，可以很方便地计算出对表情进行移动和旋转、倾斜需要的参数数值。代码如例 7-5 中的 drawFace()函数所示。

不进行变换直接在初始环境状态中调用新的 drawFace() 函数,会发现表情只能显示右下角的 1/4,这是因为将画布的原点作为表情的中心点进行绘制,另外的 3/4 表情绘制在画布的范围之外,可以通过 translate() 移动坐标系统原点的方式将表情移动到 Canvas 中的任意位置进行绘制。

现在将画布划分为 4 格,每格中绘制一个变换之后的表情。表情的参考点为表情中心点,这样很容易计算出 4 格的表情位置分别为(50,50)、(150,50)、(50,150)、(150,150),调用 translate() 方法将绘制环境的原点移动到这 4 个点,然后进行缩放、旋转和倾斜,很方便地获得了想要的效果。

【例 7-5】 将例 7-3 中 drawFace() 函数绘制的表情的参考点改为(0,0),使用变换方法绘制 4 个不同表情。

主要代码如下:

```
< canvas id = "c1" width = "200" height = "200"></canvas >
< script >
    var c1 = document.getElementById("c1")
    var context = c1.getContext("2d")

    context.save()
    context.translate(50, 50)
    context.scale(0.5, 0.5)
    drawFace(context)
    context.restore()

    context.save()
    context.translate(150, 50)
    context.scale(0.6, 0.4)
    drawFace(context)
    context.restore()

    context.save()
    context.translate(50, 150)
    context.rotate(Math.PI / 2)
    context.scale(0.5, 0.5)
    drawFace(context)
    context.restore()

    context.save()
    context.translate(150, 150)
    context.scale(0.5, 0.5)
    context.transform(0.5, 1, - 0.5, 1, 0, 0)
    drawFace(context)
    context.restore()

    function drawFace(context) {
        context.beginPath()
        context.strokeStyle = "black"
        context.fillStyle = "#FF9900"
        context.arc(0, 0, 70, 0, Math.PI * 2)
        context.fill()

        context.beginPath()
```

```
        context.fillStyle = "#000000"
        context.arc(-30, 0, 10, 0, Math.PI * 2)
        context.arc(30, 0, 10, 0, Math.PI * 2)
        context.fill()

        context.beginPath()
        context.lineWidth = 5
        context.moveTo(-45, -15)
        context.lineTo(-20, -25)
        context.moveTo(45, -15)
        context.lineTo(20, -25)
        context.stroke()

        context.beginPath()
        context.moveTo(30, 25)
        context.lineTo(-3, 25)
        context.arc(0, 25, 30, 0, Math.PI)
        context.fill()
    }
</script>
```

7.5.4　绘制环境的保存与恢复

Canvas 通过 Context 对象(绘制环境)绘制图形时,Context 对象包含了绘制过程所需要的当前状态。当前状态是一个绘制堆栈,包括画布的当前属性、变换矩阵信息和剪辑区域。当前属性包括 globalAlpha、strokeStyle、fillStyle 等所有的 API 属性,变换矩阵信息包括坐标系统原点、坐标系统尺寸、角度坐标系统等,剪辑区域是通过 clip()方法获得的当前路径的剪辑区域。路径不属于绘制环境中的状态,不能保存在状态堆栈中。

绘制环境状态可以通过 API 进行保存和恢复,通过调用 save()可以将当前的状态保存到堆栈中,而通过调用 restore()可以将保存的状态恢复到绘制环境中。

在例 7-4 和例 7-5 的代码中,可以看到每一个表情变换之前都要调用 save()方法进行绘制环境的保存,完成绘制之后调用 restore()方法恢复绘制环境。这两个方法在变换方法调用时是非常重要的,因为所有变换方法都是对当前绘制环境中的状态进行改变。如果不提前对绘制环境进行保存并及时恢复,变换方法每调用一次都是对当前环境状态的改变,这样的改变叠加在一起会使得绘制环境异常复杂,其中的坐标系统、角度系统、尺寸等都很难处理,因此必须正确地使用 save()和 restore()对当前环境状态进行保存和恢复。

7.5.5　绘制图像

Canvas 具有强大的绘图功能,也提供了丰富的图像支持,Canvas API 提供的 drawImage()方法可以方便地将图片、画布和视频绘制到 Canvas 中的任何地方。drawImage()的调用有 3 种格式,分别使用不同数量的参数。

• 第一种格式:

```
drawImage(image,dx,dy)
```

这种格式将源图像 image 按原图尺寸绘制到目标 Canvas 中,(dx,dy)为目标 Canvas 中绘制图像的左上角坐标。

- 第二种格式：

```
drawImage(image,dx,dy,dw,dh)
```

这种格式将源图像 image 缩放绘制到目标 Canvas 中的矩形区域，矩形左上角坐标为(dx，dy)，缩放后的宽度、高度分别为 dw、dh。

- 第三种格式：

```
drawImage(image,sx,sy,sw,sh,dx,dy,dw,dh)
```

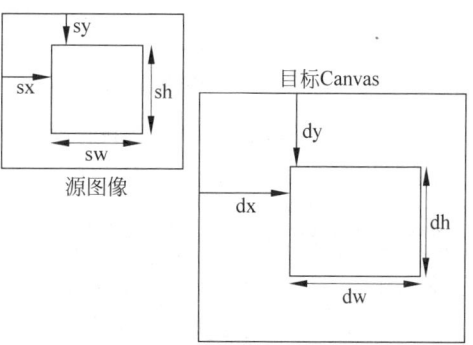

这种格式从源图像 image 中剪裁从(sx,sy) 开始的宽度为 sw、高度为 sh 的矩形区域图像，绘制到目标 Canvas 中的矩形区域，矩形左上角坐标为(dx,dy)，宽度、高度分别为 dw、dh。

drawImage()方法的参数数量虽然多，但只能使用这 3 种格式的组合方式，其所有参数的作用如图 7-5 所示。

图 7-5　drawImage 参数示意图

drawImage()方法可以将图像绘制到 Canvas 中，图像可以是通过 DOM 接口获得的 HTML 文件中的图片元素，例如：

```
< img id = "HTMLimage" src = "img/pic1.png"/>
```

图像也可以是 JavaScript 创建的图片对象加载的外部图片文件，例如：

```
var newImage = new Image()
newImage.src = "img/pic2.png"
```

图片在绘制到 Canvas 中之前必须确保其加载完成，如果图片尚未完全加载，drawImage()方法会在没有任何提示的情况下绘制失败。解决这个问题的方法是使用图片加载完成事件 load。当图片加载完成时，load 事件被触发，这时可以正确地执行图形绘制，通常把 drawImage()方法的执行放在 load 事件触发的代码中。

【例 7-6】　在 Canvas 中绘制图像。

主要代码如下：

```
#c1{
    border:solid 1px ;
}
img{
    width: 200px;
    height: 200px;
}

< img id = "HTMLimage" src = "img/pic1.png"/>
< canvas id = "c1" width = "200" height = "200"></canvas >
< script >
    var canvas = document.getElementById("c1")
    var context = canvas.getContext("2d")
    var htmlImg = document.getElementById("HTMLimage")
    htmlImg.onload = function(){
        context.drawImage(htmlImg,0,0)
    }
</script >
```

上面的代码首先获取 HTML 中 id 为 HTMLimage 的图片元素,然后为该图片对象注册加载完成事件,加载完成时执行响应函数,drawImage()采用第一种格式将图片绘制到 Canvas 中。代码执行的结果如图 7-6 所示,左侧为 img(图片)元素,右侧为 Canvas 绘制效果。

从执行结果可以发现,第一种格式的 drawImage()方法在绘制图像的时候,并不是按照 HTML 的 img 元素的大小进行绘制,而是按照图片文件的原尺寸进行绘制。因为图片文件的尺寸远远大于 Canvas,在绘制的过程中会有很大一部分图片被绘制到 Canvas 外面去了。浏览器会自动忽略 Canvas 范围外的那部分图像。如果想将图片完整地绘制到 Canvas 中,只要将例 7-6 中的 drawImage()方法按照第二种格式修改就可以了。

例 7-6 中需要修改的代码如下:

```
context.drawImage(htmlImg,0,0,canvas.width,canvas.height)
```

修改后,图片缩放到 Canvas 的大小进行绘制。这里 Canvas 的大小并不使用具体的数字,而是读取了 Canvas 对象的 width 和 height 属性,这样可以准确、动态地获得 Canvas 的尺寸,这也是 Canvas 属性最常用的方式。修改后的执行结果如图 7-7 所示。

图 7-6　Canvas 中绘制图像格式一效果图　　　　图 7-7　Canvas 中绘制图像格式二效果图

当然,用户也可以从源图像中剪裁一部分绘制到 Canvas 中,只要采用 drawImage()的第三种格式就可以实现。大家可以尝试将例 7-6 中 drawImage()方法的参数按照第三种格式进行修改,看看绘制的结果。

drawImage()函数绘制的图像都是矩形的,但很多时候用户需要在不同形状的路径中绘制图像,这就需要使用 Canvas 的一个非常有用的功能——剪辑区域。剪辑区域是由当前路径所定义的一个区域,Canvas 的绘图操作会被限制在该区域。在默认情况下剪辑区域与 Canvas 区域一致,当调用 clip()方法时,当前路径会被设定成剪辑区域。

【例 7-7】　用剪辑区域实现圆形绘图区域。

主要代码如下:

```html
<!DOCTYPE html>
<html>
    <head>
        <meta charset = "utf - 8">
    </head>
    <body>
        <canvas id = "c1" width = "200" height = "200"></canvas>
        <script>
            var canvas = document.getElementById("c1")
            var context = canvas.getContext("2d")
            var imgObj = new Image()
            imgObj.src = "img/pic1.png"
```

```
                imgObj.onload = function(){
                    context.save()
                    context.fillStyle = "♯A0A0A0"
                    context.fillRect(0,0,canvas.width,canvas.height)
                    context.beginPath()
                    context.arc(canvas.width/2,canvas.height/2,80,0,Math.PI * 2)
                    context.clip()
                    context.drawImage(imgObj,0,0,canvas.width,canvas.height)
                    context.fillStyle = "white"
                    for(var i = 0;i < 9;i++){
                        context.fillRect(0,20 * i + 5,200,3)
                    }
                    context.restore()
                }
        </script>
    </body>
</html>
```

在这段代码中首先创建一个图片对象,加载外部图片文件。加载完成后,用♯A0A0A0填充整个 Canvas,此时的剪辑区域与 Canvas 一致,所以整个画布都被填充为灰色。接下来的代码创建了一个新的圆形区域,并调用 clip()方法将圆形区域设置成剪辑区域,此时在整个Canvas 区域内绘制图片结果只能是在剪辑区域中进行绘制,在剪辑区域外并不会被绘制。剪辑区域不仅仅对图像绘制有效,对任意的图形/图像绘制都有效。for 循环中的 fillRect()填充矩形区域(0,20 * i+5,200,3)也只是剪辑区域内的部分被填充成白色。代码执行效果如图 7-8 所示。

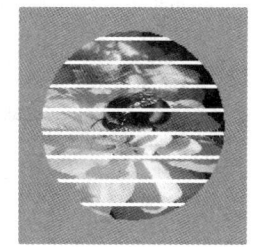

需要特别注意的是,剪辑区域也是属于绘制环境状态的,需要在设定剪辑区域之前使用 save()保存绘制环境状态,在剪辑区域使用完之后要及时调用 restore()对绘制环境进行恢复。

图 7-8　剪辑区域实例效果图

7.5.6　绘制文本

文本操作几乎是所有应用的基本要求,在 Canvas API 中提供了一些基本的文本属性和方法,这些属性和方法使得 Canvas 中的文本操作变得非常简单,表 7-4 中列出了常用的文本属性和方法。

表 7-4　Canvas 的文本属性和方法

属性和方法	示　　例
font	字体属性,其语法与 CSS 的 font 属性相同
textAlign	对齐方式,可设置值有 center、end、left、right 和 start(默认值)
textBaseline	文本基线,可设置值有 alphabetic(默认值)、top、hanging、middle、ideographic、bottom
fillText(text,x,y)	从(x,y)开始的位置对 text 内容进行填充
strokeText(text,x,y)	从(x,y)开始的位置对 text 内容进行描边
measureText(text)	测量文本在当前绘制环境中的宽度,使用 measureText(text).width 可获得宽度数值

font 属性用来设置之后绘制文本的字体,包括大小、字体等,其语法与 CSS 中的 font 属性完全相同,只需要将其变为字符串就可以直接赋值给 font。textAlign 和 textBaseline 属性用于设置文本的定位,fillText()和 strokeText()方法分别用来对指定内容进行填充和描边。

图 7-9 文本描边与填充

【例 7-8】 一个简单的文本填充和描边实例,效果如图 7-9 所示。

```html
<canvas id="c1" width="300" height="100"></canvas>
<script>
    var canvas = document.getElementById("c1")
    var context = canvas.getContext("2d")
    context.stroke()
    var text = "Canvas"
    var fontHeight = 80
    context.fillStyle = "#FF0000"
    context.strokeStyle = "#000000"
    context.font = "bold " + fontHeight + "px 楷体"
    context.textBaseline = "top"
    var textWidth = context.measureText(text).width
    var textCenterX = canvas.width/2 - textWidth/2
    var textCenterY = canvas.height/2 - fontHeight/2
    context.fillText(text, textCenterX, textCenterY)
    context.strokeText(text, textCenterX, textCenterY)
</script>
```

代码中文本的字体大小通过变量 fontHeight 设置,font 属性值为字符串类型,通过字符串连接成符合 CSS 规则的字体样式,计算文本宽度并通过算法将文本在 Canvas 里居中显示。

7.6 动 画 制 作

动画是由帧组成的,逐帧动画包含每一帧的图像或图像描述。Canvas 本质上是静态位图,一旦绘制完成画面本身并不会变化。如果要在 Canvas 中实现动画,每一帧都需要重新绘制部分或全部的 Canvas 画面,而帧的时间序列需要调用 JavaScript 中与时间相关的方法实现。JavaScript 中与时间相关的方法有 3 个:

```
window.setInterval(code, millisec)
window.setTimeOut(code, millisec)
window.requestAnimationFrame(code[,element])
```

触发器 window.setInterval(code, millisec),其功能是每个时间间隔 millisec 会触发回调函数 code 的执行,可以无限次触发。时间间隔以毫秒为单位。

定时器 window.setTimeOut(code, millisec),其参数与 setInterval()相同,功能也相似,不同之处在于 setInterval()无限次触发,而 setTimeOut()只触发一次。

window.requestAnimationFrame(code[,element])是专门针对动画开发者的一个 API,功能是每个帧频触发回调函数 code 的执行,只触发一次。element 为指定播放动画的元素,可省略。requestAnimationFrame()帧频由浏览器给出,约为 60fps(frame per second),开发者不需要设定帧频。

3个方法都由 window 直接调用,可以调用多次,这就需要用户对各个方法进行区别。3个方法都有一个整型返回值 id,用来识别函数身份。这 3 个方法在使用时需要获得其返回值,尤其是触发器 setInterval(),因为是无限次触发的,一旦方法开始执行将无限次执行,必须通过 id 对该方法进行控制。代码如下:

```
var setIntervalId = window.setInterval(code, 1000)
var setTimeOutId = window.setTimeOut(code, 1000)
var reqAnimFrameId = window.requestAnimationFrame(code)
```

3个方法都有自己对应的销毁方法,当需要取消方法的执行时,可以通过识别 id 取消。下面代码将上面代码的 3 个时间方法通过各自的 id 取消执行:

```
window.clearInterval(setIntervalId)
window.clearTimeOut(setTimeOutId)
window.cancelAnimationFrame(reqAnimFrameId)
```

【例 7-9】 使用触发器在 Canvas 中实现动画的图形绘制过程。

主要代码如下:

```
< canvas id = 'canvas' width = "300" height = "300"></canvas >
< script >
    var cvs = document.getElementById("canvas"),
        cxt = cvs.getContext("2d"),
        x = cvs.width/2,
        y = cvs.height/2,
        angle = 0,
        ballRadius = 2,
        pathRadius = 3
    var frameId = setInterval(drawAFrame, 20)
    function drawAFrame() {
        pathRadius += 0.2
        x = cvs.width/2 + Math.cos(angle) * pathRadius
        y = cvs.height/2 + Math.sin(angle) * pathRadius
        if(x > cvs.width) {
            clearInterval(frameId)
        }
        angle += 0.05
        drawBall(cxt, x, y, ballRadius, "red")
    }
    function drawBall(context, x, y, radius, color) {
        context.save()
        context.fillStyle = color
        context.beginPath()
        context.arc(x, y, radius, 0, Math.PI * 2)
        context.closePath()
        context.fill()
        context.restore()
    }
</script >
```

在以上代码中,触发器 setInterval() 每 20ms 触发一次执行 drawAFrame() 函数,该函数沿着曲线绘制一个半径为 2 的红色圆,当圆心的位置超过画布右边界时调用 clearInterval() 取消触发器的执行。代码的执行结果如图 7-10 所示。

例 7-9 也 可 以 改 成 使 用 setTimeOut() 或 者 requestAnimationFrame()实现,因为这两个方法只能触发一次,所以需要在 drawFrame() 函数中添加函数调用。在例 7-9 中圆超出右边界后不继续绘制,因此可以将 if 语句改成不超出右边界时调用这两个方法。

例 7-9 使用 setTimeout()实现的代码为:

图 7-10　动画绘制曲线图

```
window.setTimeout(drawAFrame,20)
function drawAFrame() {
    pathRadius += 0.2
    x = cvs.width/2 + Math.cos(angle) * pathRadius
    y = cvs.height/2 + Math.sin(angle) * pathRadius
    if(x < cvs.width - 10) {
        window.setTimeout(drawAFrame,20)
    }
    angle += 0.05
    drawBall(cxt,x,y,ballRadius,"red")
}
```

例 7-9 使用 requestAnimationFrame()实现的代码为:

```
window.requestAnimationFrame(drawAFrame)
function drawAFrame() {
    pathRadius += 0.2
    x = cvs.width/2 + Math.cos(angle) * pathRadius
    y = cvs.height/2 + Math.sin(angle) * pathRadius
    if(x < cvs.width - 10) {
        window.requestAnimationFrame(drawAFrame)
    }
    angle += 0.05
    drawBall(cxt,x,y,ballRadius,"red")
}
```

如果想要达到绘制圆形运动但不留下路径痕迹的效果,可以在例 7-9 的 drawAFrame() 函数中的第一行添加下面的代码先清除整个画布,然后再进行绘制。

```
cxt.clearRect(0,0,cvs.width,cvs.height)
```

7.7　时钟案例实战

本节案例综合了路径、变换、图像及动画制作等知识制作了一个时钟。

在开始编写代码之前,需要设计一个时钟的样式:时钟绘制在画布中心,带有背景图片,边框具有一定的宽度,并使用渐变色体现一点材质效果,具有简单的细长矩形刻度,有时、分、秒 3 个指针,如图 7-11 所示。接下来开始进行代码的编写。

首先在网页中添加一个 Canvas,设置其 id 为 clock、尺寸为 200px×200px。接下来就可以开始 JavaScript 代码的编写了。

代码第一步,加载图片。从前面的学习可以知道,绘制图像需要在图片加载完成之后进行,所以第一步是创建 image 对象,并加载背景图片,所有的绘制工作要在图片的 load 事件里实现。

图 7-11　时钟效果图

代码第二步,在 load 事件里绘制时钟。时钟需要每秒钟绘制一次,因此把时钟绘制代码放入 drawAClock() 函数中,以方便反复调用。drawAClock() 作为 setInterval() 的回调函数每秒钟执行一次,而 setInterval() 的回调函数 drawAClock() 需要在该方法执行 1s 后才被调用,为了填补这 1s 的空白,需要在 setInterval() 方法执行之前单独调用 drawAClock() 函数一次,作为初始时钟。

【例 7-10】　时钟实例。

代码主体如下:

```
< canvas id = "clock" width = "200" height = "200"></canvas >
< script >
    var backImg = new Image()           //创建 image 对象作为时钟背景图片
    backImg.src = "img/clock.png"       //指定图片路径
    backImg.onload = function() {       //图片加载完成事件触发函数
        drawAClock()                    //时钟初始绘制
        setInterval(drawAClock, 1000)   //每秒钟触发时钟绘制
    }
    function drawAClock(){ }            //时钟绘制函数,代码会在下面进行说明
</script >
```

drawAClock() 函数是时钟绘制函数,首先获取 Canvas 及其绘制环境,然后对时钟进行初始化,也就是设置时钟的各个参数:中心点为画布中心点,半径为 100,边框宽度为 18。最后根据设置的时钟参数绘制时钟的各个不同部分。由于绘制时钟的代码较长,将所有代码都放在同一个函数中会使程序的阅读比较繁杂,所以将时钟分为背景、刻度、边框和指针 4 个部分进行绘制,4 个部分按照从底层到顶层的结构顺序进行绘制。因为 Canvas 绘制默认后绘制的图形在先绘制的图形图像上方,所以绘制的顺序不能错。drawAClock() 函数的代码如下:

```
function drawAClock() {
    var cvs = document.getElementById("clock")      //获取 Canvas 对象
    var cxt = cvs.getContext("2d")                  //获取 Canvas 的绘制环境
    cxt.clearRect(0, 0, cvs.width, cvs.height)      //清除画布
    var centerX = cvs.width / 2,
    centerY = cvs.height / 2,                        //将画布中心设置为时钟的中心点坐标
    borderWidth = 18,                               //设置时钟的边框宽度
    radius = 100                                    //设置时钟半径
    drawCLockBack(cxt,centerX,centerY,radius - borderWidth/2)
    drawGruads(cxt,centerX,centerY,radius - borderWidth,borderWidth)
    drawClockBorder(cxt,centerX,centerY,radius,borderWidth)
    drawAllHands(cxt, centerX, centerY)
}
```

背景绘制函数 drawCLockBack() 有 4 个参数,分别是绘制环境、时钟中心点坐标(x,y)、时钟半径。时钟的背景图片需要绘制在时钟大小的圆形剪辑区域中,为了达到较好的显示效果,图片以 0.5 的透明度绘制。drawCLockBack() 的代码如下:

```
function drawCLockBack(cxt,x,y,r){
    cxt.save()                         //保存绘制环境状态
    cxt.beginPath()                    //开始新的当前路径
    cxt.arc(x, y, r, 0, Math.PI * 2)   //创建时钟大小的圆形路径
    cxt.closePath()                    //闭合路径
    cxt.clip()                         //将圆形设置为剪辑区域
    cxt.globalAlpha = 0.5              //设置绘制环境的透明度为 0.5
    cxt.drawImage(backImg,0,0)         //在剪辑区域中绘制背景图片
    cxt.restore()                      //恢复绘制环境状态,将剪辑区域恢复成 Canvas 区域
}
```

刻度绘制函数 drawGruads()有 5 个参数,分别是绘制环境、时钟中心点坐标(x,y)、时钟半径、时钟边框宽度。首先将时钟分为 60 个分钟刻度,刻度长为 5、宽为 2。0 分在 $-90°$ 位置,从 0 开始顺时针绘制各个不同分刻度。从 0 开始,每 5 个分钟刻度为一个时刻度,刻度长为 10、宽为 4。刻度绘制使用矩形填充方法 fillRect()实现,并通过移动方法 translate()和旋转方法 rotate()实现圆形分布的效果。drawGruads()的代码如下:

```
function drawGruads(cxt,x,y,r,bw){
    for(var i = 0; i < 60; i++) {              //将时钟盘分为 60 个刻度循环绘制
        cxt.save()                             //绘制环境状态的保存
        cxt.translate(x, y)                    //绘制环境原点移动到指定位置
        cxt.rotate(i * Math.PI / 30 - Math.PI / 2)    //旋转角度坐标系统
        if(i % 5 == 0) {                       //5 的倍数刻度为时刻度
            cxt.fillRect(r - bw / 2 - 10, -2, 10, 4)   //时刻度线紧贴边框侧
        } else {                               //非 5 的倍数刻度为分刻度,刻度线短细
            cxt.fillRect(r - bw / 2 - 5, -1, 5, 2)     //分刻度线紧贴边框侧
        }
        cxt.restore()                          //恢复绘制环境状态,主要针对移动和旋转变换
    }
}
```

边框绘制函数 drawClockBorder()有 5 个参数,分别是绘制环境、时钟中心点坐标(x,y)、时钟半径、时钟边框宽度。边框用径向渐变色进行填充,径向渐变的两个圆心都与时钟中心相同,渐变色起始半径为时钟半径减去边框宽度,终止半径为时钟半径。渐变设置 3 个颜色,起始颜色为♯708090,终止颜色为♯696969,在 0.3 的位置添加颜色♯B0B0A0。在进行时钟边框绘制时需要注意时钟的半径为整个时钟的外边框,而 Canvas 中 arc()描边的宽度中心为其半径,所以在绘制时钟边框时,arc()半径是时钟半径-边框宽度的一半。实现的金属质感边框如图 7-11 所示。drawClockBorder()的代码如下:

```
function drawClockBorder(cxt,x,y,r,bw){
    var inR = r - bw,                          //边框内边界半径
        outR = r                               //边框外边界半径
    var radialGrad = cxt.createRadialGradient(x, y, inR, x, y, outR)    //边框渐变色
    radialGrad.addColorStop(0, "♯708090")      //内边界处的渐变颜色
    radialGrad.addColorStop(0.3, "♯B0B0A0")    //中间渐变颜色
    radialGrad.addColorStop(1, "♯696969")      //外边界处的渐变颜色
    cxt.save()                                 //保存绘制环境
    cxt.lineWidth = bw                         //设置描边线宽度为时钟边框宽度
    cxt.strokeStyle = radialGrad               //设置描边颜色为渐变色
    cxt.beginPath()                            //开始新的当前路径
    cxt.arc(x, y, r - bw/2, 0, Math.PI * 2)    //创建时钟大小的圆形路径
```

```
    cxt.stroke()                                              //描边
    cxt.restore()                                             //恢复绘制环境
}
```

指针绘制函数 drawAllHands() 有 3 个参数,分别是绘制环境、时钟中心点坐标(x, y)。首先从当前的系统时间中获取时、分、秒数值,并根据当前的数值计算指针的角度调用单指针函数 drawAHand() 进行绘制,时针长为 50、宽为 6,分针长为 75、宽为 4,秒针长为 90、宽为 2。drawAllHands() 的代码如下:

```
function drawAllHands(cxt, x, y) {
    var now = new Date()                                      //创建 Date 对象并获取当前系统时间
    var hour = now.getHours() % 12,                           //获取当前时间时数
        minute = now.getMinutes(),                            //获取当前时间分数
        second = now.getSeconds();                            //获取当前时间秒数
    var hourAngle = hour * Math.PI / 6 + Math.PI * 2 / 60 /12 * minute,  //计算当前时针角度
        minuteAngle = Math.PI * 2 / 60 * minute,              //计算当前分针角度
        secondAngle = Math.PI * 2 / 60 * second;              //计算当前秒针角度
    drawAHand(cxt,x,y,50,6,hourAngle - Math.PI/2)             //调用函数绘制时针
    drawAHand(cxt,x,y,75,4,minuteAngle - Math.PI/2)           //调用函数绘制分针
    drawAHand(cxt,x,y,90,2,secondAngle - Math.PI/2)           //调用函数绘制秒针
}
```

单指针绘制函数 drawAHand() 有 6 个参数,分别为绘制环境、时钟中心点坐标(x, y)、指针宽度和高度、指针旋转角度。通过 translate() 将坐标系统原点移动到时钟中心,并调用 rotate() 旋转到给定的角度,绘制指针矩形,调整 fillRect() 左上角坐标,使得时钟中心在指针的左侧 1/5 中间位置。drawAHand() 的代码如下:

```
function drawAHand(cxt,x,y,w,h,a){
    cxt.save()                                                //保存绘制环境
    cxt.translate(x, y)                                       //移动坐标系统原点到时钟中心
    cxt.rotate(a)                                             //旋转角度
    cxt.fillRect( - w/5, - h/2, w, h)                         //坐标原点在指针的 1/5 处,填充矩形
    cxt.restore()                                             //恢复绘制环境,主要针对移动和旋转
}
```

将上面 6 个函数的代码加入到例 7-10 代码中就可以实现整个时钟动画绘制,完整代码可以在 pra07.html 文件中找到。

7.8 习   题

一、填空题

1. _____ 是 HTML5 加入的元素,用于像素图形的绘制。

2. Canvas(画布)在页面中表现为一个 _____ 区域。

3. Canvas 的坐标系统,默认坐标原点$(0, 0)$在画布 _____,向 _____ 为 X 轴正向,向 _____ 为 Y 轴正向。

4. 每个 Canvas 元素都包含一个 HTML5 内建的 _____ 对象,通常称为 _____,通过它可以访问绘图 API。

5. _____ 就是用来在 Canvas 中进行图形/图像设置、绘制以及变换的一系列属性和方法。

6. _____是一系列点以及点之间的连线,使用它可以在 Canvas 上绘制各种不同的形状。

7. 渐变颜色分为_____和_____两种方式。

二、选择题

1. canvas. getContext()的绘制类型不包括(　　　)。
   A. 2d
   B. experimental-webgl
   C. 3d
   D. webgl

2. 状态堆栈中的画布当前属性值包括(　　　)。
   A. globalAlpha
   B. strokeStyle
   C. fillStyle
   D. lineWidth

3. 在下列方法中,可以实现填充功能的有(　　　)。
   A. fill()
   B. stroke()
   C. fillRect()
   D. rect()
   E. fillText()
   F. arc()

4. 下列关于图像绘制的说法中,错误的是(　　　)。
   A. drawImage()方法可以将图片、画布和视频绘制到 Canvas 中的任何地方
   B. drawImage()方法的多个参数可以任意组合,实现多种绘制效果
   C. 绘制时图片尚未完全加载,drawImage()方法会在没有任何提示的情况下绘制失败
   D. drawImage()通常在图片加载完成事件触发后被执行

5. 在下列方法中,可以无限次触发的方法是(　　　)。
   A. setInterval()
   B. setTimeOut()
   C. requestAnimationFrame()
   D. getTime()

三、判断题

1. Canvas 中逆时针的角度为正值。(　　)

2. Canvas 的高度和宽度由 CSS 设置会造成绘制的图形比例失调。(　　)

3. Canvas 环境可以根据需要同时创建多个不同的路径,并通过 save()进行保存。(　　)

4. 变换方法会改变环境状态。(　　)

5. setTimeOut()方法一旦被执行,只能等到时间触发而无法取消。(　　)

四、简答题

1. Canvas 的坐标系统是什么样的?

2. 什么是绘制环境?

3. 为什么要使用绘图 API？其作用是什么?

4. 在使用变换方法时需要注意些什么?

五、实践题

利用本章所学知识设计一个星空动画,在画布中绘制深蓝色背景,在画布中绘制不同大小、不同透明度的白色星星,并设计星星从大到小再变大的过程,模拟星星闪烁的效果。

思路提示:

(1) 可以将多个星星的大小存放在全局变量的数组里,每个星星的参数也作为一个数组,形成二维数组。

(2) 每个星星的大小和透明度可以采用随机数生成。

(3) 为了造成星星闪烁的随机效果,可以将星星的生成放在时间方法的回调函数中实现,但是要注意数量的控制。

第二部分
应用篇

第8章 网站设计综合实训

学习目标

- 了解网站设计项目书的书写方法,以及网站的主要规划过程与创建方法
- 了解并至少掌握一种网页布局的方法
- 熟练掌握使用 HTML5 技术为网页添加内容的方法
- 熟练掌握使用 CSS3 设置网页样式和统一网页外观风格的方法
- 能够熟练应用 JavaScript 等技术为网页添加特效及功能
- 通过课程网站案例的规划、设计和实现等完整流程,深入了解并掌握网站设计与开发的主要环节及方法
- 通过案例学习及在课程设计中综合运用本课程所学知识,提高实际动手能力,真正达到理论与实践相结合的目的

本章主要结合"网页设计与编程"课程网站的开发全程,详细讲解一个网站项目开发的基本过程,使读者能够在前面学习的基础上加强对网站设计和开发完整过程的实际认识,并进一步综合运用所学的知识建立一个有特色的网站。

8.1 网站的规划

一个网站的成功与否和建站前的网站规划有着极为重要的关系。在建立网站前应明确建设网站的目的,确定网站的功能,确定网站规模、投入费用,进行必要的市场分析等。只有做了详细的规划,才能避免在网站建设中出现很多问题,使网站建设能顺利进行。

网站规划是指在网站建设前对市场进行分析、确定网站的目的和功能,并根据需要对网站建设中的技术、内容、费用、测试、维护等做出规划。网站规划对网站建设起到计划和指导的作用,对网站的内容和维护起到定位作用。

8.1.1 网站设计项目书的书写

网站设计项目书主要用于网站项目开发的调研及招/投标阶段,一般比较适合于商业性网站的开发。网站设计项目书应该尽可能涵盖网站规划中的各个方面,其写作要科学、认真、实事求是。

网站设计项目书包含的内容如下:

1. 建设网站前的市场分析

(1) 相关行业的市场是怎样的?市场有什么样的特点?是否能够在互联网上开展公司业务?

(2) 市场主要竞争者分析,竞争对手上网情况及其网站规划、功能作用。

(3) 公司自身条件分析、公司概况、市场优势,可以利用网站提升哪些竞争力,建设网站的能力(费用、技术、人力等)。

2．建设网站目的及功能定位

（1）为什么要建立网站？是为了宣传产品，进行电子商务，还是建立行业性网站？是企业的需要还是市场开拓的延伸？

（2）整合公司资源，确定网站功能。根据公司的需要和计划确定网站的功能，例如产品宣传型、网上营销型、客户服务型、电子商务型等。

（3）根据网站功能确定网站应达到的目的作用。

（4）企业内部网（Intranet）的建设情况和网站的可扩展性。

3．网站技术解决方案

根据网站的功能确定网站技术解决方案。

（1）采用自建服务器，还是租用虚拟主机。

（2）选择操作系统，用 UNIX、Linux 还是 Windows 2000/NT；分析投入成本、功能、开发、稳定性和安全性等。

（3）采用系统性的解决方案（例如 IBM、HP）等公司提供的企业上网方案、电子商务解决方案？还是自己开发？

（4）网站安全性措施，防黑、防病毒方案。

（5）相关程序开发。例如网页程序 ASP、JSP、CGI、数据库程序等。

4．网站内容规划

（1）根据网站的目的和功能规划网站内容，一般企业网站应包括公司简介、产品介绍、服务内容、价格信息、联系方式、网上定单等基本内容。

（2）电子商务类网站要提供会员注册、详细的商品服务信息、信息搜索查询、订单确认、付款、个人信息保密措施、相关帮助等。

（3）如果网站栏目比较多，则考虑采用网站编程专人负责相关内容。注意，网站内容是网站吸引浏览者最重要的因素，无内容或不实用的信息不会吸引匆匆浏览的访客，可事先对人们希望阅读的信息进行调查，并在网站发布后调查人们对网站内容的满意度，以及时调整网站内容。

5．网页设计

（1）网页设计美术设计要求，网页美术设计一般要与企业整体形象一致，要符合 CI 规范，要注意网页色彩、图片的应用及版面规划，保持网页的整体一致性。

（2）在新技术的采用上要考虑主要目标访问群体的分布地域、年龄阶层、网络速度、阅读习惯等。

（3）制定网页改版计划，例如半年到一年时间进行较大规模改版等。

6．网站维护

（1）服务器及相关软/硬件的维护，对可能出现的问题进行评估，制定响应时间。

（2）数据库维护，有效地利用数据是网站维护的重要内容，因此数据库的维护要受到重视。

（3）内容的更新、调整等。

（4）制定相关网站维护的规定，将网站维护制度化、规范化。

7．网站测试

在网站发布前要进行细致、周密的测试，以保证正常浏览和使用，主要测试内容如下：

（1）服务器稳定性、安全性。

（2）程序及数据库测试。

（3）网页兼容性测试，例如浏览器、显示器。

（4）根据需要的其他测试。

8. 网站发布与推广

（1）网站测试后进行发布的公关、广告活动。

（2）搜索引擎登记等。

9. 网站建设日程表

各项规划任务的开始/完成时间、负责人等。

10. 费用明细

各项事宜所需费用清单。

以上为网站设计项目书中应该体现的主要内容，根据不同的需求和建站目的，内容也会增加或减少。在建设网站之初一定要进行细致的规划，这样才能达到预期建站目的。

【例 8-1】 某信息项目部网站项目书的目录结构。

423

第 8 章

该项目书的重点是市场分析与策略,而对具体的网站风格和内容的建设未进行实际的规划,主要用于项目调研。这是由于项目特点及所在公司和项目组的特点所决定的。

【例 8-2】 某集团网站方案书的目录结构。

该项目书的重点是网站设计的需求、风格、步骤及技术支持等,较适合于专业的网站公司为企业网站量身定制的网站项目书,主要用于项目的招/投标阶段,目的是获得目标企业客户的认可。

8.1.2 网站的主要规划过程及创建

对于自主开发的中小型网站来说,如果目的和功能都比较明确,不一定要写出很规范、详细的网站设计项目书,相应的规划及创建过程也可以简化一些,但其中几个主要的步骤还是要结合实际的需求来认真实施的。下面以"网页设计与编程"课程网站的规划过程及创建为例来说明网站的规划和创建前期的主要工作。

1. 确定网站主题

在着手设计网站之前,要先确定好网站的主题,每个网站都应该有一个明确的主题。"网页设计与编程"课程网站是一个教学类的网站,主要是课程的教学服务,通过课程网站提供的各种功能(例如教学资源共享、课堂内外的教学平台、作品展示及评选,以及师生网络交流等)来提高教学效果,所以该网站的主题是"课程教学及交流平台"。

2. 确定网站风格

在确定好主题后,就要根据该主题选择站点的风格。由于本网站是一个教学类的网站,为了体现网站的专业性,并营造平静、舒适的学习氛围,设计者选用浅蓝色作为网站的主色调,并配以蓝色渐变色彩的 Flash 导航栏,在每个分类导航中采用了 Flash 渐变色彩中较深的蓝色,而页面主要文字为白色。网站的初始页面采用封面型,以突出本网站的主题及展示课程特色,其他内容页面则采用统一的拐角型风格。

3. 构思网站栏目结构

先在纸上绘制网站的栏目结构草图,经过反复推敲,最后确定完整的栏目和内容的层次结构。为了充分满足课程教学的需求,同时结合课程特点,将课程网站分为五大功能模块,分别是课程信息、课程学习、实践教学、课后练习及讨论答疑。其中,每个模块下又分为 3 个栏目,共 15 个栏目。网站的基本结构如图 8-1 所示。

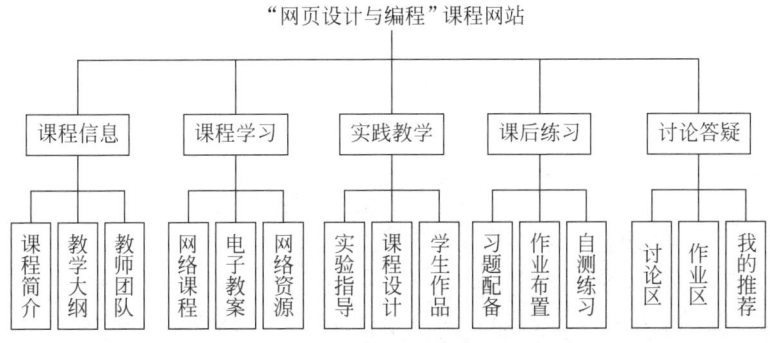

图 8-1 "网页设计与编程"课程网站的基本结构

4. 规划网站目录结构

根据第 1 章中关于安排站点目录结构的要点,并结合本网站的结构框架,可以利用 Dreamweaver 软件的站点管理器方便地搭建出如图 8-2 所示的网站目录结构。

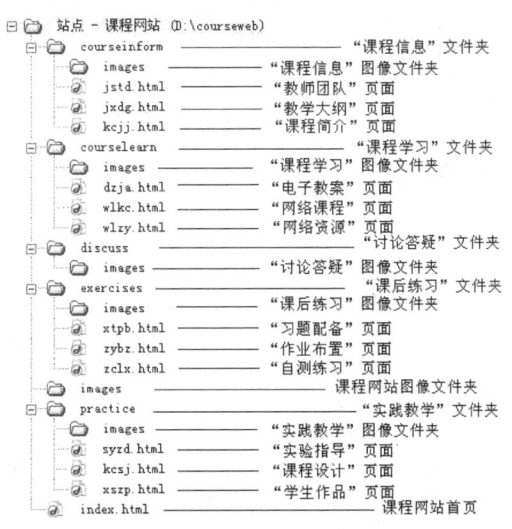

图 8-2 "网页设计与编程"课程网站的目录结构

8.2 网站的素材准备及管理

根据网站的栏目、内容设计、链接结构设计,各页面的布局结构以及几个主要导航页面的布局结构,准备所需的素材。

1. 准备文本

网页中所需的大量文字资料可以从各类网站、各种书籍中搜集,然后制作成 Word 文档或文本文件。例如"网页设计与编程"课程网站中需要用到的各种教学资料有许多是 Word 文档或 PPT 格式的,可以根据需要进行归类整理,为不同的网页内容作准备。

需要注意的是,各种文字资料的文件名的命名要科学合理,以避免日后找不到所需的文本内容。

2. 准备图片及按钮

根据需要,到网上或素材光盘中搜集所需的图片和按钮,有些图片和按钮可能需要网站制作人员自己制作。例如,"网页设计与编程"课程网站中封面型的初始页面中包括一张背景图片搭配几张国外优秀页面的效果图以及网站的名称、一个 Flash 导航及一个 ENTER 按钮,除了导航栏是 Flash 格式的以外,基本上都是选取特定的图片素材并加以编辑和制作的,其效果如图 8-3 所示。

图 8-3 "网页设计与编程"课程网站的初始页面效果图

3. 准备动画

网站中的动画要能突出主题,起到画龙点睛之功效,动画一般利用 Flash 软件制作。很多网站的导航部分也是用 Flash 制作的,例如"网页设计与编程"课程网站的初始页面和各主要页面中的 Flash 导航。

4. 建立库项目

网页中经常用到的项目(例如版权区),可以事先定义为库项目,以便在制作网页时重复使用,提高工作效率。

8.3 网页外观设计及布局

网页的外观设计和布局主要分为两个过程：首先通过纸上的构思、草图绘制与软件布局相结合的方法建立站点主页的实体模型；然后在网页编辑软件中选择适当的技术完成实际的页面布局。

8.3.1 网页外观布局方法

网页外观布局的方法有两种，第一种为纸上布局；第二种为软件布局。

1. 纸上布局法

许多网页制作者不喜欢先画出页面布局的草图，而是直接在网页编辑器中边设计布局边加内容。这种不打草稿的方法很难设计出优秀的网页，所以在开始制作网页时最好先在纸上画出页面的布局草图。

2. 软件布局法

如果不喜欢用纸来画出布局的草图，那么还可以利用软件 Fireworks 或 Photoshop 来完成这些工作。这些软件所具有的对图像的编辑功能用到设计网页布局上更显得心应手。不像用纸来设计布局，利用软件可以方便地使用颜色、使用图形，并且可以利用层的功能设计出用纸张无法实现的布局。

最好是结合这两种布局方法来设计，可以先使用纸、笔记录下初步构思，然后使用 Fireworks 或 Photoshop 来创建 Web 站点主页的实体模型。实体模型通常显示设计布局、技术组件、主题和颜色、图形图像以及其他媒体元素。具体可以参考本书第 1 章 1.3.4 节的实例。

制作好的实体模型还可以通过切片和导出在 Dreamweaver 或 FrontPage 中进行实际的页面编辑。

8.3.2 网页布局的方案

目前网页布局主要采用 HTML+CSS 的布局技术，也称为 CSS 布局。针对 Web 前端页面的设计主要分为 PC 端和移动端页面，针对不同的页面可以采取不同的布局方案。常见的布局方式有固定布局、流式布局、弹性布局、浮动布局和定位布局等。

1. 固定布局

在固定布局方式中，页面内容的宽度、高度固定，页面被一个固定容器包裹，容器不能移动，页面的宽、高不随页面的变化而变化，这种布局大家比较熟悉。这样布局设计简单，更容易定义，但是由于屏幕尺寸的不同，特别是移动端各个设备的不同，这种布局在灵活性方面可用度不高。

2. 流式布局

流式布局以百分比为主要形式，让屏幕自适应浏览器的尺寸。这种布局方式定义灵活，能够根据屏幕的情况变化，但是这种方式设计的效果不太容易控制，一般移动端结合 rem 用得比较多，PC 端用得相对较少。

3. 弹性布局

弹性布局主要采用 CSS 的伸缩布局盒模型（Flexible Box），用来提供一个更加有效的方式制定、调整和分布一个容器里的项目布局，即使它们的大小是未知或者动态的。Flexbox 布局常用于设计比较复杂的页面,可以轻松地实现屏幕和浏览器窗口大小发生变化时保持元素的相对位置和大小不变,同时减少了依赖于浮动布局实现元素位置的定义以及重置元素的大小。

4. 浮动布局

浮动布局的关键词为 float,可以设置为 left 或者 right,它使元素脱离文档流进而达到布局的目的。它也是目前一个比较主流的布局方式,但是使用浮动结束以后,还要记得清除浮动。

5. 定位布局

定位布局也是目前比较常用的一种布局方式。定位布局分为固定定位、相对定位和绝对定位 3 种方式。其中,固定定位将元素固定在一个位置,不随页面移动而移动;相对定位指相对于元素自身定位,不脱离文档流,相当于定义一个参照物,一般和绝对定位结合使用;绝对定位则使元素脱离文档流,此时作为绝对定位所参照的父元素需根据实际需要使用相对定位或绝对定位。

在"网页设计与编程"课程网站中,除了封面型的初始页面及"讨论答疑"(交流论坛)部分的几个页面需要单独设计以外,网站的其他内容页面采用了统一的拐角型风格,其中上方为网站的总体 Flash 导航区;中间左侧较窄的一列是当前模块名称及其导航,右侧是当前的位置及页面的主体内容;下方为网站的版权信息。这种拐角型的页面采用了宽度固定、高度自适应的弹性布局方案,页面各模块的划分方案如图 8-4 所示。

图 8-4 "网页设计与编程"课程网站的主要页面布局方案

在具体设计页面尺寸的时候需要注意一些实际的问题。由于页面尺寸和显示器大小及分辨率有关系,网页的局限性就在于用户无法突破显示器的范围,而且因为浏览器也将占去不少空间,留给用户的页面范围变得越来越小。一般分辨率在 800×600 的情况下,页面的显示尺寸为 $780 \times 428px$;分辨率在 640×480 的情况下,页面的显示尺寸为 $620 \times 311px$;分辨率在 1024×768 的情况下,页面的显示尺寸为 $1007 \times 600px$。从以上数据可以看出,分辨率越高页面尺寸越大。

浏览器的工具栏也是影响页面尺寸的原因。一般目前的浏览器的工具栏都可以取消或者增加,那么当用户显示全部的工具栏和关闭全部的工具栏时,页面的尺寸是不一样的。

在网页设计过程中，向下拖动页面是唯一给网页增加更多内容（尺寸）的方法。但除非可以肯定站点的内容能吸引大家拖动，否则不要让访问者拖动页面超过 3 屏。如果需要在同一页面显示超过 3 屏的内容，那么最好能在上面做上页面内部链接，以方便访问者浏览。

在"网页设计与编程"课程网站中，考虑到根据实际的内容和需要可将页面宽度设计为 1002px，这样可在目前 1024×768 以上分辨率的绝大多数显示器中得到较完整的横向显示，而高度则视版面和内容决定。可以通过给页面主体内容及左侧导航模块共同的父级容器定义最小高度的方法实现高度的自适应。同时设置父级容器为弹性容器，主体内容和左侧导航为弹性项目，则可实现两个弹性项目的高度跟随弹性容器的高度实现自适应的效果。

主要页面布局方案的 HTML 参考代码如下：

```
<!DOCTYPE html>
<html>
    <head>
        <meta charset = "utf - 8">
        <title>"网页设计与编程"课程网站主要页面布局</title>
        <style>
            body{                           /* 初始化 */
                margin:0;
                padding:0;
                font - family: "Microsoft YaHei",serif;
                font - size:16px;
            }
            #wrap,header,#current,.title,.guild,#content,.sidebar,.main,footer{
                box - sizing: border - box;  /* 定义怪异盒模型 */
            }
            #wrap{                          /* 定义页面内容的总宽度及居中效果 */
                width:1002px;
                margin:10px auto;
                border:1px solid #666;
            }
            header{                         /* 定义顶部导航区 */
                height:250px;
                line - height:250px;
                border - bottom:1px solid #666;
                text - align: center;
            }
            #current{                       /* 当前位置区容器,弹性布局 */
                display:flex;
                height:30px;
                line - height:30px;
                border - bottom:1px solid #666;
            }
            #current .title{                /* 当前位置标题 */
                width:200px;
                border - right:1px solid #666;
                text - indent:3em;
            }
            #current .guild{                /* 当前位置文字区 */
                width:800px;
                text - indent:3em;
            }
            #content{                       /* 主体内容区容器,弹性布局,设置最低高度 */
```

```
                display:flex;
                min - height:295px;
                border - bottom:1px solid #666;
                text - align:center;
            }
            #content .sidebar{                  /*模块导航区*/
                width:200px;
                padding - top:50px;
                border - right:1px solid #666;
            }
            #content .main{                     /*主体内容区*/
                width:800px;
                padding - top:50px;
            }
            footer{                             /*版权信息区*/
                clear:left;
                height:25px;
                text - align:center;
            }
        </style>
    </head>
    <body>
        <div id = "wrap">
            <header>网站 Flash 导航区</header>
            <div id = "current">
                <div class = "title">当前模块名</div>
                <div class = "guild">您当前所在的位置</div>
            </div>
            <div id = "content">
                <div class = "sidebar">当前<br>模块<br>导航 </div>
                <div class = "main">当前页面主体内容</div>
            </div>
            <footer>版权信息</footer>
        </div>
    </body>
</html>
```

8.4 向页面添加内容

在布局方案确定了以后,可以按照既定方案使用网页编辑软件(例如 Dreamweaver)向该页面添加实际内容,例如插入文字、图片、Flash 动画,在必要的时候还需插入表格等。其他相同布局的页面可在现有的某一既定页面的基础上进行修改。现以"网页设计与编程"课程网站中的网络课程页面为例,说明向页面添加内容的主要过程。

(1) 设置页面属性。网页标题设置为"网络课程"。

(2) 在网站 Flash 导航区中插入相应的导航 Flash 及辅助显示两侧背景的 div 元素:

```
<header>
    <embed src = "images/daohang.swf" width = "1000" height = "250">
    <div class = "left"></div>
    <div class = "right"></div>
</header>
```

（3）删除"当前模块名"所在 div 中的文字，留待 CSS 设置背景图片。

（4）在"您当前所在位置"的 div 中输入内容及 HTML 结构代码：

```
< div class = "guild">
        您当前所在的位置：< a href = "">首页</a> &gt;&gt;课程学习 &gt;&gt;网络课程
        < span >< a href = "">退出课件</a></span>
</div >
```

（5）删除"当前模块导航"单元格中的文字，用无序列表的结构在其中定义导航菜单：

```
< ul >
        < li class = "cur">网络课程</li>
        < li >< a href = "">电子教案</a></li>
        < li >< a href = "">学习资源</a></li>
</ul >
```

（6）删除"当前页面主体内容"文字，在该 div 中输入标题和列表结构代码，可参照如图 8-5 所示的完成效果图。

图 8-5　"课程学习"页面内容效果图

说明：如果一些链接需要用到的其他页面还没有完成，可以先设置为空链接，留待以后修改；或按事先规划好的各页面文件名及路径进行链接，在制作相应页面的时候严格按照网站的总体规划来存放和命名各网页的文件名。

8.5　使用 CSS 设置页面

为了让整个网站具有统一的风格，可以通过公用的 CSS 样式文件为相同风格的页面共享。具体到某一页面的个别样式，则可以通过额外的样式表或内部样式表的方法来具体定义。例如，在"网页设计与编程"课程网站中，各主要页面的风格统一，各相同布局区域的背景颜色、文字样式等基本上都是一致的，可以通过一个公用的 CSS 文件来定义。今后如果网站需要改变整体风格，则只需修改这个公用的 CSS 文件即可。另外，可以为少数几个页面设置额外的样式表，如页面主体为目录形式的几个页面，可以单独为相同的目录风格增加一个外部 CSS

网站设计综合实训

文件的链接,而某些页面内部的个别特殊样式则通过页内样式表再做设置。

例如,在课程网站的根目录下的 CSS 文件夹中存放一个公用的 style.css 文件,将"课程学习"页面 head 部分已有的 CSS 样式全部转移到该样式表文件中,同时结合图 8-5 所需的设计效果适当修改已有的样式,并增加新的样式定义,完成后的 style.css 代码如下:

```
@charset "utf - 8";
body,ul,li{margin:0;padding:0;}
li{list - style - type:none;}
a{text - decoration:none;}
body{                               /*定义页面背景、字体、字号*/
    font - family: "Microsoft YaHei",serif;
    font - size:16px;
    background - color:#C0C0C0;
}
#wrap,header,#current,.title,.guild,#content,.sidebar,.main,footer{
    box - sizing: border - box;     /*定义怪异盒模型*/
}
#wrap{                              /*定义页面内容的总宽度及居中效果*/
    width:1000px;
    margin:10px auto;
}
header{                             /*定义顶部导航区*/
    position:relative;
    height:250px;
    line - height:250px;
    border - bottom:1px solid #C0C0C0;
    text - align: center;
}
header .left,header .right{         /*定义顶部导航区 Flash 左右两侧的辅助背景*/
    position:absolute;
    width:100px;
    height:250px;
    background:linear - gradient(#04446C,#6EA6D4);
}
header .left{
    top:0;
    left:0;
}
header .right{
    top:0;
    right:0;
}
#current{                           /*当前位置区容器,弹性布局*/
    display:flex;
    height:40px;
    line - height:40px;
    border - top:2px solid #C0C0C0;
    border - bottom:2px solid #C0C0C0;
}
#current .title{                    /*当前位置标题图*/
    width:200px;
    border - right:1px solid #C0C0C0;
    background:url("../images/kcxx.gif") no - repeat top left/cover;
```

```
}
#current .guild{                              /*当前位置文字区*/
    width:800px;
    padding:0 10px;
    background-color:#78AFDE;
    color:#FFF;
}
#current .guild span{
    float:right;
}
#current .guild a{
    color:#FFF;
}
#content{                                     /*主体内容区容器,弹性布局,设置最低高度*/
    display:flex;
    min-height:295px;
    border-bottom:2px solid #C0C0C0;
}
#content .sidebar{                            /*模块导航区*/
    width:200px;
    border-right:2px solid #C0C0C0;
    background-color:#518BB8;
}
#content .sidebar li{
    height:50px;
    line-height:50px;
    margin-bottom:20px;
    text-align:center;
}
#content .sidebar li.cur{
    background-color:#78AFDE;
}
#content .sidebar li,#content .sidebar li a{
    color:#FF9;
    font-family:"宋体";
    font-weight:bolder;
    letter-spacing:1em;
}
#content .sidebar li a{
    display:block;
    width:100%;
    height:100%;
}
#content .sidebar li a:hover{
    background-color:#999;
}
#content .main{                               /*主体内容区*/
    width:800px;
    background-color:#78AFDE;
}
#content .main .title{
    width:750px;
    height:40px;
    background-color:#FFF;
```

```
        margin:20px auto;
        background:url("../images/ml.gif") no-repeat center #FFF;
    }
    #content .main li{
        width:750px;
        height:30px;
        line-height:30px;
        margin:20px auto;
        color:#00F;
    }
    #content .main li .txt{
        float:left;
        width:653px;
        margin-right:2px;
        background-color:#FFF;
    }
    #content .main li .btn{
        float:left;
        width:95px;
    }
    #content .main li .t1{
        background-color:#FFF;
    }
    #content .main li .t2{
        text-indent:2em;
    }
    footer{                              /*版权信息区*/
        clear:left;
        height:40px;
        line-height:40px;
        text-align:center;
        background-color:#518BB8;
        border-top:2px solid #C0C0C0;
        color:#FFF;
    }
```

在需要用到这个公用 CSS 文件的网页头部中添加链接代码即可应用该样式表文件中的相关样式,例如在"课程简介"网页的 head 部分调用 style.css 文件的代码为:

```
<link href="css/style.css" rel="stylesheet" type="text/css"/>
```

又如,本科和专科教学大纲页面额外使用的 jxdg.css 文件代码如下:

```
@charset "utf-8";
/* CSS Document */
h4{                              /*定义标题4的文本样式*/
    line-height:150%;
}
.dgtext {                        /*定义大纲段落中的文本样式*/
    font-size: 11pt;
    text-align: center;
}
.lj{                             /*定义列表项的样式*/
    font-weight:bold
}
```

在本科或专科教学大纲网页中除了要调用公共样式表文件 style.css 以外,还需要额外调用样式表文件 jxdg.css,则在 head 部分调用外部样式表的代码为:

```
< link href = "../CSS/style.css" rel = "stylesheet" type = "text/css"/>
< link href = "../CSS/jxdg.css" rel = "stylesheet" type = "text/css"/>
```

8.6　添加网页特效及功能

在完成网站内容的构建及页面的设置之后,可以通过 JavaScript 添加网页特效及其他页面功能。使用 JavaScript 脚本编程可以添加许多常见的网页特效,例如显示访问者的停留时间、页面的进入和退出特效、鼠标特效、按钮特效等,这方面的资源也很多,读者可以在互联网上很方便地进行查找和下载,并修改和使用。此外,还可以根据实际的需要编写一些实用的网页脚本,例如许多课程网站都提供的在线自测功能。

8.6.1　添加网页特效

根据网站定位及需求,适当地添加网页特效能够起到美化点缀(例如鼠标特效)或广告宣传(例如浮动广告)等特定的效果。一些简单的网页特效可以自行编写或在现有的代码资源的基础上进行修改和利用,还可以通过下载使用 Dreamweaver 插件的方法来实现常见的网页特效。下面就以在"网页设计与编程"课程网站的初始页面中添加浮动广告为例,介绍这两种不同的实现方法。

1. 下载和使用现有的代码

如果要通过互联网查找和下载 JavaScript 浮动广告代码,可在搜索引擎中输入关键词"JavaScript 浮动广告",如图 8-6 所示。

图 8-6　查找 JavaScript 浮动广告代码

找到适合的代码后可根据代码的说明来下载或复制和使用,并根据实际的需要进行必要的修改。有些代码还给出了演示地址,以便于在下载前预览和判断该特效是否符合预期。如

图 8-7 所示为查找到的一个代码资源的部分网页截图。

图 8-7　代码资源网页部分截图

　　根据代码的使用说明,首先复制 html 部分的代码到< body ></body>之间,并把<img>标记 src 属性中的图片路径改为课程网站中事先制作好的浮动广告图片路径,同时把< div >和 < img >中的 width 和 height 属性改为符合图片的实际大小。最后,按 HTML 代码的规范性 要求,将所有标记的名称和属性的名字都改为小写。修改后的 html 部分相关代码如下:

```
< div id = img1 style = "z − index: 100; left: 2px; width: 220px; position: absolute; top: 43px;
height: 50px; visibility: visible;">
    < a href = "Courseinform\kcjj.html">
        < img src = "images/guanggao.gif" width = "220" height = "50" border = "0">
    </a>
</div>
< script src = "scripts/fdgg. js"></script >
```

　　其中根据课程网站的实际目录结构,将最后一句代码的 src 属性改为课程网站中实际的 JavaScript 脚本文件路径。

　　scriptt 文件夹中的 fdgg.js 采用了代码资源页面提供的 js.js 脚本文件的代码:

```
var xPos = 300;
var yPos = 200;
var step = 1;
var delay = 30;
var height = 0;
var Hoffset = 0;
var Woffset = 0;
var yon = 0;
var xon = 0;
var pause = true;
var interval;
img1.style.top = yPos;
```

```
function changePos()
{
width = document.body.clientWidth;
height = document.body.clientHeight;
Hoffset = img1.offsetHeight;
Woffset = img1.offsetWidth;
img1.style.left = xPos + document.body.scrollLeft;
img1.style.top = yPos + document.body.scrollTop;
if (yon)
{yPos = yPos + step;}
else
{yPos = yPos - step;}
if (yPos < 0)
{yon = 1;yPos = 0;}
if (yPos >= (height - Hoffset))
{yon = 0;yPos = (height - Hoffset);}
if (xon)
{xPos = xPos + step;}
else
{xPos = xPos - step;}
if (xPos < 0)
{xon = 1;xPos = 0;}
if (xPos >= (width - Woffset))
{xon = 0;xPos = (width - Woffset); }
}

function start()
{
img1.visibility = "visible";
interval = setInterval('changePos()', delay);
}
function pause_resume()
{
if(pause)
{
clearInterval(interval);
pause = false;}
else
{
interval = setInterval('changePos()',delay);
pause = true;
}
}
start();
```

添加了浮动广告的课程网站首页如图 8-8 所示。

在测试该特效的过程中,如果对图片浮动的效果还不太满意,例如想要图片移动得快一些、幅度大一些,可以通过修改脚本中相关的代码来实现。例如,分析一下 fdgg.js 中的代码可以发现,修改 step 的值可以改变图片每次在 X 和 Y 方向上移动的幅度。step 值越大,图片每次移动的幅度就越大,感觉就越快。delay 表示相邻的两次移动之间的时间延迟,delay 值越小,则图片移动的延迟越小,感觉越快,但可能会在视觉上有一些闪烁。

图 8-8　添加了浮动广告的课程网站首页效果

2. 下载和使用 Dreamweaver 插件

Dreamweaver 的扩展插件打破了以往很多只有专业人员才能应用高级网页技巧的束缚，使得一般用户也可以独立、快速地创造出无限精彩的网页特效。与直接下载和使用特效代码相比，Dreamweaver 的插件的安装和使用方法更加简单，可以适用于没有任何编程基础的使用者。此外，作为 Dreamweaver 的扩展功能，在完成一次安装之后，同一个插件可以方便地多次应用于不同的网页。

许多常见的 Dreamweaver 经典插件都可以在互联网上打包下载，例如下拉菜单、随机显示图片，以及前面所使用的浮动广告等。有些 Dreamweaver 插件下载的页面还提供了各种插件名称及功能的介绍，便于使用者在下载前确定是否有所需要的功能插件。如图 8-9 所示为某 Dreamweaver 插件下载网页的部分截图，在其中可以看到第一个插件 floatimg 所实现的功能就是浮动广告的网页特效。对相关插件打包下载后就可以解压并通过 floatimg 文件名找到该插件，直接双击该插件文件，并按向导提示即可完成插件的安装。

Dreamweaver 插件文件名	Dreamweaver 插件简介
floatimg	在页面上制作的飘浮图片插件，没时间封装
mmJIK	Macromedia 亲自为 Flash 5 开发的插件，功能太强大了
MX186725_splash_window	也叫 chromeless splash，一种效果很不错的浏览器窗口
MX175723_DWinamp	可以方便地在 DW 中控制 Winamp，边工作，边听音乐
languagemenu	包括所有语言的下拉菜单(object)
MX162506_persist_layer	不论浏览器的滚动条怎么拉，用这个插件插入的层总是保持在某个位置不动
MX156958_e-VueObject	插入 e-Vue MPEG-4 格式的文件
Sound	插入 Midi、wav、Aiff 等格式的声音文件
MX172878_sup_sub_ext	插入上标、下标
Videoembed	插入视频文件，还可以加上控制按钮
NowhereLink	插入一个空连接，点击后不会返回到页面顶部
ExternalJS	调用一个外部的 JS 脚本语言文件
includeJSfile_hp	调用一个外部的 JS 脚本语言文件，插入到 <head> 区域内

图 8-9　某 Dreamweaver 插件下载页面部分截图

插件安装完成后,可在 Dreamweaver CC 2017 的"命令"菜单下找到该插件命令,如图 8-10 所示。其中,Floating image 就是刚刚安装的 floatimg 插件命令。选择该命令,将弹出插件的设置界面,如图 8-11 所示。在这里可以直接通过两个"浏览"按钮指定网页中所需要的浮动图片及相应的链接,并单击 OK 按钮完成插件的使用。有一定编程基础的使用者还可以通过分析网页中插件相关的代码来进一步设置或修改相关的参数,以实现所需的效果。

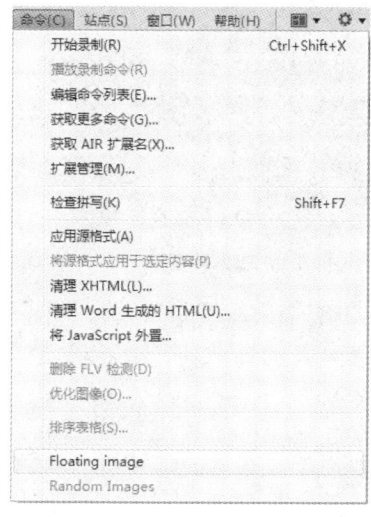 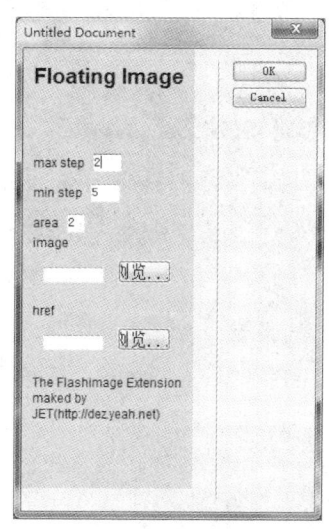

图 8-10 "命令"菜单下的插件命令　　　图 8-11 Floating image 插件的设置

用插件的方法添加课程网站初始网页的浮动广告效果与图 8-8 类似。

8.6.2 添加网页功能

在"网页设计与编程"课程网站的课程测试模块中,"习题配备"部分的显示答案和隐藏答案部分综合应用了 CSS 的层属性及 JavaScript 的按钮对象编程功能;而"自测练习"页面的各项功能体现了 JavaScript 语言综合编程的应用。

1. 显示、隐藏答案的功能函数及其页面应用

"习题配备"栏目提供基础及 HTML 知识、CSS、JavaScript 三大网页设计核心技术的练习题库,形式上有填空、选择、判断、简答 4 种题型。这些题目考虑到为学生课后复习提供方便,为每一小题各配备了一个同时具备显示和隐藏答案功能的按钮,如图 8-12 所示。这样学生可以在看到某一题目的时候有意识地先思考一下自己是否已经掌握了相应的知识点,然后通过对应的按钮核对答案。

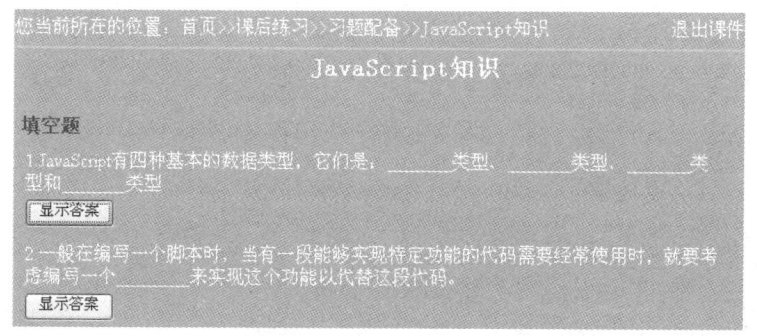

图 8-12 "习题配备"的某一页面初始效果

当浏览者单击某一题目的按钮,例如第一题的"显示答案"按钮时,则显示相应题目的答案,同时按钮表面的文字由"显示答案"变为"隐藏答案",如图 8-13 所示。再次单击同一按钮则回到开始的状态,如图 8-12 所示。

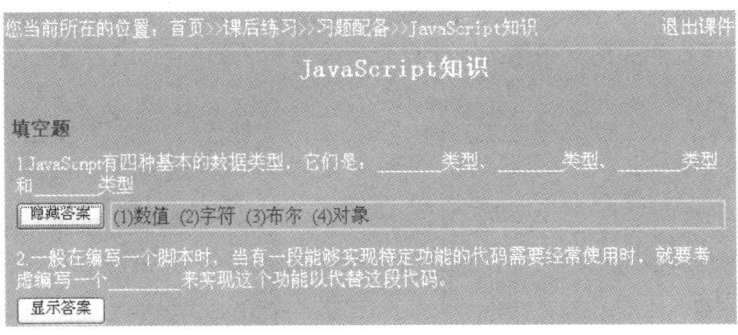

图 8-13　单击第一题的"显示答案"按钮后的效果

(1) 函数的定义。首先定义一个实现显示和隐藏功能的 JavaScript 函数,并把该函数放在页面的< head ></head >之间。函数代码如下:

```
< script >
function showhide(sname,sid){
     var sid = document.getElementById(sid);
     if(sid.style.display == "none"){
          sid.style.display = "block";
          sname.value = "隐藏答案";
     }else{
          sid.style.display = "none";
          sname.value = "显示答案";
     }
}
</script >
```

其中,sname 参数对应调用该函数的按钮对象,sid 参数对应按钮所控制表格的 id 值。

(2) 页面编辑及函数的调用。用 HTML 及 CSS 编辑页面,其中第一题的页面内容代码如下:

```
< table width = "613" border = "0">
  < tr >
     < td colspan = "2">1.JavaScript 有四种基本的数据类型,它们是:_____类型、_____类型、
          _____类型和_____类型 </td>
  </tr>
  < tr >
     < td width = "68">< input type = "button" onclick = "showhide(this,'t1');" value = "显示答案"/
></td>
     < td width = "529">
     < table width = "535" cellspacing = "2" bgcolor = "#CCCCCC" id = "t1" style = "display:none">
          < tr >
          < td width = "525" bgcolor = "#78AFDE">(1)数值　(2)字符　(3)布尔　(4)对象</td>
          </tr>
     </table >
     </td>
  </tr>
</table >
```

整个题目区域用一个表格来定义,这里答案显示区域为第 2 行第 2 列单元格中的一个嵌套表格,并用 style＝"display:none"的 CSS 属性定义其初始内容为隐藏状态,用 id＝"t1"定义该隐藏表格的 id 值为 t1。第 2 行第 1 列单元格中放置的就是"显示答案"按钮,并通过 onclick＝"showhide(this,t1);"的代码实现单击事件编程,进而调用前面所定义的显示、隐藏功能函数。通过单击按钮时调用函数来改变 t1 表格的显示、隐藏状态,同时相应地改变按钮自身的显示文字。

2. "自测练习"中的 JavaScript 表单编程

"自测练习"栏目包括 HTML、CSS、JavaScript 三组在线自测题目,全部采用单选题型,以便于学生检查自己的课程知识掌握情况。浏览者在完成每组测试题后可以通过"交卷"按钮交卷,也可以通过"清除"按钮重新答题,如图 8-14 所示。

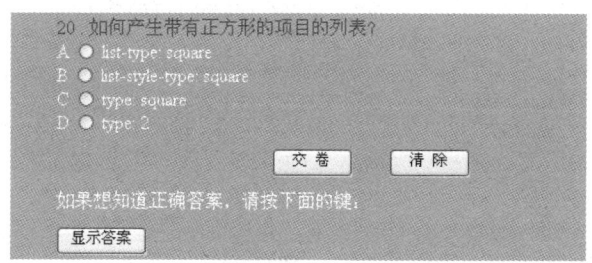

图 8-14 "自测练习"某一页面的部分截图

当浏览者单击"交卷"按钮时,首先弹出一个确认对话框以供确认,如图 8-15 所示,单击其中的"确定"按钮即弹出测试结果提示框,如图 8-16 所示。

图 8-15　确认交卷对话框　　　　　　图 8-16　测试结果提示框

"自测练习"栏目还提供了类似于"习题配备"栏目中的显示、隐藏答案功能,可以一次性显示或隐藏本次测试中所有题目的答案,以供浏览者核对。

(1) 数组定义及函数功能。首先在页面头部插入如下 JavaScript 代码,用数组标识本组测试题的答案,并编写相应的函数统计浏览者交卷后的答题情况。代码如下:

```
<script>
//标识正确答案,这个数组的最大下标就是总的题目数量
var ans = new Array;
ans[0] = "null";
ans[1] = "b";
ans[2] = "b"
ans[3] = "b"
ans[4] = "a";
ans[5] = "d";
ans[6] = "c";
ans[7] = "c";
ans[8] = "d";
ans[9] = "b";
ans[10] = "b";
```

```
ans[11] = "a";
ans[12] = "c";
ans[13] = "a";
ans[14] = "a";
ans[15] = "c";
ans[16] = "b";
ans[17] = "a";
ans[18] = "b";
ans[19] = "a";
ans[20] = "b";

var totalNum = ans.length - 1;        //计算题目的总数
var score = 0;                        //标识正确回答的题目数量
var flag = 0;                         //标识未回答的题目数量

//获得正确的题目数
function Engine(question, answer) {
if (answer == ans[question])
score++;
}

//"交卷"按钮的功能
function total()
{
    //标识已经回答的答案
    var t = new Array();
    t[0] = -1;
    score = 0;
    flag = 0;

    for(i = 1;i < ans.length;i++)
    {
        var temp = document.getElementsByName("a" + i);
        for (j = 0;j < temp.length;j++)
        {
            if(temp[j].checked)
            t[i] = temp[j].value;
        }
        if(! t[i]) flag++;
        Engine(i,t[i]);
    }

//判断是否交卷,显示回答情况
if(window.confirm("你确定交卷?"))
{
if(flag == 0)
{
if(score == totalNum)
alert("恭喜你,你全答对了");
else
alert("你答对了" + score + "题" + ",答错了" + ( totalNum - score) + "题");
}
else if(flag == totalNum)
alert("你未回答任何题目");
```

```
else
alert("你答对了" + score + "题,答错了" + ( totalNum - score - flag) + "题,有" + flag + "题未回答");
    }
}

//显示正确答案
function showhide(sname,sidn){
    var sid = document.getElementById(sidn);
    if(sid.style.display == "none"){
        sid.style.display = "block";
        sname.value = "隐藏答案";
    }else{
        sid.style.display = "none";
        sname.value = "显示答案";
    }
}
</script>
```

（2）页面设置及 JavaScript 的表单编程。自测页面采用表单设计,其中包括每一小题的题目、选项、所有相应的单选按钮,以及 3 个功能按钮都属于同一表单。表单的内部用表格进行排版。为了与页面头部的 JavaScript 函数所使用的函数相对应,页面中每一小题用到的同组单选按钮的 name 属性分别为 a1、a2、a3……,其中每一组按钮对应的 value 值分别为 a、b、c、d。然后分别对 3 个功能按钮的代码进行设置。

"交卷"按钮的代码为：

```
< input type = "button" value = " 交 卷 " onclick = "total()"/>
```

"清除"按钮的代码为：

```
< input type = "reset" value = " 清 除 "/>
```

"显示答案"按钮的代码为：

```
< input type = "button" id = "s" onclick = "showhide(s,ans)" value = "显示答案"/>
```

其中按钮的 onclick 事件调用了 showhide()函数,函数中的第一个参数 s 对应按钮本身的 id,第二个参数 ans 对应按钮下方的一个隐藏表格的 id,表格中的内容就是自测题的答案。

8.7　站点的本地测试

在站点建设过程中,最好经常对站点进行测试并解决出现的问题,这样可以尽早发现问题并避免重犯错误。例如,对每一个页面完成编辑之后都应当在目标浏览器中进行预览,确保能够正常显示和正常使用,而且没有断开的链接,页面下载也不会占用太多时间等。这里主要介绍利用 Dreamweaver 的站点报告功能及检查站点范围内的链接功能解决一些最常见的问题。

8.7.1　运行站点报告

完成了站点的所有内容建设,在发布站点之前还可以通过运行站点报告来测试整个站点并解决出现的问题。例如,在 Dreamweaver CC 2017 中对已建好的"网页设计与编程"课程网

站运行站点报告,可选择"站点"|"报告"命令,打开"报告"对话框,如图 8-17 所示。

其中,在"报告在"下拉列表中可以选择对当前文档、整个站点、已选文件,以及文件夹等对象运行报告;在"选择报告"列表框中可以详细地设置要查看的工作流程和 HTML 报告中的具体信息。

例如,当前已打开了网站中首页的 index.html,并如图 8-17 所示对"报告"对话框进行设置,然后单击该对话框中的"运行"按钮,可能会出现如图 8-18 所示的报告结果。

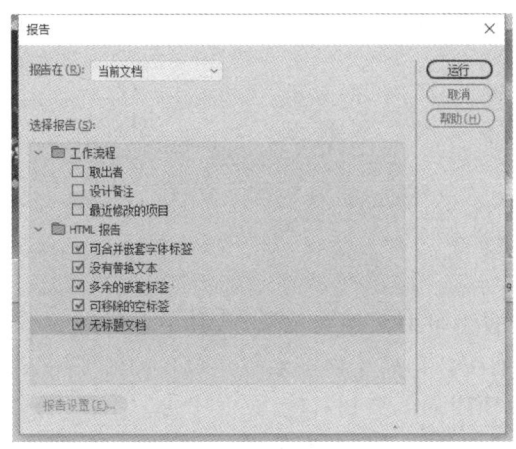

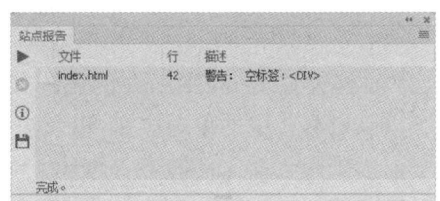

图 8-17 "报告"对话框   图 8-18 一种可能的站点报告结果

双击该报告中的提示信息,可以在 Dreamweaver 网页编辑界面的"拆分"视图中看到相应的代码,同时设计视图中的对象被选中及定位,而"属性"面板中也出现了该对象的属性信息,以便于进一步查看及修改,如图 8-19 所示。

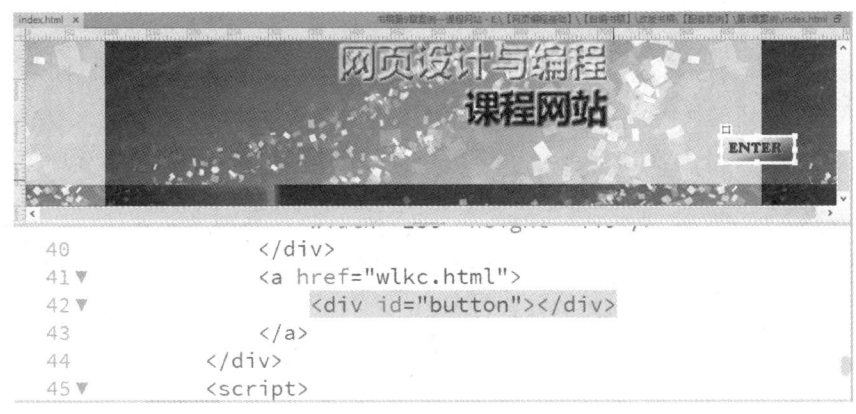

图 8-19 查看提示信息对应的网页内容

用类似的方法,也可以对站点中的其他网页或当前本地站点运行站点报告,以查看和修改各种存在的问题。

8.7.2 检查站点范围的链接

超链接是否正确是站点测试的一项重要内容。利用 Dreamweaver CC 2017 等软件可以很方便地检查站点范围内的各种链接问题。

在 Dreamweaver CC 2017 中选择"站点"|"站点选项"|"检查站点内范围内的链接"命令,

会出现"链接检查器"面板中的具体信息,如图 8-20 所示。

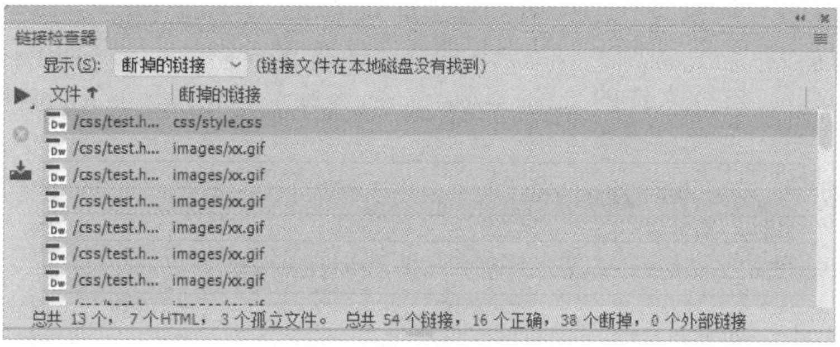

图 8-20 "链接检查器"面板

在"显示"下拉列表中可以选择要检查的链接方式,包括"断掉的链接""外部链接"和"孤立的文件"3 种。当从"显示"下拉列表中选择某个选项后,就会在面板中显示检查的结果。

如果想要修复断掉的链接,可以单击某一项断掉的链接旁边的文件夹图标,以浏览到正确文件,或者输入正确的路径和文件名;也可以在"链接检查器"面板中双击"文件"列中的某个条目,则 Dreamweaver 将打开该文档,选择断开的图像或链接,并在"属性"面板中高亮显示路径和文件名。

8.8　发布及维护 Web 站点

在经过上面的测试和检查后,就可以对站点进行发布了。为了让互联网或局域网中的用户能够访问到一个 Web 站点,需要有一个 Web 服务器对浏览器的文件请求作出响应,提供文件传输等服务。这个 Web 服务器需要有一个相应的网络地址和端口,有足够的网络上行带宽,并能够持续运行保证服务通畅。由于这些要求不容易满足,所以自行搭建 Web 服务器是比较困难的,这里只介绍如何获取和使用由 ISP/ICP 或学校网络中心提供的网站托管服务。

所谓网站托管,就是指由专业机构和组织搭建完整的 Web 服务器,然后向普通网站管理员发放账号进行管理的服务方式。在这种方式下,网站托管服务提供方负责提供和保障所有硬件、软件、网络接入等网站运行的基本条件;而网站管理员只需专注于所管理站点的页面上传、更新、备份等任务。通过权责分配、各司其职,使得大量网站能够以集中统一的方式进行管理,不但降低了网站的发布、维护的难度,还能提高软/硬件资源、网络资源的利用率。

8.8.1　上传文件

发布站点的最重要环节就是将已经创建完成的网站页面和图片、CSS 等各种资源文件传送到 Web 服务器上。无论是互联网上的 ISP/ICP 还是学校的网络中心,通常都提供 FTP 服务来实现这个操作。

FTP 服务的中文含义是文件传输服务,但通常在计算机行业中直接称为 FTP 服务。它的主要用途是使用 TCP/IP 网络在不同的计算机之间传送文件,无论 UNIX 还是 Windows,大型主机还是个人桌面机,甚至智能手机都能够支持这种文件传送方式。在使用 FTP 服务进行网站部署时,为了保证网站的安全性,并对不同的网站进行有效地区分和管理,网站托管服务的提供方会给网站管理员提供登录所需的 FTP 账号和口令。

在取得 FTP 账号和口令以后,可以使用 FTP 工具来访问和管理 Web 服务器上的文件。

网站设计综合实训

常见的 FTP 工具有 CuteFTP、FTPPro 等，Dreamweaver 本身也集成了 FTP 客户端，支持直接对 Web 空间中的页面进行在线编辑。这里推荐使用开源的 FTP 工具 FileZilla。安装好 FileZilla 后，可以在如图 8-21 所示的站点管理器中设置 Web 服务器空间的 FTP 账号信息，并登录进入 Web 空间，进行文件的上传/下载、改名、删除等操作。FileZilla 上传/下载界面如图 8-22 所示。

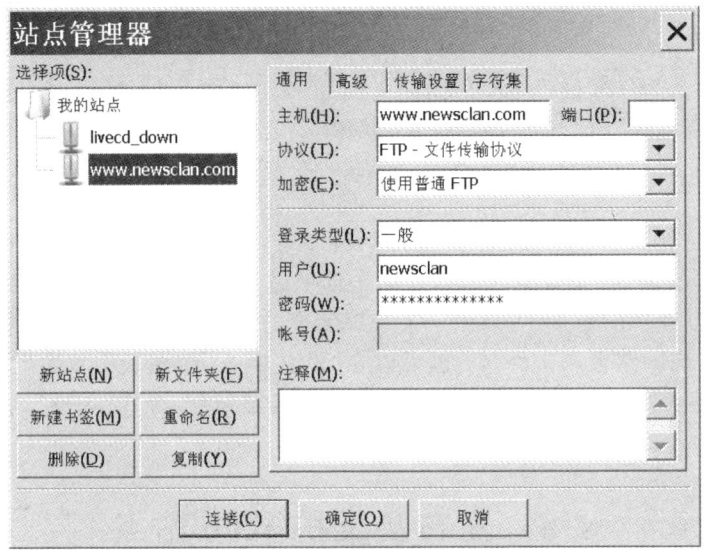

图 8-21　站点管理器

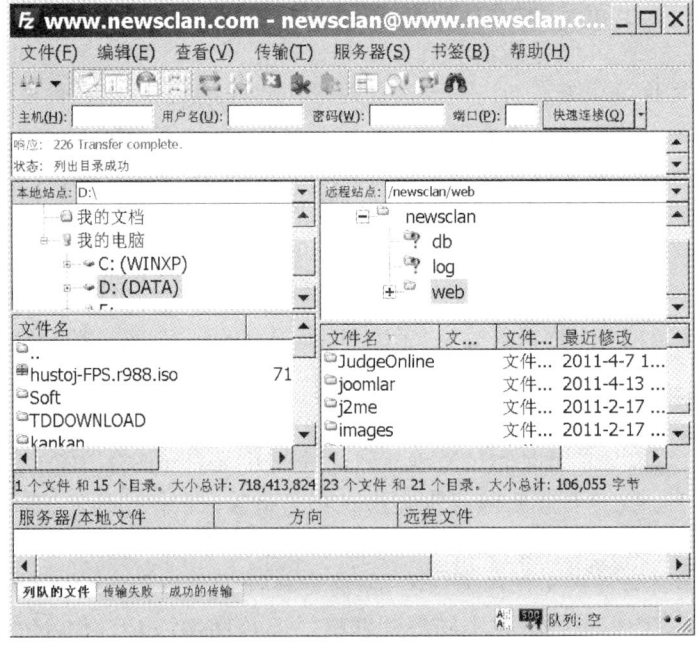

图 8-22　FileZilla 上传/下载界面

需要注意的是，FTP 空间和 Web 服务器目录并不总是等同的，很多时候 FTP 能够访问的范围要更大一些；在 FTP 登录后的默认目录下有一个特定的目录与 Web 服务器的主目录对应,常见的名称有 www、web、htdocs 等,只有放置在这个特定目录下的文件才能够被 Web 服务器作为页面提供给浏览用户访问。

8.8.2 获取网站地址

访问一个网站可以通过域名或 IP 地址,有时网站托管服务提供的是一个域名或 IP 地址下的单个目录,因此需要根据具体情况或咨询托管服务的提供者来确定网站被访问的方式。如果具有独立的域名,那么需要将域名正确地解析到托管的服务器上;如果没有域名,只有 IP 地址,那么则需要向浏览者提供正确的 IP 地址。如果 Web 服务器的服务端口不是默认的 80 端口,则还需在域名或 IP 地址之后增加端口信息。对于仅有目录权限,而没有独立域名或 IP 的网站,则必须向浏览者提供完整的 URL 地址。

例如:

独立域名: hustoj.sinaapp.com

独立 IP:202.118.20.195

目录空间:http://www.newsclan.com/JudgeOnline

8.8.3 实机测试

不管在本地磁盘做多少测试,网站部署上线后,都需要进行完整的测试,因为本地环境与真实的网络环境不可能完全相同。未经实机测试的网站往往潜藏着一些问题和漏洞,如果不加以修正,轻则影响浏览效果,重则危害网站安全。

对网站进行实机测试可以采用 WebZIP 等软件进行网站的整体抓取,或使用其他专用 Web 测试工具,或者手动测试,这里不做详述。

8.8.4 日常维护

在网站发布后,经常需要对页面、图片等资源进行更新,并且要随时进行网站数据的备份,以防止数据丢失。如果网站包含留言板、论坛等互动功能,则还需特别注意是否有浏览者发布不符合国家法律、规定的内容,如有发现应及时作出处理,否则网站空间可能会被执法机关强行关闭。

8.9 课程设计及要求

在掌握网页编程的基本技能,并对网站建设的流程有了一定的了解之后,可以通过一次集中的强化训练(例如课程设计的形式)来及时巩固已学的知识,补充未学的但又必要的内容。

8.9.1 课程设计的基本目的

在课程设计的准备、实施、验收及考核过程中,能够使学生全面了解网站建设、网页设计与编程的基本概念、基本理论及业务运作模式,了解网站建设与网页设计的特点及工作过程,掌握网站的建立及网页设计编程的方法,能够完成一般性网站的建设,并能够对网站进行管理和维护。

8.9.2 课程设计的基本要求

鉴于课程设计的性质、要求和具体内容,可对课程设计提出如下要求。

网站设计综合实训

1. 关于课题及选题

在课程设计任务书中对选题的要求进行说明，并列出几个参考设计题目。参加课程设计的学生首先要了解设计的任务，仔细思考设计要求，然后根据自己的基础和能力情况选择具体的题目。一般来说，选择课题应以在规定的时间内能完成，并能得到应有的锻炼为原则。

若学生对任务书中选题要求以外的相关课题较感兴趣，希望选作课程设计的课题，应征得指导教师的认可，并写出明确的设计要求和说明。

2. 关于设计的总要求

在设计时要严格按照要求独立进行设计，不能随意更改。若确因条件所限，必须要改变课题要求，应在征得指导教师同意的前提下进行。

3. 验收

在课程设计完成后应由指导教师当场运行、验收，只有在验收合格后才能算设计部分结束。

4. 设计报告

在课程设计结束后要写出课程设计报告，以作为整个课程设计评分的书面依据和存档材料。设计报告一般要以固定规格的纸张书写并装订，字迹及图形要清楚、工整（电子文档尤佳）。其内容及要求如下：

（1）设计任务、要求及所用软件环境或工具。

（2）网站的规划及简要说明，包括必要的市场分析，确定网站的目的和功能，并根据需要对网站建设中的技术、内容、费用、测试、维护等做出规划。

（3）网站的栏目组成、各栏目的简要说明、网站的导航结构图。

（4）网站中各栏目内容的详细介绍，主要的制作思路及过程。

（5）网站测试及发布。

（6）验收情况。

（7）设计总结和体会。

8.9.3　课程设计的考核方式与评分方法

课程设计的成绩评定根据选题的难易度、完成情况、设计报告、学习态度，结合学生分析问题、解决问题和实际动手能力等方面综合考评。成绩分优、良、中、及格和不及格 5 等。

考核标准包括：

（1）网站设计的外观、功能及总体效果（40%）。

（2）课程设计报告（20%）。

（3）平时成绩与学习态度（20%）。

（4）考核提问（20%）。

附录：课程设计报告样例

"网页编程基础"课程设计报告

报告人：16 计算机应用班××号×××

一、题目：×××网站的设计

二、设计任务、要求

（内容格式为宋体小四）

三、软件环境及工具

（内容格式为宋体小四）

四、网站的规划

（网站的规划及简要说明，包括网站风格、网站特点、网站色彩、网站内容、网站草图（文件构成和页面构成）、任务分解；网站技术、参照网站或参考书籍、所需资料等。内容格式为宋体小四）

五、网站栏目介绍

（站内栏目简介，包括网站的栏目组成、各栏目的简要说明。内容格式为宋体小四）

5.1　首页

（网站首页内容的详细介绍，主要的制作思路及过程，可适当配合页面截图说明。内容格式为宋体小四）

5.2　（栏目1）

（网站中某栏目内容的详细介绍，主要的制作思路及过程，可适当配合页面截图说明。内容格式为宋体小四）

5.3　（栏目2）

（网站中某栏目内容的详细介绍，主要的制作思路及过程，可适当配合页面截图说明。内容格式为宋体小四）

…

六、测试及发布情况

（网站在设计初期发现的问题及修改过程、设计完成后的本地测试、上传测试及发布等情况。内容格式为宋体小四）

七、答辩及验收情况

（内容格式为宋体小四）

八、设计总结和体会

（内容格式为宋体小四）

第9章　课业拓展

学习目标

- 了解浏览器开发者工具
- 了解 jQuery 库
- 了解 BootStrap 框架
- 了解架设互联网网站需要的服务
- 了解云服务商提供的几种常用服务

读者在掌握了基本的网页设计知识、熟悉了各种开发工具之后,距离现实中的网站设计开发工作的要求还有一定距离。本章通过推荐后续的技术内容与相关的资源,为后续的深入学习、能力的进一步提高指出方向并提供一些参考。此外,本章还将提供一些建立实践环境的建议。

9.1　浏览器开发者工具

9.1.1　浏览器开发者工具简介

以前调试网页前端代码,都是需要先保存文件,然后在浏览器中刷新来查看效果。这种模式在实际开发中往往无法采用。因为现在绝大多数网站都是动态网站,一个页面元素的修改往往不是单纯地修改静态网页资源,而是与服务端程序、数据库紧密衔接。前端工程师不可能每调整一点代码就部署到服务器上去测试效果。

浏览器开发者工具应运而生,成为前端、全栈工程师的得力助手。现在市面上的主流浏览器都内置了开发者工具,可以用 F12 或 Ctrl＋Shift＋I 快捷键激活。这里以谷歌浏览器为例,简单介绍一下其中几个常用的功能。

9.1.2　激活工具栏

在浏览器中打开要调试的页面,然后按下快捷键 F12 或 Ctrl＋Shift＋I,可以看到如图 9-1 所示的工具栏。

可以看到,开发者工具栏包含 Elements、Console、Source、Network 等几个标签栏。图 9-1 中的工具栏出现在右侧,根据默认设置的不同,它也可以显示在网页内容的下方。

9.1.3　选择元素与 Element 标签

1. 选择元素

开发者工具中最常用的一个功能就是选择元素,"选择元素"按钮如图 9-2 所示。

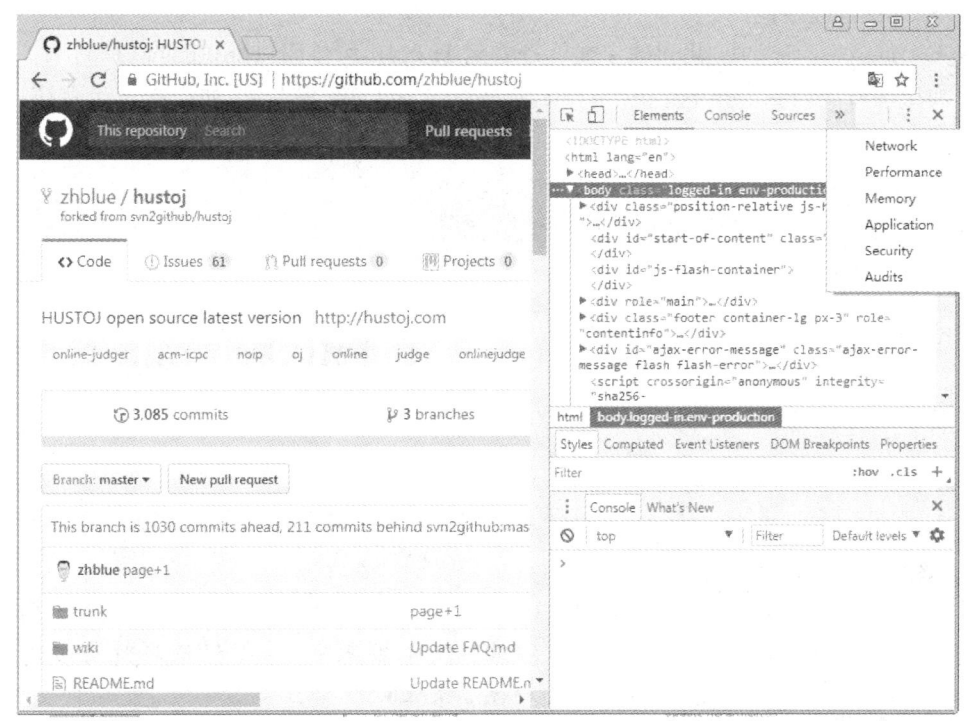

图 9-1 开发者工具栏

单击一次"选择元素"按钮后,鼠标就成为页面上可见元素的探测器。当鼠标在页面内容中移动的时候,Elements 标签栏中就会快速切换到对应的 HTML 源代码,并将原本凌乱的源代码以树状结构展开,将当前鼠标悬浮位置对应的元素以高亮方式显示出来。

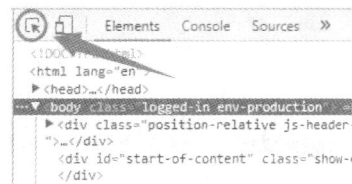

图 9-2 "选择元素"按钮

一旦确定了要调试的位置,可以单击鼠标,让目标元素固定下来,不再跟随鼠标动态更新,如图 9-3 所示。

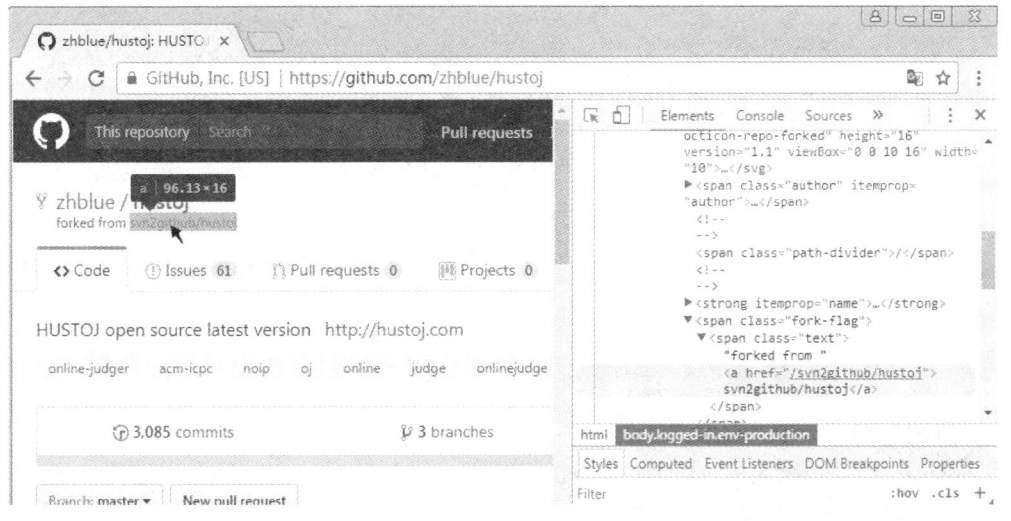

图 9-3 选择元素模式

课业拓展

2. Elements 标签栏

在 Elements 标签栏中，用户除了能够查看到 HTML 源代码以外，还可以查阅 HTML 代码在页面中的对应内容。图 9-4 中，鼠标悬停在 < strong > 标签上，页面中提示出对应内容的所在位置和大小。

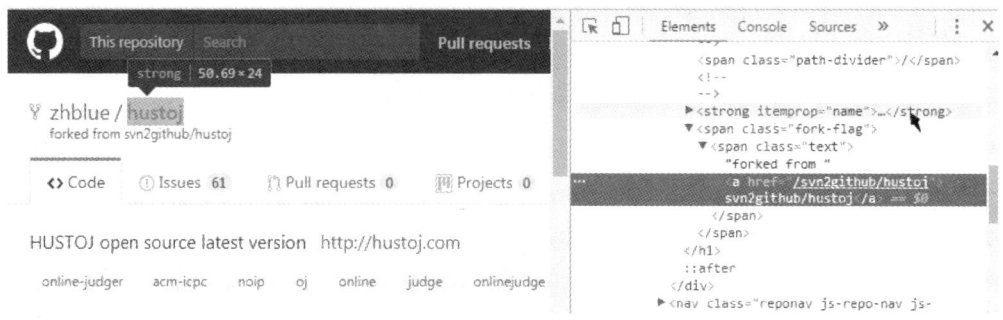

图 9-4　查看 HTML 对应内容

3. 修改源代码片段

在 Elements 标签里双击源代码中的属性值、属性名、文本甚至元素名，都可以激活一个内嵌的文本编辑框，从而任意修改对应内容，如图 9-5 所示。

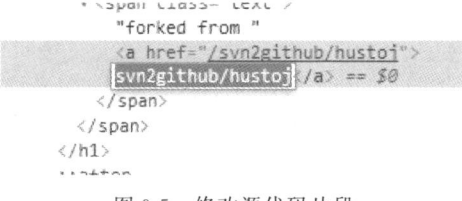

图 9-5　修改源代码片段

修改完成后，按下回车键，修改就会立即生效。图 9-6 演示了通过这种方法，甚至无须修改服务器端的任何文件，就可以看到页面元素调整后的效果。

图 9-6　修改 GitHub 中的网页元素

当在浏览器中反复修改，直至满意后，可以将对应的源代码片段从 Elements 标签栏中复制出来，再按照传统方式更新到原始页面里去。这种操作流程可以几乎完美地保证在特定浏览器中展现的效果与开发者预期一致。

9.1.4　Console 标签栏

1. 发现报错

Console 标签栏，顾名思义，是浏览器在渲染页面时各种调试信息的输出端口。通过该标签栏，开发者能够及时发现页面渲染过程中出现的各种异常现象，包括 HTML、CSS、JS 等各种类型的错误，并且在多数情况下能够给出错误的具体位置，单击链接，就能进一步调查报错的原因,如图 9-7 所示。

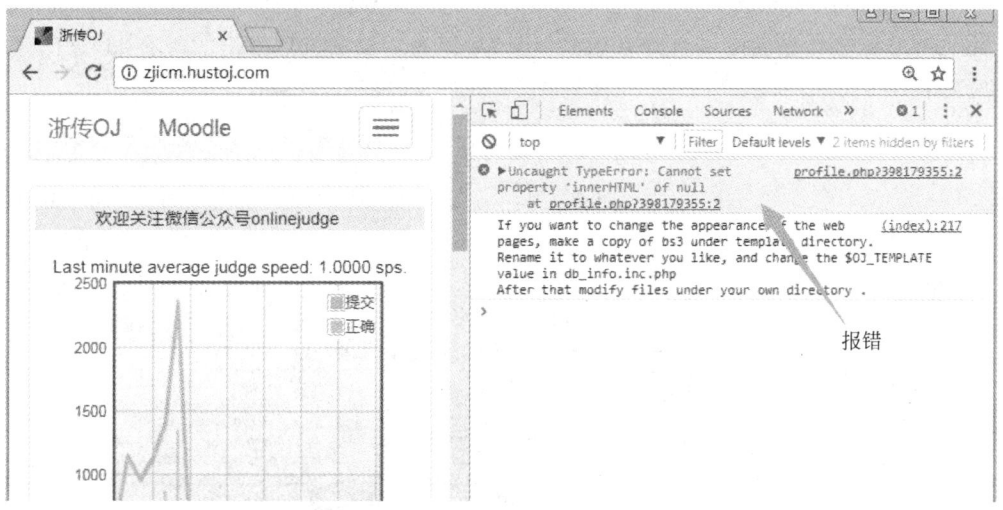

图 9-7　Console 中的报错信息

2. 打印日志

除了被动地发现错误以外,开发者还可以用 JavaScript 程序主动地在 Console 中打印日志。其语法十分简单,就是调用 console 对象的 log()方法。例如,"console. log("hello");"将会在 Console 中打印出 hello 字样。当然也有许多互联网公司,利用这个特性留下招聘信息,有目标地寻找会使用开发者工具的前端工程师。如图 9-8 所示为知乎网站在 Console 中留下的招聘信息。

图 9-8　知乎网站在 Console 中留下的招聘信息

第9章

课业拓展

9.1.5 Network 标签栏

Network 标签栏是后端工程师常用的工具,可以查看到浏览器发出的所有 HTTP 请求及其响应内容,如图 9-9 所示。

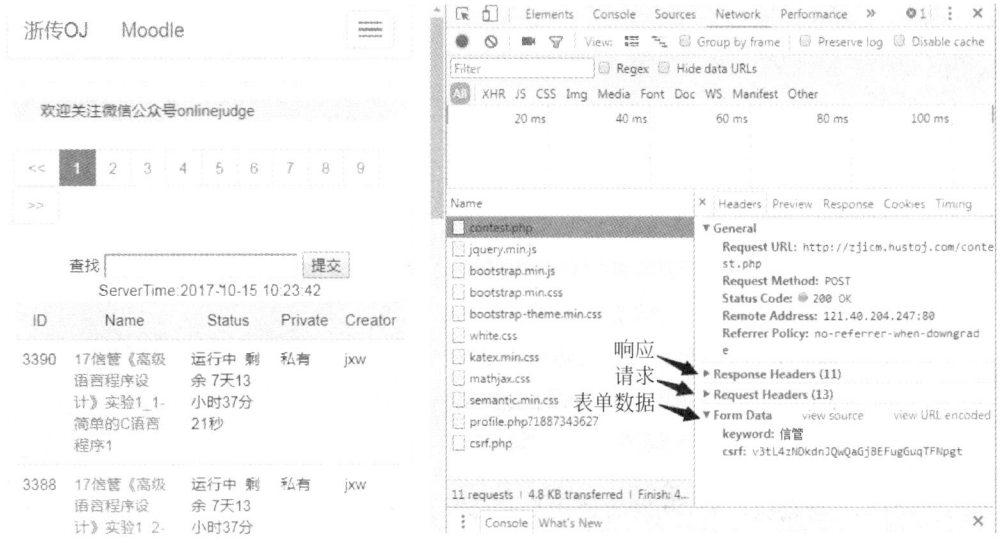

图 9-9 Network 查看请求详情

特别的,如果有 URL 拼写错误、相对路径或绝对路径使用错误造成个别元素无法加载,在图 9-10 中也一目了然。

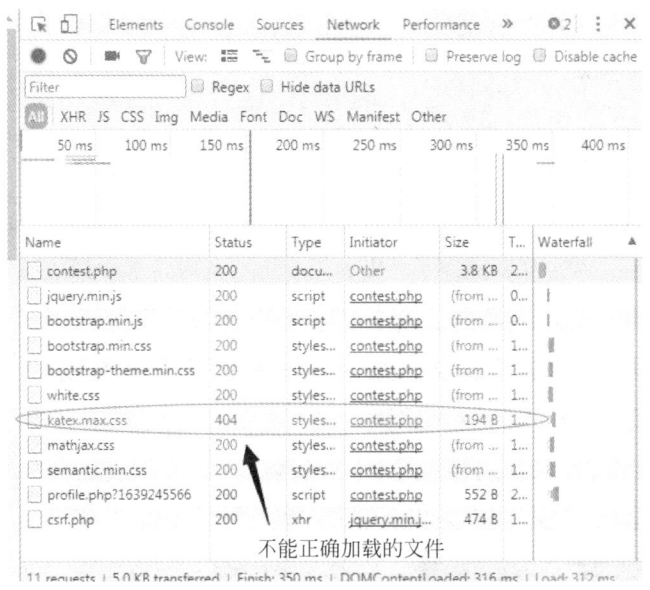

图 9-10 Network 提示请求错误

9.1.6 Source 标签栏

Source 标签用于查看各种源代码,特别是 JavaScript 源代码。

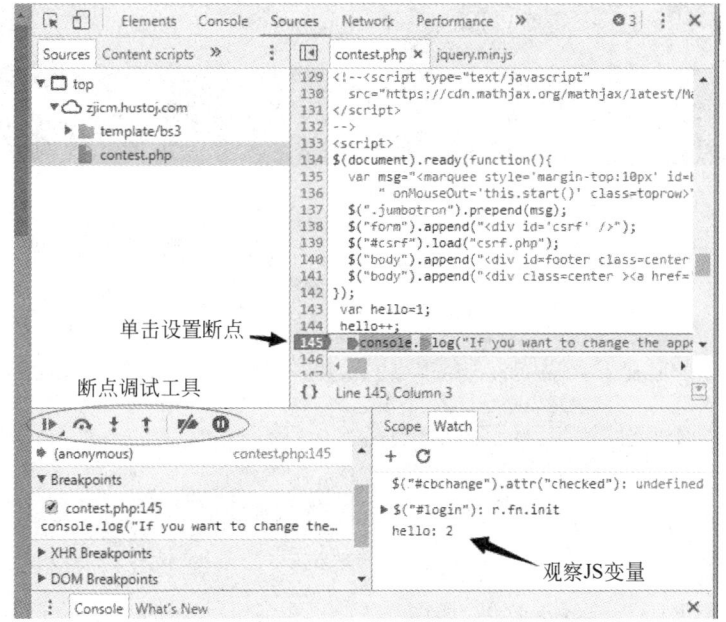

图 9-11　在 Source 中断点调试 JavaScript 程序

图 9-11 中在 contest. php 的第 145 行设置了一个断点,然后按下 F5 键刷新页面,浏览器重新运行 JavaScript 代码,并在指定位置停下来,运行对 JavaScript 的断点调试。

9.2　jQuery 库

JavaScript 虽然语法灵活、功能强大,但是直接使用起来有一定难度,不同浏览器下的语法也不能完全兼容。因此,在实际项目开发中,很多开发者会使用 JavaScript 库来增强或取代原生 JavaScript 的功能。其中,jQuery 是一个广泛被使用的代表。

9.2.1　jQuery 简介

jQuery 是一个开源项目,采用 MIT 的开源协议。其项目主页地址为"http://jQuery. com/"。本书成稿时,其最新版本为 3.2.1,是一个大小仅为 84.6KB 的 JS 文件。然而就是这样一个文件,集成了 601 个函数、对象,能够更加高效地完成原生 JavaScript 的功能。

9.2.2　jQuery 基础用法

1. 下载安装

打开"http://jQuery. com/",单击首页上的 Download 按钮,可以跳转到下载页,如图 9-12 所示。单击其中的 Download the compressed production jQuery 3.2.1,就可以下载到最新版本的 jQuery 库。

把下载到的 jquery-3.2.1. min. js 文件放置到网页目录中,然后就可以像引用自己编写的 JS 文件一样,用< script >标签来加载。例如将 jquery-3.2.1. min. js 放置在 js 目录下,可以在 HTML 文件中加入< script src="js/jquery-3.2.1. min. js"></script >。

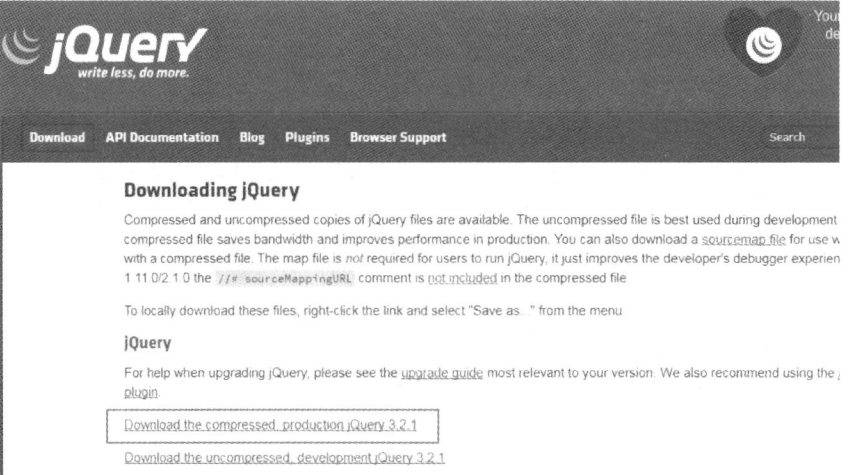

图 9-12　jQuery 下载页

2. jQuery 的第一个例程

首先来看一个例子及其运行效果（如图 9-13 和图 9-14 所示），然后分析其中关于 jQuery 的新知识。

```
1  <html>
2   <head></head>
3  <body>
4      <div id="block" >Hello HTML!</div>
5  </body>
6  <script src="js/jquery-3.2.1.min.js"></script>
7  <script>
8      $(document).ready(
9          function(){
10             $("#block").text("Hello jQuery!");
11         }
12     );
13 </script>
14 </html>
```

图 9-13　Hello jQuery 源代码

Hello jQuery!

```
1  <html>
2  <head></head>
3  <body>
4      <div id="block" >Hello HTML!</div>
5  </body>
6  <script src="js/jquery-3.2.1.min.js"></script>
7  <script>
8      $(document).ready(
9          function(){
10             $("#block").text("Hello jQuery!");
11         );
12     );
13 </script>
14 </html>
```

图 9-14　Hello jQuery 运行效果

在这个例子中，原先的 HTML 文本显示为"Hello HTML!"，但是当页面被打开后，实际显示的内容被替换为"Hello jQuery!"。为了使用原生 JavaScript 实现类似的效果，需要定义一个事件处理函数，在 body 元素中绑定到 onload 事件中。然后用 document.getElementById()的方法找到目标元素 block，然后修改其 innerHTML 元素的属性来达到目的。与烦琐的原生 JavaScript 相对应，使用 jQuery 完成这个任务只用了 3 行有效代码，无须对 html 元素做事件绑定。

在 jQuery 中,美元符号"$"是 jQuery 的简写形式,所有的 $(xxx)和 $.xxx 均可替换为 jQuery(xxx)和 jQuery.xxx。每个 DOM 中的对象 e 都可以通过 $(e)的形式转化为 jQuery 对象,在转化为 jQuery 对象后,可以调用 jQuery 对象所具有的各种方法。

在上面的例子中,$(document)获得了整个网页文档的 jQuery 对象,然后调用其 ready()方法。在调用时传送了一个匿名函数作为参数,即 ready()中的 function(){…}。这是 jQuery 编程中非常常见的写法,这样做的好处是让匿名函数中的代码在整个网页渲染完毕之后再运行,有效避免了原生 JavaScript 运行时由于网络延时造成网页加载不完整产生的错误。

$("♯block")类似于原生 JavaScript 中 document.getElementById()这个方法,它能够返回以 block 为 id 的 jQuery 对象,并且代码长度明显短于原生 JavaScript。然后例子通过调用 text()方法修改对象元素中的文本。

3. 选择器

前面例子中的 $("♯block")这个语法称为选择器语法,是 jQuery 中用来操作 DOM 对象的基础设施。除了用 id 来选择元素以外,jQuery 还支持用类似 CSS 选择器风格的其他几种选择器,详见表 9-1。

表 9-1　jQuery 常用选择器

jQuery 代码	说　　明
$("♯block")	选择 id 为 block 的首个元素
$(".block")	选择 class 为 block 的所有元素
$("div")	选择所有<div>标签的元素
$("span,♯block")	选择所有<span>标签和 id 为 block 的元素
$("span ♯block")	选择所有<span>标签下面 id 为 block 的元素

读者可以参考表 9-1 对 10.2.2 中的例子 Hello jQuery 进行修改,从而直观地理解各种选择器的用法。

4. AJAX 动态加载

AJAX 即 Asynchronous JavaScript And XML(异步 JavaScript 和 XML),是一种创建交互式网页应用的网页开发技术。它通过在浏览器端运行特殊的 JavaScript 脚本动态地修改页面中的局部内容,来避免整个页面刷新带来的流量大、速度慢、延时高等问题,是目前工业化动态网站编程中的标准配置。

使用 jQuery 可以非常容易地实现 AJAX 功能,这里只举一个例子,对于更多复杂的功能请读者参考清华大学出版社出版的《jQuery 开发从入门到精通》,或者通过网站查阅相关资料。

出于安全性的考虑,浏览器只允许通过 Web 协议进行 AJAX 调用,因此不能直接在本地运行 AJAX 代码,只能通过网站运行。下面的例子在"http://hustoj.com/jqtest/jquery.html"上,读者可以自行访问查看运行效果。其中,content.htm 中只有一句文本内容"Hello AJAX!"。

相关源代码和运行效果分别如图 9-15 和图 9-16 所示。

在这个例子中,通过浏览器开发者工具的 Network 栏可以观察到,虽然打开的是 jquery.html 文件,但是之后自动加载了 jquery-3.2.1.min.js,然后在 jQuery 代码运行时又进一步加载了 content.htm 这个文件,并且最终页面上显示的是 content.htm 这个文件的内容。在实际项目中,这里的 load()函数所加载的通常为某个服务端动态脚本,例如.aspx、.php、.jsp、

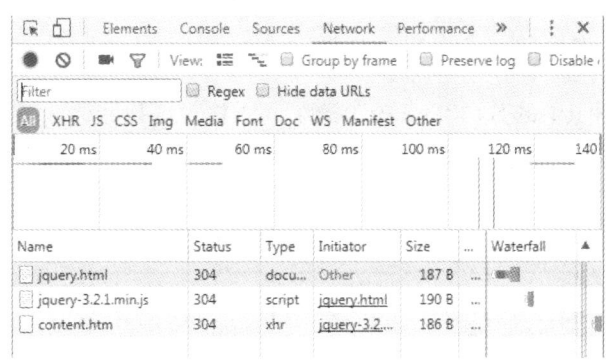

```
1  <html>
2  <head></head>
3  <body>
4     <div id="block">Hello HTML!</div>
5  </body>
6  <script src="js/jquery-3.2.1.min.js"></script>
7  <script>
8     $(document).ready(
9        function(){
10          $("#block").load("content.htm");
11       }
12    );
13 </script>
14 </html>
```

图 9-15 jQuery AJAX 源代码

Hello AJAX!

图 9-16 jQuery AJAX 运行效果

. do、. action 等类型的 URL,并且由用户的输入、单击等操作触发。这样做可以用网页的形式实现许多传统软件中客户端软件才能实现的效果。因此,在基于 B/S 结构的 Web 应用程序开发中十分常见。

9.2.3 文档参考

jQuery 网站提供了英文的文档和例程,网址是"http://api.jquery.com/"。对于英文不好的读者,可以通过搜索引擎寻找中文网站和教程。在知名开发者文档网站(w3school.com)上也有关于 jQuery 的专区,读者可以自行学习查阅。

9.3 Bootstrap 框架

9.3.1 Bootstrap 简介

Bootstrap 是由知名社交网站 Twitterk 开源的 HTML、CSS 和 JS 框架,用于开发响应式布局、移动设备优先的 Web 项目。它在很大程度上解决了 Web 开发初学者会遇到的许多基础问题,例如布局、样式表、美观的表单组件等,是从零开始构建网站前端框架的好帮手。

9.3.2 Bootstrap 快速上手

访问 getbootstrap.com(如图 9-17 所示),可以找到 Bootstrap 最新版本的下载链接,以及相关的英文文档。

图 9-17　Bootstrap 英文站点

　　如果读者英文基础不好,可以访问国内开发者制作的中文版网站 www. bootcss. com(如图 9-18 所示),虽然版本更新速度不如英文版本快,但相应的中文文档和例子对国内用户来说更加亲切。

图 9-18　Bootstrap 中文站点

　　这里以中文网站下载到的 v3. 3. 7(http://v3. bootcss. com/getting-started/ ♯ download)为例,简单介绍 Bootstrap 的使用。

　　用于生产环境的 Bootstrap 是经过压缩的 CSS 和 JS,能有效减少 Web 服务的流量压力,将下载到的压缩包解压后,可以看到如图 9-19 所示的目录结构。

　　css 目录存放了多个样式表,其中 bootstrap. css 是最主要的组件,需要用 HTML 语法导入页面使用;fonts 目录存放的是样式表中使用到的字体;js 目录存放的是一些动态效果需要使用的 JS 程序。

```
┌─css
│    bootstrap-theme.css
│    bootstrap-theme.css.map
│    bootstrap-theme.min.css
│    bootstrap-theme.min.css.map
│    bootstrap.css
│    bootstrap.css.map
│    bootstrap.min.css
│    bootstrap.min.css.map
├─fonts
│    glyphicons-halflings-regular.eot
│    glyphicons-halflings-regular.svg
│    glyphicons-halflings-regular.ttf
│    glyphicons-halflings-regular.woff
│    glyphicons-halflings-regular.woff2
└─js
     bootstrap.js
     bootstrap.min.js
     npm.js
```

图 9-19 Bootstrap 文件目录

先在根目录创建一个空白的 HTML 文件,命名为 index. html,然后从"http://v3.bootcss. com/getting-started/♯template"获得一个基础模板,复制到 index. html 文件中。基础模板的代码如图 9-20 所示。

ⓘ v3.bootcss.com/getting-started/#template

实例按照自己的需求进行修改,而不要简单的复制、粘贴。

拷贝并粘贴下面给出的 HTML 代码,这就是一个最简单的 Bootstrap 页面了。

```html
<!DOCTYPE html>
<html lang="zh-CN">
  <head>
    <meta charset="utf-8">
    <meta http-equiv="X-UA-Compatible" content="IE=edge">
    <meta name="viewport" content="width=device-width, initial-scale=1">
    <!-- 上述3个meta标签*必须*放在最前面,任何其他内容都*必须*跟随其后! -->
    <title>Bootstrap 101 Template</title>

    <!-- Bootstrap -->
    <link href="css/bootstrap.min.css" rel="stylesheet">

    <!-- HTML5 shim and Respond.js for IE8 support of HTML5 elements and media queries -->
    <!-- WARNING: Respond.js doesn't work if you view the page via file:// -->
    <!--[if lt IE 9]>
      <script src="https://cdn.bootcss.com/html5shiv/3.7.3/html5shiv.min.js"></script>
      <script src="https://cdn.bootcss.com/respond.js/1.4.2/respond.min.js"></script>
    <![endif]-->
  </head>
  <body>
    <h1>你好,世界! </h1>

    <!-- jQuery (necessary for Bootstrap's JavaScript plugins) -->
    <script src="https://cdn.bootcss.com/jquery/1.12.4/jquery.min.js"></script>
    <!-- Include all compiled plugins (below), or include individual files as needed -->
    <script src="js/bootstrap.min.js"></script>
  </body>
</html>
```

图 9-20 Bootstrap 基础模板的代码

保存后用谷歌等浏览器打开,就可以看到一个用 Bootstrap 制作的基础页面,如图 9-21 所示。从代码中可以看到,Bootstrap 的部分功能需要使用 jQuery 来完成,这一点需要格外注意。

图 9-21 Bootstrap 的空白模板

这个基础模板看起来没有什么特别吸引人的地方,但只要在其中加入一点代码,就能发现 Bootstrap 的诱人之处。例如加入< a class= 'btn btn-primary'> OK </a>,可以得到一个圆角按钮,如图 9-22 所示。

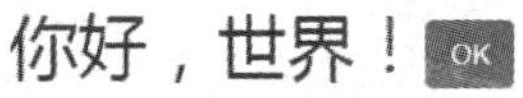

你好，世界！OK

这个按钮完全使用 CSS 绘制,没有使用图片或其他资源,兼顾了美观和页面性能。

图 9-22　圆角按钮

在 Bootstrap 中还有成百上千的与之类似的组件,包括字体图标、下拉菜单、导航、警告框、弹出框等(如图 9-23 所示),读者可以在"http://v3.bootcss.com/components/"上找到它们的用法与样例代码。

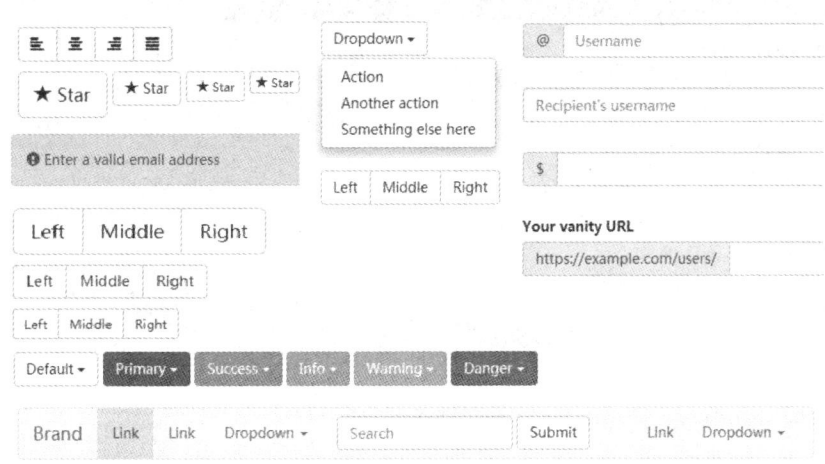

图 9-23　Bootstrap 中的丰富组件

只要在网页中引用 Bootstrap 的 CSS 文件和 JS 文件,就可以直接使用这些优美的组件元素。Bootstrap 还提供了各种 CSS 样式表和布局工具,对于它们更加深入的使用,可以参考清华大学出版社出版的《Bootstrap Web 设计与开发实战》。

9.4　架设互联网网站

架设在个人计算机中的 Web 服务器,通常只能在本地或局域网中访问。为了使网站成为真正的互联网站点,一般需要使用域名、主机托管、虚拟主机等服务。本节将对这几种常用服务的申请、使用做简要介绍。

9.4.1　域名服务

当用户访问互联网时，最先使用的就是域名服务，通过域名解析，将熟悉的英文域名转化为计算机网络能够处理的 IP 地址。因此，域名也是互联网网站最重要的资产之一。为了注册域名，需要向互联网域名注册机构缴纳年费，并提交注册信息，因为每天都有大量的域名被注册和使用，这项工作现在已经全面转为自动化处理。

作为个人和普通企业，需要找一家域名代理服务商来进行注册，由他们代为提交注册信息。阿里云旗下的万网（www.net.cn）是国内最大的域名服务商，信誉较好，负责中国顶级域名 cn 的管理，其首页如图 9-24 所示。同时，因为其强硬的背景和业内的垄断地位，各种服务的价格相对较高，适合资金充裕、对服务质量要求高的用户。

图 9-24　万网首页

除了万网以外，国内还有大量的中小 ICP/ISP 服务商，都可以提供域名、主机等服务，价格不一，服务质量也参差不齐。这里推荐一家实力相对较强的服务商——中网科技，并以其作为例子，简单介绍一般服务商提供的各种功能界面。中网科技首页如图 9-25 所示。

注册域名的第一步是挑选一个喜欢的名字，并查阅是否已经有人注册使用，如果尚未有人注册，即可立即申请；如果已经有人注册使用，则需另行选择或联系对方协议转让。域名转让费用都是较高的，从几千人民币至上百万美元不等，因此有人专门从事域名投资，长期持有大量优质域名，待价而沽。

使用服务商提供的查询界面可以查询到需要的域名是否已经有人注册，查询界面如图 9-26 所示。

图 9-25　中网科技首页

查询结果如图 9-27 所示，根据查询结果可以选择可用的域名进行注册，或另行查询。

在正式开始域名注册之前，首先需要注册一个服务商平台的用户账号，并进行登录，如图 9-28 所示。注册过程与一般的邮箱注册类似，这里不做详细说明。

图 9-26　服务商域名查询界面

图 9-27　域名注册查询结果

图 9-28　登录 ISP/ICP 服务平台

接下来需要填写域名注册人的各种详细信息，以及未来域名所属网站的详细信息，如图 9-29 所示。

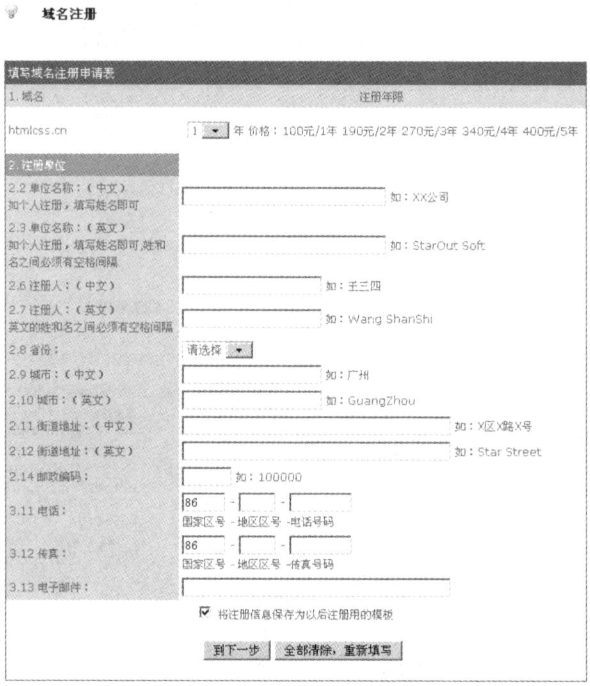

图 9-29　填写域名注册信息

提交注册信息成功以后，就可以得到付费界面链接，如图 9-30 所示。

因为域名注册服务基本上采用自动化操作，所以在通过网银、支付宝等手段支付了域名注册费用后，新注册的域名就会实时开通，马上可以投入使用。需要注意的是，如果上网使用的域名服务器不是正规的电信服务商提供的服务器，例如网吧、学校内网域名服务器，可能需要等候 8~72 小时才能得到正确解析，未来每次修改域名解析的 IP 地址的情况也与之类似。

域名注册成功后，在管理后台中可以找到如图 9-31 所示的管理界面。

预注册成功，马上付费>>>

图 9-30　注册成功提示付费链接

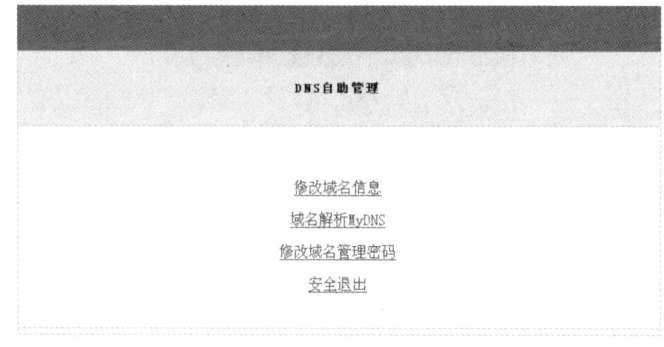

图 9-31　域名自助管理入口

其中，"修改域名信息"可以对注册时填写的所有人信息进行更新；"域名解析 MyDNS"可以对域名和子域名的解析进行管理；"修改域名管理密码"可以设置对域名增加密码保护。MyDNS 中所包含的功能是域名解析的核心部分，其具体界面如图 9-32 所示。

图 9-32　域名解析设置控制面板

其中，最主要的功能是主机名(A)，负责将域名、子域名转换为指定的 IP 地址。"@"开头表示没有任何前缀的域名，即主域名，"＊"开头表示具有统配功能的域名，所有未被其他子域名解析的域名都将匹配该条目而得到解析。其他功能涉及更为深入的互联网原理，请读者参考本书第 1 章或其他计算机网络原理书籍，这里不做详述。

9.4.2　主机托管

只有域名，仅能进行简单的域名到 IP 地址的解析，如果要实现网站服务，必须架设网站所需的软/硬件环境，统称为服务器。从硬件的角度看，服务器就是一台计算机主机；从软件的角度看，服务器就是计算机主机上运行的 Web 服务程序。互联网网站一般要提供 24 小时不间断的访问服务，这就要求服务器除了具有较好的硬件配置以外，还必须具有良好的运行环境，例如温度控制、电力供应、网络接入等基础设施。建设这些基础环境的成本较高，因此通常只有大型的电信服务商才有实力建设和维护。普通企业用户可以将自己的服务器放置在服务商租售的机位中，自己通过远程操作进行管理，这种操作模式称为主机托管。

主机托管的价格是比较昂贵的,并且根据占用空间的大小来进行收费,空间的大小通常使用 U 作为单位,每年 1U 的托管费用从 4000 到 8000 元不等。

U 是 unit 的缩略语,详细尺寸由作为业界团体的美国电子工业协会(EIA)定义,1U＝1.75in＝4.445cm。

一台普通台式机要占用 4～5U 的高度,所以要托管的主机通常需要购买专用的机架式服务器,能够保证质量、节约托管成本。因为各大服务器生产商都提供标准机架服务器,质量、配置统一,有时外地的 ICP/ISP 服务商会提供采购和安装服务,用户不需要参与,只需网上订单即可使用主机托管服务。类似的,有些服务商还会提供主机租用服务和租满一定年限赠送产权的优惠。

9.4.3 虚拟主机

为了能够在互联网上架设网站,在传统模式下,需要至少一个互联网 IP 地址上一个对外开放的端口,得到形如"http://IP 地址:端口/"的基本服务地址,然后为了方便记忆,可以对 IP 地址进行域名解析。现在 IPv4 地址已经耗尽,IPv6 尚未大规模应用,加上固定 IP 地址售、租价极高,各大 ICP 基本上只租不卖,所以对于个人用户来说,使用独立 IP 地址是极为奢侈的。在这种情况下,通过使用 Web 服务器所支持的域名绑定可以很容易实现单个 IP 地址绑定多个域名、共享 IP 的服务方式,称为虚拟主机。

一般虚拟主机的价格要比主机托管优惠得多,而且有赠送域名等促销活动,因此比较适合老师和同学体验建站过程,通常根据空间大小、功能划分,每年的租金在 100～500 元不等。

9.5 云 服 务

随着虚拟化技术的成熟,国内众多 IT 公司开始经营云服务。小公司和个人开发者利用这些云服务可以低成本快速建立自己的网站基础服务设施。

9.5.1 阿里云虚拟主机

免费空间总是有很多限制和附加条件,不适合作为公司企业的正式网站空间。对于企业而言还是要选择更加具有灵活性的收费空间。一个常见网站的最低需求包括存储、网络、数据库、后台语言的支持,这些都可以通过虚拟主机服务进行共享。成千上万个网站可以以虚拟主机的方式存放在同一台服务器上,用这种方式来降低成本。

阿里云作为目前国内最大的云服务供应商,提供各种价位的虚拟主机服务(如图 9-33 所示),截至本书成稿时,阿里云还限量提供 6 元一年的特惠套餐。其功能涵盖了常见的各种类型网站的需求,并且可以随时进行扩充,非常适合初次建站的中小企业。

市面上常见的虚拟主机通常都提供 PHP 和 MySQL,可以支持大量开源免费的 PHP 应用程序,包括 WordPress、Joomla、Xoops、Drupal 等非常流行的内容管理系统。此类系统的特点是经过简单的安装和配置,就可以快速建立一个完整的动态网站,支持菜单、栏目、文章、附件上传/下载等各种功能。如果用户有一定的动手能力,将本书介绍的一些静态页面知识结合到上述系统的代码修订中,还可以自行对页面效果进行定制化开发。相关内容在网上有很多教程,读者可以通过搜索引擎进行检索,这里不展开论述。

图 9-33　阿里云虚拟主机服务

9.5.2　阿里云 ECS

有些企业需要在互联网上运行除了 Web 服务器以外的其他应用程序,例如即时通信服务器、数据库服务器、虚拟专有网络服务器等,在这种情况下虚拟主机就不能再满足他们的需求,需要选择功能更为强大的 ECS 服务器。

云服务器(Elastic Compute Service,ECS)是一种弹性可伸缩的计算服务,它类似于个人计算机上使用的虚拟机程序,通过虚拟化技术将昂贵的物理服务器分割成若干相互独立的服务器。每一台分割出来的服务器都可以有自己独立的 CPU、内存、磁盘空间、IP 地址、网络带宽,可以作为一台全功能的网络服务器使用。理论上,如果有足够的技术知识储备,一台云服务器 ECS 上可以承载几百上千个虚拟主机,从而运行几百上千个普通网站。图 9-34 所示为阿里云 ECS。

图 9-34　阿里云 ECS

使用本书的老师可以研究 Linux、Nginx、Proftpd 等相关软件的配置使用，给自己的学生提供实验和学习网页制作技术的平台。如果不熟悉命令行界面，也可以安装各种基于 Web 的面板系统，方便管理和使用。国内最近比较流行的是宝塔面板，其官网地址为"http：//www.bt.cn/"。宝塔面板的界面如图 9-35 所示。

图 9-35　宝塔面板

附录　书中视频对应二维码汇总表

例 3-1	例 3-2	例 3-3	例 3-4
例 3-5	例 3-6	例 4-1	例 4-2
例 4-3	例 4-4	例 4-5	例 4-6
例 4-7	例 4-8	例 4-9	例 4-10
例 4-11	例 4-12	例 4-13	例 4-14
例 4-15	例 4-16	例 4-17	例 4-18

例 4-19	例 4-20	例 4-21	例 4-22
例 4-23	例 4-24	例 4-25	例 4-26
例 4-27	例 5-1	例 5-2	例 5-3
例 5-4	例 5-5	例 5-6	第 5.7 节
例 6-1	例 6-2	例 6-3	例 6-4
例 6-5	例 6-6	例 6-7	例 6-8
例 6-9	源码下载		

参 考 文 献

[1] 莫小梅,等.网页编程基础——XHTML、CSS、JavaScript[M].北京:清华大学出版社,2012.
[2] 张树明.Web前端设计基础:HTML5、CSS3、JavaScript[M].北京:清华大学出版社,2017.
[3] 舒后.Web前端技术.北京:电子工业出版社,2016.
[4] 聂常红.Web前端开发技术——HTML、CSS、JavaScript[M].2版.北京:人民邮电出版社,2016.
[5] 肖志华.CSS核心技术详解[M].北京:电子工业出版社,2017.
[6] 周文洁.HTML5网页前端设计[M].北京:清华大学出版社,2017.
[7] 陈婉凌.HTML5+CSS3+JavaScript网页设计[M].北京:清华大学出版社,2017.
[8] 张珈珣,范立锋.HTML5+CSS3基础开发教程[M].北京:人民邮电出版社,2017.
[9] 任永功,等.HTML5+CSS3+JavaScript网站开发实用技术[M].北京:人民邮电出版社,2016.
[10] 刘继山.网页设计实用教程:从基础到前沿(HTML5+CSS3+JavaScript)[M].北京:清华大学出版
社,2017.
[11] Steve Fulton,Jeff Fulton.HTML5 Canvas开发详解[M].任旻,罗泽鑫,译.北京:人民邮电出版
社,2014.
[12] Billy Lambert,Keith Peters.HTML5+JavaScript动画基础[M].徐宁,李强,译.北京:人民邮电出版
社,2013.
[13] David Geary.HTML5 Canvas核心技术:图形、动画与游戏开发[M].爱飞翔,译.北京:机械工业出版
社,2013.
[14] 王通.Dreamweaver CC 2017网页制作入门与进阶[M].北京:清华大学出版社,2017.

专题学习资源网址

[1] w3school 在线教程：http://www.w3school.com.cn/.

[2] 菜鸟教程：http://www.runoob.com/.

[3] 潭州课堂前端课程：https://www.shiguangkey.com/course/list?cateId=268.

[4] 浅谈 CSS 外边距合并：https://blog.csdn.net/zhouziyu2011/article/details/53091147?utm_source=copy.

[5] CSS 中的 3 种基本的定位机制（普通流、定位、浮动）：https://blog.csdn.net/chelen_jak/article/details/41961087.

[6] display:table 使用小结：https://blog.csdn.net/Doulvme/article/details/79015264.

[7] 深入理解 CSS 中的 vertical-align 属性：https://www.cnblogs.com/starof/p/4512284.html?utm_source=tuicool&utm_medium=referral.

[8] CSS 行高——line-height：http://www.cnblogs.com/dolphinX/p/3236686.html.

[9] vertical-align，你应该知道的一切：https://mp.weixin.qq.com/s/d0kURZh-q_sHC5kL3cMVRg.

[10] 关于网站图标 favicon.ico 的那点事儿，你知道吗？：https://zhangge.net/4344.html.

[11] iconfont 字体图标的使用方法，超简单！：https://www.cnblogs.com/hjvsdr/p/6639649.html.

[12] 我是如何对网站 CSS 进行架构的：https://www.zhangxinxu.com/wordpress/2010/07/％E6％88％91％E6％98％AF％E5％A6％82％E4％BD％95％E5％AF％B9％E7％BD％91％E7％AB％99css％E8％BF％9B％E8％A1％8C％E6％9E％B6％E6％9E％84％E7％9A％84/.

[13] HTML5 meter 标签理解，meter 变化颜色规则：http://www.zufedfc.edu.cn/content/detail.php.

[14] HTML5 简单实例源代码：https://blog.csdn.net/wyx100/article/details/70833515.

[15] CSS3 渐变（Gradients）：http://www.runoob.com/css3/css3-gradients.html.

[16] 使用 CSS3 制作倒影：https://www.w3cplus.com/css3/css3-box-reflect.html.

[17] CSS 遮罩 mask：https://www.cnblogs.com/xiaohuochai/p/7182507.html?utm_source=itdadao&utm_medium=referral.

[18] CSS-标准盒模型 & 怪异盒模型：https://blog.csdn.net/dong_pt/article/details/51281372.

[19] CSS calc()函数：http://www.runoob.com/cssref/func-calc.html.

[20] 响应式布局和自适应布局的不同：http://www.cnblogs.com/yuanziwen/p/6926561.html.

[21] JavaScript 的历史：http://www.w3school.com.cn/js/pro_js_history.asp.

[22] ES5 和 ES6 的区别：https://www.cnblogs.com/wang-bo/p/7205762.html.

[23] DOM 事件深入浅出（一）：https://www.cnblogs.com/luozhihao/p/5934935.htm.

[24] ES6 中的 Symbol 类型：https://www.cnblogs.com/xiaohuochai/p/7245510.html.

[25] 深入理解 JavaScript 中的作用域和上下文：http://www.css88.com/archives/7255.

[26] JS 中的块级作用域，var、let、const 三者的区别：https://blog.csdn.net/hot_cool/article/details/78302673.

[27] 浅谈几种常用的布局方式：https://blog.csdn.net/gj1949/article/details/53379324.

[28] 常见的几种页面布局方式：https://blog.csdn.net/davidlog/article/details/70769613.

[29] jQuery 官网：http://jQuery.com/.

[30] AJAX 教程：https://www.w3cschool.cn/ajax/.

[31] 基本模板：http://v3.bootcss.com/getting-started/#template.